基礎電磁気学

飯尾勝矩・上川井良太郎・小野昱郎［共著］
Iio Katsunori　Kamikawai Ryotaro　Ono Ikuo

森北出版株式会社

はじめに

紀元前6世紀頃，毛皮でこすった琥珀が軽いものを引き寄せることや，ある種の鉱物が鉄などの金属を引きつけることが見出され，近代の電気や磁気の科学の萌芽がありました．それ等の不思議さへの興味とその起因の追求の長い歴史を経て，学問としての電磁気学が構築されました．現代は，電磁気学を基盤とする高度な科学技術 (電力，情報通信，医療機器など) によって人々の日常生活が維持されており，これからもその状況は変わらないでしょう．したがって，大学の理工系基礎課程において電磁気学は必須科目であり，また，他の学系でのサイエンスリテラシー教育においても一度は学習すべき分野となっています．しかし，電気・磁気現象は，それらを引き起こす電荷や電荷の流れである電流などが，直接，目に見えず，理解しにくいこともあり，数式を使って表現し，演繹的に理解していく学問体系に慣れていない大学初年級の初学者とっては難解な対象であると考えられます．

本書は，大学教育としての電磁気学を履修する初学者向け教科書として，著者等の大学理工系学部での経験を基に，前述のような困難を克服できるように，基本的な内容を取りあげて丁寧に解説すること，また，図を多く用いて直感的理解が容易になることを目指して，記述されています．すなわち，電荷間には力が働き電流と電流の間にも力が働くと高等学校で習ったことは実験で確かめられています．ここではこれらの実験事実について，ある電荷や電流が空間にそれぞれベクトル量の電場 $\boldsymbol{E}$，磁場 (磁束密度場) $\boldsymbol{B}$ のベクトル場を作り，その場が他の電荷や電流に力を及ぼす．また．他の電荷や電流も場を作り，元の電荷や電流に逆に力を及ぼす．つまり，場を介して互いに作用するとの考え方に従っています．さらに磁場が時間変化すると電場が生ずる電磁誘導現象や，電場が時間変化すると空間に変位電流が流れて磁場を生ずる実験事実に基づき，電気・磁気現象を包括的に記述するマクスウェルの電磁方程式が導入される過程を概観して，電磁波が発生して空間を伝わるまでを扱いました．このような現象を記述するにあたり，$\boldsymbol{E}$，$\boldsymbol{B}$，2つの場を基本的な物理量と考える，いわゆる $\boldsymbol{E}$-$\boldsymbol{B}$ 対応の立場を採用しています．しかし磁石に磁荷が備わっているものとして．磁荷が作る磁場 $\boldsymbol{H}$ を電荷が作る電場 $\boldsymbol{E}$ に対応させて電磁気学を扱う $\boldsymbol{E}$-$\boldsymbol{H}$ 対応の立場への橋渡しも解説しました．

また，物理法則を数学的に表すのに，ベクトル場の線積分，面積分が多く使われるので，これらをきちんと理解して自分で式の展開ができるようにすることが，電磁気学を理解するために必須です．そこで，数学的準備の章を設けて，これらを丁寧に解説しました．

本書を記述するにあたり，第 1 章〜第 10 章，第 12 章〜第 13 章は，飯尾が分担し，第 11 章，付録:数学的準備は，上川井が分担し，小野が全章にわたり記述内容を吟味して，添削，文章の推敲を担当しました．また，著者間で多くの時間をかけて意見交換しております．

本書は教科書として，通年の 90 分 30 回程度の講義ならば全 13 章を余裕をもって扱えるでしょう．半年 15 回程度の 1 セメスターの講義の場合は，具体的な提案として全章を対象とするが，幾つかの章には ◆ 記号を付けた比較的程度の高い章節がありますので，進度や理解度を考慮してそれらをスキップすることがよいでしょう．それでも電磁気学の骨子は十分把握できます．あるいは，電磁気学の諸法則について積分形式の表現に留め，微分形式の扱いを省いて全章を対象にすることも可能です．その際，講義で言及できなかった項目の解説は，自習が可能な参考書となるよう配慮したつもりです．また，さらに先を勉強したいとする動機づけになるものと考えています．

多くの章には理解を助ける基本的例題を配し，丁寧な解答例を示しました．学生諸君の到達目標はこれらが確実に理解できることです．章末問題の中には比較的程度が高い問題があります．何れもその章を理解するために大切な要素が含まれていますから，粘り強く解答を試み，巻末の詳しい解答例を参考にして下さい．そのようにして，本書が初学者の理解の助けとなる教科書に適うことを期待しています．しかし，意を尽くせず不十分な点，著者らの誤った理解もあるかも知れません．先生方，学生諸君のご批判をお願いしたく思います．

本書を著すにあたり，先生方，同僚，友人から，筆者らの電磁気学への理解を深めるためにいただいた多くのご鞭撻に感謝致します．また，学生諸君の素朴な疑問は理解の助けとなりました．最後に森北出版の方々には大変にお世話になりましたことに感謝申し上げます．

2013 年 1 月

著者一同

目　次

第 1 章

電気力と電荷の性質

電磁気学の成立には「自然現象の注意深い観察を通して物理法則を見出し，それらを数式化して一般法則を確立する．さらに，そこから予言される新しい実体の存在を実証する」という物理学的手法が形成された歴史が刻まれている．すなわち，幾人もの人々によって電気・磁気の基本的現象が観察され，電荷，電流，電場，磁場等の物理量を導入してこれらを説明する基本法則の探求が行われた．また，電磁気現象を統一的に表すマクスウェル方程式が構築されて電磁波の予測や存在が実証され，しかも，光と電磁波が同等であることが導かれた．これらの過程は正に物理学的手法による自然認識のよき範例といえる．この章ではこのような電磁気学の出発点となる電気を帯びた物体間に働く力の法則と電気の源となる電荷の性質について取りあげる．

1.1 クーロン力

自然界に現れる基本的な力の 1 つに電気的な相互作用を表す**クーロン力** (Coulomb force) がある．電磁気学 (electricity and magnetism) は電気 (electricity) を帯びた物体が**電荷** (charge) という電気の量をもつととらえることからはじまる．まず，その電荷を幾何学的な意味で大きさをもたない**点電荷** (point charge) として抽象化し，静止した点電荷の間に働くクーロン力をより所として展開する．

この力の性質は，クーロンが精巧な「ねじれ秤」を用いた測定により電荷間の力が互いの距離によってどのように変わるかを明らかにしたことから，**クーロンの法則** (Coulomb's law) として確立した．それによると，図 1.1(a) のように電荷量 q_1 と q_2 の 2 つの点電荷が座標の原点 O から位置ベクトル $\boldsymbol{r}_1$ および $\boldsymbol{r}_2$ にあるとき，両電荷に働く力は，1) 互いの電荷の積に比例する，2) 電荷間の距離の 2 乗に反比例する，3) 電荷を結ぶ方向に働く 2 体間の**中心力** (central force) である．電荷 q_2 から q_1 に働く作用力 (force of action) をベクトル $\boldsymbol{F}_{12}$ と表せば，q_1 から q_2 に働く反作用力 (force of reaction) は $\boldsymbol{F}_{21} = -\boldsymbol{F}_{12}$ となり，

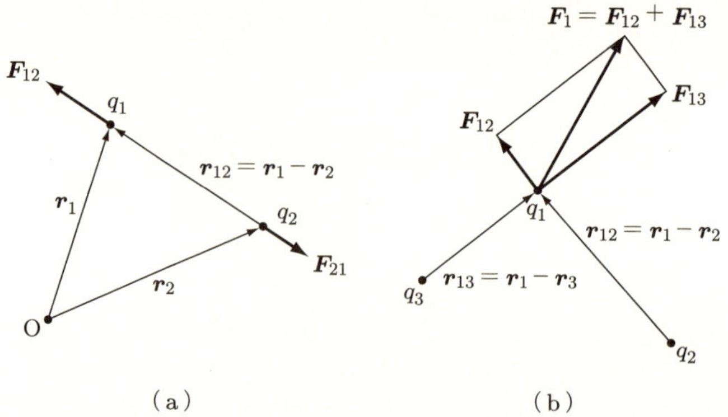

図 1.1　点電荷の間に働くクーロン力：(a) 図は2つの正電荷に働く力を矢印で表す．なお，電荷には正負の属性があり，両者とも負符号 ($q_1 q_2 > 0$) の電荷間でも図のような向きに斥力が働く．異符号 ($q_1 q_2 < 0$) の電荷間には図の矢印とは逆向きに引力が働く，(b) 図は3つの正 (負) 電荷がある場合に，1つの電荷が他の2つの電荷から受ける合力を示している

$$\boldsymbol{F}_{12} = -\boldsymbol{F}_{21} = k_\mathrm{e} \frac{q_1 q_2}{|\boldsymbol{r}_1 - \boldsymbol{r}_2|^2} \frac{\boldsymbol{r}_1 - \boldsymbol{r}_2}{|\boldsymbol{r}_1 - \boldsymbol{r}_2|} \tag{1.1}$$

である．

ここで，式 (1.1) の k_e は比例係数である．なお，$\boldsymbol{r}_1 - \boldsymbol{r}_2$ は電荷 $\boldsymbol{r}_2$ の位置にある q_2 から $\boldsymbol{r}_1$ の位置にある q_1 を見たときの相対位置ベクトルで，$\dfrac{\boldsymbol{r}_1 - \boldsymbol{r}_2}{|\boldsymbol{r}_1 - \boldsymbol{r}_2|}$ はその方向を示す大きさ1の単位ベクトルを表し，そのベクトルを $\boldsymbol{n}$ で表すと $\boldsymbol{F}_{12}$ は

$$\boldsymbol{F}_{12} = -\boldsymbol{F}_{21} = k_\mathrm{e} \frac{q_1 q_2}{|\boldsymbol{r}_1 - \boldsymbol{r}_2|^2} \boldsymbol{n}$$

とも書ける．電荷には次節で述べるように正電荷と負電荷があり，同じ符号 ($q_1 q_2 > 0$) の電荷間は斥力 (repulsive force)，異符号 ($q_1 q_2 < 0$) の電荷間は引力 (attractive force) となる．

比例定数 k_e の数値表現は電磁気学の物理量を定める単位系の取り方による．ここで，**MKS 単位系** (長さ：**メートル** [m]，質量：**キログラム** [kg]，時間：**秒** [s]) を**基本単位** (basic units) とし，電荷の単位は**クーロン** [C](coulomb) を使い，力の単位を**ニュートン** [N] (newton) で表すと，k_e は $[\mathrm{Nm^2C^{-2}}]$ の単位をもつ．実験によると，真空中に 1 C の点電荷 2 つを 1 m 隔てておいたとき両者に働くクーロン力は 8.98756×10^9 N となることから，その大きさは

$$k_\mathrm{e} = 8.98756 \times 10^9 \ \mathrm{Nm^2C^{-2}}$$

である．なお**国際単位系**：Le Systemè International d'Unites (SI 単位系) では電荷の流れである**電流** (electric current) の単位の**アンペア** [A] (ampere) が基本単位に採用されている．**1 A は電流が 1 s 間に運ぶ電荷を 1 C として 定義する**．したがって，[C]=[As] である．この単位系は MKSA 系とよばれる．本書では SI 単位系に準拠し，この単位系の組み立て単位 (SI derived unit) となる [C] を電荷の単位に用いる．以下に述べるように式 (1.1) から導かれる電磁気学の基本式が簡単な表現となり，また，電磁気現象がなるべく系統的に記述できるよう，**真空の誘電率** (dielectric constant of free space, permittivity constant) とよばれる定数 ε_0 を用いて，k_e は，

$$k_\mathrm{e} = \frac{1}{4\pi\varepsilon_0}$$

と表される．このとき，

$$\varepsilon_0 = 8.85418 \times 10^{-12}\ \ \mathrm{C^2N^{-1}m^{-2}} \tag{1.2}$$

となる[1)]．この定義を用いると式 (1.1) は

$$\boldsymbol{F}_{12} = -\boldsymbol{F}_{21} = \frac{q_1 q_2}{4\pi\varepsilon_0 |\boldsymbol{r}_1 - \boldsymbol{r}_2|^3}(\boldsymbol{r}_1 - \boldsymbol{r}_2) \tag{1.3}$$

と書き改められる．

クーロン力は 2 体力 (two body force) とよばれる力で，2 つの電荷に働く力は互いの相対位置により決まり，他に電荷があってもその影響を受けないことが認められている．もしも図 1.1(b) のように第 3 番目の点電荷 q_3 が存在すれば，q_1 に働く力には q_2 および q_3 のそれぞれの間で独立に働く力のベクトル和となる**重ね合わせの原理** (superposition principle) が成り立つ．N 個の点電荷が集まった系において i 番目の電荷に働く力 $\boldsymbol{F}_i$ は

$$\boldsymbol{F}_i = \sum_{j \neq i}^{N} \boldsymbol{F}_{ij} = \sum_{j \neq i}^{N} \frac{q_i q_j}{4\pi\varepsilon_0 |\boldsymbol{r}_i - \boldsymbol{r}_j|^3}(\boldsymbol{r}_i - \boldsymbol{r}_j) \tag{1.4}$$

である．このとき，静電気学的には自分の電荷からは力を受けないので，和に関し i 番目は除かれている．

クーロンの法則はどのような範囲で成り立つのであろうか．それは，どのような大きさのスケールで確認実験ができるのかに関わっている．例えば，ラザフォードが 1911 年に原子核の存在を確かめた**ラザフォード散乱** (Rutherford Scattering) と呼ばれる実験は，^{214}Po 源から出た **α 線** (alpha ray) (He^{2+} イオン) を標的の金

---

1) 179 頁の脚注を参照のこと．

の薄膜に当てその散乱角度を測定し，正電荷をもつ**原子核** (atomic nucleus) と正電荷をもつ α 粒子 (alpha particle) の間に働く相互作用がクーロン斥力であるとして理論的に導いた散乱角と比較して，原子が直径 10^{-14} m の原子核から構成されていることを実証した．しかし，これより小さいスケールでは電磁気現象を確かめた実験例がないので，

$$r < 10^{-14}\ \mathrm{m}$$

では，クーロンの法則の有意性は確認できていないことになる．

また，

$$r \sim \text{天文学的スケール}$$

でも，より大きなスケールとなれば，そのような大きさの系で起こる電磁気現象の実験的検証にも限界がある．

1.2　電　荷

物質は多数の**原子** (atom) からできている．原子はさらに**陽子** (proton) と**中性子** (neutron) で構成される**原子核**と，その周りに軌道運動する**電子** (electron) とからなる．電荷はこれらの微視的な物質粒子に備わった電気的性質の1つであって以下の属性をもつ．

電荷には正負の極性があり．陽子は正電荷をもち，中性子は電荷をもたず，電子は負の電荷をもつ．普通，物質は1モル当たり**アボガドロ数** (Avogadro number) $N_{\mathrm{A}} = 6.025 \times 10^{23}$ 個の原子あるいは分子からなるが，中性原子では，陽子数と電子数はともに原子番号に等しい．原子核の正電荷と電子の負電荷が全体で等量あるため原子全体あるいは物質の電荷は**中和** (neutralization of charge) していて，巨視的な電荷が残らない．しかし，いろいろな機構でその均衡が破れて物質は電荷を帯びる．この現象を**帯電** (electrification) とよぶ．例えば，他から孤立した電気的に中性な二つの物体を互いに摩擦し合うと両物体の境界を通って，一方から他方へ電子の移動が起こり，物体を互いに引き離した後でも移動した電子がそのまま残ることがある．また，原子にあっては電子を放出あるいは獲得して電気を帯びた**イオン** (ion) になることがある．このとき電子を失った原子は正の電荷を帯びた**陽イオン** (cation) に，電子を得た原子は負の電荷を帯びた**陰イオン** (anion) となって安定化する．この帯電現象において，物体のもつ電荷は常に電子電荷の絶対値の整数倍である．ミリカンは帯電した油滴の落下実験によりこの法則を見出した．このように

電子電荷の絶対値 $|-e|$ を最小単位とする電荷の性質を**電荷の量子化** (quantization of charge) という．電子電荷の絶対値に当たる最小単位の電荷量は，測定の結果，

$$|-e| = 1.6021764 \times 10^{-19}\ \mathrm{C} \tag{1.5}$$

であり，この値を**電荷の素量** (elementary charge) という．なお，原子核の中の極めて短距離で強い相互作用とよばれる力で互いに引き付け合っている陽子や中性子などの粒子は，物質の究極構造を探求する素粒子理論によると，**クォーク** (quark) とよばれるさらに基本的な素粒子の組み合わせからなるとされる．クォークの電荷は種類により基本単位の $-1/3$ と $2/3$ 倍と考えられている．しかし，クォークは閉じ込められていて単独には観測できないので，われわれが扱う電磁気学において電荷量は微視的にも巨視的にも電荷の素量の整数倍として扱ってよい．

また，孤立した物体間で電荷分布が変わっても，全体の電荷の代数和は不変に保たれる．これは**電荷の保存則** (law of conservation of charge) とよばれる．この保存則は，孤立した系がもつ電荷量が，互いに異なる**慣性座標系** (inertial system) から観測しても変わらないとする**特殊相対性理論** (theory of special relativity) の要請を満足する相対論的不変量であることをも含んでいる．

電荷が運動すると**電流** (electric current) が流れる．電荷をもって流れる実体を**担体: キャリアー** (carrier) とよぶ．正電荷のキャリアー (負電荷のキャリアー) が一定速度で移動しているときには**定常電流** (stationary electric current) がその方向 (逆方向) に流れている．後述するように電荷のある空間に電位 (electric potential) の差があると電流が流れる．

[問題 1]　水素原子内で陽子と電子間に働くクーロン斥力の大きさはこれらに働く万有引力 (universal gravitation) の大きさの何倍か．それぞれを求め，後者に対する前者の比で示せ．ただし，互いの間隔は 5.30×10^{-11} m，陽子と電子の質量は，それぞれ $m_{\mathrm{p}} = 1.67 \times 10^{-27}$ kg，$m_{\mathrm{e}} = 9.11 \times 10^{-31}$ kg，万有引力定数は $G = 6.67 \times 10^{-11}\ \mathrm{Nm^2\,kg^{-2}}$ とし，他の定数値は本章より引用すること．

演習問題

1. 原子は陽子と電子のもつ互いに異符号の電荷が完全に中和している．銀：Ag の 1 g では総量として何 C の電荷量が打ち消し合っているか．ただし，銀の原子番号は 47，原子量は 107.9，アボガドロ定数 $N_{\mathrm{A}} = 6.02 \times 10^{23}\mathrm{mol^{-1}}$，電荷素量は 1.60×10^{-19} C とする．

2. 原子核反応においても電荷の保存法則は成り立つ．次の原子核反応において，X は何かを周期律表を参考にして示せ．ただし，n は中性子を表す．

(i) $^{1}\mathrm{H} + {}^{9}\mathrm{Be} \to \mathrm{X} + \mathrm{n}$

(ii) $^{12}\mathrm{C} + {}^{1}\mathrm{H} \to \mathrm{X}$

(iii) $^{4}\mathrm{He} + \mathrm{X} \to {}^{1}\mathrm{H} + {}^{17}\mathrm{O}$

3. 導線に 6 A の電流が流れている．この導線のキャリアーは電子であるとし，導線のある断面を 2 秒間に通過する電子の数を求めよ．

コラム

クーロン力の逆2乗則

電気力については距離の逆 2 乗則 (inverse square law) がどの程度の精度で成立するのか，歴史的にたびたび確かめられている．フランクリンが中空の導体の中に帯電させた導体を挿入し，別の導体で蓋をすることで空洞に納め，さらに中の導体を内壁に接触させた後，再び取り出すと導体は帯電しないことを認めた (1755 年) のを受け，プリーストリーは電気力が万有引力と同じように距離の 2 乗に反比例することを指摘した (1767 年)．クーロンはねじれ天秤を使って電荷間に働く力を直接測定して電気力の性質を明らかにした (1785 年)．現在，この力はクーロン力とよばれている．しかし，それ以前にキャベンディッシュは，第 3，5 章で扱うように，「逆 2 乗則が成り立つなら，導体球殻と導体球を同心状に絶縁して配置させ，外の導体球殻を帯電させたとき，内部の導体球には電荷が誘起されないこと」を導くガウスの法則に見合う実験を行っていた (1773 年)．彼の実験は逆 2 乗則の同定としてはクーロンの実験より精度が高かったが，未発表であった．100 年後にマクスウェルがキャベンディッシュの埋もれていた実験を見出して公にし，自身，さらに高精度の同様の実験を行った (1873 年)．20 世紀になると実験技術の進歩により，同様の実験の精度が格段に上がり，現在，距離 r の依存性が $\dfrac{1}{r^2}$ ではなく $\dfrac{1}{r^{2+\delta}}$ であるとすれば $|\delta|$ は 10^{-15} より小さいことが認められている [1),2)]．

もしも距離の逆 2 乗則が成立しないとすれば，光の波を粒子として扱う量子力学 (quantum mechanics) に基づく光子 (photon) は静止質量 (rest mass) をもつことになり，相対性理論 (theory of relativity) によると光速度 (light velocity) が光の波長 (wavelength of light) によって変わる分散 (dispersion) とよばれる効果をもつことが導かれる．しかし，このような効果はこれまで実験的に観測されていない [3)]．

---

1) Plimpton and Lawton: Phys. Rev. 50 (1936) 1066.
2) Williams, Faller and Hill: Phys. Rev. Letters 26 (1971) 721.
3) 霜田光一: 歴史的実験; クーロンの法則，パリティ vol.10 [5]，(1985) 49.

第2章

電　場

電荷間の相互作用には2つのとらえ方がある．式(1.3)で表されるクーロンの法則は，例えば点電荷q_2がq_1に及ぼす力$\boldsymbol{F}_{12}$，あるいはその反作用力の$\boldsymbol{F}_{21}$は，互いに距離を隔てた電荷が直接に力を及ぼし合う力の遠隔作用(直達説)の立場で表されている．他方，電荷間の相互作用を，まず，片方の電荷の存在が周りの空間を歪ませて場とよばれる環境を作り，次に，この場が他方の電荷に作用するという2段階の過程に相互作用を分離する近接作用(媒達説)の立場で扱うこともできる．電荷間の配置が決まっていて時間に依存しないような静電的な場合はどちらの立場でも物理的には区別が付かない．しかし，空間を隔てて及ぼし合う電気力は有限の伝達速度を持つことが認められているので，電荷の位置が時間変化する動的な場合は，伝達速度の有限性を配慮した相互作用の表現が明瞭にとれる後者の立場が有効である．この章では静止した点電荷や電荷が空間的に分布する系の静電場を扱う．

2.1 電場の定義

クーロン力を近接作用として理解するために，点電荷qがその周りに作り出す電場を定義する．場を見出すために図2.1のように**試験電荷** (test charge) とよばれ(探り電荷ともよばれる)，その電荷の存在が周りに与える影響が無限に弱い微小電荷量q^{test}をもつ点電荷を空間にもち込む．位置ベクトル$\boldsymbol{r}$にあるその電荷に時間に依存する場合を含め力$\boldsymbol{F}^{\mathrm{test}}(\boldsymbol{r},t)$が働くとすれば，

$$\boldsymbol{E}(\boldsymbol{r},t)=\frac{\boldsymbol{F}^{\mathrm{test}}(\boldsymbol{r},t)}{q^{\mathrm{test}}} \tag{2.1}$$

で，その位置の場を**電場** (electric field) $\boldsymbol{E}$と定義する．源の電荷から空間に広がる電場は**ベクトル場** (vector field) であり，矢印で大きさと方向を描くことができる．電場が定義されると，$\boldsymbol{E}$という電場の下に電荷量Qの電荷をおくと

$$\boldsymbol{F}=Q\boldsymbol{E} \tag{2.2}$$

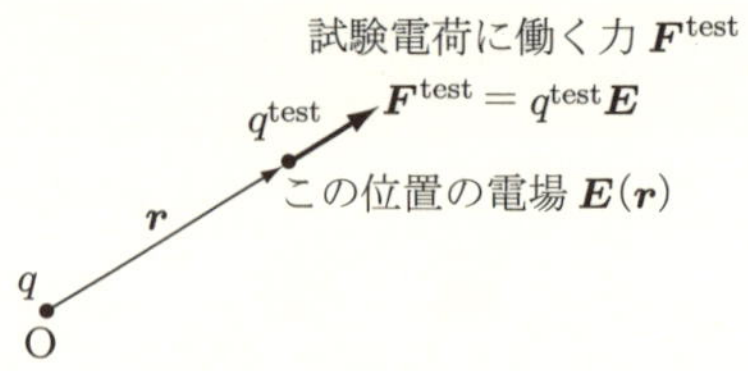

図 2.1　試験 (探り) 電荷と電荷の受ける力

の力が働くことになる．電場の単位は

$$[\boldsymbol{E}] = [\mathrm{NC}^{-1}] \tag{2.3}$$

である．時間的に変化しない電場を扱う静電気学においては，電場は必ず**場の源 (湧き出し)**(field source) となる電荷によって作られるので, 式 (2.2) の表現は，結局，クーロンの法則の単なる言い換えに過ぎない．しかし，例えば第 10 章で確かめられるように時間的に変動する電磁気現象においては，静止電荷が作るクーロン電場とは異なる性質をもつ電場が現れて静止電荷に力を及ぼす．したがって，電場を独立な物理的実在として扱うことが意味をもつようになる．

以下では電荷の配置が時間に依存しない静的な場合を考える．したがって，時間 t に依存せず位置 $\boldsymbol{r}$ だけの関数である静電場を $\boldsymbol{E}(\boldsymbol{r})$ と表す．

例題 2.1

原点 O にある電荷量 q の点電荷が位置ベクトル $\boldsymbol{r}$ の点に作る電場を表せ．また，その電場を直角座標 O–xyz で表せ．ただし，x，y，z 軸の単位ベクトルを $\boldsymbol{i}$，$\boldsymbol{j}$，$\boldsymbol{k}$ とする．

■ **解**　探り電荷 q^{test} を O から $\boldsymbol{r}$ の点におくと，$\boldsymbol{F}^{\text{test}}$ の力が働く．クーロンの法則により

$$\boldsymbol{F}^{\text{test}} = \frac{1}{4\pi\varepsilon_0}\frac{qq^{\text{test}}}{r^3}\boldsymbol{r}$$

であり，電場の定義により $\boldsymbol{r}$ における電場は,

$$\boldsymbol{E} = \frac{\boldsymbol{F}^{\text{test}}}{q^{\text{test}}} = \frac{1}{4\pi\varepsilon_0}\frac{q}{r^3}\boldsymbol{r} \tag{2.4}$$

となる．この $\boldsymbol{E}$ をその方向に沿った矢印で電荷を含む面上に描くと図 2.2 のように，原点の点電荷が正の場合は O から放射状に広がり．負の場合は O に向かって吸い込まれるようになる．それぞれ，原点に近いほど矢印の大きさは大きくなる．

また，$r = \sqrt{x^2 + y^2 + z^2}$ であり，$\boldsymbol{r} = x\boldsymbol{i} + y\boldsymbol{j} + z\boldsymbol{k}$ であるから,

$$\boldsymbol{E} = E_x\boldsymbol{i} + E_y\boldsymbol{j} + E_z\boldsymbol{j} = \frac{q}{4\pi\varepsilon_0}\frac{x\boldsymbol{i} + y\boldsymbol{j} + z\boldsymbol{k}}{r^3} \tag{2.5}$$

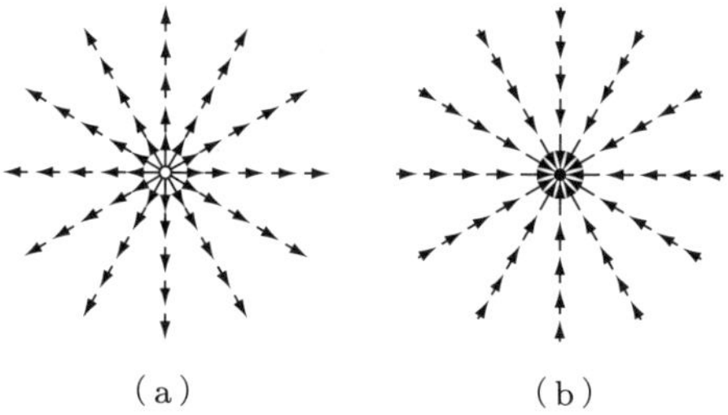

図 2.2 点電荷の作る電場：(a) 正の点電荷，(b) 負の点電荷

となる． ◀■

2.2 電荷分布をもつ系が作る静電場

複数の点電荷 $q_1, q_2, \cdots, q_i, \cdots$, がそれぞれ $\boldsymbol{r}_1, \boldsymbol{r}_2, \cdots, \boldsymbol{r}_i, \cdots$, にあるとき，ある場所 $\boldsymbol{r}$ に試験電荷 q^{test} をおくと，この電荷が受ける力はそれぞれの電荷が単独に作る電場

$$\boldsymbol{E}_i(\boldsymbol{r}) = \frac{q_i(\boldsymbol{r} - \boldsymbol{r}_i)}{4\pi\varepsilon_0 |\boldsymbol{r} - \boldsymbol{r}_i|^3} \tag{2.6}$$

で定まる力のベクトル和 $\boldsymbol{F}^{\mathrm{test}} = q^{\mathrm{test}} \sum_i \boldsymbol{E}_i(\boldsymbol{r})$ である．したがって，電場についても重ね合わせの原理が成り立ち，その点の電場はベクトル和として，

$$\boldsymbol{E}(\boldsymbol{r}) = \sum_i \boldsymbol{E}_i(\boldsymbol{r}) = \frac{1}{4\pi\varepsilon_0} \sum_i \frac{q_i(\boldsymbol{r} - \boldsymbol{r}_i)}{|\boldsymbol{r} - \boldsymbol{r}_i|^3} \tag{2.7}$$

となる．

2.2.1 電気双極子

複数の電荷が作る電場の例として，正，負の点電荷が距離 Δl 隔てて対をなす電荷の系が遠方に作る電場を，点電荷が直角座標の z 軸上にあるものとして，直角座標，極座標および円筒座標によって表してみよう．正，負の点電荷がわずかにずれて対をなす電荷系が作る電荷の間隔よりも十分に離れた位置での電場は**電気双極子場** (electric dipole field) とよばれる．例えば水分子は図 2.3 のように等量の正電荷と負電荷がわずかにずれて電気双極子を構成している．そのため水分子から離れた空間には双極子場が存在する．このとき，正，負 $\pm q$ の電荷の距離が Δl ならば，体系は大きさ $p = q\Delta l$ [Cm] の**電気双極子モーメント** (electric dipole moment) をも

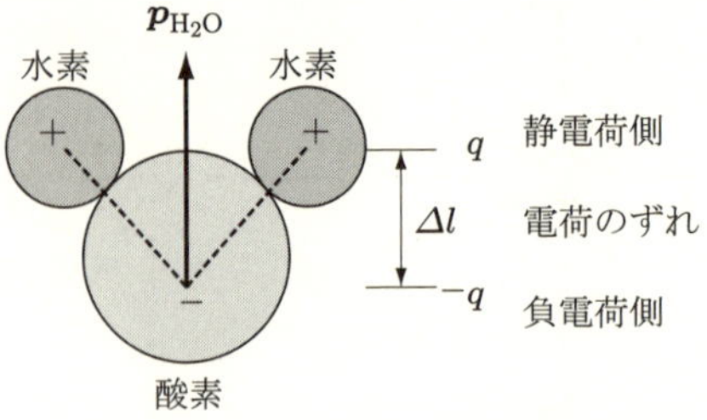

図 2.3　水分子と双極子モーメント：$\boldsymbol{p} = q\Delta l\boldsymbol{e}$ は電気双極子モーメント・ベクトルを表す．左右対称な水素と酸素の結合方向で，水素の電子が酸素側にわずかに引き寄せられて水素側が正に，酸素側が負に帯電してできた双極子モーメントの合成ベクトルが水分子のモーメントと考えてよい

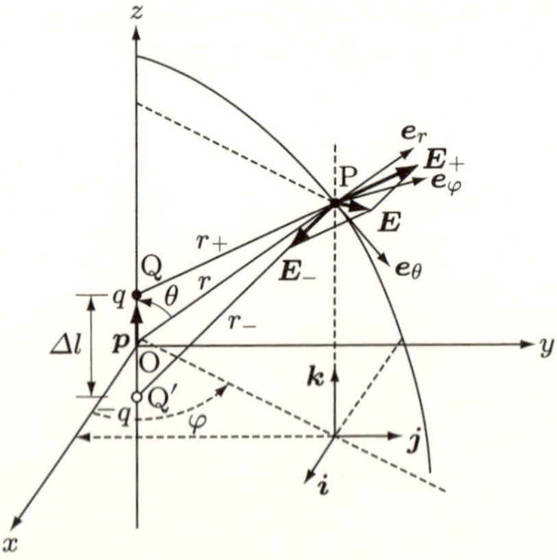

図 2.4　電気双極子の作る電場

つ．電荷のずれには方向性があるので電気双極子モーメントはベクトル量であり，ずれ方向の単位ベクトルを $\boldsymbol{e}$ とすれば，$\boldsymbol{p} = q\Delta l\boldsymbol{e}$ と表される．

▶ 直角座標表示

図 2.4 のように，**直角座標** (cartecian coordinates) の原点 O から z 軸に沿って $\Delta l/2$，$-\Delta l/2$ の位置 Q，Q′ に点電荷 q，$-q$ があるものとする．それぞれの位置から r_+，r_- の距離にある点 P (x, y, z) での電場は，各点電荷が作る電場 $\boldsymbol{E}_+$，$\boldsymbol{E}_-$ の合成場 $\boldsymbol{E} = \boldsymbol{E}_+ + \boldsymbol{E}_-$ である．原点 O から十分に離れている点 P の合成場となる電気双極子場を導こう．直角座標の x，y，z 方向の単位ベクトルを $\boldsymbol{i}$，$\boldsymbol{j}$，$\boldsymbol{k}$ として，式 (2.5) より，

$$\begin{aligned}
\boldsymbol{E}_{\pm} &= \frac{q}{4\pi\varepsilon_0}\frac{(r_{\pm})_x}{(r_{\pm})^3}\boldsymbol{i} + \frac{q}{4\pi\varepsilon_0}\frac{(r_{\pm})_y}{(r_{\pm})^3}\boldsymbol{j} + \frac{q}{4\pi\varepsilon_0}\frac{(r_{\pm})_z}{(r_{\pm})^3}\boldsymbol{k} \\
&= \frac{q}{4\pi\varepsilon_0}\frac{x}{\left\{x^2+y^2+\left(z\mp\Delta l/2\right)^2\right\}^{\frac{3}{2}}}\boldsymbol{i} + \frac{q}{4\pi\varepsilon_0}\frac{y}{\left\{x^2+y^2+\left(z\mp\Delta l/2\right)^2\right\}^{\frac{3}{2}}}\boldsymbol{j} \\
&\quad + \frac{q}{4\pi\varepsilon_0}\frac{\left(z\mp\Delta l/2\right)}{\left\{x^2+y^2+\left(z\mp\Delta l/2\right)^2\right\}^{\frac{3}{2}}}\boldsymbol{k}
\end{aligned}$$

である．原点 O から点 P までの距離を $r=\sqrt{x^2+y^2+z^2}$ として，$r \gg \Delta l$ なので，分母の { } 内を Δl で展開して 1 次項までとると，

$$\frac{1}{(r_{\pm})^3} = \left\{x^2+y^2+\left(z\mp\frac{\Delta l}{2}\right)^2\right\}^{-\frac{3}{2}} \cong r^{-3}\left(1\pm\frac{3\Delta lz}{2r^2}\right) \tag{2.8}$$

となる．この展開式を合成電場

$$\begin{aligned}
\boldsymbol{E} &= E_x\boldsymbol{i} + E_y\boldsymbol{j} + E_z\boldsymbol{k} \\
&= \{(E_+)_x + (E_-)_x\}\boldsymbol{i} + \{(E_+)_y + (E_-)_y\}\boldsymbol{j} + \{(E_+)_z + (E_-)_z\}\boldsymbol{k}
\end{aligned}$$

に代入して整理し，電気双極子モーメントの大きさ $p=\Delta lq$ を用いると，

$$E_x = \frac{p}{4\pi\varepsilon_0}\frac{3zx}{r^5} \tag{2.9}$$

$$E_y = \frac{p}{4\pi\varepsilon_0}\frac{3zy}{r^5} \tag{2.10}$$

$$E_z = \frac{p}{4\pi\varepsilon_0}\frac{3z^2-r^2}{r^5} \tag{2.11}$$

となる電気双極子場が導かれる．

▶ 極座標表示と円筒座標表示

次に，**3 次元極座標** (polar coordinates) を用いて点 P の双極子場を表そう．極座標によると，点 P の座標は動径 r，偏角 (天頂角) を z 軸から θ，方位角を x 軸から φ として，(r,θ,φ) である．r 方向，θ 方向，φ 方向の単位ベクトルを $\boldsymbol{e}_r$，$\boldsymbol{e}_\theta$，$\boldsymbol{e}_\varphi$ で表すと，点 P の極座標表示の電場は

$$\boldsymbol{E} = E_r\boldsymbol{e}_r + E_\theta\boldsymbol{e}_\theta + E_\varphi\boldsymbol{e}_\varphi \tag{2.12}$$

である．座標変換 $x=r\sin\theta\cos\varphi$，$y=r\sin\theta\sin\varphi$，$z=r\cos\theta$ より，直角座標と極座標の単位ベクトルの間には，付録 A 数学の準備の式 (A.29) の関係式が成り

立つので，これらと式 (2.9)，(2.10)，(2.11) を $\boldsymbol{E} = E_x\boldsymbol{i} + E_y\boldsymbol{j} + E_z\boldsymbol{k}$ に代入して，式 (2.12) と比較すれば，

$$E_r = \frac{p\cos\theta}{2\pi\varepsilon_0 r^3} \tag{2.13}$$

$$E_\theta = \frac{p\sin\theta}{4\pi\varepsilon_0 r^3} \tag{2.14}$$

$$E_\varphi = 0 \tag{2.15}$$

となる．双極子場は電気双極子の軸の周りに軸対称 (回転対称) であることがわかる．

次に，**円筒 (円柱) 座標** (cylindrical coordinates) を用いて点 P の双極子場を表そう．点 P の直角座標を $(x,\ y,\ z)$ とし，図 2.5 のように P から xy 面に垂線 PP' をとり，動径を $\mathrm{OP}' = r$，x 軸からの偏角を φ，z を用いるとき，点 P の円筒座標は $(r,\ \varphi,\ z)$ である．それぞれの単位ベクトルを $\boldsymbol{e}_r$，$\boldsymbol{e}_\varphi$，$\boldsymbol{e}_z$ で表す．

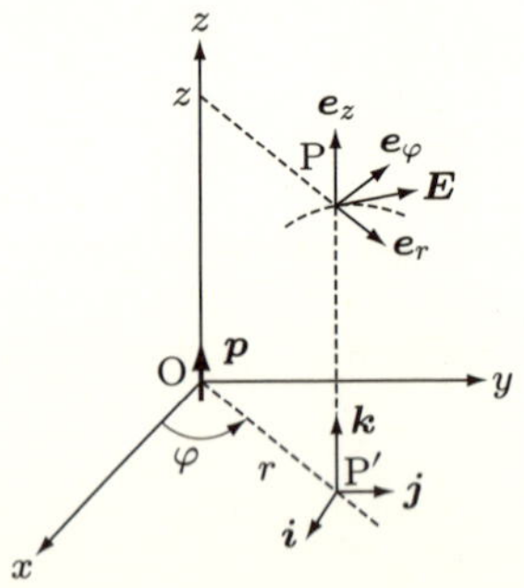

図 2.5　円筒座標と直角座標

直角座標と円筒座標の関係 $x = r\cos\varphi$，$y = r\sin\varphi$，$z = z$ を考慮すると，両座標系の単位ベクトルの間には $\boldsymbol{i} = \cos\varphi\boldsymbol{e}_r - \sin\varphi\boldsymbol{e}_\varphi$，$\boldsymbol{j} = \sin\varphi\boldsymbol{e}_r + \cos\varphi\boldsymbol{e}_\varphi$，$\boldsymbol{k} = \boldsymbol{e}_z$ が成り立つ．極座標の場合と同様に，これらと式 (2,9)，(2.10)，(2.11) を $\boldsymbol{E} = E_x\boldsymbol{i} + E_y\boldsymbol{j} + E_z\boldsymbol{k}$ に代入して $\boldsymbol{E} = E_r\boldsymbol{e}_r + E_\varphi\boldsymbol{e}_\varphi + E_z\boldsymbol{e}_z$ と比較すれば，点 P の円筒座標表示による双極子場は，

$$E_r = \frac{3rzp}{4\pi\varepsilon_0(r^2+z^2)^{5/2}} \tag{2.16}$$

$$E_\varphi = 0 \tag{2.17}$$

$$E_z = \frac{(2z^2 - r^2)p}{4\pi\varepsilon_0(r^2+z^2)^{5/2}} \tag{2.18}$$

となる．

2.2.2 電荷密度分布をもつ電荷系による静電場

次に，電荷が体積領域 V に連続的に分布している場合を考える．図 2.6 のように領域 V を微小体積 ΔV_i に分割し，その中心の位置ベクトルを $\boldsymbol{r}_i$ で指定する．体積 ΔV_i 内の電荷量は Δq_i として，この領域の単位体積当たりの電荷量に当たる電荷密度 $\dfrac{\Delta q_i}{\Delta V_i}$ は，電荷分布が連続的なため．$\Delta V_i \to 0$ の極限では収束する．その値

$$\lim_{\Delta V_i \to 0} \frac{\Delta q_i}{\Delta V_i} = \rho(\boldsymbol{r}_i) \tag{2.19}$$

を，電荷分布の位置 $\boldsymbol{r}_i$ での体積密度 $\rho(\boldsymbol{r}_i)$ と定義する．そこで，この微小領域の電荷 $\rho(\boldsymbol{r}_i)\Delta V_i$ を点電荷と見なせば，式 (2.7) より，位置 $\boldsymbol{r}$ に多数のブロック内に分布している電荷によって作られる電場は，i 番目のブロックが $\boldsymbol{r}$ に作る電場を $\boldsymbol{E}_i(\boldsymbol{r})$ として

$$\boldsymbol{E}(\boldsymbol{r}) = \sum_i \boldsymbol{E}_i(\boldsymbol{r}) = \frac{1}{4\pi\varepsilon_0} \sum_i \frac{\rho(\boldsymbol{r}_i)\Delta V_i(\boldsymbol{r} - \boldsymbol{r}_i)}{|\boldsymbol{r} - \boldsymbol{r}_i|^3} \tag{2.20}$$

と表せる．さらに ΔV_i を無限小にした極限において，上式の和が微小体積の分割の仕方によらず一定の値に収束する一般的な場合は，和は積分に置き換えられる．したがって，領域 V 内に分布した電荷が，位置 $\boldsymbol{r}$ に作る電場は，

$$\boldsymbol{E}(\boldsymbol{r}) = \frac{1}{4\pi\varepsilon_0} \int_{\mathrm{V}} \frac{\rho(\boldsymbol{r}')(\boldsymbol{r} - \boldsymbol{r}')}{|\,\boldsymbol{r} - \boldsymbol{r}'\,|^3} \mathrm{d}V' \tag{2.21}$$

のように，V 全体にわたっての体積積分で表される．ここで $\boldsymbol{r}'$ は V 内の電荷密度を指定する位置ベクトルの積分変数である．なお，体積積分や，第 3 章で扱う面積分および第 4 章で扱う線積分の一般的取り扱いは，付録 A 数学的準備を参照すること．

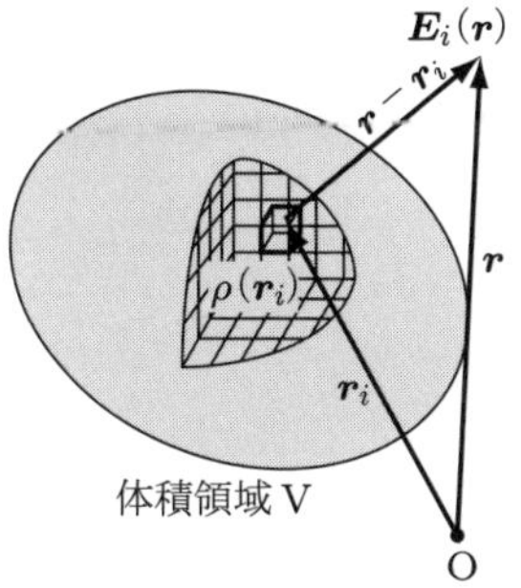

図 2.6 領域 V に連続した電荷分布をもつ系が作る電場：$\boldsymbol{E}_i(\boldsymbol{r})$ は位置ベクトル $\boldsymbol{r}_i$ にある分割された微小領域の電荷が位置ベクトル $\boldsymbol{r}$ に作る電場を表す

例題 2.2

図 2.7 のように線密度 λ (単位長さ当たりの電気量) で直線状に分布した電荷が直線から R の位置に作る電場は

$$E(R) = \frac{1}{2\pi\varepsilon_0}\frac{\lambda}{R}$$

と与えられることを示せ.

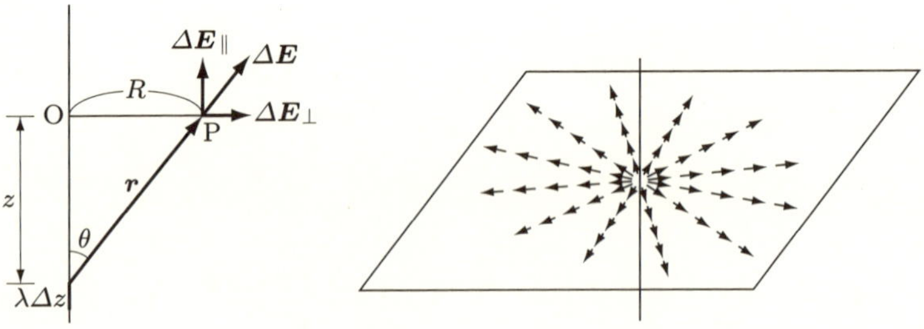

(a)　　　　(b)

図 2.7　直線上に分布した電荷の作る電場：(a) 電荷素片が直線より R だけ離れた位置 P に作る電場, (b) 直線に垂直な平面上の電場ベクトルの様子

■ **解**　直線に沿って z 軸をとり, $-z$ の位置にある微小素片 dz を考えると, その位置には電荷 $\lambda\Delta z$ がある. これを点電荷と見なし, 点 P に作る電場の直線に垂直な成分は, 素片の位置から点 P までの距離は $\sqrt{z^2+R^2}$ であるから, その大きさは

$$\begin{aligned} \mathrm{d}E_\perp &= \frac{1}{4\pi\varepsilon_0}\frac{\lambda\sin\theta}{(\sqrt{z^2+R^2})^2}\mathrm{d}z = \frac{\lambda}{4\pi\varepsilon_0}\frac{\mathrm{d}z}{\left(\sqrt{z^2+R^2}\right)^2}\frac{R}{\sqrt{z^2+R^2}} \\ &= \frac{\lambda R}{4\pi\varepsilon_0}\frac{\mathrm{d}z}{\left(\sqrt{z^2+R^2}\right)^3} \end{aligned}$$

また, 直線電荷に平行な電場の成分は O の上下の電荷密度による電場が逆向きとなるので 0 となる. よって, 直線状に帯電した電荷が作る点 P での電場は直線電荷に垂直な向きのみで,

$$\begin{aligned} E &= \int \mathrm{d}E_\perp = \frac{\lambda}{4\pi\varepsilon_0}\int_{-\infty}^{\infty}\frac{R\mathrm{d}z}{(\sqrt{z^2+R^2})^3} = \frac{1}{4\pi R\varepsilon_0}\left|\frac{z}{(\sqrt{z^2+R^2})}\right|_{-\infty}^{\infty} \\ &= \frac{\lambda}{4\pi\varepsilon_0 R}\times 2 = \frac{\lambda}{2\pi\varepsilon_0 R} \end{aligned}$$

となる.　◀■

例題 2.3

半径 R の細い円環に線密度 λ で電荷が帯電しているとき，円環の中心から z の位置にある電場を示せ．

■ **解**　図 2.8 のように円環の中心 O を原点として円環を xy 面にとり，これに垂直に z 軸をとる．円環上の微小素片 $\mathrm{d}s = R\mathrm{d}\theta$ に帯電している電荷量は $\lambda R\mathrm{d}\theta$ であり，この電荷が z 軸上にある z の位置に作る電場 $\mathrm{d}\boldsymbol{E}$ の軸方向の成分は，

$$\mathrm{d}E_z = \frac{R\lambda \mathrm{d}\theta}{4\pi\varepsilon_0(z^2+R^2)}\frac{z}{\sqrt{z^2+R^2}}$$

であるから，円環全体では

$$E_z = \int \mathrm{d}E_z = \frac{Rz\lambda}{4\pi\varepsilon_0(z^2+R^2)^{\frac{3}{2}}}\int_0^{2\pi}\mathrm{d}\theta = \frac{\lambda z R}{2\varepsilon_0(z^2+R^2)^{\frac{3}{2}}}$$

z 軸に垂直な電場成分は円環上の一様な電荷分布により 0 となる．

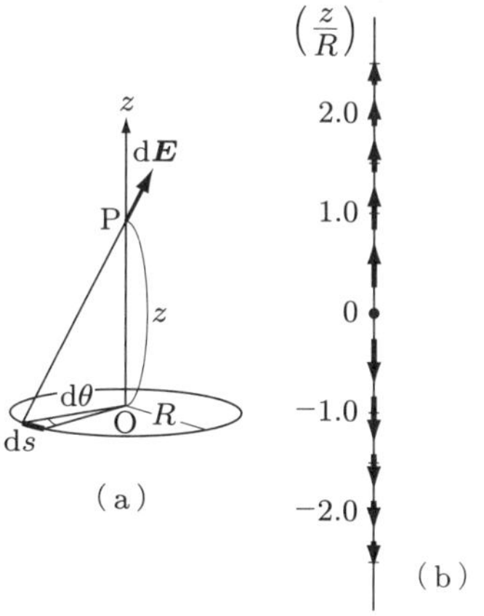

図 2.8　円環状に帯電した電荷が円環面の中心軸に作る電場：
(a) 円環の微小部分 $\mathrm{d}s$ が z 軸上に作る電場，
(b) z 軸に沿った電場ベクトルの様子

◀■

演習問題

1. 円環上の全電荷量を $q = 2\pi R\lambda$ とし，$z \gg R$ とすれば，円環から十分に離れた中心線上の点の電場は電荷量 q の点電荷が作る電場と同じになることを示せ．

2. 半径 R の円盤に面密度 σ で電荷が帯電しているとき，中心軸上 z の位置での電場 E_z を求めよ．

3. 半径 R の薄い球殻に全電荷量 Q が帯電している．球殻の中心 O を通る z 軸上の点 P の座標を z とすれば，

(i) $z > R$ の点 P の電場の強さは $E_z = \dfrac{Q}{4\pi\varepsilon_0 r^2}$ となることを示せ．

(ii) $z < R$ (球殻の内部) の点 P の電場の強さは $E_z = 0$ となることを示せ．

(iii) $z = R$ の球面上の点 P の電場の大きさは $E_z = \dfrac{Q}{8\pi\varepsilon_0 R^2}$ となることを示せ．

コラム

力の直達説，媒達説

図 2.9 のように q_1，q_2 の電荷がある．いま，ある時刻に q_2 が突然位置を変えたとする．q_1 と q_2 の間の力の変化の情報の信号伝達は，これまでの実験事実として有限の速度で伝わる (相対性理論ではこの信号伝達速度が光速度とする原理に基づいている)． したがって，電荷が運動する場合も含めて考えると，力が瞬時に伝わる形になっている，$\boldsymbol{F}_{12} = \dfrac{1}{4\pi\varepsilon_0}\dfrac{q_1 q_2}{r_{12}^3}\boldsymbol{r}_{12}$ のようなある座標系で見た互いの電荷の位置座標だけで表される**遠隔作用** (action of a distance) の直達説の表現は適切でない．力の伝達に伴う遅延の効果により信号到達時刻に q_1 が受ける力を電荷間の相対距離 r_{12} の時間依存性として顕わに取り込む工夫をしなければならない．

しかし，**近接作用** (action through medium) の媒達説の立場では，q_2 は空間に場を作ってその場を伝え，q_1 に働く力は場を作る源の電荷 q_2 を意識せず，q_1 がある位置ベクトルの現在の時刻 t の場から影響を受けると解釈する．このとき，あらかじめ q_1 が位置する現在の時刻 t の場を知る必要はある．

図 2.9　電気力の伝達

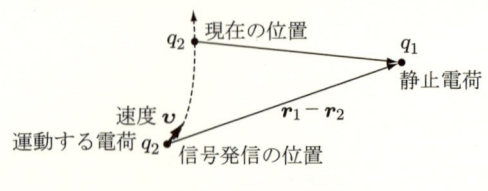

第3章

ガウスの法則

この章では，まず，電気力線，電気力束，電束密度とよばれる概念を導入する．これらを用いると電場の様子を直感的に理解することができる．つづいて，電場が満たすべき条件としてガウスの法則を導く．この法則は閉曲面での電気力線の面積分，つまり，閉曲面を貫く電気力束と閉曲面内部にあるの電荷の関係を示すものである．この法則を用いて，対称性の高い電荷分布では，電荷が作る電場の大きさを求めることもできる．

3.1 電気力線と電気力束

図 3.1 に見るように，電場 $\boldsymbol{E}$ は各位置での場の大きさと方向を表すベクトルの矢印で描くことができる．このように空間の各点のベクトルで定義される場を**ベクトル場** (vector field) という．

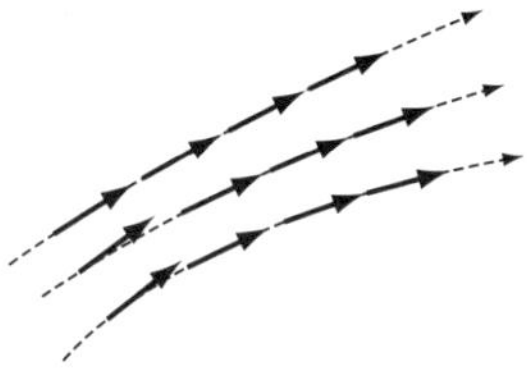

図 3.1 静電場ベクトルと電気力線

▶ 電気力線

電気力線 (lines of electric force)[1]は各点の $\boldsymbol{E}$ ベクトルを接線とする曲線である．さらに電気力線群の密度は電場の強さに比例して描かれる (図では点線で描いてあるが，実際には実線で示す)．

[1] 電気力線は，ファラデーにより電気力の様子を視覚的に表現するために仮想的な線群として導入された概念であるが，電場のようなベクトル場を特徴付けるのに有効である．

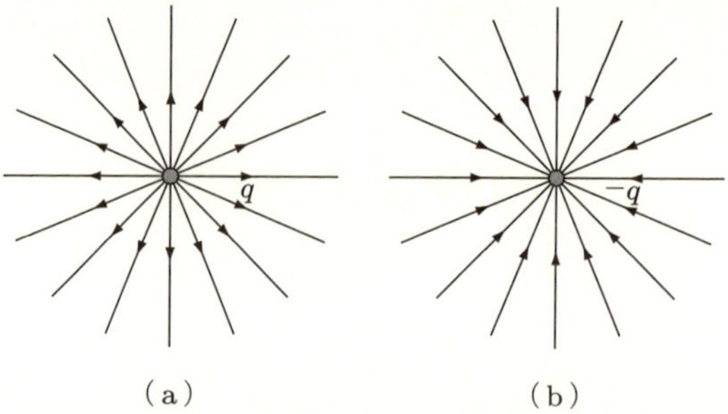

図 3.2　点電荷の作る電気力線：(a) 正電荷，(b) 負電荷

点電荷の周りに生じる電場 (式 (2.4)) の電気力線を描くと，図 3.2 のような球対称で放射状になる．正電荷からは電気力線は広がり，負電荷の場合は電荷に向かって電気力線は吸い込まれる．例えば図 3.3(a) のように点電荷から放射状に出ている電気力線に関して，電荷に近い単位面積を通過する力線の数はより外側の同じ単位面積を通過する力線の数より多い．また，図 3.3(b) のように一様な平面に帯電した電荷が作る電場の電気力線の場合は，後の例題 3.1 で確かめるように平面近くの単位面積を通過する力線の数と遠く離れている単位面積を貫く力線の数は同じである．したがって，前例では，電場は中心から離れる程弱くなり，後例では，電場は面から離れても変わらず一定であることがわかる．電気力線は無数に描くことができるが，その本数の密度は電場の大きさに比例するように描く．また，電荷のないところでは電気力線は途中で分枝したり交わることはない．

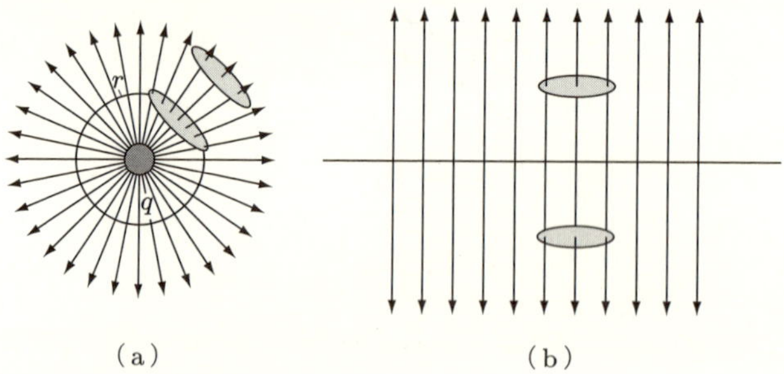

図 3.3　(a) 点電荷による電気力線，(b) 無限平面に一様に帯電した電荷の系と電気力線

▶ 電気力束

このような例から，電場のようなベクトル場を理解するために，電場中のある面を貫く電気力線の総数に当たる**電気力束** (flux of electric induction) とよばれる"電気力線のフラックス (束)" という概念が有用である．図 3.4 のように，一様な電場 $\boldsymbol{E}$ 内のある面素片 ΔS を貫く電気力線の総数を $\Delta\ \Phi_{\mathrm{E}}$ と表すと，この量は ΔS の面法線と $\boldsymbol{E}$ のなす角を θ として，電場に垂直な微小面の成分 $\Delta S\cos\theta$ と電場の大きさの積，

$$\Delta\Phi_{\mathrm{E}} = |\ \boldsymbol{E}\ |\ \Delta S\cos\theta \quad [\mathrm{NC^{-1}m^2}] \tag{3.1}$$

で定義される．すなわち，**電場の大きさが E の位置で，電場に垂直な断面の単位面積当たりを通過する電気力束の数は E 本に相当する．**

さて，平面とみなせる微小面領域 ΔS をベクトル量として定義してみよう．微小領域の面積 ΔS の大きさをもち，面に垂直な方向をもつベクトルを**面積ベクトル** (area vector) とよぶ．ただし，面に垂直な向きは 2 つあるので，図 3.5 に示すように，微小面の周囲を回るとき，右ネジの進む向きを単位法線ベクトル $\boldsymbol{n}$ と定義して，その面を表として，面積ベクトルを $\boldsymbol{\Delta S} = \Delta S\boldsymbol{n}$ とする．したがって，$-\boldsymbol{n}$ は裏面法線となる．式 (3.1) により，$\boldsymbol{\Delta S}$ の大きさと $\boldsymbol{E}$ の面表面に対する法線成分の

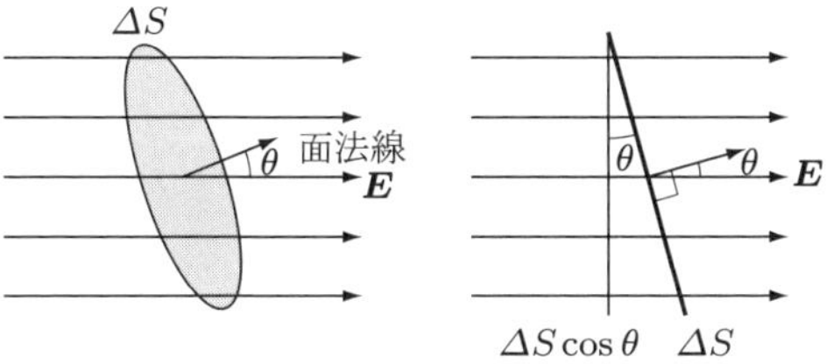

図 3.4　面積 ΔS を貫く電気力束 $\Delta\Phi_{\mathrm{E}}$

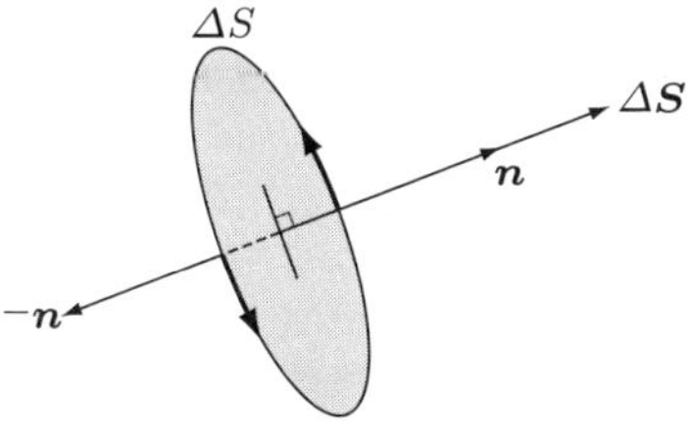

図 3.5　面積 ΔS を取り囲む縁を回ったとき右ネジが進む向きに面法線の単位ベクトル $\boldsymbol{n}$ を定める．面積ベクトルは $\boldsymbol{\Delta S} = \boldsymbol{n}\Delta S$ と定義される．縁を逆に回ったときは $\boldsymbol{\Delta S}$ の向きは逆になる

大きさ E_n の積も断面 ΔS を貫く電気力束の大きさである．したがって，$\boldsymbol{\Delta\Phi_{\mathrm{E}}}$ はベクトルの内積 (スカラー積) の公式を用いて，

$$\Delta\Phi_{\mathrm{E}} = E\cos\theta\Delta S = E_{\boldsymbol{n}}\Delta S = (\boldsymbol{E}\cdot\boldsymbol{n})\Delta S = \boldsymbol{E}\cdot\boldsymbol{\Delta S} \tag{3.2}$$

と表される[2])．

1つの曲面S全体を貫く電気力線のフラックス Φ_{E} は図3.6のようにSを微小面積に分割してその i 番目を $\Delta S_{\boldsymbol{i}}$，その位置の電場を $\boldsymbol{E_i}$ とすると，それぞれの微小面を通り抜ける電気力束 $\Delta\Phi_{\mathrm{E}_i} = \boldsymbol{\Delta E_i}\cdot\boldsymbol{\Delta S_i}$ の代数和，

$$\Phi_{\mathrm{E}} = \sum_i \Delta\Phi_{\mathrm{E}_i} = \sum_i \boldsymbol{E}_i\cdot\boldsymbol{\Delta S}_i$$

である．

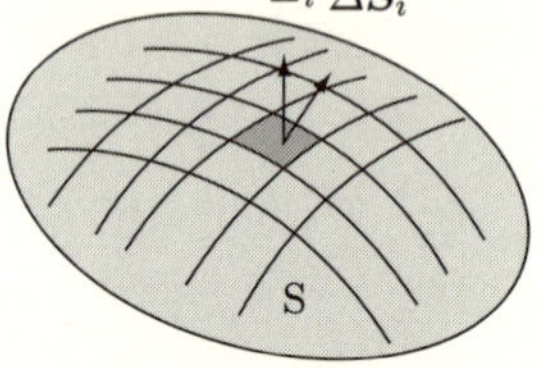

図 3.6　1つの曲面Sを貫く全電気力束 Φ_{E} の扱い方

ΔS_i を無限小にした極限をとると，電気力束 Φ_{E} は

$$\Phi_{\mathrm{E}} = \lim_{\Delta S_i\to 0}\sum_i \boldsymbol{E}_{in}\cdot\boldsymbol{\Delta S}_i = \int_{\mathrm{S}} E_n \mathrm{d}S = \int_{\mathrm{S}} (\boldsymbol{E}\cdot\boldsymbol{n})\mathrm{d}S = \int_{\mathrm{S}} \boldsymbol{E}\cdot\mathrm{d}\boldsymbol{S} \tag{3.3}$$

のように積分でおきかえられる．ここで，$\mathrm{d}\boldsymbol{S}$ は**面素片ベクトル** (vector of surface element) とよばれ，このような積分を $\boldsymbol{E}$ の**面積分** (surface integral) という．

---

2) 変位，速度，加速度．力および第2章で導入した電場など，あらかじめ規約を設けなくとも最初から向きの区別があるベクトルは**極性ベクトル** (polar vector) とよばれる．他方，面積ベクトルのように前もって平面をなす面の両側に正負の区別を設けることで向きの区別ができるベクトルは**軸性ベクトル** (axial vector) とよばれる．面積ベクトルの場合，大きさは面積に比例し，その方向および向きは面に立てた正の側に向く法線の方向および向きと同じとすればよい．このように定めた面積ベクトルの向きは，面領域を常に左側に見ながら面の縁を回るとき，右ネジが進む向きになっている．したがって，面積ベクトルを直角座標の各平面に対して射影すると，軸性ベクトルの特徴である鏡映対称性が満たされている．すなわち，鏡映面に射影された面積ベクトルの平行な成分の符号は反転し，垂直な成分の符号は変わらない．また，座標系を反転させる ($x\to -x$, $y\to -y$, $z\to -z$) 反転対称操作に対して，ベクトル $\boldsymbol{A}$ が $\boldsymbol{A}\to -\boldsymbol{A}$ となれば極性ベクトル，$\boldsymbol{A}\to\boldsymbol{A}$ ならば軸性ベクトルである．巻末の参考文献2を参照されたい．

電磁気学においては電気力束と共に，これに真空の誘電率 ε_0 をかけた，

$$\Delta\Phi_{\mathrm{D}} = \varepsilon_0 \boldsymbol{E} \cdot \Delta\boldsymbol{S} \quad [\mathrm{C}] \tag{3.4}$$

の**電束** (flux of electric induction) とよばれるフラックスも後に述べるように重要となる．このとき $\varepsilon_0 \boldsymbol{E} \equiv \boldsymbol{D}$ と表されるベクトルは**電束密度** (electric displacement) とよばれ $[\mathrm{Cm}^{-2}]$ の単位をもつ．

3.2 電気力線の面積分とガウスの法則

静電場の中にある 1 つの**閉曲面** (closed surface) を貫く全電気力束は閉曲面内にある電荷量により決定され，閉曲面の形によらないことを示そう．

まず，点電荷 q を中心とした半径 r の球面上の電場 $\boldsymbol{E}$ の面積分を求めてみよう．図 3.7 のように半径 r の球面上の面素片を貫く電気力束 $\mathrm{d}\Phi_{\mathrm{E}}$ は面素片ベクトル $\mathrm{d}\boldsymbol{S}$ とその点での電場 $\boldsymbol{E}$ との内積 $\mathrm{d}\Phi_{\mathrm{E}} = \boldsymbol{E} \cdot \mathrm{d}\boldsymbol{S}$ である．以下では，球面に限らず，**一般に閉曲面 S 上の面素片ベクトル $\mathrm{d}\boldsymbol{S}$ の方向は外向き (閉曲面の外側) にとるものとする**．球面上では $\mathrm{d}\boldsymbol{S}$ と $\boldsymbol{E}$ は平行で，また球面上のどこでも $\boldsymbol{E}$ の大きさは一定である．よって式 (2.4) から，球面全体の面積分は，

$$\Phi_{\mathrm{E}} = \oint_{\text{球面 (半径 } r)} \boldsymbol{E}(\boldsymbol{r}) \cdot \mathrm{d}\boldsymbol{S} = \frac{q}{4\pi\varepsilon_0 r^2} \oint_{\text{球面 (半径 } r)} \mathrm{d}S = \frac{q}{\varepsilon_0} \tag{3.5}$$

となる．ここで，球の表面積；$\oint_{\text{球面 (半径 } r)} \mathrm{d}S = \int_0^{2\pi} \int_0^{\pi} r^2 \sin\theta \mathrm{d}\theta \mathrm{d}\varphi = 4\pi r^2$ を用いた．なお，本書ではある物理量の閉曲面 S の表面全体に関する面積分は，積分記号 $\oint_{\mathrm{S}}$ を用いる．

したがって，正の点電荷 q による半径 r の球面を貫く全電束 Φ_{E} は r によらず q/ε_0 となることが示された．もし，単位電荷当たり 1 本の電気力線を描くとすれば，q/ε_0 本の電気力線が点電荷より発生し，外向きに放射状に射出される．点電荷が負のとき，Φ_{E} は負となり，$|q|/\varepsilon_0$ 本の電気力線が内向きに入射し，点電荷で吸収される．$q = 0$ では $E = 0$ で $\Phi_{\mathrm{E}} = 0$ となることがわかる．

中心の他に電荷がないときには，電荷 q から湧きだす電気力線は放射状に連続に広がりその本数も変わらない．図 3.7 に示したように，点電荷を包む閉曲面が球面でないときも，その面を貫く電気力線の数は同じとなるので，一般の閉曲面 S を貫く電束は，球面を貫く電気力束と同じであることが直感的にわかる．したがって，**任意の閉曲面を貫く全電気力束はその内部にある点電荷を q とすれば，q/ε_0 で与えられる．**

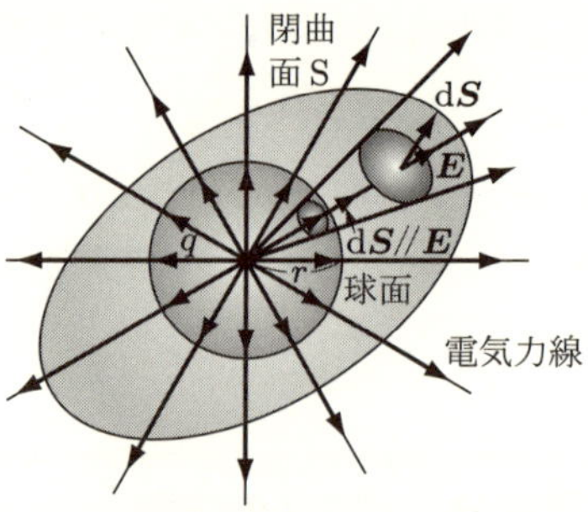

図 3.7　点電荷と電気力線：閉曲面S内にある点電荷 q から出た電気力線がS面全体を貫く電気力束は微小面を貫く電気力線の面積分となる

閉曲面の内部に電荷がなく，外部に電荷 q があるとき，この閉曲面を貫く電気力束がどうなるかを調べてみよう．図3.8(a) のように凸の閉曲面を通る電気力線を見ると，電荷に近い微小面 $\mathrm{d}\boldsymbol{S}$ に入射した円錐状に広がる電気力束が，その遠くの影となる面 $\mathrm{d}\boldsymbol{S}'$ を貫ているとき，入射する電気力線の数と射出する電気力線の数は等しいことがわかる．射出側の微小面上の電場を $\boldsymbol{E}'$ とすと，$-E\mathrm{d}S = E'\mathrm{d}S'$ となる．したがって，この閉曲面全体を貫く電気力束も入射面では負となり，射出面では正となるので，打ち消しあい全体では0となる．図3.8(b) のような凹の部分がある閉曲面でも，結局，全電気力束は0となることがわかる．また，図3.7の球面と閉曲面Sの2つの閉曲面で囲まれた空間に電荷がない場合には，球面に入射する負の電気力束と曲面Sから射出する正の電気力束が打ち消してその体積領域では0である．すなわち，球面に入射した電気力束はそのままこの領域を通過してSから出ていく．

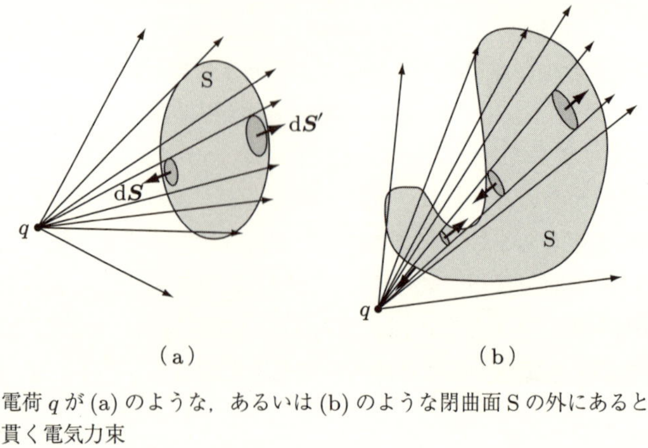

図 3.8　電荷 q が (a) のような，あるいは (b) のような閉曲面Sの外にあるときのS面を貫く電気力束

以上より，任意の閉曲面 S の内部に電荷 q があるとき，外部の電荷とは無関係に，閉曲面上の電場の面積分は q/ε_0 となることが示された．これが**ガウスの法則** (Gauss's law) で，閉曲面上の電場の面積分として

$$\Phi_{\mathrm{E}} = \oint_{\mathrm{S}} \boldsymbol{E}(\boldsymbol{r}) \cdot \mathrm{d}\boldsymbol{S} = \begin{cases} q/\varepsilon_0 & : \text{閉曲面 S 内に電荷 } q \text{ があるとき} \\ 0 & : \text{閉曲面 S 内に電荷がないとき} \end{cases} \tag{3.6}$$

とまとめられる[3]．内部に複数の電荷があるときには，q の代わりに，電荷の和 $q_{\mathrm{total}} = \sum_i q_i$ を用いればよいことは，電場は重ね合わせの原理が成り立つので，容易に推察できるであろう．ただし，外部の電荷による電場の閉曲面の面積分は 0 となるが，閉曲面内部の電場は外部の電荷も影響することを忘れてはならない．

閉曲面 S で包まれた体積領域 V の内部で電荷が電荷密度 $\rho(\boldsymbol{r})$ で分布している場合，閉曲面上の電場の面積分は V 内にある電荷のみの寄与として，

$$\oint_{\mathrm{S}} \boldsymbol{E}(\boldsymbol{r}) \cdot \mathrm{d}\boldsymbol{S} = \frac{1}{\varepsilon_0} \int_{\mathrm{V}} \rho(\boldsymbol{r}) \mathrm{d}V \tag{3.7}$$

で与えられる．ここで，体積積分は V 内に限られ，面積分は外部の電荷密度分布から影響を受けない．式 (3.7) が一般的なガウスの法則の表現である．

▶ ガウスの法則の微分形式

ベクトル解析におけるベクトル量の面積分と体積積分に関わる**ガウスの定理** (Gauss's principle): $\oint_{\mathrm{S}} \boldsymbol{E}(\boldsymbol{r}) \cdot \mathrm{d}\boldsymbol{S} = \int_{\mathrm{V}} \mathrm{div}\, \boldsymbol{E}(\boldsymbol{r}) \mathrm{d}V$ を用いると，式 (3.7) は

$$\int_{\mathrm{V}} \mathrm{div}\, \boldsymbol{E}(\boldsymbol{r}) \mathrm{d}V = \int_{\mathrm{V}} \frac{\rho(\boldsymbol{r})}{\varepsilon_0} \mathrm{d}V \tag{3.8}$$

と表される．ここで，div は divergence の略記号で div $\boldsymbol{E}$ は電場の発散とよばれる．この式は任意の閉領域 V で成り立つので，$\boldsymbol{E}$ に対する微分形式のガウスの法則

$$\mathrm{div}\, \boldsymbol{E}(\boldsymbol{r}) = \frac{\rho(\boldsymbol{r})}{\varepsilon_0} \tag{3.9}$$

が導かれる．この式は電場の湧き出しが，その位置の電荷密度で決まることを表している．直角座標 O-xyz 系を用いると div $\boldsymbol{E}$ は

$$\mathrm{div}\, \boldsymbol{E}(x, y, z) = \frac{\partial E_x}{\partial x} + \frac{\partial E_y}{\partial y} + \frac{\partial E_z}{\partial z} \tag{3.10}$$

と表される．ガウスの定理については付録 A 数学的準備を参照のこと．

---

[3] この法則は点電荷 q が閉曲面 S 上の微小面 dS を見込む立体角の表現 (第 8 章 8.5.3 項で導入する) を用いても導くことができる．

例題 3.1

図3.10のように平面電荷密度 σ [Cm^{-2}] で無限平面上に一様に帯電した電荷が作る電場をガウスの法則により求めよ．

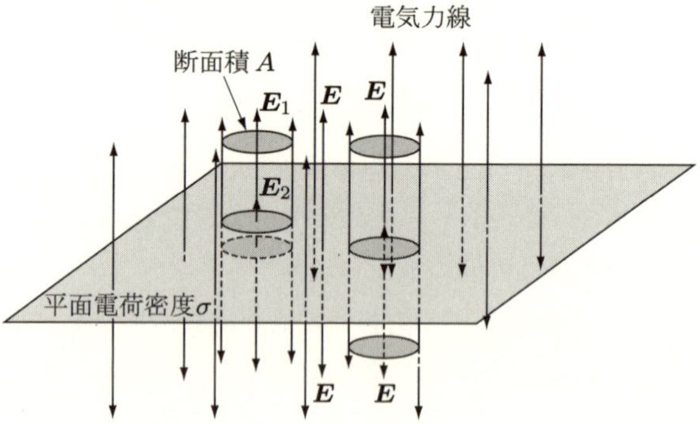

図 3.9　極めて薄い無限平面に帯電した電荷の系とガウスの法則

■ **解**　帯電は無限平面上で一様であるから，その電場は面内で並進対称性と，この面に対し，さらに鏡映対称性がある．そのため電場の方向は帯電面に垂直で，帯電面に平行な面上では電場の強さも向きも同じである．まず断面積 A [m^2] で高さ h [m] の円筒状の閉曲面を考え，図の左側の円筒領域のようにその形状の底面を平面に平行に平面上方に置く．上面を貫く電場を $\boldsymbol{E}_1$，底面を貫く電場を $\boldsymbol{E}_2$ と仮定して，ガウスの法則を適応する．閉曲面の上面，底面の法線ベクトルは面を円筒の内側から見て面の端を右向きに回したとき右ネジが進む向きを正にすれば，この円筒領域内には電荷が存在せず，円筒の側面からの電気力線が出入りすることはないから，

$$\Phi_{\mathrm{E}} = \oint_{\mathrm{S}} \boldsymbol{E} \cdot \mathrm{d}\boldsymbol{S} = E_1 A - E_2 A = 0$$

となる．したがって $E_1 = E_2$ が導かれる．

次に，右図のように同様の形状の円筒領域を帯電平面をよぎる位置におき，ガウスの法則を用いる．今度は閉曲面内には，円筒が面をよぎる平面に $A\sigma$ の正味の電荷があるから，そこからの電束の湧き出しは $A\sigma$ となる．電場ベクトルは無限平面に関し上下対称であるから，

$$\Phi_{\mathrm{E}} = EA + EA = \frac{\sigma A}{\varepsilon_0}$$

よって，面に垂直な一様電場

$$E = \frac{\sigma}{2\varepsilon_0}$$

が導かれる．◀■

例題 3.2

全電荷量 Q が一様な体積密度で帯電している半径 R の球において，球内 r $(r < R)$ での電場の強さは

$$E = \left(Q/4\varepsilon_0 R^3\right) r$$

となることを示し，球の内外を含め電場の位置依存性 $E(r)$ を図示せよ．

■ **解** 帯電球の電荷の体積密度は $\rho = Q\Big/\dfrac{4}{3}\pi R^3$ なので，$0 \leq r \leq R$ において半径 r の球面をとり，その位置の電場を $E(r)$ とすれば，ガウスの法則により，

$$4\pi r^2 E(r) = \frac{\rho}{\varepsilon_0}\left(\frac{4\pi r^3}{3}\right) = \frac{1}{\varepsilon_0}\frac{Q}{(4\pi/3)R^3}\left(\frac{4}{3}\pi r^3\right)$$

したがって，

$$E(r) = \frac{Qr}{4\pi\varepsilon_0 R^3} = \frac{\rho r}{3\varepsilon_0}$$

となる．すなわち，この場合，$E(r)$ が半径 r 内部の電荷のみで決まるのは，外側の電荷分布が球対称で，これが内部に作る電場は 0 となるからである．

$r > R$ では，

$$\oint_r E(r)\mathrm{d}S = \frac{1}{\varepsilon_0}\oint_{r \leq R} \sigma \mathrm{d}V$$

半径 r の球面上の電場が等しいことを用いれば，この式は $4\pi r^2 E(r) = Q/\varepsilon_0$ となるから，

$$E(r) = \frac{Q}{4\pi\varepsilon_0 r^2}$$

となる．半径 R の球内の全電荷 Q が中心に集まっているときの電場と同じになる．$E(r)$ は図 3.10 のようになる．これは，球内が一様な密度の質量分布の時の重力場と同じである．

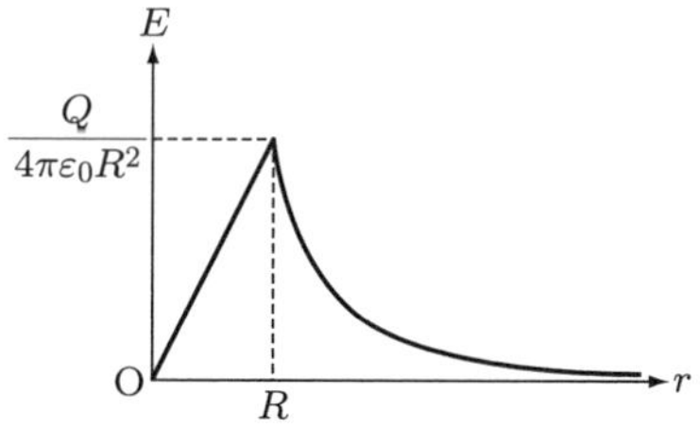

図 3.10 半径 R の球に全電荷量 Q が一様に帯電している場合の電場の位置依存性

◀■

演習問題

1. 線密度 λ で一様に帯電している無限に長い線状の帯電体 (太さは考えない) から垂直に r の位置の電場の強さは，真空の誘電率を ε_0 として

$$E = \frac{\lambda}{2\pi\varepsilon_0 r}$$

となることを，ガウスの法則を用いて示せ．なお太さのある場合でも，長さ方向の電荷の線密度が λ ならば線状の帯電体の外，中心軸から r の位置の電場は太さを考えない場合と同じである．

2. 半径 R の薄い球殻に全電荷量 Q が帯電しているとき，$r > R$ での電場の強さ，$r < R$(球殻の内部) での電場の強さを，ガウスの法則を用いて示せ．

3. 図 3.11 のように $-d \leq x \leq d$ の (2 次元) 層内に一定の体積密度 ρ_0 で電荷が分布している．このときの電場 $E(x)$ をガウスの法則を用いて，$x < -d$，$-d \leq x \leq d$，$d < x$ の領域で求め，図示せよ．

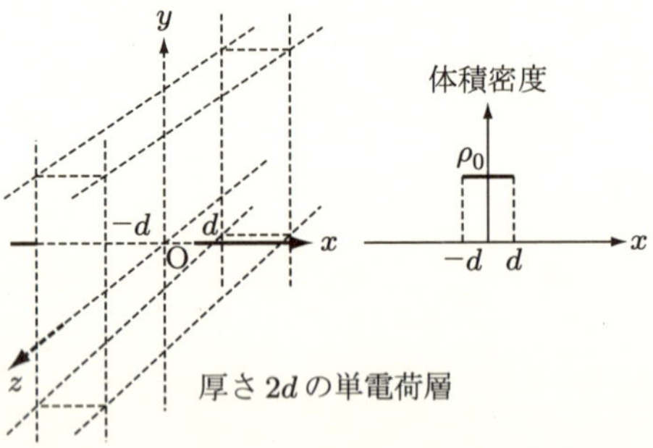

図 3.11　電気的一重層

コラム

電気双極子場の電気力線の描き方

図 2.4 においてに yz 平面上の電気力線を描くことを考えよう．ある点を通る電気力線はその接線方向がその点での電場の方向を向いている．電気力線の接線方向の微小変位 $\mathrm{d}\boldsymbol{l}$ について極座標の表示に従うと，動径成分は $\mathrm{d}\boldsymbol{l}_r = \mathrm{d}r$，極角成分は $\mathrm{d}\boldsymbol{l}_\theta = r\mathrm{d}\theta$ なので，点 $\mathrm{P}(r, \theta)$ を通る電気力線は，$\dfrac{\mathrm{d}r}{r\mathrm{d}\theta} = \dfrac{E_r}{E_\theta}$ を満足する．

式 (2.13)，(2.14) より，$\mathrm{d}r = \dfrac{2\cos\theta}{\sin\theta}\mathrm{d}\theta$ となるから，積分公式 $\displaystyle\int \frac{\cos\theta}{\sin\theta}\mathrm{d}\theta = \ln(\sin\theta)$，$\displaystyle\int \frac{1}{r}\mathrm{d}r = \ln r + C$ を用いると，$2\ln(\sin\theta) = \ln r + C$ が得られる．ここ

で，積分定数を $-\ln r_0$ とおくと，ある角度で正電荷から出て負電荷に吸い込まれる電気力線の曲線式は $r = r_0 \sin^2\theta$ となる．ある積分定数に対して上式の極座標方程式を図示すると，図 3.12 のようになる．なお，式 (2.16), (2.17) は双極子から十分離れた位置での近似式なので，ここでの電気力線は原点付近を問題にしていない．

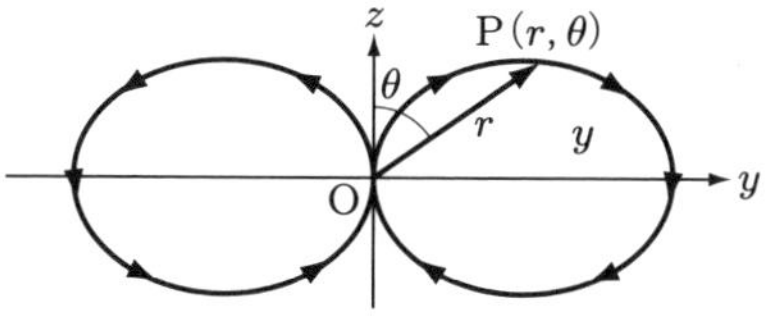

図 3.12　z 軸方向に向いた原点上の電気双極子による双極子場の電気力線の 1 本の様子

第 4 章

電 位

点電荷間に働くクーロン力は r^{-2} に比例する中心力であるから，万有引力と同様な場の性質を示す．このことから，電荷により生成された電場は保存場であり，電場の中におかれた電荷は位置エネルギーをもつことが理解できる．この章では電場 $\boldsymbol{E}$ 下にある電荷の位置エネルギーを特徴づける電位：静電ポテンシャル ϕ について考察し，また，電場と電位の関係について導く．

4.1 電位：静電ポテンシャル

▶ 電場中で電荷を移す仕事

電場 $\boldsymbol{E}$ の中に電荷 q をおくと電荷にはクーロン力が働くので，ある経路に沿って電荷を移動させるためには，この力に対抗した外力による仕事が必要である．図 4.1 のように経路 C に沿って点電荷 q を点 S から点 P まで運ぶときの外力の仕事を求めて電場と電荷の位置エネルギーの関係を考えよう．まず，経路 C を微小な区間で分割し i 番目の微小区間の変位ベクトルを $\Delta\boldsymbol{l}_i$ とする．また，i 番目の区間の電場ベクトルを $\boldsymbol{E}_i$ と表すと，ここで電荷に働く力は $\boldsymbol{F}_i = q\boldsymbol{E}_i$ である．この力に抗して電荷を距離 $|\Delta\boldsymbol{l}_i|$ だけじわじわと準静的に移動させるには，外からクーロン力と大きさが等しく逆向きの力 $-\boldsymbol{F}_i$ を加える必要がある．区間 i の移動経路 C に接

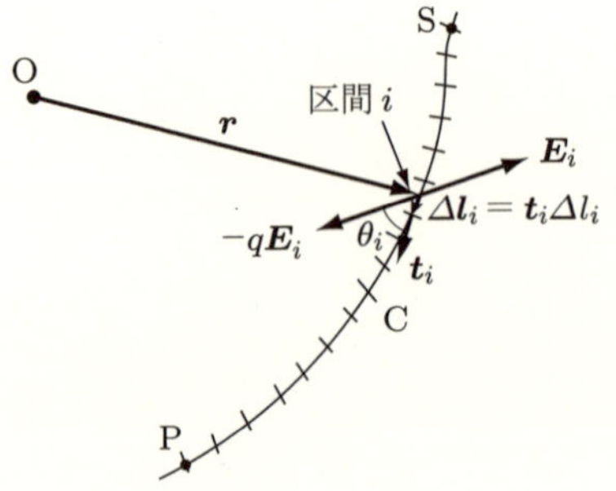

図 4.1　経路 C に沿って点電荷 q を変位させるときの外力のする仕事

する単位ベクトルを $\boldsymbol{t}_i$ とすると，区間 i での電荷の変位ベクトルは $\Delta\boldsymbol{l}_i = \boldsymbol{t}_i\Delta l_i$ である．外力と接線のなす角を θ_i とすれば，外力の C に沿った成分は $-q|\boldsymbol{E}_i|\cos\theta_i$ なので，この区間の仕事 ΔW_i は，

$$\Delta W_i = -q|\boldsymbol{E}_i|\cos\theta_i|\boldsymbol{t}_i|\Delta l_i = -q\boldsymbol{E}_i\cdot\boldsymbol{t}_i\Delta l_i$$

となる．電荷を S から P まで運ぶ仕事は，この ΔW_i を S から P が位置する区間まで足し合わせた，

$$W = -q\sum_i(\boldsymbol{E}_i\cdot\boldsymbol{t}_i)\Delta l_i$$

である．ここで，経路の連続性を考慮して $\Delta l_i \to 0$ の極限をとると，和は積分となり，

$$W = -\lim_{\Delta l_i\to 0} q\sum_i(\boldsymbol{E}_i\cdot\boldsymbol{t}_i)\Delta l_i = -q\int_{\mathrm{S}}^{\mathrm{P}}\boldsymbol{E}(\boldsymbol{r})\cdot\boldsymbol{t}(\boldsymbol{r})\mathrm{d}l \quad [\mathrm{J}]$$

が得られる．なお，dl を積分変数として，$\boldsymbol{r}$ は座標の原点 O からの経路上の位置ベクトルを表す．経路の**線素片ベクトル** (line-element vector) を $\boldsymbol{t}(\boldsymbol{r})\mathrm{d}l = \mathrm{d}\boldsymbol{l}$ と表すと，

$$W = -\int_{\mathrm{S}}^{\mathrm{P}}\boldsymbol{F}\cdot\mathrm{d}\boldsymbol{l} = -q\int_{\mathrm{S}}^{\mathrm{P}}\boldsymbol{E}\cdot\mathrm{d}\boldsymbol{l} \quad [\mathrm{J}] \tag{4.1}$$

となる．ここで**ジュール** [J] はエネルギーの単位である．このように仕事は経路に沿った電場の**線積分** (line integral) で表され，一般に積分経路に依存する．なお，線積分の取り扱いについては付録 A 数学的準備で詳しく記す．

静電場の下で電荷を移動させる仕事の重要な性質は，この経路の積分値が経路両端の点 S，P のみの座標で決まり，図 4.2 に示すような両点を結ぶいろいろな経路のとり方にはよらないことである．例えば，原点 O にある点電荷 q_{o} の作る

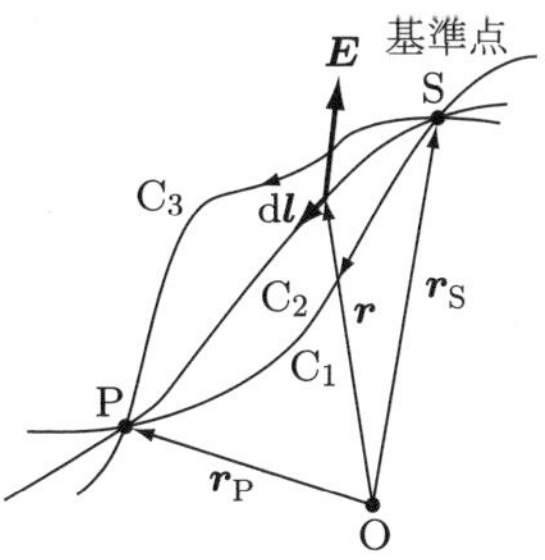

図 4.2　電場の線積分．S から P までの幾つかの経路 C_1, C_2, C_3

電場の中で，電荷 q を S から P まで運ぶ仕事の線積分が経路の取り方によらないことを q_{o} の位置を原点 O とする極座標 $(r,\ \theta,\ \varphi)$ で考えてみよう．極座標での線素片ベクトルは座標成分 r，θ，φ の単位ベクトル，$\boldsymbol{e}_r$，$\boldsymbol{e}_\theta$，$\boldsymbol{e}_\varphi$ を用いて，$\mathrm{d}\boldsymbol{l} = \mathrm{d}r\boldsymbol{e}_r + r\mathrm{d}\theta\boldsymbol{e}_\theta + r\sin\theta\mathrm{d}\varphi\boldsymbol{e}_\varphi$ と表されので，式 (4.1) は積分変数にダッシュ記号をつけ

$$W = -\int_{\mathrm{S}}^{\mathrm{P}} \frac{q_{\mathrm{o}}q}{4\pi\varepsilon r'^3}(r'\boldsymbol{e}_r)\cdot(\mathrm{d}r'\boldsymbol{e}_r + r'\mathrm{d}\theta'\boldsymbol{e}_\theta + r'\sin\theta'\mathrm{d}\varphi'\boldsymbol{e}_\varphi) \tag{4.2}$$

となる．単位ベクトルの直交性 $\boldsymbol{e}_r\cdot\boldsymbol{e}_r = 1$，$\boldsymbol{e}_r\cdot\boldsymbol{e}_\theta = 0$，$\boldsymbol{e}_r\cdot\boldsymbol{e}_\varphi = 0$ を考慮すると，

$$W = -\int_{\mathrm{S}}^{\mathrm{P}} \frac{q_{\mathrm{o}}q}{4\pi\varepsilon_0 r'^2}\mathrm{d}r' = \frac{q_{\mathrm{o}}q}{4\pi\varepsilon_0}\left(\frac{1}{r_{\mathrm{P}}} - \frac{1}{r_{\mathrm{S}}}\right) \tag{4.3}$$

となる．クーロン力が中心力で，電場が球対称なことから始点 S から終点 P までの仕事は，途中の経路によらず始点 S と終点 P の動径座標 r だけで決まる．すなわち，この値は，O と S を直線で結んだ線上へ任意経路の途中を逐次射影した経路の仕事の和として，S から $\overline{\mathrm{OP}}$ と同じ大きさの OS 上の動径位置までの積分となる．

一般の静電場では電場が，もともと，点電荷が作る電場の重ね合わせによって表されるので，式 (4.1) の電荷 q に外力が施す仕事 W は経路のとりかたによらないことがわかる．また，この仕事により電荷は電場中で位置エネルギー U をもつことを意味するので，点 S から P までに仕事 W は電荷 q の点 P と S の位置エネルギー U の差

$$W = U_{\mathrm{P}} - U_{\mathrm{S}} \tag{4.4}$$

である．

例題 4.1

原点 O にある点電荷 q_{o} の作る電場の中でクーロン力に抗して外力が点電荷 q を xy 平面上の点 S $(x_{\mathrm{S}}, y_{\mathrm{S}})$ から，点 P $(x_{\mathrm{P}}, y_{\mathrm{P}})$ に向かって運ぶ仕事 W を，図 4.3 の SQP と SRP の 2 つの経路について電場の線積分として求める．ただし，経路 SQP は $\overrightarrow{\mathrm{SQ}}$ が x 軸に沿い，$\overrightarrow{\mathrm{QP}}$ は y 軸に沿う．また，経路 SRP は $\overrightarrow{\mathrm{SR}}$ が半径 r_{S} の円弧に沿い，$\overrightarrow{\mathrm{RP}}$ は OR に沿った動径方向の経路とする．仕事は経路に関わらず等しいことを示せ．

■ **解**　経路 SQP について，

$$W = -q\int_{\mathrm{SQP}}\boldsymbol{E}\cdot\mathrm{d}\boldsymbol{l} = -q\int_{x_{\mathrm{S}}}^{x_{\mathrm{P}}}\frac{q_{\mathrm{o}}}{4\pi\varepsilon_0}\frac{x\mathrm{d}x}{(x^2+y_{\mathrm{S}}^2)^{3/2}} - q\int_{y_{\mathrm{S}}}^{y_{\mathrm{P}}}\frac{q_{\mathrm{o}}}{4\pi\varepsilon_0}\frac{y\mathrm{d}y}{(x_{\mathrm{P}}^2+y^2)^{3/2}}$$

である．仕事を考える外力の向き，変位の方向，力と変位の方向余弦の関係について，

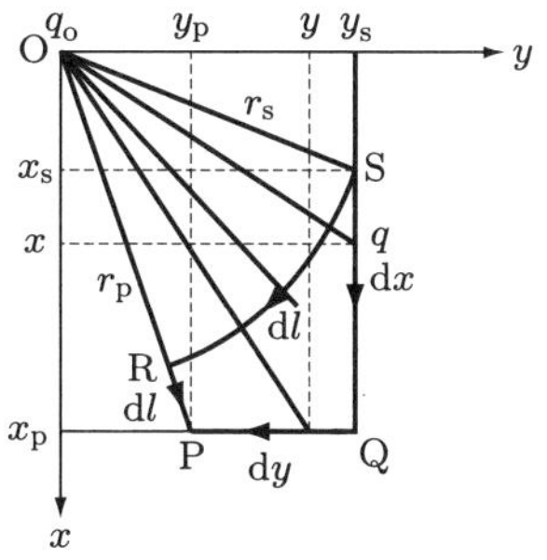

図 4.3　2 つの異なる経路における仕事

符号を考慮して記すと，

$$W = q\int_{x_S}^{x_P} \frac{q_o}{4\pi\varepsilon_0}\frac{1}{(x^2+y_S^2)}\frac{-x}{(x^2+y_S^2)^{1/2}}dx + q\int_{y_S}^{y_P} \frac{q_o}{4\pi\varepsilon_0}\frac{1}{(x_P^2+y^2)}\frac{y}{(x_P^2+y^2)^{1/2}}(-dy)$$

である．いずれにしろ

$$\begin{aligned} W &= -\frac{qq_o}{4\pi\varepsilon_0}\left|-\frac{1}{(x^2+y_S^2)^{1/2}}\right|_{x_S}^{x_P} - \frac{qq_o}{4\pi\varepsilon_0}\left|-\frac{1}{(x_P^2+y^2)^{1/2}}\right|_{y_S}^{y_P} \\ &= \frac{qq_o}{4\pi\varepsilon_0}\left\{\frac{1}{\sqrt{{x_P}^2+{y_S}^2}} - \frac{1}{\sqrt{{x_S}^2+{y_S}^2}} + \frac{1}{\sqrt{{x_P}^2+{y_P}^2}} - \frac{1}{\sqrt{{x_P}^2+{y_S}^2}}\right\} \\ &= \frac{qq_o}{4\pi\varepsilon_0}\left(\frac{1}{r_P} - \frac{1}{r_S}\right) \end{aligned}$$

となる．

経路 SRP について，

$$W = -q\int_{SRP} \boldsymbol{E}\cdot d\boldsymbol{l} = -q\int_{SR} \boldsymbol{E}\cdot d\boldsymbol{l} - q\int_{RP} \boldsymbol{E}\cdot d\boldsymbol{l}$$

において，電場 $\boldsymbol{E}$ と円弧の経路 $d\boldsymbol{l}$ は直交しているので，右辺の第 1 項は 0 となり，第 2 項の，動径に沿った線積分のみとなる．

$$W = -\frac{qq_o}{4\pi\varepsilon_0}\int_{r_S}^{r_P}\frac{1}{r^2}dr = \frac{qq_o}{4\pi\varepsilon_0}\left(\frac{1}{r_P} - \frac{1}{r_S}\right)$$

となって，両経路に沿った仕事 W は等しい．◀■

▶ 電位・静電ポテンシャル

静電場中に基準点 S を定め，単位電荷 $(q = 1)$ を S からある点 P へ運ぶ仕事により

$$\phi_P = -\int_S^P \boldsymbol{E}(\boldsymbol{r})\cdot d\boldsymbol{l} + \phi_S \tag{4.5}$$

で定義されるスカラー量 ϕ_P を点Pの**電位** (electric potential)，あるいは，**静電ポテンシャル** (electrostatic potential) とよぶ．式 (4.5) の値は経路に依存しないので，基準点の電位 ϕ_S を定めれば，点Pの電位は一義的に決まる．有限な位置あるいは領域にある電荷が作る電場では，基準点を無限遠点に選び，その電位を0とすればよい．電荷量 q の点電荷が点Pでもつ位置エネルギーは $U_\mathrm{P} = q\phi_\mathrm{P}$ で与えられる．電位は電場を特徴付ける場の量で，位置 $\boldsymbol{r}$ における電位 $\phi(\boldsymbol{r})$ は**スカラー場** (scalar field) である．

さて，原点Oにある点電荷 q_o がOから r の距離に作る電位は，動径の積分変数を r' で表わして，無限遠点 $(r=\infty)$ を基準にして電位を $\phi(\infty)=0$ とすると，

$$\phi(r) = -\int_\infty^r \frac{q_\mathrm{o}}{4\pi\varepsilon_0 r'^2}\mathrm{d}r' = \left|\frac{q_\mathrm{o}}{4\pi\varepsilon_0 r'}\right|_\infty^r = \frac{q_\mathrm{o}}{4\pi\varepsilon_0 r} \tag{4.6}$$

となる．なお，電荷分布のあり方によっては (無限平面に帯電した電荷や，無限直線に帯電した電荷が作る電場のような場合)．無限遠以外の位置を基準点に選んだ方がよい場合もある．

電位は単位 $[\phi] = [\mathrm{NC^{-1}m}]$ すなわち $[\mathrm{JC^{-1}}]$ を持ち，**ボルト** (volt) [V] とする単位名で呼ばれる．$[q\phi] = [\mathrm{Nm}] = [\mathrm{J}]$ であるから，1 C の電荷を電場に抗して点Aから B まで移動させるのに 1 J のエネルギーが必要ならば，AB 間の電位差は 1 V となる．

▶ 複数の電荷による電位

次に，点電荷が複数ある空間の電位を考える．具体的に点電荷 q_i が $\boldsymbol{r}_i$ の位置にあるとき，ある $\boldsymbol{r}$ の位置での電位は各電荷による電位の総和である

$$\phi(\boldsymbol{r}) = \frac{1}{4\pi\varepsilon_0}\sum_i \frac{q_i}{|\boldsymbol{r}-\boldsymbol{r}_i|} \tag{4.7}$$

となる．

さらに，図 4.4 のように電荷が領域Vに連続的に分布している体系が作る電場の電位を考える．位置ベクトル $\boldsymbol{r}'$ にある微小体積を $\Delta V'$ とし，そこの電荷の体積密度を $\rho(\boldsymbol{r}')$ とすると，その $\Delta V'$ の電荷量は $\rho(\boldsymbol{r}')\Delta V'$ である．この電荷を点電荷と見なせば，この電荷が位置 $\boldsymbol{r}$ にもつ電位は $\Delta\phi(\boldsymbol{r}) = \rho(\boldsymbol{r}')\Delta V'/4\pi\varepsilon_0|\boldsymbol{r}-\boldsymbol{r}'|$ であるから，この電荷の系が位置 $\boldsymbol{r}$ において無限遠に対してもつ電位 $\phi(\boldsymbol{r})$ は，$\Delta V' \to 0$ の極限に対して体積積分，

$$\phi(\boldsymbol{r}) = \frac{1}{4\pi\varepsilon_0}\int_\mathrm{V} \frac{\rho(\boldsymbol{r}')}{|\boldsymbol{r}-\boldsymbol{r}'|}\mathrm{d}V' \tag{4.8}$$

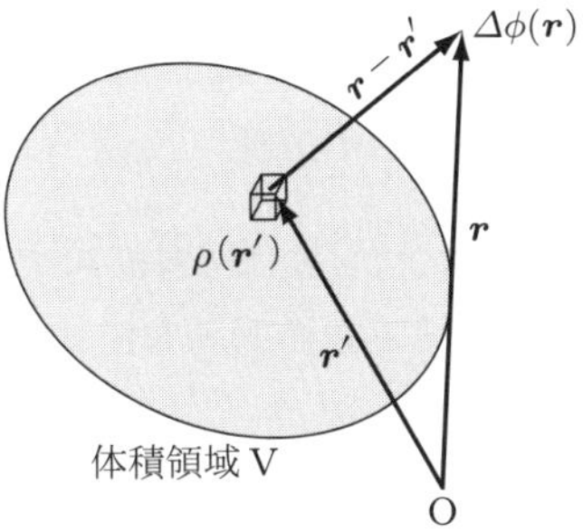

図 4.4 連続した分布をもつ電荷の系内の微小領域の電荷が $\boldsymbol{r}$ の位置にもつ電位 $\Delta\phi(\boldsymbol{r})$

となる．

▶ 保存場

図 4.2 に示した点電荷による電場 E 下の S，P，2 点間の電位差は両点を結ぶ経路に沿った電場の線積分であり，その値が位置座標だけで決まり，積分の経路 C_1，C_2，C_3 には依らないことが示された．そこで，線積分の経路が 1 周して元に戻る図 4.5 の C の場合を考える．このとき，経路上の 2 点 S，P，を始点，終点に図の紙面に対して反時計回りと時計回りに進む経路 C_1，C_2 をとるとしよう．すると，経路 C に沿った電場の線積分は，

$$\oint_{\mathrm{C}} \boldsymbol{E}(\boldsymbol{r})\cdot \mathrm{d}\boldsymbol{l} = \int_{\mathrm{C}_1} \boldsymbol{E}(\boldsymbol{r})\cdot \mathrm{d}\boldsymbol{l} - \int_{\mathrm{C}_2} \boldsymbol{E}(\boldsymbol{r})\cdot \mathrm{d}\boldsymbol{l} = 0 \tag{4.9}$$

となる．ただし，本書では経路 C が閉じるときの線積分は積分記号 $\oint_{\mathrm{C}}$ を用いることにする．もしも，任意の閉経路でこの電場の線積分が 0 となれば電場 $\boldsymbol{E}(\boldsymbol{r})$ は**保存場** (conservative field) であることを表す．

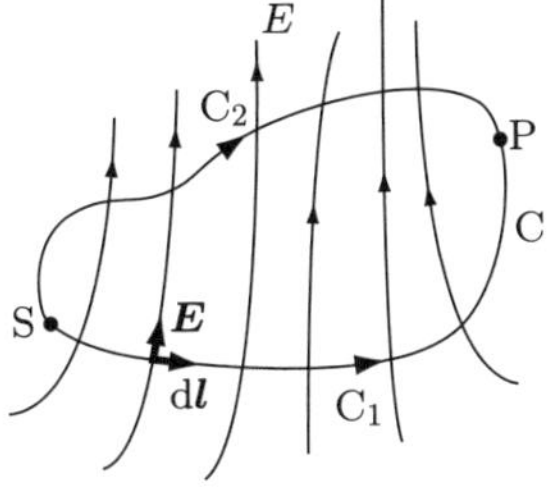

図 4.5 電場の線積分：一周する経路 C と，S 点と P 点を始点と終点に分割した 2 つの経路 C_1，C_2

ベクトル解析における**ストークスの定理** (Stokes's theorem),

$$\oint_{\mathrm{C}} \boldsymbol{E}(\boldsymbol{r}) \cdot \mathrm{d}\boldsymbol{l} = \int_{\mathrm{S}} \mathrm{rot}\, \boldsymbol{E}(\boldsymbol{r}) \cdot \mathrm{d}\boldsymbol{S} \tag{4.10}$$

より，上式の右辺も 0 となる．ここで，S は閉曲線 C で囲まれた曲面を表す．経路 C は任意の閉曲線なので，C に張る右辺の面 S も任意でよろしい．ある点を含む微小面にとっても 0 となるから，

$$\mathrm{rot}\, \boldsymbol{E}(\boldsymbol{r}) = 0 \tag{4.11}$$

が任意の点で成り立つ．この式は式 (4.9) の微分形である．ここで，rot は rotation の省略記号を表し，電場の回転とよばれる rot $\boldsymbol{E}$ は $\boldsymbol{E}$ の微分から作られるベクトルで，直角座標 O-xyz 系において

$$\mathrm{rot}\, \boldsymbol{E}(x,y,z) = \left(\frac{\partial E_z}{\partial y} - \frac{\partial E_y}{\partial z}\right)\boldsymbol{i} + \left(\frac{\partial E_x}{\partial z} - \frac{\partial E_z}{\partial x}\right)\boldsymbol{j} + \left(\frac{\partial E_y}{\partial x} - \frac{\partial E_x}{\partial y}\right)\boldsymbol{k} \tag{4.12}$$

と表される．一般に，式 (4.9) あるいは式 (4.11) を満足する場は**非回転的場** (irrotational field)，**渦のない場** (独 wirbelfrei field) あるいは**層状場** (lamellar field) ともよばれる．特にここで扱った静電場は**クーロン電場** (coulomb electric field) ともよばれる．

[問題 1]　原点 O に置かれた点電荷 q による電場 $\boldsymbol{E}$ が，原点を除き，渦のない場の条件式 (4.11) を満たすことを示せ．

4.2　電位と電場の関係

▶ 電場と電位の勾配

電場中の接近した 2 点 P(x,y,z), P$'(x+\mathrm{d}x, y+\mathrm{d}y, z+\mathrm{d}z)$ を考えると，その電位差 dϕ は

$$\mathrm{d}\phi = \phi(x+\mathrm{d}x, y+\mathrm{d}y, z+\mathrm{d}z) - \phi(x,y,z) = \frac{\partial \phi}{\partial x}\mathrm{d}x + \frac{\partial \phi}{\partial y}\mathrm{d}y + \frac{\partial \phi}{\partial z}\mathrm{d}z \tag{4.13}$$

である．他方，$\overrightarrow{\mathrm{P'P}}$ を d$\boldsymbol{r}$ とすると，ここでの電場 $\boldsymbol{E}$ と電位差 dϕ の関係は

$$\mathrm{d}\phi = -\boldsymbol{E} \cdot \mathrm{d}\boldsymbol{r} = -(E_x \mathrm{d}x + E_y \mathrm{d}y + E_z \mathrm{d}z) \tag{4.14}$$

である．この 2 つの式を比べることにより，

$$E_x = -\frac{\partial \phi}{\partial x},\ E_y = -\frac{\partial \phi}{\partial y},\ E_z = -\frac{\partial \phi}{\partial z} \tag{4.15}$$

が得られる．**ナブラ** (nabla) とよばれるベクトル微分演算子

$$\boldsymbol{\nabla} = \boldsymbol{i}\frac{\partial}{\partial x} + \boldsymbol{j}\frac{\partial}{\partial y} + \boldsymbol{k}\frac{\partial}{\partial z} \tag{4.16}$$

を導入すれば，一般に電場 $\boldsymbol{E}(\boldsymbol{r})$ と電位 $\phi(\boldsymbol{r})$ の関係は

$$\boldsymbol{E}(\boldsymbol{r}) = -\boldsymbol{\nabla}\phi(\boldsymbol{r}) = -(\boldsymbol{i}\frac{\partial \phi}{\partial x} + \boldsymbol{j}\frac{\partial \phi}{\partial y} + \boldsymbol{k}\frac{\partial \phi}{\partial z}) = -\mathrm{grad}\phi(\boldsymbol{r}) \tag{4.17}$$

で与えられる．なお，最後の式はナブラをスカラー関数に作用させたときに用いられる勾配演算子 grad (gradient の略記号) で表示した．この grad $\phi(\boldsymbol{r})$ は電位の勾配とよばれる．

このように電位 $\phi(\boldsymbol{r})$ のスカラー場が決まれば，ベクトル量の電場 $\boldsymbol{E}(\boldsymbol{r})$ はその勾配に負号をつけたものとして導ける．スカラーの $\phi(\boldsymbol{r})$ はベクトルの $\boldsymbol{E}(\boldsymbol{r})$ より，比較的容易に求めることができるので，まず，$\phi(\boldsymbol{r})$ を求めて，次に $\boldsymbol{E}(\boldsymbol{r})$ を算出する方が直接 $\boldsymbol{E}(\boldsymbol{r})$ を計算するより容易である．

例題 4.2

図 2.4 のような，z 軸に沿って距離 Δl だけ隔たった電荷量 q，$-q$ の点電荷の系である電気双極子が，中心 O から十分離れた位置ベクトル $\boldsymbol{r}$ の点 P にもつ電位 $\phi(x, y, z)$ を求め，次に式 (4.15) を用いて，第 2 章で示された点 P の双極子電場を導け．

■ **解** 電気双極子モーメントの大きさ $p = q\Delta l$ とすると，点 P の電位は一対の正負電荷が無限遠に対する電位の重ね合わせであるから，

$$\phi(x, y, z) = \frac{q}{4\pi\varepsilon_0 r_+} - \frac{q}{4\pi\varepsilon_0 r_-}$$

である．$\Delta l/r \ll 1$ を満足する電気双極子の電位は，

$$\frac{1}{r_\pm} = \left\{x^2 + y^2 + \left(z \mp \frac{\Delta l}{2}\right)^2\right\}^{-\frac{1}{2}}$$

に対して式 (2.8) と同様な近似を行って整理すると，

$$\phi(x, y, z) = \frac{pz}{4\pi\varepsilon_0(x^2 + y^2 + z^2)^{3/2}} = \frac{pz}{4\pi\varepsilon_0 r^3} \tag{4.18}$$

と表される．このとき，点 P の電場の直角座標成分 (E_x, E_y, E_z) は，ポテンシャルの勾配として，

$$E_x = -\frac{\partial \phi}{\partial x} = -\frac{\partial \phi}{\partial r}\frac{\partial r}{\partial x} = \frac{3pzx}{4\pi\varepsilon_0 r^5}$$

$$E_y = -\frac{\partial \phi}{\partial y} = -\frac{\partial \phi}{\partial r}\frac{\partial r}{\partial y} = \frac{3pzy}{4\pi\varepsilon_0 r^5}$$
$$E_z = -\frac{\partial \phi}{\partial z} = -\frac{\partial \phi}{\partial z} - \frac{\partial \phi}{\partial r}\frac{\partial r}{\partial z} = \frac{p(3z^2 - r^2)}{4\pi\varepsilon_0 r^5}$$

となり，式 (2.9)，(2.10)，(2.11) と同じになる．また，極座標 (r, θ, φ) の表示で電位のポテンシャルは，$z = r\cos\theta$ であるから，

$$\phi(r, \theta, \varphi) = \frac{p\cos\theta}{4\pi\varepsilon_0 r^2} \tag{4.19}$$

と書け，双極子場 $\boldsymbol{E}(r, \theta, \varphi) = E_r \boldsymbol{e}_r + E_\theta \boldsymbol{e}_\theta + E_\varphi \boldsymbol{e}_\varphi$ は，極座標表示の勾配演算子が

$$\mathrm{grad} = \frac{\partial}{\partial r}\boldsymbol{e}_r + \frac{1}{r}\frac{\partial}{\partial \theta}\boldsymbol{e}_\theta + \frac{1}{r\sin\theta}\frac{\partial}{\partial \varphi}\boldsymbol{e}_\varphi \tag{4.20}$$

なので，

$$\boldsymbol{E}(r, \theta, \varphi) = \frac{p}{2\pi\varepsilon_0}\frac{\cos\theta}{r^3}\boldsymbol{e}_r + \frac{p}{4\pi\varepsilon_0}\frac{\sin\theta}{r^3}\boldsymbol{e}_\theta$$

となって，式 (2.13)，(2.14)，(2.15) と一致する．このように第 2 章で電場を直接求めたときと比べて導出が容易である．◀■

▶ 等電位面

静電場中で同じ電位になる点をつなぐと 2 次元空間では一般に曲線になり，3 次元空間では曲面となる．前者は**等電位線** (equipotential line)，後者は**等電位面** (equipotential surface) とよばれる．ここで，図 4.6(a) のような等電位面を考える．

等電位面上ではすべての点が同じ電位であるから，この面上で接近した 2 点を $\mathrm{P}(\boldsymbol{r})$，$\mathrm{P}'(\boldsymbol{r} + \mathrm{d}\boldsymbol{r})$ とすれば，2 点の電位差は $\mathrm{d}\phi = 0$ である．すなわち，

$$\mathrm{d}\phi = -\boldsymbol{E} \cdot \mathrm{d}\boldsymbol{r} = 0 \tag{4.21}$$

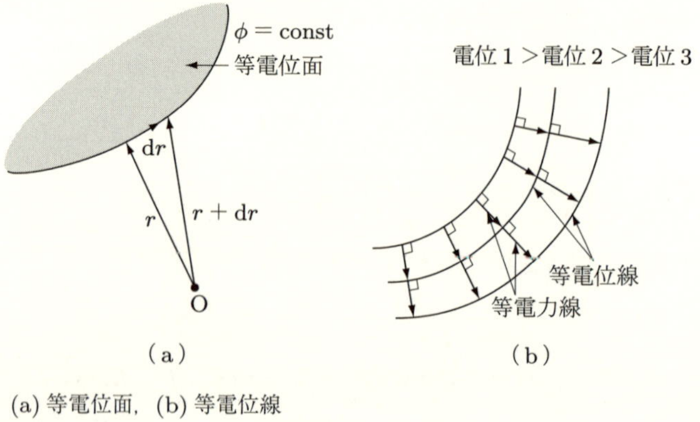

図 4.6　(a) 等電位面，(b) 等電位線
電位差のある空間に一つの切断面をとると，電位の異なる幾つかの等電位面をよぎる面上に，等電位線が描ける．図の等電位線に垂直な矢印は電気力線を示す

となって，ベクトルの内積で表される電場 $\boldsymbol{E}$ と $\mathrm{d}\boldsymbol{r}$ は直交していることがわかる．変位ベクトル $\mathrm{d}\boldsymbol{r}$ は等電位面内の任意な方向にとれるから，**電場 $\boldsymbol{E}$ と等電位面は直交している**．つまり図 4.6(b) に示すように電気力線は等電位面に垂直になる．また，電場は電位の負の勾配であるから，その向きは電位の減少する方向であり，**等電位面 (等電位線) の間隔が密なほど電場が強い**．

図 4.7 には双極子場の**電気力線群** (実線) と等電位面を z 軸を含む面で輪切りにした**等電位線群** (点線) を示してある．等電位線と電気力線は直交していることがわかる．

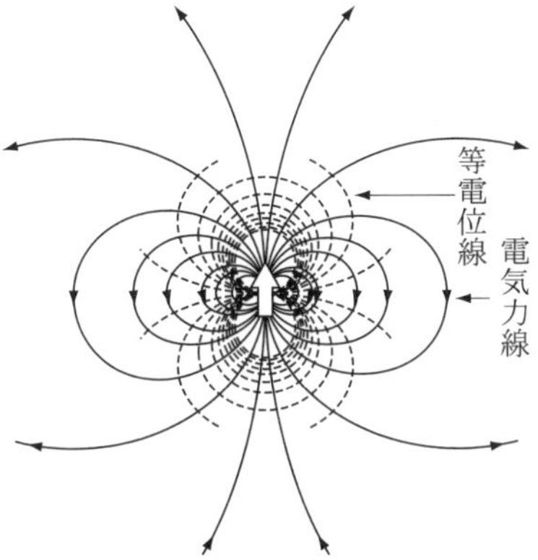

図 4.7 双極子軸を含む平面で描いた電気双極子場の電気力線群 (実線) と，等電位線群 (点線)

例題 4.3

図 4.8 のように一様な電場 $\boldsymbol{E}$ に置かれた双極子モーメント $\boldsymbol{p}$ の電気双極子が電場方向から角度 θ だけ傾いているとき，電気双極子に働く**偶力のモーメント $\boldsymbol{N}$**

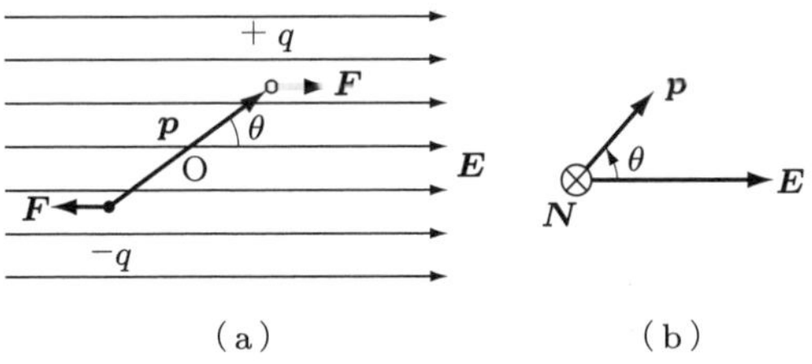

図 4.8 (a) 一様電場 $\boldsymbol{E}$ 中で電気双極子 $\boldsymbol{p}$ に働く偶力のモーメント $\boldsymbol{N}$．$\boldsymbol{N} = \boldsymbol{p} \times \boldsymbol{E}$ で表される，(b) のように紙面内に電気双極子ベクトル $\boldsymbol{p}$ と電場ベクトル $\boldsymbol{E}$ があるとき，偶力のモーメントベクトル $\boldsymbol{N}$ の向きは，時計回りの紙面裏側 ⊗ に向いている

と，電場に対して電気双極子がもつ配向の位置エネルギー $U(\theta)$ を求めよ．

■ **解**　電気双極子は距離 Δl だけ隔てて $+q$，$-q$ の点電荷対をなすものとする，この電気双極子には図 4.8(a) のように $\boldsymbol{F} = q\boldsymbol{E}$，$\boldsymbol{F} = -q\boldsymbol{E}$ の大きさの等しい一対の力 (偶力) が働く．よって，電気双極子には正味の並進力は働かない．この双極子の中心 O の周りの偶力のモーメントの大きさは，

$$N = qE\frac{\Delta l}{2}\sin\theta + qE\frac{\Delta l}{2}\sin\theta = qE\Delta l\sin\theta$$

である．双極子モーメントの大きさ p を用いると，$N = q\Delta lE\sin\theta = pE\sin\theta$ であり，電場下での双極子の回転の向きは，図 4.8(b) のとおり時計周りに紙面下向きである．したがって，偶力のモーメントベクトル $\boldsymbol{N}$ は，電場ベクトル $\boldsymbol{E}$，双極子モーメントベクトル $\boldsymbol{p}$ の外積 (ベクトル積) として，

$$\boldsymbol{N} = \boldsymbol{p}\times\boldsymbol{E} \tag{4.22}$$

と表される．なお，力学的に電場 $\boldsymbol{E}$ からの電気双極子モーメント $\boldsymbol{p}$ の配向を問題にするさいは，$\boldsymbol{E}$ から $\boldsymbol{p}$ へ角度 θ をとった反時計方向に $\boldsymbol{p}$ を回転させるモーメントを正とするので，図 4.8(b) のように双極子が時計周りに回転するときの力のモーメントの大きさにはマイナスの符号をつけて

$$N = -pE\sin\theta$$

と表す．

電場方向から双極子を角度 θ だけ傾けるのには仕事が必要であるから，電気双極子は一様電場に対する配向の位置エネルギーをもっている．位置エネルギーの基準は自由にとれる．双極子が $\theta = \pi/2$ の電場と垂直方向にあるときは，無限縁から正負の一対の電荷を運んで来ても，一様な電場に関する等電位線の上になり，電荷対の静電エネルギーは 0 である．そこで，$\theta = \pi/2$ を位置エネルギーの基準にとる．電気的偶力に抗した仮想的な偶力が，モーメントを $\mathrm{d}\theta$ だけ回転させる微小仕事は $\mathrm{d}W = -N\mathrm{d}\theta$ なので，電気双極子が電場と θ をなすときの位置エネルギー U は，モーメントを基準点から角 θ まで回転させる仕事として，

$$U(\theta) = \int_{\pi/2}^{\theta}\mathrm{d}W = \int_{\pi/2}^{\theta}pE\sin\theta\mathrm{d}\theta = -pE\cos\theta$$

と表される．したがって位置エネルギーをベクトル量で表すと，

$$U = -\boldsymbol{p}\cdot\boldsymbol{E} \tag{4.23}$$

となる．$\theta = 0$ のとき位置エネルギーは極小で $\boldsymbol{p}$ と $\boldsymbol{E}$ は平行となり，最も安定な配向である．$\theta = \pi$ のとき極大で，$\boldsymbol{p}$ と $\boldsymbol{E}$ は反平行であり，最も不安定な配向となる．また，$\theta = \theta/2$ では．偶力のモーメント N は最大になる．なお，力のモーメントの大きさは，位置エネルギーの角度に対する負の勾配として，$N = -\partial U/\partial\theta$ より，$N = -pE\sin\theta$ となる．◀■

◆ ▶ 電位ポテンシャルの偏微分方程式

ここで，静電場を電位ポテンシャル $\phi(\boldsymbol{r})$ の微分的振る舞いから理解する手法について触れておこう．前章の式 (3.9) で示したガウスの法則の微分形

$$\mathrm{div}\boldsymbol{E}(\boldsymbol{r}) = \frac{\rho(\boldsymbol{r})}{\varepsilon_0} \tag{4.24}$$

に，$\boldsymbol{E} = -\,\mathrm{grad}\,\phi$ を代入すると

$$\mathrm{div\ grad}\,\phi = -\frac{\rho}{\varepsilon_0}$$

と書ける．div grad ϕ は式 (3.10)，(4.17) より

$$\frac{\partial}{\partial x}\left(\frac{\partial \phi}{\partial x}\right) + \frac{\partial}{\partial y}\left(\frac{\partial \phi}{\partial y}\right) + \frac{\partial}{\partial z}\left(\frac{\partial \phi}{\partial z}\right) = \frac{\partial^2 \phi}{\partial x^2} + \frac{\partial^2 \phi}{\partial y^2} + \frac{\partial^2 \phi}{\partial z^2} = \nabla^2 \phi$$

と表せるから，

$$\nabla^2 \phi(\boldsymbol{r}) = -\frac{\rho(\boldsymbol{r})}{\varepsilon_0} \tag{4.25}$$

が得られる．この式は**ポアソンの方程式** (Poisson's equation) とよばれる．なお，演算子

$$\nabla^2 = \frac{\partial^2}{\partial x^2} + \frac{\partial^2}{\partial y^2} + \frac{\partial^2}{\partial z^2} \tag{4.26}$$

は**ラプラシアン** (Laplacian) とよばれ．記号として ($\Delta = \nabla^2$) もしばしば用いられる．その場合，ポアソンの方程式は $\Delta\phi(\boldsymbol{r}) = -\dfrac{\rho(\boldsymbol{r})}{\varepsilon_0}$ と表される．

ポアソンの方程式は偏微分方程式であり，電荷の空間分布 $\rho(\boldsymbol{r})$ が与えられたとき，境界条件を考慮してこの方程式を解くことから電位のポテンシャル $\phi(\boldsymbol{r})$ が導かれる．もしも，空間に電荷がない場合は

$$\nabla^2 \phi(\boldsymbol{r}) = 0 \tag{4.27}$$

であり，この式は**ラプラスの方程式** (Laplace's equation) とよばれる．数学的には，電荷分布 $\rho(\boldsymbol{r})$ が与えられたときのポアソンの方程式の解は，右辺を 0 とおいたラプラスの方程式の一般解と，電荷分布を満足するポアソンの方程式の特殊解の和である．境界条件で，ある位置の電位と電位の勾配を満足する積分定数を定めれば，方程式の解 $\phi(\boldsymbol{r})$ が一意的に決まる．その結果，電場 $\boldsymbol{E}(\boldsymbol{r})$ は式 (4.17) より求まる．

演習問題

1. 半径 R の細い円環に線密度 λ で電荷が分布しているとき，中心 O から中心軸の上方 z の位置の電位 $\phi(z)$ を求めよ．

2. 半径 R の薄い円盤に面密度 σ で一様に電荷が分布している．中心 O から中心軸の上方 z の位置の電位 $\phi(z)$ を求めよ．

3. 半径 a の導体球面上に全電荷量 Q が一様に分布しているとき，中心 O から r の距離の電位 $\phi(r)$ を，$r > a$，および $r < a$ の場合について求めよ．なお導体内部に電荷が帯電しないことは第5章で説明する．

4. 無限に広い平面に一様に電荷が面密度 σ で帯電している，平面上の O を原点とする x 軸を右側にとり，平面から x_{A} の位置の電位を ϕ_{A}，x_{B} の位置の電位を ϕ_{B} とし，$x_{\mathrm{A}} < x_{\mathrm{B}}$ とする．この2点間の電位差 $\phi_{\mathrm{A}} - \phi_{\mathrm{B}}$ を求めよ．

5. 原点 O にある $\boldsymbol{p}$ の双極子モーメントをもつ電気双極子が O から位置ベクトル $\boldsymbol{r}$ の点に作る双極子場の電位のポテンシャル $\phi(\boldsymbol{r})$ は
$$\phi(\boldsymbol{r}) = \frac{\boldsymbol{p}\cdot\boldsymbol{r}}{4\pi\varepsilon_0 r^3}$$
と表されることを示せ．次に，電場 $\boldsymbol{E}$ は
$$\boldsymbol{E} = \frac{1}{4\pi\varepsilon_0}\left\{-\frac{\boldsymbol{p}}{r^3} + \frac{3\boldsymbol{r}(\boldsymbol{p}\cdot\boldsymbol{r})}{r^5}\right\}$$
となることを示せ．

6. 電場が一様でないとき，電気双極子 $\boldsymbol{p}$ を電場の強い方向に働く並進力は
$$\boldsymbol{F} = \boldsymbol{p}\cdot\mathrm{grad}\boldsymbol{E} \tag{4.28}$$
と表されることを示せ．

7. 2つの電気双極子モーメント $\boldsymbol{p}_1$ と $\boldsymbol{p}_2$ が電気双極子1から2を見たときの相対位置ベクトル $\boldsymbol{r}_{21}$ で隔てられている．両双極子モーメント間の相互作用エネルギーは
$$U = -\frac{1}{4\pi\varepsilon_0}\left\{-\frac{\boldsymbol{p}_1\cdot\boldsymbol{p}_2}{r_{21}^3} + \frac{3(\boldsymbol{r}_{21}\cdot\boldsymbol{p}_1)(\boldsymbol{r}_{21}\cdot\boldsymbol{p}_2)}{r_{21}^5}\right\}$$
と表されることを示せ．なお，$r_{21} = |\boldsymbol{r}_{21}| = r_{12}$ なので，U は $\boldsymbol{r}_{21}$ を双極子2から1を見た相対位置ベクトル $\boldsymbol{r}_{12}$ に代えても変わらない．また，この U は双極子-双極子相互作用エネルギーとよばれる．

第 5 章

導体の電気的性質

これまでは，真空中に電荷があるときの静電磁気学を扱ってきた．この章と次の章は物質の電気的性質を考えよう．先ず，この章では導体の電気的性質を考える．導体とは電気を通す物質を総称し，金属，半導体，電解質溶液等を挙げることができる．もう少し概念的にいえば，導体は電荷が移動することが可能な，ある限られた体積領域を意味する．ただし，ここでは導体内に電流のような電荷の流れがない場合を議論する．そのような平衡状態において，導体物質がどんな性質をもつか考える．

5.1 導体内の電場と表面電荷

▶ 物質内部の電場の粗視化

物質を扱う電磁気学においては内部の電磁気的性質を記述する電場などは**粗視化** (coarse granning) された巨視的物理量で扱われる．物質を構成する原子，分子あるいはイオンそれぞれの位置，あるいは，その近傍の微視的な実際の電場 $\boldsymbol{e}$ は, 空間的に大きく変化していると考えられる．しかし，このような微視的な変化は普通の測定手段では調べられないので，問題にしないことにする．そこで，物質内の位置ベクトル $\boldsymbol{r}$ の点を包む微視的には大きく巨視的には微小な体積領域 $\varDelta V$ をとり，その内部の位置 $\boldsymbol{r}_{\mathrm{i}}$ の微視的電場を $\varDelta V$ について平均した

$$\overline{\boldsymbol{e}(\boldsymbol{r}_{\mathrm{i}})} = \boldsymbol{E}(\boldsymbol{r}) \tag{5.1}$$

を位置 $\boldsymbol{r}$ の電場 $\boldsymbol{E}(\boldsymbol{r})$ と定義する．そのような粗視化により物質を**連続媒体** (continuous media) としてとらえることにする．

▶ 導体内部の電場

さて，外部電場のない空間におかれた組成が均質な**導体** (conductor) を考える．この孤立した導体内では電流が流れておらず，平衡状態にある．導体内部では電場があれば電流が流れるので，平衡状態では電場も 0 となる．ここに，外部電場を加

えると，はじめ内部に電流が流れるが，直ちに電流は止まり，新しい平衡状態に達する．このとき，導体内部の電荷密度の分布も変化して，外部の電場を打ち消すような新しい分布となって，内部の電場は0になる．すなわち，電流が流れ続けることはない．したがって，平衡状態では巨視的な尺度で考えると**導体内のいたる所で電場は存在せず，$\boldsymbol{E} = \boldsymbol{0}$** となっている[1)]．また導体内の電位について考えると，電場は電位 $\phi(\boldsymbol{r})$ の勾配なので

$$\boldsymbol{E}(\boldsymbol{r}) = -\operatorname{grad}\,\phi(\boldsymbol{r}) = -\frac{\partial\phi}{\partial x}\boldsymbol{i} - \frac{\partial\phi}{\partial y}\boldsymbol{j} - \frac{\partial\phi}{\partial z}\boldsymbol{k} = 0 \tag{5.2}$$

となり，導体のいたる所で電位に勾配がなく，$\phi(\boldsymbol{r})$ は一定である．すなわち，**導体の内部および表面を含めすべての位置で等電位** (equipotential) となる．このことは導体が電気的に中性であっても帯電していても変わらない．

なお，**地球**は非常に大きな導体とみなすことができる．したがって，地球全体が等電位であるから，地上で電気を扱う多くの場合，地球の電位を電位の基準として，0 V とすることが都合よい．そこで，導体を地球につなぐことを**接地 (アース)**(earth) という．接地した導体の電位は地球の電位と等しくなるので 0 V である．

▶ 導体の帯電

次に，電気的に中性な導体に電荷を帯電させたとき，どのような分布をするか考えてみよう．ある量の電荷を与えると，導体の中では自由に動き同符号の電荷は反発して互いに他を避け合うためできるだけ互いに遠ざかる．しかし，導体から外に出ていけないので，導体の表面付近に集まることは想像できる．**電荷は完全に表面のみに集まる**ことを示そう．

与えた電荷の移動が終わると導体内部ではすべて $\boldsymbol{E} = 0$ となる．もし，導体内部に電荷があると，その電荷の付近にクーロンの法則にしたがう電場が発生するので，導体内の電場は0とならず．先ほどの結論とは矛盾する．同じ結論はガウスの法則を用いて，導体内の電荷密度は厳密に0となることを導くことができる．図5.1のように，導体内にある任意の閉曲面をSとして，式 (3.7) あるいは式 (3.8) のガウスの法則を適用し，さらにSに囲まれたV内の電場は $\boldsymbol{E}(\boldsymbol{r}) = 0$ であるから

---

1) 孤立した導体内で巨視的な意味で電場があると，電荷の移動が起こって電流が流れ，導体の抵抗によりジュール熱が発生する．すなわち，平衡状態にある導体内で自発的に熱が発生することはないから，導体内に電場は存在しない．なお，ここでは考えないが，導体内部に温度勾配や組成の不均質があると，それぞれ，熱起電力や異なる成分の間に化学的起電力が生じ，これらの力と電気力がつり合う平衡状態が実現し，内部に電流の流れを伴わない電場が生じる．

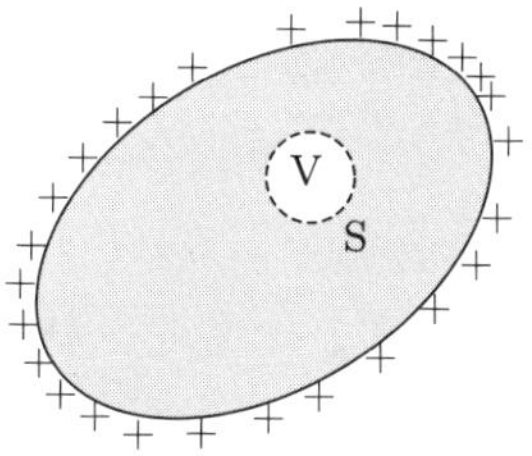

図 5.1 帯電：電荷は表面に分布して帯電する

$$\varepsilon_0 \oint_S \boldsymbol{E} \cdot \mathrm{d}\boldsymbol{S} = \varepsilon_0 \int_V \mathrm{div}\boldsymbol{E} \mathrm{d}V = \int_V \rho \mathrm{d}V = 0 \tag{5.3}$$

が示される．S で囲まれた領域 V の内部の電荷は中和されている．V は導体内のどんな小さい領域でもいいので，そこでの電荷は 0 となる．すなわち，電荷は導体内には存在せず，あるとすれば，導体表面にあることになる．

同様にして，もしも図 5.1 の導体内の領域 V が空洞の場合を考えると，その内部に帯電体がなければ，電位は空洞内部も含めいたる所で等しいことがわかる．

▶ 表面電荷が作る電場

導体の電位はいたる所で等電位となっているが，内部と異なり表面での電場は 0 ではない．**帯電した導体表面での電場ベクトルの方向は，表面に外向きで垂直である．**もし内向きの電場があれば，電荷は動く，また垂直でないときも，電荷に面と平行な力の成分が働き，面に沿って電荷が動くことになるので，いずれも安定な電荷分布とならない．

表面のある点での電荷の表面密度が σ [C/m^2] として，図 5.2(a) のようにその点を囲む微小面積 dS の円筒状領域 V に対してガウスの法則を適用する．この面の外向き単位法線ベクトルを $\boldsymbol{n}$ として，法線に沿った外部電場を E_n とすれば，導体内部の電場は $E = 0$ であるから，

$$\varepsilon_0 E_n \mathrm{d}S + \varepsilon_0 \times 0 \times \mathrm{d}S = \sigma \mathrm{d}S$$

より，

$$E_n = \frac{\sigma}{\varepsilon_0} = -\frac{\partial \phi}{\partial n} \tag{5.4}$$

となる．第 3 章で議論したように，面密度 σ で面状分布する電荷が面の両側に作る電場が，それぞれ，$E = \sigma/2\varepsilon_0$ であったことを考えると，導体表面より外の電場はそこに分布する電荷自身が作る電場 $\sigma/2\varepsilon_0$ と導体に帯電した残りのすべての電荷

の作る電場が $\sigma/2\varepsilon_0$ で，この 2 つの場が図 5.2(b) のように合成されて，導体外で $\dfrac{\sigma}{2\varepsilon_0}+\dfrac{\sigma}{2\varepsilon_0}=\dfrac{\sigma}{\varepsilon_0}$ となる．導体内では $\dfrac{\sigma}{2\varepsilon_0}-\dfrac{\sigma}{2\varepsilon_0}=0$ となっていると理解できる．

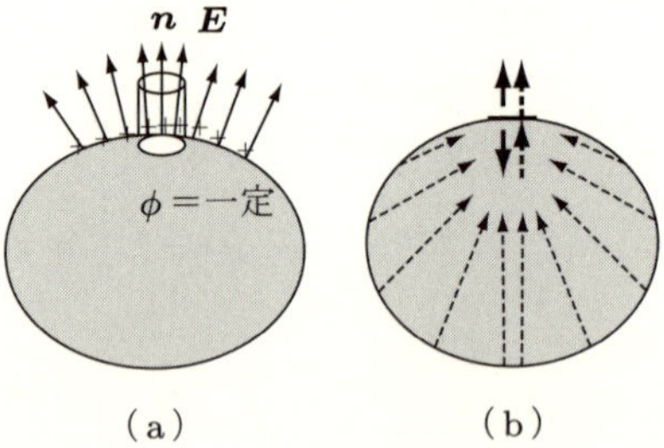

図 5.2 表面電荷密度と外部電場：(a) 帯電した導体の表面に微小底面をもつ円筒領域を考える，(b) その底面から導体内部と外部に電気力線が出て，また，その面以外の導体表面に帯電している電荷による電気力線が底面を通り抜ける

▶ 表面電荷に働く表面張力：静電張力

以上のことから，表面の電荷は他の部分からのクーロン電場により力が働いていることがわかる．これは帯電面に垂直外向きで，単位面積当たり

$$f=\left(\frac{\sigma}{2\varepsilon_0}\right)\sigma=\frac{1}{2}\frac{\sigma^2}{\varepsilon_0}\quad[\mathrm{Nm}^{-2}] \tag{5.5}$$

の張力であり，**静電張力** (electrostatic tension) とよばれる．

導体内部および表面を含めて等電位ではあるが，表面電荷分布の仕方は導体の形状に依存するので，導体形状の対称性がよい特殊な場合を除いて電荷分布を解析的に扱うことは困難である．

5.2 導体のおかれた静電場

電荷分布が与えられたとき，その静電場はクーロン則にしたがうので，原理的には，式 (2.7), (2.21) で与えられるように，各電荷による電場の重ね合わせで得ることができる．対称性の高い分布についてはガウスの法則を援用して，電場を具体的に計算することができた．しかし，空間に導体があると，電場を計算することが難しくなる．それは，導体表面に生じた電荷密度の分布が簡単には得られないからである．たとえ導体に電荷を与えなくとも，電場中での導体表面は誘導された正負の電荷が分布し，そこから 2 次的電場が発生するので，空間の静電場を計算することが困難になる．

▶ 静電誘導

電場中に導体をおいたとき導体の表面に電荷が現れる**静電誘導** (charging by electrostatic induction) 現象を考える．例えば図 5.3 のように正の点電荷 q が作る電場中にはじめ帯電していない導体をおいてみる．導体は q による電場の影響を受ける．中和した導体内で，q に近い側の導体表面に q と逆符号の電荷が引き付けられ，それと等量の q と同符号の電荷が反対側の表面に追いやられる．実際には電子の移動が起こって帯電する．こうして，導体内部でははじめの点電荷 (実電荷) による電場 $\boldsymbol{E}_q$ と誘導された電荷 (誘導電荷) が作る電場 $\boldsymbol{E}_+$，$\boldsymbol{E}_-$ が重畳することになる．それらが合成されたとき，導体内のどこでも

$$\boldsymbol{E}_{\text{内}}(\boldsymbol{r}') = \boldsymbol{E}_q(\boldsymbol{r}') + \boldsymbol{E}_+(\boldsymbol{r}') + \boldsymbol{E}_-(\boldsymbol{r}') = 0, \quad (\boldsymbol{r}' \text{は導体内}) \tag{5.6}$$

となる．この状態を保つように導体の表面に電荷が現れる現象が静電誘導である．また，導体の外の電場はこれらの電荷が作り出す電場の足し合わせの

$$\boldsymbol{E}_{\text{外}}(\boldsymbol{r}) = \boldsymbol{E}_q(\boldsymbol{r}) + \boldsymbol{E}_+(\boldsymbol{r}) + \boldsymbol{E}_-(\boldsymbol{r}) \quad (\boldsymbol{r} \text{ は導体外}) \tag{5.7}$$

である．このとき，ある外部電場下におかれ任意の形状の導体表面に，静電誘導により現れる電荷分布を解析的に見出すことは非常に困難な問題である．それを避けるいくつかの発見的な解法について述べよう．

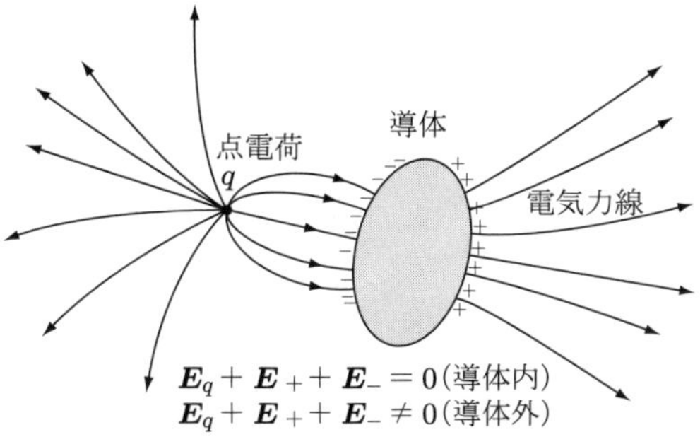

図 5.3 静電誘導：$\boldsymbol{E}_q$，$\boldsymbol{E}_+$，$\boldsymbol{E}_-$ は電荷 q，正の誘導電荷，負の誘導電荷が作る電場を表す

▶ ポアソンの方程式による解

静電誘導による表面電荷分布を知らずとも電場を計算できる 1 つの方法を述べよう．まず静電ポテンシャルを求める方が，電場を直接求めるより，一般に容易である．導体を取り囲む空間の静電ポテンシャルに関して，与えられた電荷分布 $\rho(\boldsymbol{r})$ の下で，ポアソンの方程式 (4.25)

$$\nabla^2\phi(\boldsymbol{r}) = -\rho(\boldsymbol{r})/\varepsilon_0$$

の解 $\phi(\boldsymbol{r})$ を求めるわけであるが，右辺の電荷密度 $\rho(\boldsymbol{r})$ には導体表面の電荷密度も含まれているので，それを知らないと解を求めることはできないように思われる．しかし，導体表面は等電位であり，その値がわかっていれば，電荷密度がわからなくとも解を求めることができる．ポアソンの方程式には**解の一意性**とよばれる定理がある．もしも，ポアソンの方程式を満たすいくつかの解のうち導体表面で指定された (等) 電位をもつ解 $\phi(\boldsymbol{r})$ が見出されるなら，それが導体外のポテンシャルを一意的に決定するとするものである．このように境界での電位や電位の勾配 (電場) を満たすような偏微分方程式の解を求めることを**境界値問題** (boundary value problem) という．

導体表面 $\boldsymbol{r} = \boldsymbol{r}_\mathrm{s}$ の誘導電荷密度 $\sigma(\boldsymbol{r}_\mathrm{s})$ は得られた解 $\phi(\boldsymbol{r})$ の面法線方向の勾配として，式 (5.4) より求めることができる．つまり，

$$\sigma(\boldsymbol{r}_\mathrm{s}) = -\varepsilon_0\frac{\partial\phi}{\partial n} \tag{5.8}$$

ここで，n は面の外向き法線の単位ベクトル $\boldsymbol{n}$ 方向の座標変数である．

▶ 静電遮蔽

ここでの境界値問題に関連して，図 5.4 のように，空洞のある導体 A 内に帯電体 B があり，導体 A の外側に別の帯電体 C があるときの導体空洞内の電場の様子に触れよう．もしも A が接地されていれば，この空洞の電位は 0 の閉曲面で取り囲まれている．このように空間を取り囲む閉曲面上の電位が決められていて，しかも，空間内の B の帯電電荷が与えられているとすれば，空洞内の電位と電場は一義的に決まる．したがって，A の外側にいかに強い帯電体 C を近づけても，空洞内の電場は全く影響を受けることがない．すなわち，A の内と外とは完全に A で遮断されている．この現象を**静電遮蔽** (electrostatic shielding) とよぶ．精密な静電的測定を行う装置では，接地された金属あるいは金網で装置を包んで外界の電気的影響を避

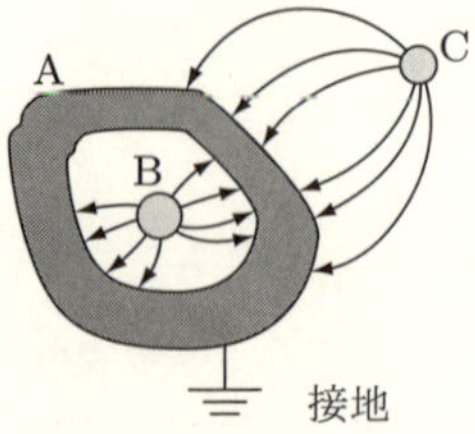

図 5.4　静電遮蔽 (接地の電気回路記号は図のとおりである)

けることが行われる．なお，導体Aの電位は0でなくある電位に保たれていても，内部の電場は変わらないので，静電遮蔽の効果は変わらない．

◆5.3 鏡像電荷法

導体表面で指定された電位になるという境界条件を満たす解を探す1つの発見的方法として，**鏡像電荷法** (method of image charge) がある．真電荷によるクーロン場が境界条件を満たさないとき，仮想的な電荷を付け加えて境界条件を満たす解を求める方法である

点電荷 q から距離 a の位置に図5.5(a) のように半無限導体があり，導体の電位は接地されて0のとき，導体表面に誘導される表面電荷密度を鏡像電荷法により導出してみる．点電荷の位置Pから導体表面に下した垂線の足を座標の原点Oにとると，図5.5(b) のようにPO軸の周りの回転対称性がある．導体は等電位であるから，図5.5(c) のように q から出る電気力線は導体表面に垂直に交わる．当然ながら導体内部では $\boldsymbol{E}=0$ である．そこで，点Pの電荷に対して導体面の鏡像の位置 P' に $-q$ の点電荷をおいたとする．このような仮想電荷を**鏡像電荷** (image charge) という．元の電荷 q と鏡像電荷 $-q$ による，位置 $\boldsymbol{r}$ の静電ポテンシャルは，図5.5(c) において $\boldsymbol{r}_1=\boldsymbol{r}-a\boldsymbol{i}$，$\boldsymbol{r}_2=\boldsymbol{r}+a\boldsymbol{i}$ なので，

$$\phi(\boldsymbol{r})=\frac{1}{4\pi\varepsilon_0}\left(\frac{q}{|\boldsymbol{r}-a\boldsymbol{i}|}-\frac{q}{|\boldsymbol{r}+a\boldsymbol{i}|}\right)$$

ここで，$\boldsymbol{i}$ は x 軸方向の単位ベクトルである．この式は右半分の空間で，ポアソン

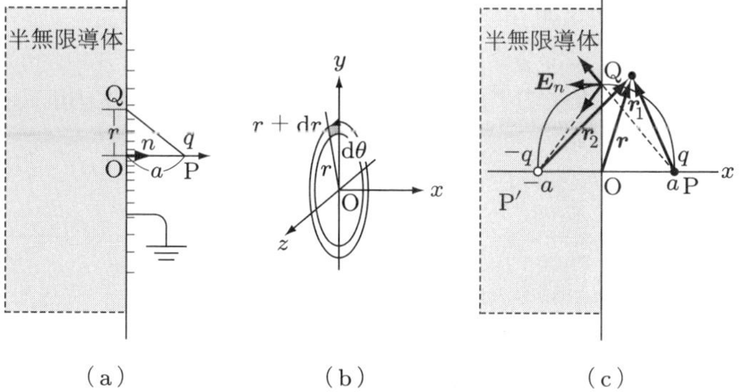

図 5.5 半無限導体と鏡像電荷：(a) 接地した半無限導体を点電荷，(b) 導体表面の円環領域，(c) 点電荷 q と鏡像電荷 $-q$

の方程式を満たす1つの解である．この式を直角座標で書き換えると

$$\phi(\boldsymbol{r}) = \frac{1}{4\pi\varepsilon_0}\left(\frac{q}{\sqrt{(x-a)^2+y^2+z^2}} - \frac{q}{\sqrt{(x+a)^2+y^2+z^2}}\right)$$

となる．この式で $x=0$ と置けば，右辺は y, z の値によらず0となるので，導体板の電位が0となる境界条件にも適合している．したがって，この解が右半分の空間では元の電荷と導体面に誘起された電荷の作る電場と同じものを与える (左半分の導体内部では電場は0となるはずであるから，仮想電荷を用いて計算した電場とは異なる)．

このポテンシャルを用いて導体表面の電荷密度を求めよう．原点から平板導体上の点 $(0, y, z)$ に両電荷が作る電場は面に垂直の E_n で，x 軸の負方向を向いている

$$E_x(0, y, z) = -\left(\frac{\partial\phi}{\partial x}\right)_{x=0} = -\frac{1}{4\pi\varepsilon_0}\frac{2aq}{(y^2+z^2+a^2)^{3/2}}$$

となる．また，$E_y = E_z = 0$．導体板 yz 面上の電荷密度は前節の式 (5.4) より

$$\sigma(0, y, z) = \varepsilon_0 E_x(0, y, z) = -\frac{qa}{2\pi(y^2+z^2+a^2)^{3/2}}$$

と負電荷密度が導かれる．$r^2 = y^2 + z^2$ とすれば，導体板上の r は円の半径であり，この円周上での電荷の表面密度は等しい．これは，x 軸の周りの回転対称があるからである．2次元の極座標で表すと r の円環上の電荷密度は

$$\sigma(r) = -\frac{qa}{2\pi(r^2+a^2)^{3/2}}$$

となる．

[問題 1]　導体表面に誘導される全電荷量が $-q$ となることを示せ．

[問題 2]　全表面電荷によって点電荷 q が導体平面に引かれる力を求め，それが，q と鏡像電荷 $-q$ との間に働く力に等しいことを示せ．この力は**鏡像力** (image force) とよばれる．

例題 5.1

図 5.6(a) のように点電荷 q_1 が作る電場中に，接地された半径 R の導体球をおく．q_1 の位置 A から球の中心 O までの距離は a とする ($a > R$)．このとき，はじめの点電荷と導体表面に誘起された異符号の誘導電荷が作る電場を再現する鏡像電荷の電荷量と，OA 上で鏡像電荷のおくべき位置を導け．また，q_1 と球の中

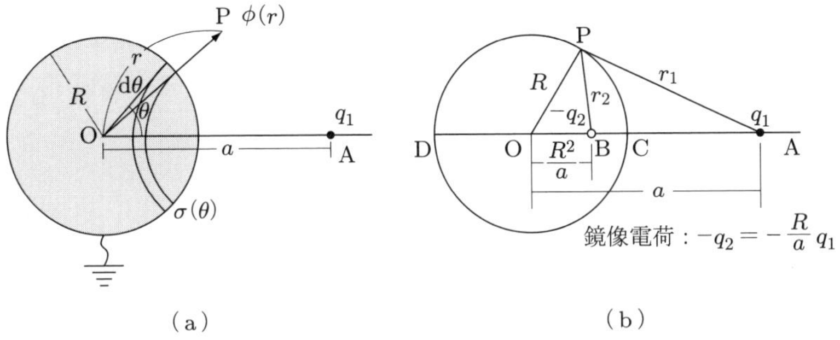

図 5.6 (a) 点電荷が作る場により接地された導体球に誘導される表面電荷,
(b) 鏡像電荷とアポロニウスの円

心を結ぶ中心線から角度 θ の位置の円帯に帯電する誘導電荷の表面密度 $\sigma(\theta)$ を求めよ.

▩ **解** 点 A の電荷 q_1 が作る電場下の静電誘導により, 導体球の表面に誘起される電荷と, その周りの電場のようすは, 球内の適切な位置 B に, 適切な大きさの鏡像電荷 $-q_2$ をおくことにより考察できる. そのとき, A, B の点電荷から, それぞれ r_1, r_2 の距離で中心から距離 r の点 P(球外と球面上を含める) を考えると, その電位 $\phi(r)$ は

$$\phi(r) = \frac{1}{4\pi\varepsilon_0}\left(\frac{q_1}{r_1} - \frac{q_2}{r_2}\right) \tag{5.9}$$

である. 特に, 導体表面に点 P があるとき ($r = R$), 導体表面の電位は $\phi = 0$ の等電位面を形成するから, 導体表面では図 5.6(b) に示すように r_1, r_2 は

$$\frac{r_1}{r_2} = \frac{q_1}{q_2}$$

を満足しなければならない. この条件を満たす点に鏡像電荷の位置 B をとれば, 導体球表面は A, B からの距離の比が一定の**アポロニウスの円** (sphere of Apollonius) の軌跡上にある. また, B と A を結ぶ直線と導体表面の交点 C は $\overline{\mathrm{AB}}$ を $q_1 : q_2$ に内分する点となっている. その結果, 直線 $\overline{\mathrm{AO}}$ の延長線が左側の球面に交わる交点を D とすれば,

$$\frac{\overline{\mathrm{DB}}}{\overline{\mathrm{DA}}} = \frac{\overline{\mathrm{BC}}}{\overline{\mathrm{CA}}} = \frac{q_2}{q_1}$$

を満足し, $\overline{\mathrm{OB}}$ は

$$\overline{\mathrm{OB}} = \frac{R^2}{a}$$

となる. よって,

$$\frac{\overline{\mathrm{OP}}}{\overline{\mathrm{OA}}} = \frac{\overline{\mathrm{OB}}}{\overline{\mathrm{OP}}} = \frac{R}{a}$$

の関係となるから, $\Delta\mathrm{AOP} \propto \Delta\mathrm{OPB}$ となり,

$$\frac{r_2}{r_1} = \frac{q_2}{q_1} = \frac{R}{a} \tag{5.10}$$

以上より，図 5.6(b) のように中心 O から $\dfrac{R^2}{a}$ の位置に鏡像電荷 $-\left(\dfrac{R}{a}\right)q_1$ をおけば，表面を含む導体球の外の空間の点 P の電位 $\phi(r)$ は

$$\phi(r) = \frac{1}{4\pi\varepsilon_0}\left\{\frac{q_1}{r_1'} - \frac{1}{r_2'}\left(\frac{R}{a}\right)q_1\right\} \tag{5.11}$$

で表される．なお，球外にある点 P の q_1，q_2 からの距離を r_1'，r_2' と表した．それぞれの距離を r と θ で表すと，

$$r_1' = \sqrt{a^2 + r^2 - 2ar\cos\theta},$$

$$r_2' = \left(\frac{1}{a}\right)\sqrt{R^4 + a^2r^2 - 2arR^2\cos\theta}$$

である．また，電位の勾配として点 P の電場 $\boldsymbol{E}(r,\theta)$ が求まる．次に，導体表面に分布し，幅 $R\mathrm{d}\theta$ の微小円帯に帯電する誘導電荷を $2\pi\sigma(\theta)R\mathrm{d}\theta$ と表す．その表面密度 $\sigma(\theta)$ は，式 (5.4) より

$$\sigma(\theta) = \varepsilon_0 E_\mathrm{n} = -\varepsilon_0\left(\frac{\partial\phi}{\partial r}\right)_{r=R} = -\frac{q_1}{4\pi R^2}\left(\frac{R}{a}\right)\frac{1-(R/a)^2}{\{1+(R/a)^2 - 2R\cos\theta/a\}^{3/2}}$$

となる．◀■

［問題 3］　q_1 の受ける鏡像力は $F = \dfrac{q_1^2}{4\pi\varepsilon_0}\dfrac{aR}{(a^2-R^2)^2}$ となることを示せ．

［問題 4］　図 5.3 と同じ状況として，点電荷 q_1 が作る電場の中に，半径 R の絶縁された導体球を球の中心が点電荷から a の距離におく．このとき，静電誘導により導体球の q_1 に近い側の表面に q_1 と異符号の，遠い側に同符号の電荷が等量分布して誘起される．この場合，導体球の電位は $\phi(R,\theta) = \dfrac{q_1}{4\pi\varepsilon_0 a}$，$q_1$ に働く力は $F = \dfrac{Rq_1^2}{4\pi\varepsilon_0}\left\{\dfrac{a}{(a^2-R^2)^2} - \dfrac{1}{a^3}\right\}$ となることを示せ．

5.4　導体の電荷と電位：静電容量

真空中の導体に電荷を与えると，その周りに電場が発生する．その電場のために無限遠にある電荷を導体表面まで運ぶために仕事が必要になる．単位の電荷を運ぶ仕事は無限遠の電位を 0 とすれば，この導体の電位を与えることになる．導体の電位は帯電電荷に比例して増加する．

▶ 1 個の導体の電荷と電位

簡単な例として，電荷 Q を帯電させた半径 a の導体球 (殻) のもつ電位を求めてみよう．導体球の中心 O から距離 r の位置での電場は極座標表示で $E_r(r) = Q/4\pi\varepsilon_0 r^2$ である．無限遠を電位 0, $\phi(\infty) = 0$ として，静電ポテンシャルは $\phi(r) = Q/(4\pi\varepsilon_0 r)$ であり，導体球面の $r = a$ における電位は

$$\phi(a) = \frac{Q}{4\pi\varepsilon_0 a}$$

である．電位は電荷量に比例することになる．この導体の**静電容量** (capacitance) を

$$C = \frac{Q}{\phi(a)} \tag{5.12}$$

と，単位の電位を増やすのに必要な電気量で定義すれば，

$$C = 4\pi\varepsilon_0 a \qquad [\mathrm{CV}^{-1}] \tag{5.13}$$

となる．容量は球の半径 r に比例して増加する．なお，導体球表面上の電荷密度は一様で

$$\sigma(a) = -\varepsilon_0 \left(\frac{\partial\phi}{\partial r}\right)_{r=a} = \frac{Q}{4\pi a^2}$$

となり，帯電電荷の表面密度が確かに電荷 Q を球の表面積 $4\pi a^2$ で割ったものに等しい．

▶ 2 個の導体の静電容量と静電誘導

正に帯電 (Q_1) した導体 1 に導体 2 を近づけたとしよう．帯電した導体 1 の電場による静電誘導で，導体 2 の表面に誘導電荷が現れる．たとえ導体 2 が正味の電荷をもたなくても，導体 1 に近い表面には負の電荷が，反対側には正の電荷が誘導される．そのため，導体 2 からも電場が発生し，その電位 ϕ_2 は 0 ではない．導体 2 の電位 ϕ_2 は導体 1 の電荷 Q_1 に比例するので，比例係数を d_{21} とおいて，$\phi_2 = d_{21}Q_1$ と書ける．導体 1 の電位 ϕ_1 も Q_1 に比例するので，係数を d_{11} とすれば，$\phi_1 = d_{11}Q_1$ の関係が得られる．

さらに，導体 2 にも電荷 Q_2 が与えられたとすれば，この電荷によって，導体 1 にも静電誘導が起こり，その影響が 1 の電位に及ぼし，結局 2 つの導体の電位と電荷の間に次の関係が与えられる．

$$\phi_1 = d_{11}Q_1 + d_{12}Q_2 \tag{5.14}$$

$$\phi_2 = d_{21}Q_1 + d_{22}Q_2 \tag{5.15}$$

ここで，係数 d_{ij} は**電位係数**とよばれる．さらに，$d_{12} = d_{21}$ の関係があることが知られている．これを**相反性**という．これは，$Q_2 = 0$ で，$Q_1 = 1$ [C] の単位の電荷を与えたときの，導体2の誘導電位は $\phi_2 = d_{21}$ [V] となり，一方 $Q_1 = 0$，導体2に $Q_2 = 1$ [C] の単位電荷を与えたとき，導体1の誘導電位は $\phi_1 = d_{12}$ [V] となる．この両者の電位が等しいことが要請されているからである．この関係式を逆に解いて，

$$Q_1 = c_{11}\phi_1 + c_{12}\phi_2 \tag{5.16}$$

$$Q_2 = c_{21}\phi_1 + c_{22}\phi_2 \tag{5.17}$$

が得られる．この式は，導体2の電位を決めたときに，各導体に蓄えられる電荷を表している．c_{ij} の 2×2 係数行列は d_{ij} の逆行列である．c_{11}, c_{22} の対角成分は**静電容量係数**とよばれ，正の値をもつ，一方，非対角成分 c_{12}, c_{21} は**静電誘導係数**とよばれ，負の値をもっている．これらの係数は導体の形や空間配置によって定まっている．導体が1個あるときの c_{11} と，さらに導体が加わったときの c_{11} の値は異なることに注意しよう．この係数の単位は**ファラッド** [F] が用いられ，[F]=[CV^{-1}] である．

また，行列 d_{ij} の係数は相反性を満たすから，行列 c_{ij} も相反性を満たし，

$$c_{12} = c_{21} \tag{5.18}$$

が成り立っている．この式を用いると，導体2を接地,つまり $\phi_2 = 0$ とし，導体1の電位 $\phi_1 = 1$ V としたとき，接地した導体2に生じる誘導電荷は $Q_2 = c_{21}$ [C] である．逆に，導体1を接地し，導体2の電位を $\phi_2 = 1$ V としたとき，接地した導体1に生じる誘導電荷は $Q_1 = c_{12}$ [C] で与えられるが，この両者が等しくなることを意味している．

5.5 コンデンサー

電気回路の素子として電荷を蓄える作用をもつ**コンデンサー**について考えてみよう．原理的には2枚の導体板を平行に向かい合わせて作る．回路では，一方の導体板を正，他方を負側の導線に接続し，電流を流すと正側には正の電荷 Q，負側には負の電荷 $-Q$ が蓄えられる．正と負の電荷の量はいつも同じである．

具体例として，断面積 S の導体板2枚を図5.7(a) のように間隔 d を隔てて平行に置いた平行平板コンデンサーを考えよう．電池をつないで電位差 V を与えると，それぞれの導体板に表面電荷が帯電して真空を介して引き合う．このとき，内部の電

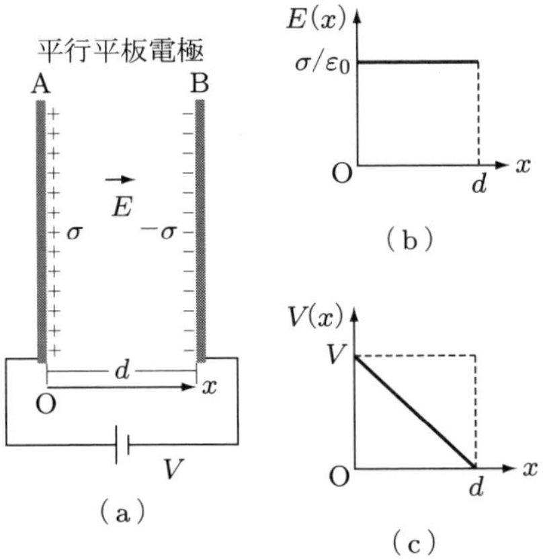

図 5.7 (a) 電池に繋がれた平行平板電極コンデンサー (parallel plate capacitor), (b) 電場, (c) 電位の正極から負極へ向けての位置依存性

場と電位差を正の電極 A から，負の電極 B 方向に座標 x をとって考えよう．A，B にはそれぞれ表面密度 $\pm\sigma$ の電荷が帯電しているとする．帯電は一様で，電極板で挟まれ空間の外への電気力線の漏れのような電極端の効果は無視することとする．すると，無限に広い平面に表面密度 $\pm\sigma = \pm Q/S$ の電荷が帯電している場合と同じく，正電極 A では面の左右の方向に単位面積当たり，$\sigma/2\varepsilon_0$ の電場が発生し，負極板 B では $\sigma/2\varepsilon_0$ の左右の電場が吸い込まれる方向に電場が発生する．この 2 つの電場が合成されて，コンデンサーの外部では電場は打ち消され，極板間には A から B 方向への一様な強められた電場

$$E\boldsymbol{i} = \left(\frac{\sigma}{2\varepsilon_0} + \frac{\sigma}{2\varepsilon_0}\right)\boldsymbol{i} = \frac{\sigma}{\varepsilon_0}\boldsymbol{i} \tag{5.19}$$

が存在する．なお，正電極 A から負電極 B に向かってとった x 軸の単位ベクトルを $\boldsymbol{i}$ とする．また，極板外には電場は存在しない．電気力線は極板 A から極板 B に向かい，極板 B で吸収される[2)]．

電位差は電場下で単位電荷に働く力に抗してなす仕事に等しいから，電極間の電位差 V は

$$V = Ed = \frac{\sigma d}{\varepsilon_0} = \frac{Qd}{\varepsilon S} \tag{5.20}$$

[2)] 電極板は金属導体でできているので，内部の電場が 0 になることが保障される．見方を変えて，金属表面を挟む円筒領域を閉極面と考え，ガウスの法則を適用すると，金属側の電場が 0 であることから，外側の電場は σ/ε_0 の大きさであることが容易に導ける．

となる．一般に，コンデンサーに溜まる電荷量 Q と端子電圧 V の間の関係を比例係数 C を用いて

$$Q = CV \tag{5.21}$$

で表す．この C を**電気容量**あるいは**静電容量**といい，単位は [F] である．C はコンデンサーの形状で決まる係数で，平行平板コンデンサーでは

$$C = \frac{\varepsilon_0 S}{d} \tag{5.22}$$

となる．

前節の式 (5.16)，(5.17) を考えると，2 個の導体板が対称であるから，$c_{11} = c_{22}$，さらに $Q_1 = Q$，$Q_2 = -Q$ より，

$$Q = c_{11}\phi_1 + c_{12}\phi_2$$

$$-Q = c_{21}\phi_1 + c_{11}\phi_2$$

よって，$2Q = (c_{11} - c_{12})(\phi_1 - \phi_2)$．両金属板間の電位差は $V = \phi_1 - \phi_2$ であるから，$Q = (c_{11} - c_{12})V/2$，となるので，コンデンサーの容量 C は容量誘導係数行列 c によって

$$C = \frac{c_{11} - c_{12}}{2}$$

と表される．

[問題 5]　コンデンサーの両極板間に働く力は

$$F = \frac{1}{2}\varepsilon_0 E^2 S = \frac{1}{2}QE$$

となることを示せ．

例題 5.2

電極面積 S，極間距離 d の平行平板コンデンサーの中央に厚さ $d'(d' < d)$ で断面積が S の平行板金属を挿入し，A，B 間に電位差 V の電池につないでおく．正極を原点とする x 座標を負極へ向かってとり，電極間の電場，負極を基準にした電位差の距離依存性 $E(x)$，$V(x)$ を図示し．静電容量 C を求めよ．

■ **解**　導体は電場の中にさらされるから静電誘導が生じ，はじめ金属内で相殺されていた正負の電荷が内部の電場を 0 にするまで金属表面に現れる．このとき，正電極 A に近い側の表面には表面密度 $-\sigma$，負電極 B に近い側の表面には表面密度 σ の表面電荷が現れる．内部電場および内部の電位の x 依存性は図 5.8(a), (b) のようになる．また，

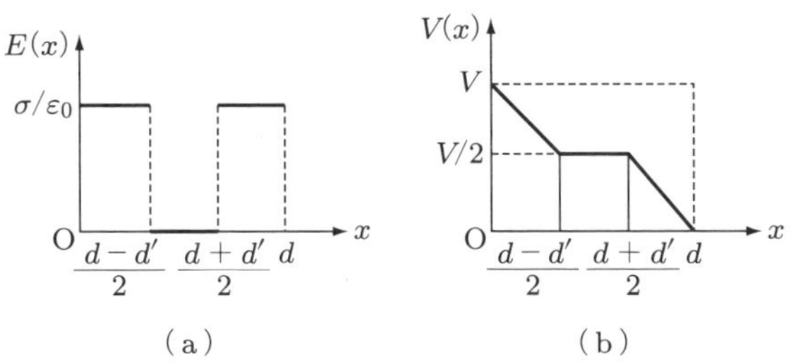

図 5.8 導体板を平行平板電極コンデンサー内に挿入したときの：(a) 電場，(b) 電位の正極から負極へ向かっての位置依存性

$$\frac{V}{2}=\frac{\sigma}{\varepsilon_0}\frac{(d-d')}{2}$$

であるから，

$$V=\frac{Q}{S\varepsilon_0}(d-d')$$

となる．静電容量は

$$C=\frac{S\varepsilon_0}{d(1-d'/d)}$$

となり，金属挿前に比べて d'/d の因子だけ増大する．挿入金属を電極と導線と考えれば，電極間距離 $(d-d')/2$ のコンデンサーを 2 つ直列につないだときの静電容量と等価になる．◀■

5.6 静電場のエネルギー

コンデンサーに蓄えられた静電エネルギー U は，電極にはじめ 0 であった電荷を電場に逆らって Q に達するまで徐々に帯電させて，最終的に電位差を V とさせるに要する外力の仕事に等しい．したがって，q まで帯電したときの電位差を $V(q)$，その電位差で微小電荷 dq を運ぶものとして，

$$U=\int_0^Q V(q)dq=\int_0^Q \frac{q}{C}dq=\frac{Q^2}{2C}=\frac{1}{2}CV^2=\frac{1}{2}QV \quad [\mathrm{J}] \qquad (5.23)$$

となる．電極内電場 $E=Q/\varepsilon_0 S$ と式 (5.22) を用いて，Q と C を消去すると，

$$U=\frac{1}{2}\varepsilon_0 E^2 Sd \qquad (5.24)$$

となる．ここで，Sd はコンデンサーの極板間の体積である．この式から明らかなように，コンデンサー内の電場 E の空間には体積密度 $(1/2)\varepsilon_0 E^2$ のエネルギーが

蓄えられていると考えてもよい．このエネルギーを電場の静電エネルギーという．

もっとも一般的な場合として，真空中に電場 $\boldsymbol{E}(\boldsymbol{r})$ があるとき，その位置 $\boldsymbol{r}$ の静電エネルギーの体積密度 $u_{\mathrm{e}}(\boldsymbol{r})$ は

$$u_{\mathrm{e}}(\boldsymbol{r}) = \frac{1}{2}\varepsilon_0 E(\boldsymbol{r})^2 = \frac{1}{2}\boldsymbol{D}(\boldsymbol{r})\cdot\boldsymbol{E}(\boldsymbol{r}) \quad [\mathrm{Jm}^{-3}] \tag{5.25}$$

で与えられる．なお，3番目の式は，すでに第3章でふれていて，第6章で導入する $\boldsymbol{D}(\boldsymbol{r}) = \varepsilon_0\boldsymbol{E}(\boldsymbol{r})$ で定義される電束密度を用いた表現である．静電エネルギーに対するこの関係式は静電場だけでなく，時間的に変化する電場 $\boldsymbol{E}(\boldsymbol{r}, t)$ の場合にも成り立つ．

演習問題

1. 一様な電場 $\boldsymbol{E}_{\mathrm{e}}$ の中に半径 a の導体球をおいたとき，球表面に誘導される表面電荷密度 σ と誘導電荷が作る球内外の電場について，次の問に答えよ．ただし，静電誘導により導体表面に現れる正負の電荷は，はじめ打ち消されていた正電荷と負電荷の球体が電場に沿ってわずかにずれたものと仮定し，それぞれの体積密度を $\pm\rho_0$ とする．

   (i) 負電荷球の中心Oから正電荷球の中心が変位ベクトル $\boldsymbol{d}$ だけずれたものとして，誘導電荷が導体内でOからの位置 $\boldsymbol{r}$ の内部電場 $\boldsymbol{E}_{\mathrm{i}}$ を表し，導体球内の電場は場所によらず一様であることを示せ．

   (ii) 導体内は電場が存在しないから，正負の誘導電荷が作る電場と外部電場は打ち消されなければならない．そのとき，$\boldsymbol{d}$ と $\boldsymbol{E}_{\mathrm{e}}$ の関係を示せ．

   (iii) 球の表面に帯電している電荷の表面密度を電場の方向を z 軸としたとき，z 軸から θ の位置の表面に現れる表面電荷密度 $\sigma(\theta)$ を表せ．

   (iv) 導体球の外の電場は帯電電荷が中心にあるときの電場に等しい．したがって，誘導電荷を帯びた導体球の外の電場は電気双極子が作る電場と等価になる．電気双極子モーメント $\boldsymbol{p}$ を外部電場 $\boldsymbol{E}$ を使って表せ．

   (v) 静電誘導が生じた導体球の外の電場 $\boldsymbol{E}$ を球の中心Oからの位置ベクトルを $\boldsymbol{r}$ として表せ．

2. 金属を一様な正電荷 (陽イオン) と負電荷 (電子) の分布からなるものと考える．全電荷は打ち消し合っているが，金属表面 ($x = 0$) 近くでは電子が表面の外側 ($x > 0$) へわずかににじみ出ていて**電気二重層** (electric double layer) を形成しているものとする．いま，ごく表面のそれぞれの電荷分布を図5.9のように体積密度 ρ_0 及び $-\rho_0$ の電気二重層としてモデル化する．この電気二重層が作る電場 $E(x)$ を $x < -d$，$-d \leq x \leq d$，$d < x$ の領域で求め図示せよ．

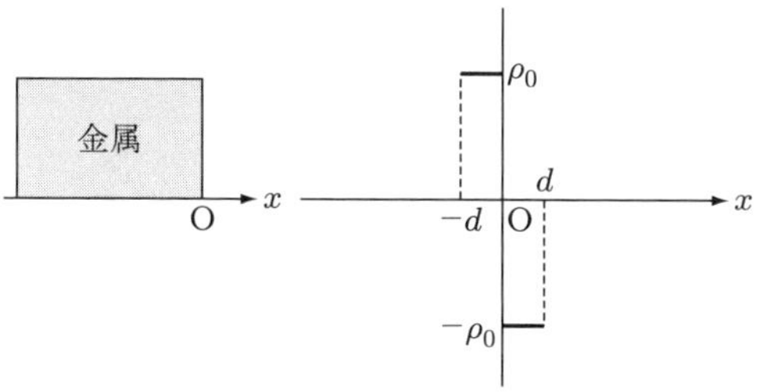

図 5.9　電気的二重層

3. 上の問題 2 の電気二重層による電位 $\phi(x)$ を，金属の内側の $\phi(x \le -d) = 0$ とする境界条件により求め，図示せよ．次に，この電位に基づき x の負の側から正の側に 1 個の電子を金属外に取り出すために必要な障壁エネルギー W を示せ．

4. 半径 a，b $(a > b)$ の同軸二重円筒からなる中空円筒形コンデンサーの軸に沿った単位長さ当たりの静電容量は

$$C = \frac{2\pi\varepsilon_0}{\ln(a/b)}$$

となることを示せ．

第 6 章

誘電体の電気的性質

電場を印加しても電流が流れない絶縁体物質では，物質を構成している原子あるいは分子内に電子が束縛されていて物質内で自由に移動できない．そのため外部電場中におかれたとき，金属導体のように内部の自由電子が，完全に内部電場を 0 にするように再分布して表面に帯電する静電誘導は起きない．しかし，絶縁体では外部電場により電気分極とよばれる現象が起こる．

例えばイオン結晶の場合，内部の正，負イオンがわずかにずれて微視的電気双極子が誘起され，絶縁体の表面に巨視的電荷が現れる．これを誘電分極という．その結果，絶縁体内には外部電場の他に，誘起された電荷による電場も存在するが，導体と異なり内部の正味の電場は 0 とならない．

この章では，誘電分極による絶縁体の電気的性質に注目するので絶縁体を誘電体とよぶことにする．まず，平板コンデンサーに挿入された誘電体板について具体的に考える．電極板表面にある真電荷と誘電体表面にある分極電荷との違い，誘電体内部の電気分極と表面の分極電荷の関係を調べる．

外部電場と誘電体内部電場は分極電荷により表面で不連続が生じる．そこで電束密度 $\boldsymbol{D} = \varepsilon \boldsymbol{E}$ (ε は誘電体の誘電率) を導入し，電束密度は表面で連続であることを示す．また，それが満たす方程式を導く．電場が表面に斜めに入射するときの屈折法則を示す．

6.1 誘電分極

誘電体の電気的性質について，図 6.1 のように，一定の電圧 V がかけられた平板コンデンサーに誘電体板を挿入することで考えよう．電極の間隔は d，面積は S，誘電体の厚さは d' ($d' < d$)，面積は S とする．電極上の電荷によって，誘電体には一定の電場が加えられる．絶縁体なので金属のように電流が流れることはないが，物質内部では電気的な分極が起こる．一様な分極では誘電体内部には巨視的電荷は存在せず，誘電体の表面のみ電荷が現れる．この表面電荷は導体における静電誘導による電荷とは異なり，物質から取り出すことはできない．この現象を**誘電分

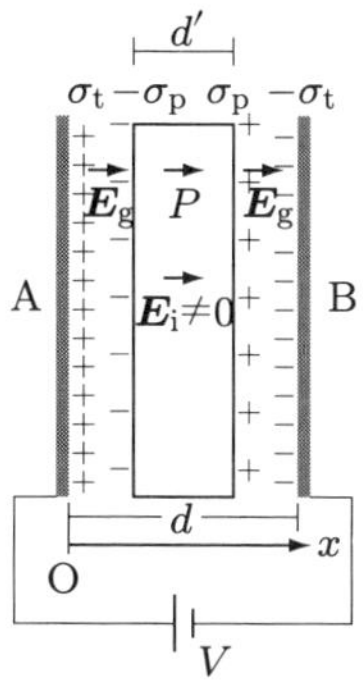

図 6.1 絶縁体と平行平板電極コンデンサー

極 (dielectric polarization) とよぶ.

▶ 電気分極と表面分極電荷密度

さて，外部電場が与えられたとき，誘電体表面に現れる分極電荷密度がどう与えられるかを考えてみよう．まず，電極内に挿入された誘電体に電場を加えたとき，誘電分極を起こすことを，微視的な立場から説明しよう．例えば，この誘電体の微視的構造が図 6.2(a) のような単原子分子が周期的に配列している結晶だとしよう．この結晶の分子は原子核とそれぞれの核の周りに束縛されている電子雲よりなる．電場が加わると正電荷の核と負電荷の電子雲は，逆方向の力を受け，互いに変位する (図 6.2(b))．このとき，核と電子には引力が働いており，実際には原子的尺度程度の変位しか起こらない．正負の電荷の中心ははじめは一致していたが，この変位

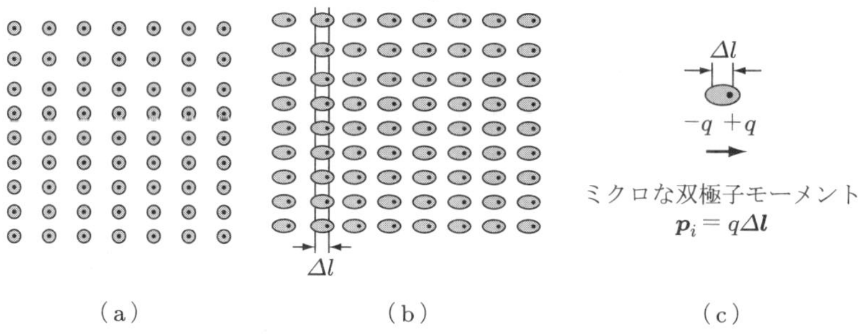

図 6.2 単原子分子モデル結晶の誘電分極：(a) 電場下におかれていない，(b) 電場下での分極，(c) ミクロな分子の誘起電気双極子

で正負の電荷の中心がずれると分極が起こる (図 6.2(c)). このとき, i 番目の原子の電子雲のミクロな電荷密度分布を $\rho_i(\boldsymbol{r})$ で表すと, 誘起された電気双極子モーメント $\boldsymbol{p}_i$ は, 原子あたり

$$\boldsymbol{p}_i = \int \boldsymbol{r}\rho_i(\boldsymbol{r})\,\mathrm{d}V \tag{6.1}$$

と表される. ここで, $\boldsymbol{r}$ は原子の中心からの位置ベクトルであり, 積分は原子を取り囲む局所的な空間で行う. もし, $\rho_i(\boldsymbol{r})$ が球対称であれば, この積分は 0 となり, 分極はない. しかし, 分布がずれて, 球対称が消失すると積分の寄与が残り, 分極が生じることになる. したがって, この量は分極する有効的電荷と変位を q および Δl とすれば, $\boldsymbol{p}_i = q\Delta\boldsymbol{l}$ と表せる.

次に原子の分極と誘電体の単位体積あたりの分極を表す**電気分極** (dielectric polarization) とよばれるベクトル量 $\boldsymbol{P}$[1)]との関係を調べよう. 誘電体板に含まれている原子数を N とする. 分極が生じたときの 1 つの原子の電気双極子モーメントの大きさは $q\Delta l$ で, 図 6.1 のコンデンサー内の誘電体板の厚さは d', 断面積は S なので,

$$\boldsymbol{P} = \frac{Nq\Delta\boldsymbol{l}}{Sd'} \tag{6.2}$$

となる. 電気分極 $\boldsymbol{P}$ は誘電体に印加された電場の方向に向きをもち, 大きさの単位は [C/m^2] である. 巨視的にみると誘電体内部では電気双極子の正負の電荷が相殺されていて, 誘電体の右端 (負電極側), 左端 (正電極側) にそれぞれ正電荷, 負電荷の分極電荷と呼ばれる正味の電荷が現れ, その層厚はそれぞれ Δl と考えてよい. 右端の表面に誘起される分極電荷 ΔQ (左端では $-\Delta Q$) は

$$\Delta Q = Nq\left(\frac{S\Delta l}{Sd'}\right) = \frac{Nq\Delta l}{d'} \tag{6.3}$$

であるから, **分極電荷の表面密度** (surface density of polarization charge) を σ_p と表すと,

$$\sigma_\mathrm{p} = \frac{\Delta Q}{S} = \frac{Nq\Delta l}{Sd'} \tag{6.4}$$

となる. したがって,

$$\sigma_\mathrm{p} = |\boldsymbol{P}| = P \tag{6.5}$$

となり, 電気分極 $\boldsymbol{P}$ の大きさは σ_p (単位は [C/m^2]) を表す.

---

1) $\boldsymbol{P}$ は極性ベクトルである.

すなわち，誘起された分極表面密度は誘電体の電気分極によって定められる．図6.1 の誘電体内部の電場 $\boldsymbol{E}_\mathrm{i}$ はコンデンサーの極板の電極の真電荷とよばれる電荷による外部電場 $\boldsymbol{E}_\mathrm{g}$ と誘電体板表面の誘導電荷による電場 $\boldsymbol{E}_\mathrm{d}$ の和であるので，

$$\boldsymbol{E}_\mathrm{i} = \boldsymbol{E}_\mathrm{g} + \boldsymbol{E}_\mathrm{d} \tag{6.6}$$

となる．正電極の真電荷の表面密度を σ_t，誘電体表面の分極電荷の表面密度を σ_p で表すと，図 6.1 からわかるように，$\boldsymbol{E}_\mathrm{g} = (\sigma_\mathrm{t}/\varepsilon_0)\boldsymbol{i}$，$\boldsymbol{E}_\mathrm{d} = -(\sigma_\mathrm{p}/\varepsilon_0)\boldsymbol{i}$ であるから，

$$\boldsymbol{E}_\mathrm{i} = \left(\frac{\sigma_\mathrm{t}}{\varepsilon_0} - \frac{\sigma_\mathrm{p}}{\varepsilon_0}\right)\boldsymbol{i} \tag{6.7}$$

ここで，$\boldsymbol{i}$ は x 軸方向の単位ベクトルである．電気分極 $\boldsymbol{P}$ を用いて表せば，

$$\boldsymbol{E}_\mathrm{i} = \boldsymbol{E}_\mathrm{g} - \frac{\boldsymbol{P}}{\varepsilon_0} \tag{6.8}$$

誘電体の分極により，誘電体内部には $\boldsymbol{P}$ と反対方向に電場が生じる．そのため，この電場 $\boldsymbol{E}_\mathrm{d}$ は**反分極電場** (depolarization field) とよばれている．

反分極電場は誘電体表面に誘起された電荷密度により誘電体内に生じる電場であり，一般に外部電場とは逆方向である．誘電体内の分極が一様であるとき，反分極電場 $\boldsymbol{E}_\mathrm{d}$ は誘電体の形によって異なる．薄い板状の誘電体の面に垂直な外部電場のときは $\boldsymbol{E}_\mathrm{d} = -\boldsymbol{P}/\varepsilon_0$ となる．電場が面に平行な場合は $\boldsymbol{E}_\mathrm{d} = 0$ となる．球状の誘電体では $\boldsymbol{E}_\mathrm{d} = -\boldsymbol{P}/3\varepsilon_0$ となる．長い円筒状の誘電体に電場が円筒軸方向に平行な場合は $\boldsymbol{E}_\mathrm{d} = 0$ となるが，この軸に垂直な場合は $\boldsymbol{E}_\mathrm{d} = -\boldsymbol{P}/2\varepsilon_0$ となることが知られている．一般の形では，分極は均一にできず，反分極電場も誘電体内で均一とはならない．

▶ 電気感受率

さて，本章のコラムで説明する強誘電体の場合を除き，一般の誘電体では，外部電場がないと電気分極は起こらない．以下では，電気分極 $\boldsymbol{P}$ が誘電体内部の電場 $\boldsymbol{E}_\mathrm{i}$ に比例するものと仮定して話を進めよう．比例係数に相当する**電気感受率**：χ_e (electric susceptibility) は

$$\boldsymbol{P} = \varepsilon_0 \chi_\mathrm{e} \boldsymbol{E}_\mathrm{i} \tag{6.9}$$

と定義される．この χ_e は物質固有の無次元の比例係数で，正の値 ($\chi_\mathrm{e} > 0$) をとる．また，一般的にはテンソル量である．しかし，等方的な物質ではスカラー定数で，

$\boldsymbol{P}$ は $\boldsymbol{E}_\mathrm{i}$ と同じ方向を向いている．本章ではそのような場合を扱う[2)]．

式 (6.8) と式 (6.9) を用いると，

$$\boldsymbol{E}_\mathrm{i} = \boldsymbol{E}_\mathrm{g} - \chi_\mathrm{e}\boldsymbol{E}_\mathrm{i}$$

となり，これを $\boldsymbol{E}_\mathrm{i}$ について解くと，

$$\boldsymbol{E}_\mathrm{i} = \frac{1}{1+\chi_\mathrm{e}}\boldsymbol{E}_\mathrm{g}$$

となって，外場 $\boldsymbol{E}_\mathrm{g}$ が与えられれば，$\boldsymbol{E}_\mathrm{i}$ が決まったことになる．

$$\varepsilon_\mathrm{r} = 1 + \chi_\mathrm{e} \tag{6.10}$$

で定義した量は**比誘電率** (specific dielectric constant) とよばれ，$\varepsilon_\mathrm{r} > 1$ である．

$$\boldsymbol{E}_\mathrm{g} = \varepsilon_\mathrm{r}\boldsymbol{E}_\mathrm{i} \tag{6.11}$$

が成り立つ．また

$$\varepsilon = \varepsilon_0\varepsilon_\mathrm{r} \tag{6.12}$$

とおけば，ε は誘電体の**誘電率** (dielectric constant) であり，誘電分極の大きさを示す物質固有の量である．

以上をまとめると，コンデンサー内に誘電体が存在しない場合の $\boldsymbol{E}_\mathrm{g}$ の電場が，誘電体を挿入すると誘電体内部の電場として

$$\boldsymbol{E}_\mathrm{i} = \frac{\boldsymbol{E}_\mathrm{g}}{\varepsilon_\mathrm{r}}$$

に代わったことになる．

例題 6.1

図 6.1 のように，極板の面積 S，電極間の距離 d の平板コンデンサーに，誘電率 ε，厚さ d' の誘電体板を差し込んだ．このコンデンサーの電気容量を求めよ．また電極間をすべて誘電体で埋めた場合と誘電体板がない場合の容量を比べよ．

---

2) 電場 $\boldsymbol{E}$ のようなベクトル場に対する電気分極ベクトル $\boldsymbol{P}$ の応答に関する物質固有の感受率は，一般に，定数 (スカラー量) ではなく，2 次テンソルとよばれる量である．すなわち，直角座標の成分で表現すると，$P_i = \sum_j^3 \varepsilon_0\chi_{\mathrm{e}ij}E_j$ と表される．このとき，$\chi_{\mathrm{e}ij}$ は 3 行 3 列の対称行列である．物質が結晶の場合，結晶方位に対する電場の向きによっては電気分極が電場方向でない成分が生じることもある．しかし，誘電主軸とよばれる，必ず電場と電気分極が同じ向きとなる方向がある．その場合，上式は電気感受率行列の対角成分で表せる．等方的な物質では，$\chi_{\mathrm{e}11} = \chi_{\mathrm{e}22} = \chi_{\mathrm{e}33}$ である．本書においては物質はすべて等方的なものとして扱うので，$P_i = \varepsilon_0\chi_{\mathrm{e}ii}E_i$ としている．

▩ **解**　電極間の電位差が V なので，

$$V = -\int_d^0 E\,\mathrm{d}x = \int_0^{\frac{d-d'}{2}} E_\mathrm{g}\,\mathrm{d}x + \int_{\frac{d-d'}{2}}^{\frac{d+d'}{2}} \frac{E_\mathrm{g}}{\varepsilon_\mathrm{r}}\,\mathrm{d}x + \int_{\frac{d+d'}{2}}^{d} E_\mathrm{g}\,\mathrm{d}x$$
$$= (d-d')E_\mathrm{g} + d'E_\mathrm{g}/\varepsilon_\mathrm{r}$$

となり，正電極に蓄えられる電気量を Q とすれば，

$$Q = \sigma_\mathrm{t} S = \varepsilon_0 E_\mathrm{g} S$$

電気容量 C は

$$C = \frac{Q}{V} = \frac{\varepsilon_0 S E_\mathrm{g}}{(d - d' + d'/\varepsilon_\mathrm{r})E_\mathrm{g}} = \frac{\varepsilon_0\varepsilon_\mathrm{r} S}{\varepsilon_\mathrm{r}(d-d') + d'}$$

となる．コンデンサー内の負極を基準にした電位の位置依存性は図 6.3(b) となる．

電極間を誘電体で埋めたときは $d' = d$ なので，

$$C = \frac{\varepsilon_0\varepsilon_\mathrm{r} S}{d} = \frac{\varepsilon S}{d} \tag{6.13}$$

である．電極間が真空のときは

$$C_0 = \frac{\varepsilon_0 S}{d}$$

となるので，電気容量の比は $C/C_0 = \varepsilon/\varepsilon_0 = \varepsilon_\mathrm{r}$．一般に $\varepsilon_\mathrm{r} > 1$ であるから，コンデンサーは誘電体を挿入すると，挿入前に比べて，同じ電圧に対して蓄えられる電荷量が ε_r 倍となる．◀▩

例題 6.1 の解も含めてまとめると，図 6.1 における電極間の電場と電位差の位置 x 依存性は，それぞれ，図 6.3(a), (b) のように描ける．

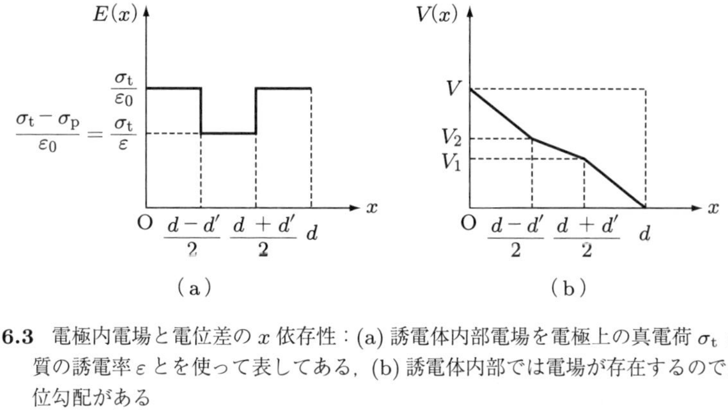

図 6.3　電極内電場と電位差の x 依存性：(a) 誘電体内部電場を電極上の真電荷 σ_t と物質の誘電率 ε とを使って表してある，(b) 誘電体内部では電場が存在するので，電位勾配がある

［問題 1］　電池の電圧を V とするとき，図 6.3(b) の V_1 および V_2 は，

$$V_1 = \frac{\sigma_\mathrm{t}}{\varepsilon_0}\frac{d-d'}{2}$$

$$V_2 = \frac{\sigma_t}{\varepsilon_0}\frac{d-d'}{2} + \sigma_t\frac{d'}{\varepsilon}$$

となることを示せ．

[問題 2]　上の問において，電池の電圧 V を使って電極に帯電する真電荷の表面密度 σ_t と誘電体表面の極電荷表面密度 σ_p を表せ．

コラム

誘電体・強誘電体

誘電体が分極する微視的な模型として，本文では，構成分子や原子に電場が加わると，正の電荷の原子核と負の電荷の電子雲に逆方向に力が働き，互いに変位することより微視的な双極子モーメントが誘起される分極を述べた．これを**電子分極**という．また，食塩の結晶は Na^+ イオンと Cl^- イオンが交互に規則正しく配列し，電気分極はもたない．このような結晶をイオン結晶という．電場をかけると，正負のイオンが逆に変位し，電気分極が生じる．これを**イオン分極**という．誘電体には，**永久双極子モーメント**をもつ分子 (**極性分子** (polar molecule) とよばれる) からなる物質がある．高温では，熱運動により極性分子の配向は無秩序である．この物質が電場中におかれると，第4章の例題 4.2 で見たとおり，分子に力のモーメントが働き，分子は電場方向に向こうとする**配向分極**とよばれる現象が起こる．

電子分極の場合，電気感受率は核と電子の間の相互作用の強さと関係するが，温度には依存しない．一方，配向分極型では，熱運動により分子の配向は妨げられるので，電気感受率も温度とともに減少する．また，イオン分極の場合，両イオンは束縛されるポテンシャルの最小値の位置で熱振動しているので電気感受率は温度依存性をもつ．

誘電体の中には電場下におかれなくとも，自発的に電気分極をもつ物質がある．これらは結晶学的に**焦電体** (pyroelectrics) と呼ばれるが，特に，外部電場の方向反転により自発分極の向きが反転する物質は**強誘電体** (ferroelectrics) とよばれる．自発磁化をもつ永久磁石は強磁性体とよばれ，外部に磁場を作るように，強誘電体も外部に電場を作るはずであるが，正負に帯電した両極には，イオンや電子が自然に付着し，電荷を中和しているので，そのままでは外部に電場は現れない．

強誘電体となる結晶は大別して2種ある．KH_2PO_4 に代表されるのは**秩序無秩序型**といわれている強誘電体である．この結晶は水素結合で結ばれており，結合に関わる陽子の位置の配列の秩序が強誘電性と関係付けられている．もう1つは**変位型**といわれ，$BaTiO_3$ がその代表である．イオンが対称のいい結晶格子位置にあるときは，微視的な電気分極をもたないが，格子が変形して，非対称な位置にイオンが配置されると，電気分極が生じる．誘電率が極めて大きく，コンデンサーの材料として利用されているほか，**圧電性** (piezoelectricity)(歪ませると，電圧が生じ，また，逆の現象) がある．近年，ナノテクノロジーの進展に伴い，同属物質である PZT (lead zirconate titanate) は，この効果に基づき，走査電子顕微鏡 (STM) の探針を原子 1 個のサイズで走査するスキャナ (圧電素子) として有用となっている．結晶を構成する分子がもともと電気双極子をもっており，それが平行に配列することによって，巨視的な自発分極を起こす**配向型**の強誘電体もある．分類としては秩序無秩序型に属する $NaNO_2$ 等が典型的な物質である．電気双極子をもつ NO_2^- イオン間に互いに方向を揃えようとする相互作用 (双極子 - 双極子相互作用) が働いて自発分極が生じる．ただし，キュリー温度 T_C とよばれる温度を超えると，熱的擾乱が相互作用に勝り，自発分極は消える．永久磁石として用いられる強磁性体の自発磁化と温度変化は似ている．

6.2 電束密度ベクトル

▶ 電束密度の定義

電場ベクトル $\boldsymbol{E}$ に誘電率 ε を掛けた量を**電束密度** (ベクトル)(electric flux density) または**電気変位** (electric displacement) とよび，空間の各位置 $\boldsymbol{r}$ で

$$\boldsymbol{D}(\boldsymbol{r}) = \varepsilon(\boldsymbol{r})\boldsymbol{E}(\boldsymbol{r}) \tag{6.14}$$

で定義される．真空の誘電率は ε_0 なので，真空中は

$$\boldsymbol{D}(\boldsymbol{r}) = \varepsilon_0\boldsymbol{E}(\boldsymbol{r}) \tag{6.15}$$

となる．比誘電率 ε_r の誘電体板を電位差 V のコンデンサーの電極内に挿入したとき，$\boldsymbol{E}_g$ ベクトルの電気力線は図 6.4(a) のように描ける．

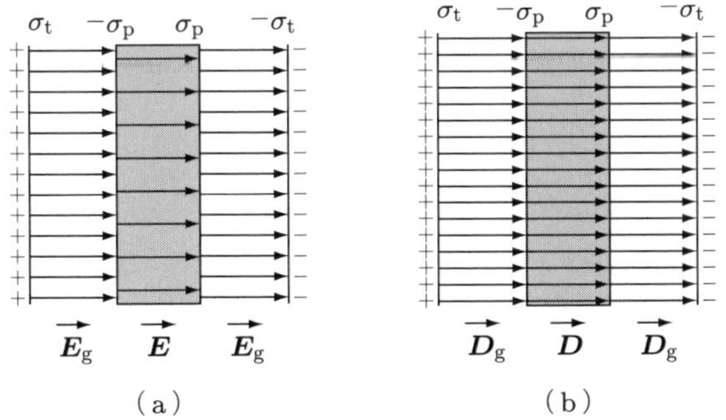

図 6.4 誘電体を挿入したコンデンサー内における：(a) 電場 $\boldsymbol{E}$，(b) 電束密度 $\boldsymbol{D}$

空隙部分の電場を E_{g} とし，誘電体内部の電場を $\boldsymbol{E}_{\mathrm{i}}$ とすれば，式 (6.11) $\boldsymbol{E}_{\mathrm{g}} = \varepsilon_{\mathrm{r}}\boldsymbol{E}_{\mathrm{i}}$ の両辺に ε_0 を掛けて

$$\varepsilon_0\boldsymbol{E}_{\mathrm{g}} = \varepsilon\boldsymbol{E}_{\mathrm{i}} \tag{6.16}$$

の関係がえられる．次に，定義から

$$\boldsymbol{D}_{\mathrm{g}} = \varepsilon_0\boldsymbol{E}_{\mathrm{g}} \tag{6.17}$$

また誘電体内の電束密度 $\boldsymbol{D}_{\mathrm{i}}$ は

$$\boldsymbol{D}_{\mathrm{i}} = \varepsilon\boldsymbol{E}_{\mathrm{i}} \tag{6.18}$$

であるから，式 (6.17) と式 (6.18) より

$$\boldsymbol{D}_{\mathrm{g}} = \boldsymbol{D}_{\mathrm{i}} \tag{6.19}$$

となる．したがって，電場は真空中と誘電体中で異なるにも関わらず，図 6.4(b) のように電束密度ベクトル $\boldsymbol{D}$ は真空中と誘電体中も同じになる．一般に，**界面と垂直な電束密度であれば，$\boldsymbol{D}$ ベクトルは境界で連続となる．** ただし，界面に真電荷がないことが条件である．

▶ 電束密度のガウスの法則

さて，この定義に基づく電束密度場に関するガウスの法則は，真電荷の体積密度を ρ_{t} として，次式で表される．

$$\oint_{\mathrm{S}} \boldsymbol{D}(\boldsymbol{r}) \cdot \mathrm{d}\boldsymbol{S} = \int_{\mathrm{V}} \rho_{\mathrm{t}}(\boldsymbol{r})\,\mathrm{d}V \tag{6.20}$$

電束密度ベクトル $\boldsymbol{D}$ の湧き出しは，真電荷のみによって決まる．なお，第3章の式 (3.4) において，電場ベクトル $\boldsymbol{E}$ に真空の誘電率 ε_0 を掛けたフラックス密度 $\varepsilon_0\boldsymbol{E}$ を真空の場の $\boldsymbol{D}$ ベクトルとして導入している．

▶ 電束密度と電気分極

誘電率 ε の誘電体中の $\boldsymbol{D}$ と $\boldsymbol{E}$ ベクトルの関係は，式 (6.12) と式 (6.10) により

$$\boldsymbol{D}(\boldsymbol{r}) = \varepsilon\boldsymbol{E}(\boldsymbol{r}) = \varepsilon_0(1+\chi_{\mathrm{e}})\boldsymbol{E}(\boldsymbol{r}) \tag{6.21}$$

と表され，さらに，式 (6.9) を用いれば，

$$\boldsymbol{D}(\boldsymbol{r}) = \varepsilon_0\boldsymbol{E}(\boldsymbol{r}) + \boldsymbol{P}(\boldsymbol{r}) \tag{6.22}$$

のように，$\varepsilon_0\boldsymbol{E}$ と電気分極 $\boldsymbol{P}$ のベクトル和で表される．真空中では電気分極が生じないことから，$\boldsymbol{P} = 0$ となり，

$$\boldsymbol{D}(\boldsymbol{r}) = \varepsilon_0\boldsymbol{E}(\boldsymbol{r}) \tag{6.23}$$

である．

例題 6.2

誘電率 ε の平板誘電体を一様な外部電場 $\boldsymbol{E}_{\mathrm{e}}$ の中におくときの誘電体内部の電場 $\boldsymbol{E}_{\mathrm{i}}$，誘起される電気分極 $\boldsymbol{P}$，分極電荷の表面密度 σ_{p} を示せ．

■ **解** $\boldsymbol{D}$ は連続であるから，$\varepsilon_0 \boldsymbol{E}_{\mathrm{e}} = \varepsilon \boldsymbol{E}_{\mathrm{i}}$ となり，内部電場は

$$\boldsymbol{E}_{\mathrm{i}} = \frac{\varepsilon_0}{\varepsilon} \boldsymbol{E}_{\mathrm{e}}$$

$$\boldsymbol{P} = \varepsilon_0 \chi_0 \boldsymbol{E}_{\mathrm{i}} = (\varepsilon - \varepsilon_0) \frac{\varepsilon_0}{\varepsilon} \boldsymbol{E}_{\mathrm{e}}$$

分極電荷の表面密度は

$$\sigma_{\mathrm{p}} = |\boldsymbol{P}| = (\varepsilon - \varepsilon_0) \frac{\varepsilon_0}{\varepsilon} |\boldsymbol{E}_{\mathrm{e}}|$$

となる． ◀■

6.3 異なる媒質表面での電場と電束密度の境界条件

まず，誘電体の電気分極が表面に垂直でなく，斜めになっている場合を考える．図 6.5 のように，分極した誘電体の境界表面に任意の面素片 $\mathrm{d}\boldsymbol{S} = \mathrm{d}S\boldsymbol{n}$ をとる．そのとき，誘電体内の分極ベクトル $\boldsymbol{P}$ は誘電体内の電場 $\boldsymbol{E}_{\mathrm{i}}$ の方向にあり，表面の法線ベクトル $\boldsymbol{n}$ とは，θ の角度をなしているとしよう．分極のさい，この境界面の微小面 $\mathrm{d}\boldsymbol{S}$ を通過した電荷 ΔQ は

$$\Delta Q = P\,\mathrm{d}S \cos\theta = \boldsymbol{P} \cdot \boldsymbol{n}\,\mathrm{d}S$$

である．したがって，分極電荷の表面密度 σ_{p} は，

$$\sigma_{\mathrm{p}} = \frac{P\,\mathrm{d}S\cos\theta}{\mathrm{d}S} = \boldsymbol{P} \cdot \boldsymbol{n} \tag{6.24}$$

で表される．前節の式 (6.5) は $\boldsymbol{P}$ と $\boldsymbol{n}$ が平行な場合を表している．なお，この関係は誘電体内部にとった任意の切断面についても成り立つ．

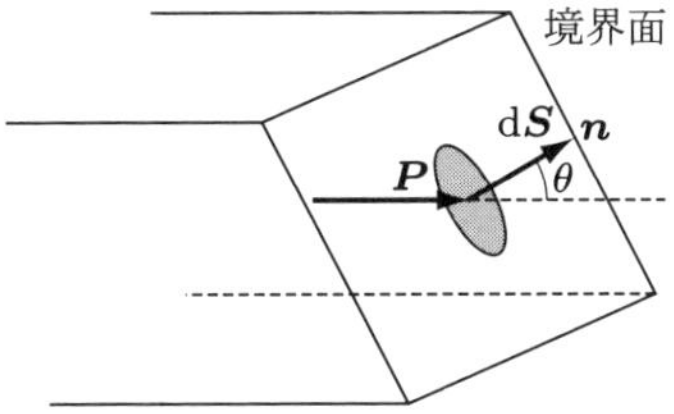

図 6.5 分極電荷の表面密度

次の例題で，挿入された誘電体の形が板でないとき，分極により表面に現れる電荷密度を求めてみよう．

例題 6.3

半径 a の球状の誘電体が一様な電気分極 $\boldsymbol{P}$ を起こしているときの表面電荷密度と誘起された全電荷量を求めよ．

■ **解**　分極方向を z 軸として，軸に対し θ の角度の微小幅 $d\theta$ の円帯の部分の面の法線は分極と θ の角度をもっているので，分極電荷密度は $\sigma_{\mathrm{p}}(\theta) = |\boldsymbol{P}|\cos\theta$ であり，円帯の面積は $\mathrm{d}S = 2\pi a\sin\theta a\mathrm{d}\theta$ と表されているので，半球面に生じる正電荷 Q は

$$Q = \int_0^{\pi/2} 2\pi a^2|\boldsymbol{P}|\sin\theta\cos\theta\,\mathrm{d}\theta = \pi a^2|\boldsymbol{P}|\int_0^{\pi/2}\sin 2\theta\,\mathrm{d}\theta$$
$$= \frac{\pi a^2|\boldsymbol{P}|}{2}\left[-\cos 2\theta\right]_0^{\pi/2} = \pi a^2|\boldsymbol{P}|$$

残りの半球面には同量の負電荷が誘起される．したがって，球面全体では分極電荷の和は0となる．◀■

さて，前節までは，一様な電場中に誘電体表面が電場と直交する向きにある場合を扱った．この節では図 6.6(a) のように誘電体表面が電場と斜交するようにおかれた場合について考える．

ここでは2種の誘電体が平面境界で接している場合を扱う，境界を挟む両媒質の誘電率は，それぞれ ε_1 と ε_2 とする．誘電体1と2の分極ベクトルが $\boldsymbol{P}_1$ と $\boldsymbol{P}_2$ で与えられているとき，その両者の境界での分極による電荷密度は

$$\sigma_{12} = P_{1n} - P_{2n} = \varepsilon_0(\chi_{1\mathrm{e}}E_{1n} - \chi_{2\mathrm{e}}E_{2n})$$

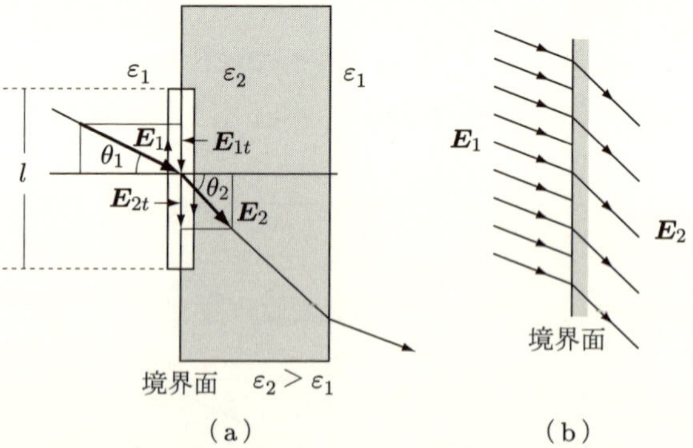

図 6.6　2つの誘電体境界面の電気力線の屈折：(a) 境界面に平行で長さ l の細長い長方形経路をとり，この閉経路に沿って電場の線積分を考える．(b) 電気力線のフラックスは不連続になる (図中の電場成分はベクトルで表されている)

である．ここで，P_{1n} は誘電体 1 の分極ベクトルの界面に垂直な成分の大きさである．また，式 (6.9) を用いて，書き換えている．さらに，$\chi_{1\mathrm{e}} = \varepsilon_{1\mathrm{r}} - 1$，$\varepsilon_1 = \varepsilon_0 \varepsilon_{1\mathrm{r}}$ などを用いて，書き換えれば，上式は

$$\sigma_{12} = \varepsilon_1 E_{1n} - \varepsilon_2 E_{2n} + \varepsilon_0(-E_{1n} + E_{2n}))$$

となる．一方，右辺第 3 項は 1 から 2 へ進むときの電場の垂直成分の大きさの不連続値に ε_0 を掛けた量で，この間の表面 (界面) 電荷密度を表している．つまり，$\varepsilon_0(-E_{1n} + E_{2n}) = \sigma_{12}$ であるから，上式から結局

$$\varepsilon_1 E_{1n} = \varepsilon_2 E_{2n} \tag{6.25}$$

が得られる．電束密度を用いて書き換えれば，

$$D_{1n} = D_{2n} \tag{6.26}$$

となる．**一般に，界面に斜めに入射したときも，電束密度の法線成分は両媒質の境界面で連続となる．** 前節では，電束密度ベクトルは界面に垂直であったので，連続となったのは当然の帰結であった．

次に，電場の接線成分についての関係式を導く．境界面を挟む電場は渦のない場なので，図 6.6(a) に示すように，境界面に沿って長さ l の細長い，境界を挟んだ長方形の経路をとり，第 4 章の式 (4.9) に基づいて，経路に沿って電場の周積分を施すと，界面の電荷密度による電場は界面に垂直なので面に平行な線積分への寄与がないため，一方の電場の大きさの接線成分を E_{1t}，他方の電場の大きさの接線成分を E_{2t} として，$E_{1t}l - E_{2t}l = 0$ である．したがって，

$$E_{1t} = E_{2t} \tag{6.27}$$

となる．**電場の接線成分は両媒質の境界面で連続である．** しかし，電束密度の接線成分は連続とはならない．

図 6.6(a) において境界面で電気力線が面法線となす角を θ_1，θ_2 とすれば，

$$\tan\theta_1 = \frac{E_{1t}}{E_{1n}} \qquad \tan\theta_2 = \frac{E_{2t}}{E_{2n}}$$

式 (6.27) の $E_{1t} = E_{2t}$ より

$$\frac{\tan\theta_1}{\tan\theta_2} = \frac{E_{2n}}{E_{1n}} = \frac{D_{2n}/\varepsilon_2}{D_{1n}/\varepsilon_1}$$

さらに，式 (6.26) より，$D_{1n} = D_{2n}$ を用いると

$$\frac{\tan\theta_1}{\tan\theta_2} = \frac{\varepsilon_1}{\varepsilon_2} \tag{6.28}$$

は電場ベクトル (電気力線) の**屈折法則**を表している．ただし，境界面には表面分極電荷が存在するので，電場の法線成分は界面電荷密度分の不連続がある．その結果，図 6.6(b) のように誘電体の境界面では電気力線のフラックスは不連続になる．また，図 6.7(a) に示すように，**電束線は電気力線と常に平行で，屈折の法則は同じである**．電束線は界面に真電荷がないことから，法線成分は境界面で連続であるが，接線成分は連続ではなく，真電荷がなくとも影響を受ける．ただし，図 6.7(b) のとおり電束線のフラックスは誘電体の境界面で連続である．

なお，ここでの議論から明らかなように，**電場が誘電体面に垂直でない場合は，物質内部の電気分極も界面で屈折する**．

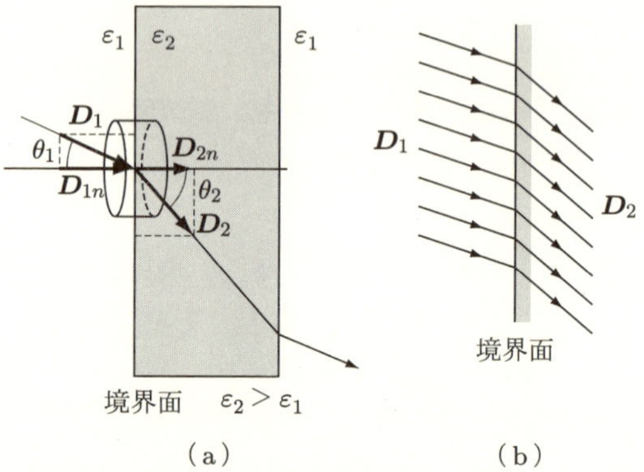

図 6.7　(a) 2つの誘電体境界面の電束線の屈折，(b) 電束線フラックスは連続である

◆6.4　不均一な電気分極と内部電荷密度

一様な分極が起きているとき，分極電荷は誘電体表面にのみ現れ，内部では相殺されている．分極が不均一のとき，誘電体の内部に正味の分極電荷が現れる．図 6.2(b) のような微視的な分極が位置により異なっている場合，巨視的な分極がどのように表されるかを考えよう．

誘電体内のある点 P の位置ベクトル $\boldsymbol{r}$ の周りに，巨視的には小さく，微視的には大きいある体積要素 ΔV を考え，ΔV 内の P から $\Delta\boldsymbol{r}'_i$ の位置にある微視的電気双極子モーメント $\boldsymbol{p}_i$ の総和の体積平均 $\dfrac{\sum_i \boldsymbol{p}_i(\boldsymbol{r}+\Delta\boldsymbol{r}'_i)}{\Delta V}$ を $\boldsymbol{r}$ の点の粗視化された電気分極 $\boldsymbol{P}(\boldsymbol{r})$ と定義する．ベクトル $\boldsymbol{P}(\boldsymbol{r})$ の矢印を接線にもつ力線は，物質の分極状態を表す**分極指力線** (lines of dielectric polarization) とよばれる．いま，図 6.8

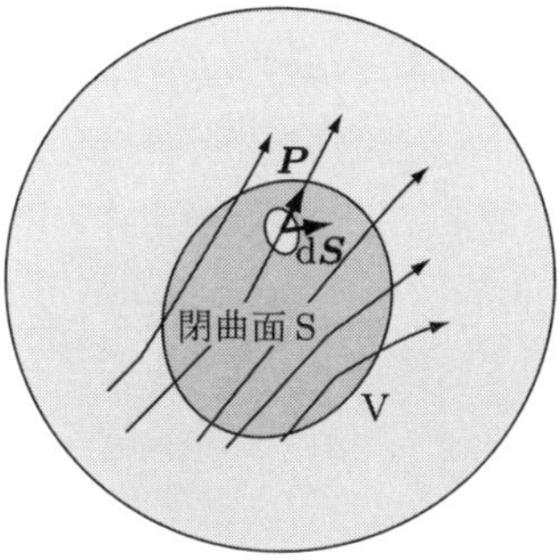

図 6.8 誘電体内部の体積領域 V に関する分極電荷の体積密度．矢印の線は分極指力線を表す

のように誘電体内部に体積領域 V を考える．分極に伴い，この領域 V から出て行く電荷 Q_{p} は V を含む面 S 上で $\boldsymbol{P}\cdot\mathrm{d}\boldsymbol{S}$ を面積分したものである．すなわち，

$$Q_{\mathrm{p}} = \oint_{\mathrm{S}} \boldsymbol{P}\cdot\mathrm{d}\boldsymbol{S}$$

一方，電荷の保存則から，分極する前には V 内には正味の電荷がなかったとすれば，分極の結果 V 内には $-Q_{\mathrm{p}}$ の電荷が残る．誘電体内部に現れるこの電荷の **分極電荷の体積密度**を $\rho_{\mathrm{p}}(\boldsymbol{r})$ (volume density of electric polarization) として表すと，

$$-Q_{\mathrm{p}} = \int_{\mathrm{V}} \rho_{\mathrm{p}}(\boldsymbol{r})\mathrm{d}V$$

となり，

$$\oint_{\mathrm{S}} \boldsymbol{P}\cdot\mathrm{d}\boldsymbol{S} = -\int_{\mathrm{V}} \rho_{\mathrm{p}}\mathrm{d}V \tag{6.29}$$

の関係式が導かれる．ガウスの定理を用いると，

$$\rho_{\mathrm{p}} = -\mathrm{div}\boldsymbol{P} \tag{6.30}$$

と書ける．したがって $\boldsymbol{P}(\boldsymbol{r})$ が空間的に一様で位置によらなければ $\rho_{\mathrm{p}} = 0$ となる．他方，一様でない場合は誘電体内の分極電荷密度は $\rho_{\mathrm{p}} \neq 0$ となることがわかる．

式 (6.29) に基づき体積領域 V の誘電体全体での分極電荷を考える．誘電体中に外部から真電荷をもち込まなければ，この誘電体を電場の中においても，領域 V の外の空間は $\boldsymbol{P} = 0$ なので，結局，誘電体表面 S に関わる面積分の項は消え，

$$\int_{\mathrm{V}} \rho_{\mathrm{p}}(\boldsymbol{r})\,\mathrm{d}V = -\int_{\mathrm{V}} \mathrm{div}\,\boldsymbol{P}\,\mathrm{d}V = -\oint_{\mathrm{S}} \boldsymbol{P}\cdot\,\mathrm{d}\boldsymbol{S} = 0$$

となって，誘電体全体では正味の分極電荷が存在しないことが導かれる．これは誘

電体の特徴を反映したものである．

例題 6.4

図 6.9 のように誘電率 ε で半径 a の球状誘電体の中心に真電荷 q をおいたとする．誘電体球の内外 $(r > a, r < a)$ における $D(r), E(r), P(r)$ および絶縁体表面 $r = a$ に現れる分極電荷の表面密度 σ_{p} を求めよ．また，球内の電気分極は一様ではないため $r < a$ に現れる分極電荷の体積密度 $\sigma_{\mathrm{p}}(r)$ を導け．

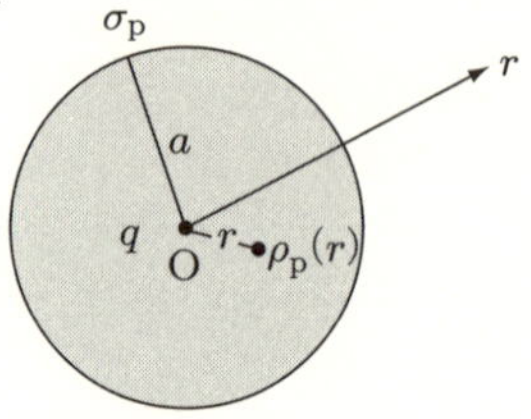

図 6.9　誘電体球中心にある点電荷の作る場

■ **解**　電束密度 $\boldsymbol{D}$，電場 $\boldsymbol{E}$，電気分極 $\boldsymbol{P}$ は球対称なので，それぞれのベクトル動径方向の成分のみで，その大きさは r の関数である．

電束密度 $D(r)$ は真電荷で決まるから，球の内外で $D(r) = \dfrac{q}{4\pi r^2}$ となる．電場 $E(r)$ は $r \leq a$ では，$E(r) = \dfrac{q}{4\pi\varepsilon r^2}$，$r > a$ では，$E(r) = \dfrac{q}{4\pi\varepsilon_0 r^2}$ となる．電気分極 $P(r)$ は $\boldsymbol{D} = \varepsilon_0\boldsymbol{E} + \boldsymbol{P}$ より，$r \leq a$ では $P(r) = \dfrac{(\varepsilon - \varepsilon_0)q}{4\pi\varepsilon r^2}$．$r > a$ では $P(r) = 0$．分極電荷の表面密度 σ_{p} は球の表面外向き法線ベクトルを $\boldsymbol{n}$ として，式 (6.24) より $\sigma_{\mathrm{p}} = \boldsymbol{P}\cdot\boldsymbol{n}$ であるから，$\sigma_{\mathrm{p}} = \dfrac{(\varepsilon - \varepsilon_0)q}{4\pi\varepsilon a^2}$，球内 $r \leq a$ に現れる分極電荷の体積密度は，式 (6.30) より，

$$\rho_{\mathrm{p}} = -\operatorname{div}\boldsymbol{P}(r) = -\frac{\partial P(r)}{\partial r} = \frac{(\varepsilon - \varepsilon_0)q}{2\pi\varepsilon r^3}$$

と r の関数となり，不均一である．◀■

演習問題

1. 誘電体内部における電場について図 6.10 の外部電場の方向に細い孔をくり貫いたとき，その内部の電場はキャナル場 (canal field) とよばれる．また電場に垂直な方向に薄い隙間をあけたとき，その中の電場はギャップ場 (gap field) とよばれる．それぞれの電場を求めよ．ただし外部電場の大きさを E，誘電体の誘電率を ε とする．

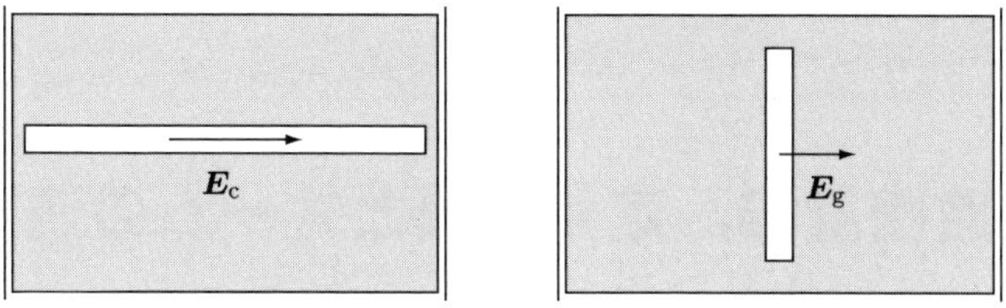

図 6.10　誘電体内部の空洞場

2. 誘電体球が z 方向に一様に P の分極をもつとき，中心 O から θ 方向の表面に現れる表面電荷密度 $\sigma_{\rm p}\ (\theta)$ を示せ．
3. 前問 2 において，誘電体球の分極電荷の作る電場は内部では一様で $P/3\varepsilon_0$ となり，球外の電場は，球の中心 O におかれた $\left(\dfrac{4\pi}{3}a^3\right)P$ の大きさをもつ双極子が作る電場と同じになることを示せ．
4. 誘電率 ε の物質と真空領域が広い平面で接している．境界面から右側の法線に沿った真空領域の距離 d に点電荷 q がある．q の受ける力を求め，また，周囲の電場の様子を述べよ．
5. 位置ベクトル $\boldsymbol{r}$ の誘電体内の点の電気分極 (単位体積当たりの電気双極子モーメント) を $\boldsymbol{P}(\boldsymbol{r})$ とすると，その位置の分極電荷の体積密度は，一般に，$\rho_{\rm p}(\boldsymbol{r}) = -\,{\rm div}\,\boldsymbol{P}(\boldsymbol{r})$ である．この関係式に基づくと，$\rho_{\rm p}(\boldsymbol{r})$ の $\boldsymbol{r}$ に対する 1 次モーメント $\boldsymbol{r}\rho_{\rm p}(\boldsymbol{r})$ は，電気分極

$$\boldsymbol{P}(\boldsymbol{r}) = \boldsymbol{r}\rho_{\rm p}(\boldsymbol{r})$$

に等しい．このことを，$\boldsymbol{r}\rho_{\rm p}(\boldsymbol{r})$ を誘電体全体に体積積分を施し，$\int_{\rm V} \boldsymbol{r}\rho_{\rm p}(\boldsymbol{r})\,{\rm d}V = \int_{\rm V} \boldsymbol{P}\,{\rm d}V$ となることで示せ．ただし，誘電体の体積領域を V とし，誘電体表面 S の外では $\boldsymbol{P} = 0$ である．

第 7 章

電流密度場，定常電流とオームの法則

広がりのある導体を流れる電流とオームの法則について調べる．導体内の電流は各位置での電流密度ベクトル $\boldsymbol{j}(\boldsymbol{r})$ で表される．これは水の流れが各位置での速度ベクトル $\boldsymbol{v}(\boldsymbol{r})$ で表されることと同様である．導体内で電流密度に空間的な変化があると，その位置の電荷密度に時間変化が生じる．この関係は導体内の任意の点で成り立つ電荷の保存を表す「連続の方程式」で記述されることを示す．導体に電気抵抗があると，電流により導体内にも電場 $\boldsymbol{E}(\boldsymbol{r})$ が存在することが静電場とは異なっている．導体の抵抗率を ρ とすれば，$\boldsymbol{E}(\boldsymbol{r}) = \rho\boldsymbol{j}(\boldsymbol{r})$ のオームの法則が成り立つ．定常電流が流れている均質な導体中では，電流の渦がなければ，電場 $\boldsymbol{E}(\boldsymbol{r})$ を与える電位 $\phi(\boldsymbol{r})$ はラプラスの方程式を満たすことが示される．この方程式を解き，$\phi(\boldsymbol{r})$ および $\boldsymbol{j}(\boldsymbol{r})$ を決めることができる．最後に，電気抵抗を微視的なモデルで考察する．

7.1 電荷の流れと電流

▶ 電荷の保存則と連続の方程式

図 7.1 に示すように，x 軸に沿って電流が流れる断面積 ΔS の棒状導体内に微小領域 $\mathrm{PP}'(x, x+\Delta x)$ を考える．ある時刻 t に断面 P に流れ込む電流を $I(x,t)$，断面 P′ から流れ出る電流を $I(x+\Delta x, t)$ とする．微小時間 Δt での PP′ 領域内の電荷量の時間変化 $\Delta Q(x,t)$ は，電流が電荷の流れであるから，**電荷の保存則**から，

$$\Delta Q(x,t) = \{I(x,t) - I(x+\Delta x, t)\}\Delta t$$

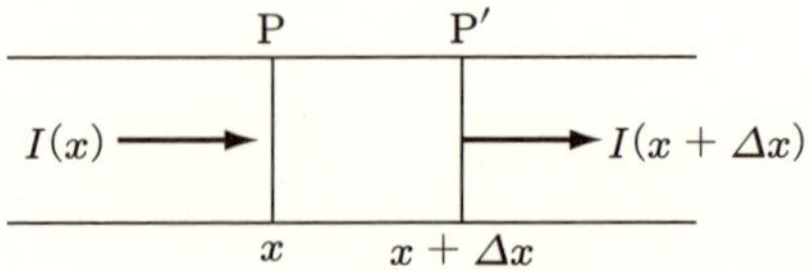

図 7.1 棒状導体を流れる電流

で表される．右辺は Δx が小さいとき，$-(\partial I/\partial x)\Delta x \Delta t$ となる．電流密度 (単位面積当たりの電流の大きさ) を $j(x,t)$ とすれば，$I(x,t) = j(x,t)\Delta S$ なので，右辺は，$-(\partial j/\partial x)\Delta S \Delta x \Delta t$ となる．他方，PP$'$ 領域内の電荷密度 (単位体積当たりの電荷量) の変化量を $\Delta\rho(x,t)$ とすれば，$\Delta Q = \Delta\rho(x,t)\Delta S \Delta x$ で，$\Delta Q = (\partial\rho(x,t)/\partial t)\Delta t \Delta S \Delta x$ となるので，

$$\frac{\partial\rho(x,t)}{\partial t} + \frac{\partial j(x,t)}{\partial x} = 0 \tag{7.1}$$

の方程式が導かれる．この式は，導線に沿った任意の位置で成り立つ電荷の保存則を表している．

もしも，導体に沿って位置によらない一様な電流が流れている場合は，$\partial j(x,t)/\partial x = 0$ となり，局所的な電荷密度の時間変化も 0 となる．また電流の空間分布が時間的に変化しない $\partial j(x,t)/\partial t = 0$ の電流は，**定常電流** (steady current) とよばれる．なお，第 11 章で扱う電気回路網の導線内には電荷が溜まることがないとしているので，導線のある位置に分岐があっても，そこに流れ込む電流と流出する電流は常に等しい．このことは**キルヒホッフの電流法則**とよばれる．

次に，**電解質** (electrolyte) 溶液中のイオン電流のように，導電媒質内の広い領域に電流が流れている場合を考える．このような電流は，水の流れのように，**流線の束 (流管)**(stream flux(tube)) の様子として理解できる．たとえば図 7.2(a) のように矢印に沿って電流が流れているものとする．このとき，ある位置 P に電流に垂直な微小断面積 ΔS をとる．その微小面を流れる電流を $\Delta I(\boldsymbol{r},t)$ とすれば，単位断面積を貫く電流

$$j(\boldsymbol{r},t) = \lim_{\Delta S \to 0} \frac{\Delta I(\boldsymbol{r},t)}{\Delta S} \tag{7.2}$$

が，その位置の**電流密度** (electric current density) である，その大きさを j [Am^{-2}] で表す．電流密度は大きさ，方向および向きをもつベクトル量であり，電流密度ベクトル $\boldsymbol{j}$ の方向は微小断面積の法線方向，向きは電流 ΔI の向きとする．また，一般に電流は場所と時間の関数であるため $\boldsymbol{j}(\boldsymbol{r},t)$ で表される．電流は広がりをもっているから，電流密度のベクトル場は，図 7.2(b) に示すように，ある時刻の各点で定まるベクトル $\boldsymbol{j}$ の矢印で表される．また，その $\boldsymbol{j}$ の接線を結ぶ曲線が図 7.2(a) の**電流線** (lines of electric current) となる．なお，電流線の密度は電流の強さに比例するように描く．任意の微小面 $\Delta\boldsymbol{S}$ を貫く電流の大きさは $\Delta I = \boldsymbol{j}(\boldsymbol{r},t)\cdot\Delta\boldsymbol{S}$ で表される．

電流が媒質を 3 次元的に広がって流れている場合の電荷の保存則について，図 7.3

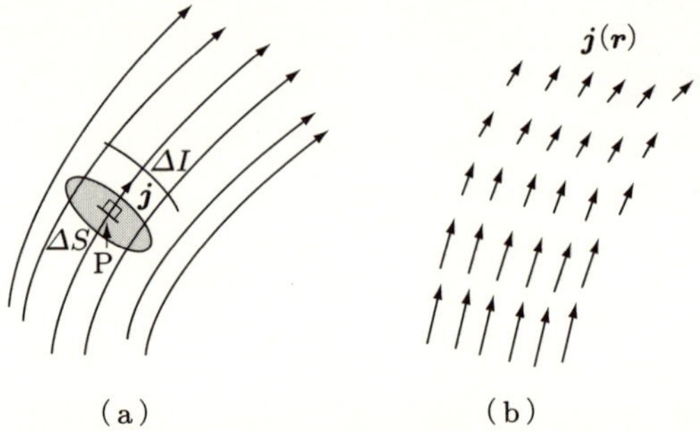

図 7.2　電流線と電流密度ベクトル：(a) 微小断面 ΔS に垂直に電流 ΔI が流れている，$\Delta I/\Delta S$ は微小断面 ΔS の中心位置の電流密度 j を表す，(b) 電流密度はベクトル量で，電流が流れている空間の各点での $\boldsymbol{j}$ を矢印で表す

のように，電流密度場の中のある位置 $\boldsymbol{r}(x, y, z)$ に微小体積領域 $\Delta V = \Delta x \Delta y \Delta z$ をとって考えよう．この位置の電荷密度を $\rho(\boldsymbol{r}, t)$ として，1 次元的に流れている電流に対して導かれた電荷の保存則式 (7.1) を，O-xyz 座標系に拡張する．電流の x 成分が yz 面の $\Delta S_x(x, y, z)$ に流れ込み，それに対する面 $\Delta S_x(x + \Delta x, y, z)$ から流れ出る電流の差は，$\{j_x(x, y, z, t) - j_x(x + \Delta x, y, z, t)\}\Delta y \Delta z$ となる．電流の差の y，z 成分も同様に表せば，Δt 時間に ΔV へ流れ込む正味の電流は，内部電荷量の増加にあたるから，

$$
\begin{aligned}
\{\boldsymbol{j}(\boldsymbol{r}, t) - \boldsymbol{j}(\boldsymbol{r} + \Delta\boldsymbol{r}, t)\} \cdot \Delta\boldsymbol{S} &= \{j_x(x, y, z, t) - j_x(x + \Delta x, y, z, t)\}\Delta y \Delta z \\
&\quad + \{j_y(x, y, z, t) - j_y(x, y + \Delta y, z, t)\}\Delta z \Delta x \\
&\quad + \{j_z(x, y, z, t) - j_z(x, y, z + \Delta z, t)\}\Delta x \Delta y
\end{aligned}
$$

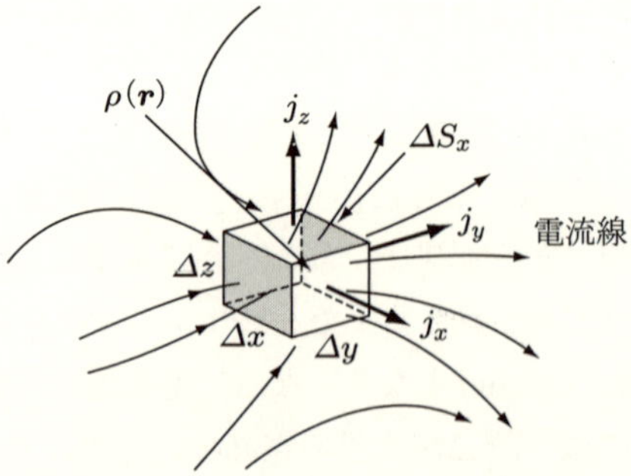

図 7.3　電流密度場と微小体積領域

$$= \frac{\{\rho(x, y, z, t + \Delta t) - \rho(x, y, z, t)\}\Delta x \Delta y \Delta z}{\Delta t}$$

となる．極限: $\Delta x \to 0,\ \Delta y \to 0,\ \Delta z \to 0, \Delta t \to 0$ では，

$$-\frac{\partial j_x(x, y, z, t)}{\partial x} - \frac{\partial j_y(x, y, z, t)}{\partial y} - \frac{\partial j_z(x, y, z, t)}{\partial z} = \frac{\partial \rho(x, y, z, t)}{\partial t}$$

この左辺をベクトルの発散 div で表記すると，

$$\frac{\partial \rho(\boldsymbol{r}, t)}{\partial t} + \operatorname{div} \boldsymbol{j}(\boldsymbol{r}, t) = 0 \tag{7.3}$$

が成り立つ．この式は電流の流れる媒質の各点で電荷の保存則を表す**連続の方程式** (continuity equation) とよばれる．

導電媒質内に電荷密度の時間変化がない定常的な場合は，$\partial \rho(\boldsymbol{r}, t)/\partial t = 0$ なので，式 (7.3) より，

$$\operatorname{div} \boldsymbol{j}(\boldsymbol{r}, t) = 0 \tag{7.4}$$

となる．

▶ 電気抵抗とオームの法則

図 7.4 のように断面積 ΔS [m^2] の導線に定常電流 ΔI [A] が x 方向に流れているものとする．このとき，位置 x における微小領域 PP$'(x, x + \Delta x)$ の両端には電位差 $\Delta V(x)$ [V] が生じており，その大きさは電流 ΔI に比例している．この比例係数は**電気抵抗** (electric resistance) とよばれる．導線の PP$'$ 間の電気抵抗を $R(x)$ とすれば，

$$\Delta V(x) = R(x) \Delta I \tag{7.5}$$

と表される．この関係は**オームの法則** (Ohm's law) とよばれる．電気抵抗の単位は**オーム** [Ω] (= [V/I]) である．

さて，導体に電流が流れているときは導体内部に電場が存在しており，PP$'$ の位置の電場を $E(x)$ とすれば，$\Delta V = E(x)\Delta x$ である．また，式 (7.2) より電流密度

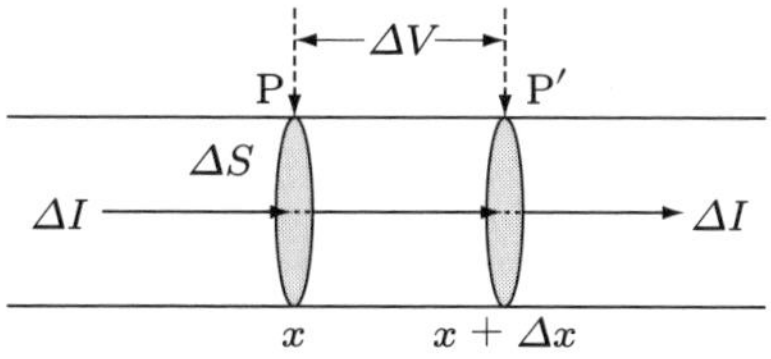

図 7.4 オームの法則

$j(x)$ を用いると $\Delta I = j(x)\Delta S$ である．PP$'$ 間の電気抵抗は導体に固有な**抵抗率** (specfic resistannce) とよばれる量 ρ(単位長さで，単位面積あたりの抵抗) を用いると $R(x) = \rho(x)(\Delta x/\Delta S)$ と表されるから，これをオームの法則の式 (7.5) に代入すれば，$\Delta V(x) = E(x)\Delta x = j(x)\Delta S\rho(x)(\Delta x/\Delta S)$ となる．したがって，

$$E(x) = j(x)\rho(x) \tag{7.6}$$

が導かれる．抵抗率 ρ が均質で，長さ l，断面積 S の直線導線の電気抵抗は $R = \rho l/S$ となり，導線の両端に電位差 V を与えたとき，導線に流れる電流 I はよく知られた

$$I = \frac{V}{R} \tag{7.7}$$

となる．

3 次元的な電流の流れがあるときは任意の位置 $\boldsymbol{r}$ において電場ベクトルは

$$\boldsymbol{E}(\boldsymbol{r}) = \boldsymbol{j}(\boldsymbol{r})\rho(\boldsymbol{r}) \tag{7.8}$$

となる．この式は不均一質な導電媒質に電流が広がっで流れているときも局所的に成り立つオームの法則を表している．抵抗率の逆数にあたる**電気伝導率**（electric conductivity) $\sigma(\boldsymbol{r}) = 1/\rho(\boldsymbol{r})$ を使って

$$\boldsymbol{j}(\boldsymbol{r}) = \sigma(\boldsymbol{r})\boldsymbol{E}(\boldsymbol{r}) \tag{7.9}$$

と表してもよい[1)]．また，抵抗率 ρ および電気伝導度 σ の単位は，それぞれ [Ωm] および [Ω^{-1} m^{-1}] である．

ある領域で電流の流れが定常的でなく時間に依存しても (例えば，第 11，12 章で扱う過渡電流など)，$\mathrm{div}\,\boldsymbol{j}\ (\boldsymbol{r}, t) = 0$ となっていれば，あるいは，$\partial\rho/\partial t = 0$，つまり，電荷密度が時間変化しないときは，式 (7.8)，あるいは式 (7.9) が成り立つ．

例題 7.1

抵抗率が不均質な角柱導体の電気抵抗を見積もろう．長さ l (x 軸方向)，厚さ b (y 軸方向)，厚さ b' (z 軸方向) のサイズで長さ方向の両端に電極を付け電位差 V を与えて電流を流す．

(i)　抵抗率が y 方向に $\rho(y) = \rho_0(1 - ay)$ の位置依存性をもつとき，この角柱導体の抵抗 R を求めよ．ただし，$ab < 1$ とする．

(ii)　抵抗率が x 方向に $\rho(x) = \rho_0(1 - ax)$ の位置依存性をもつとき，この角柱導体の両端の抵抗 R を求めよ．ただし，$al < 1$ とする．

---

1)　一般に，電気伝導度 σ あるいは抵抗率 ρ は誘電体の電気感受率と同じく 2 次テンソル量である．

■ 解

(i) 図 7.5(a) において，ある位置 y に幅 $\mathrm{d}y$ で長さ l の薄い角柱を考える．この薄板の x 軸方向では抵抗率が一定で，電場は $E = V/l$ である．ここを流れる電流を $\mathrm{d}I(y)$ とすると，オームの法則により

$$\frac{\mathrm{d}I(y)}{b'\mathrm{d}y} = \frac{E}{\rho_0(1-ay)} = \frac{V}{\rho_0(1-ay)l}$$

である．よって，角柱全体に流れる電流は

$$I = \int \mathrm{d}I(y) = \frac{b'V}{l\rho_0}\int_0^b \frac{\mathrm{d}y}{(1-ay)} = \frac{b'V}{l\rho_0}\left|\frac{-\ln(1-ay)}{a}\right|_0^b = -\frac{b'V}{la\rho_0}\ln(1-ab)$$

となり，角柱の電気抵抗は $R = V/I = -\rho_0 al/b'\ln(1-ab)$ なる．別の見方として，この部分の電気抵抗は $\mathrm{d}R(y) = \rho(y)(l/b'\mathrm{d}y)$ であるから，この領域を流れる電流は $\mathrm{d}I(y) = V/\mathrm{d}R(y) = (b'V/l\rho(y))\mathrm{d}y$ となり，角柱全体に流れる電流 I に関して上の積分と同じ結果を導ける．この導体柱の電気抵抗は，微小板の電気抵抗の $0 \le y \le b$ までの並列結合の合成抵抗となることは容易に理解できる．

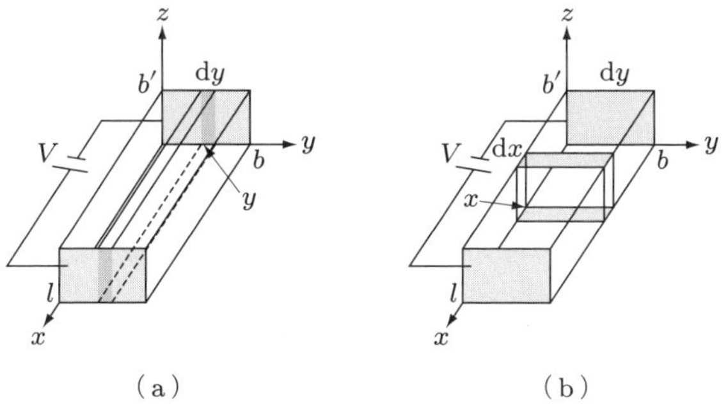

図 7.5 (a) y 方向に ρ が変化する角柱導体，(b) x 方向に ρ が変化する角柱導体

(ii) 図 7.5(b) において，x の位置に幅 $\mathrm{d}x$ で，面積 bb' の薄板を考える．この位置の電場を $E(x)$ とすれば，オームの法則により

$$\frac{I}{bb'} = \frac{1}{\rho_0(1-ax)}E(x)$$

よって，$E(x) = I\rho_0(1-ax)/bb'$ より

$$V = \int_0^l E(x)\,\mathrm{d}x = \frac{I\rho_0}{bb'}\int_0^l (1-ax)\,\mathrm{d}x = \frac{I\rho_0}{bb'}\left|x - \frac{ax^2}{2}\right|_0^l = \frac{I\rho_0}{bb'}\left(l - \frac{al^2}{2}\right)$$

となり，角柱の電気抵抗は $R = \rho_0 l(1-al/2)/bb'$ となる．この電気抵抗は，微小板の電気抵抗の $0 \le x \le l$ までの直列結合の合成抵抗であることは容易に理解できる．◀■

▶ 定常電流場と静電場の相似性

定常電流場において，式 (7.9) の電流密度の発散

$$\operatorname{div}\boldsymbol{j}(\boldsymbol{r}) = \operatorname{div}(\sigma(\boldsymbol{r})\boldsymbol{E}(\boldsymbol{r})) = \boldsymbol{E}(\boldsymbol{r})\cdot\operatorname{grad}\sigma(\boldsymbol{r}) + \sigma(\boldsymbol{r})\operatorname{div}\boldsymbol{E}(\boldsymbol{r})$$

について検討してみよう．ただし，媒質は均質とする．$\operatorname{grad}\sigma(\boldsymbol{r}) = 0$ なので，右辺は $\sigma\operatorname{div}\boldsymbol{E}(\boldsymbol{r})$ となる．しかも，定常場であるため $\operatorname{div}\boldsymbol{j}(\boldsymbol{r}) = 0$ である．電流密度場 $\boldsymbol{j}(\boldsymbol{r})$ が渦なしの場で，$\operatorname{rot}\boldsymbol{j}(\boldsymbol{r}) = 0$ ならば，媒質内の電場 $\boldsymbol{E}(\boldsymbol{r})$ は電位 $\phi(\boldsymbol{r})$ の勾配 ($\boldsymbol{E} = -\operatorname{grad}\phi$) で決まるから，

$$\sigma\operatorname{div}\boldsymbol{E}(\boldsymbol{r}) = -\sigma\operatorname{div}\operatorname{grad}\phi(\boldsymbol{r}) = -\sigma\nabla^2\phi(\boldsymbol{r}) = -\sigma\Delta\phi(\boldsymbol{r}) = 0 \tag{7.10}$$

となる．すなわち，電位 $\phi(\boldsymbol{r})$ はラプラスの方程式 $\Delta\phi(\boldsymbol{r}) = 0$ を満足する．したがって，第4章の式 (4.27) を満たす**電荷がない空間の静電場の電位と定常電流場の電位は，境界条件として「電位」と「電位の勾配」が同じならば同じ解をもつ**．すなわち，それぞれの場を表す電気力線と電流線は空間的に同じ形になる．

例題 7.2

図 7.6 のように2つの完全導体 ($\sigma = \infty$) の A, B がある．導体 A，B を電極にして，それぞれ電位 ϕ_A，ϕ_B を与える．ただし，$\phi_A > \phi_B$ とする．各電位を保ったまま，その周りの空間を電気伝導度 σ の導電媒質で満たした場合，AB 間の電気抵抗を R とし，導電媒質の代わりに誘電率 ε の絶縁媒質で満たした場合，AB 間の静電容量を C とする．このとき，$R = \dfrac{\varepsilon}{\sigma C}$ の関係が成り立つことを示せ．なお，R は A から B に流れる電流に対する抵抗値，C は A から B へ向かう電気力線に関わる静電容量を示す．

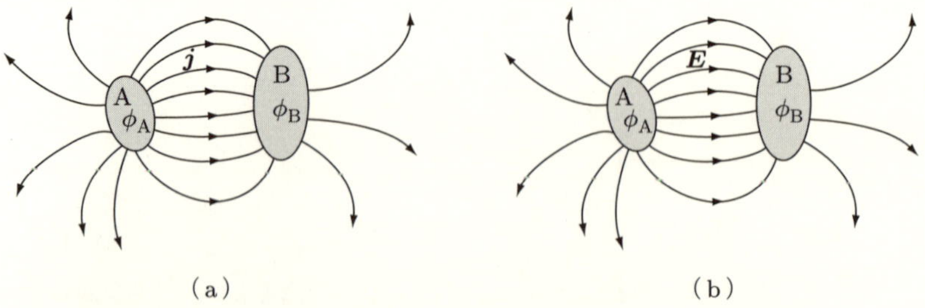

図 7.6　(a) 電極間を絶縁媒質で満たす，(b) 電極間を導電媒質で満たす

■ **解** 図 7.6(a), (b) の場合，ともに A，B の電位は等しく，A，B の形状が同じなので導体表面の各点で面に垂直な電位勾配が等しい境界条件をもつ．したがって，電極間領域の電位に対するポアソンの方程式の解の一意性から，図 7.6 (a) の電流密度 $\boldsymbol{j} = \sigma \boldsymbol{E}$ の電流線 (電気力線) 群と図 7.6 (b) の電場 $\boldsymbol{E}$ の電気力線群は同形ある．ただし，どちらも A から出て B に吸い込まれるものと，A，B から無限遠へ向かうものがある．電極 A を包み込む閉曲面を S とすると，

図 7.6(a) では，A から出て B へ流れる電流 I は，A から B へ向かう電流密度 $\boldsymbol{j}$ に対して

$$I = \oint_{\mathrm{S}} \boldsymbol{j} \cdot \mathrm{d}\boldsymbol{S} = \sigma \oint_{\mathrm{S}} \boldsymbol{E} \cdot \mathrm{d}\boldsymbol{S}$$

図 7.6(b) では，A，B がコンデンサー電極として異符号等量で帯電している電荷量 Q は，ガウスの法則により，A から出て B へ向かう $\boldsymbol{E}$ に対して，

$$Q = \varepsilon \oint_{\mathrm{S}} \boldsymbol{E} \cdot \mathrm{d}\boldsymbol{S}$$

である．よって，電気抵抗 R は，

$$R = \frac{\phi_{\mathrm{A}} - \phi_{\mathrm{B}}}{I} = \frac{\phi_{\mathrm{A}} - \phi_{\mathrm{B}}}{\sigma \oint_{\mathrm{S}} \boldsymbol{E} \cdot \mathrm{d}\boldsymbol{S}}$$

静電容量 C は，

$$C = \frac{Q}{\phi_{\mathrm{A}} - \phi_{\mathrm{B}}} = \frac{\varepsilon \oint_{\mathrm{S}} \boldsymbol{E} \cdot \mathrm{d}\boldsymbol{S}}{\phi_{\mathrm{A}} - \phi_{\mathrm{B}}}$$

である．なお，この静電容量 C は，A，B 間の相互容量係数 c_{AB} と $C = -c_{\mathrm{AB}}$ の関係にある．両式より，$R = \varepsilon/\sigma C$ が示される． ◀■

7.2 ジュール熱と起電力

図 7.4 に示した 2 つの断面 A，B で区切られた領域に着目すると，時間 Δt の間に A 面から $I\Delta t$ の電荷が流入し，B 面から $I\Delta t$ の電荷が流出している．すなわち，$I\Delta t$ の電荷が電場に沿って l_{A} から l_{B} まで運ばれることになる．この間の電荷のもつ

$$\Delta W = (\phi_{\mathrm{A}} - \phi_{\mathrm{B}})I\Delta t = VI\Delta t$$

だけの電位の位置エネルギー差は電流を担うキャリアーの運動エネルギーとなる．このエネルギーは導体物質が金属のようにキャリアーが電子の場合，電子と導線内の陽イオンとの衝突を通して結晶の格子振動エネルギーに転化して導体内に散逸する．そのため導線に熱が発生する．これを**ジュール熱** (Joule heat) という．単位時間に抵抗 R の導線部分で発生するジュール熱は，

$$P = \frac{\Delta W}{\Delta t} = VI = RI^2 \quad [\mathrm{Js^{-1}}] \tag{7.11}$$

と表される．P はこの導線で消費される**電力** (electric power) で，仕事率の次元をもっており，単位は**ワット** [W] (watt) である．

電流が導体内で広がりをもつ電流場において，ある位置 $\boldsymbol{r}$ の単位体積，単位時間当たりの局所的な発熱率 $p(\boldsymbol{r})$ $[\mathrm{Wm^{-3}}]$ の表現を確かめよう．その位置の電気伝導率を $\sigma(\boldsymbol{r})$ として，電流密度ベクトル $\boldsymbol{j}(\boldsymbol{r}) = \sigma(\boldsymbol{r})\boldsymbol{E}(\boldsymbol{r})$ に沿って長さ Δl，断面積 ΔS の微小体積を考える．長さ方向の両端の電位差は $\Delta\phi = |\boldsymbol{E}(\boldsymbol{r})|\Delta l$ で，断面に流れる電流は $\Delta I = |\boldsymbol{j}(\boldsymbol{r})|\Delta S$ であるから，この微小領域で発生するジュール熱は，単位時間当たり $\Delta P = \Delta\phi\Delta I = E(\boldsymbol{r})j(\boldsymbol{r})\Delta l\Delta S$ である．よって，単位体積当たりの発熱率 $p(\boldsymbol{r}) = \Delta P/\Delta S\Delta l$ は

$$p(\boldsymbol{r}) = j(\boldsymbol{r})E(\boldsymbol{r}) = \sigma(\boldsymbol{r})E^2(\boldsymbol{r}) \tag{7.12}$$

となる．

ジュール熱は導線内で失われる電気エネルギーであるから，導線に定常電流を流し続けるためには，発生するジュール熱に見合ったエネルギーを外部から導線に供給しなければならない．このエネルギーは電池などの電源がもつ**起電力** (electromotive force) V_{e} [V] によってキャリアーに施される仕事である．すなわち．定常電流を導線に流すためには，外部から導線の一端に電荷を送り込み，また，他端から電荷を吸い出してもとに戻して，両端子の電位差を一定に保つポンプの機能をもつ起電力を印加する必要がある．式 (7.12) に現れる定常電場 $\boldsymbol{E}$ は，起電力により導線に内に作られた電位の勾配である．なお，起電力を含む電気回路の諸問題は第 11 章で詳しく扱う．

起電力としては，金属が媒質中でイオンとなって溶解しようとする化学反応に起因する化学起電力 (化学電池)，異なる金属の両端を接合してその両接点に温度差があるときに現れる熱起電力 (熱電対)，物質に光を照射したときの光電効果による起電力 (太陽電池)．放射線により直接に電子を動かして生ずる起電力などがある．また，第 10 章で扱うように電磁誘導による動的な起電力もある．なお，化学電池には 1 次電池と 2 次電池に分類されている．1 次電池は乾電池として直流電力の放電のみできる電池であり，2 次電池は蓄電池ともよばれ，放電だけでなく充電により放電前の状態に回復できる化学電池である．古くから鉛蓄電池があり，最近はリチウムイオン 2 次電池やニッケル・カドミウム蓄電池が利用されており，充電器で気軽に充電再生できる．

◆7.3　電気伝導モデルとオームの法則

導線に定常電流が流れているとき導線内部の電場 $\boldsymbol{E}$ と電流密度 $\boldsymbol{j}$ の関係を，金属導体中の**自由電子** (free electron)(自由電子ガスともよばれる) が電流のキャリアーとするモデルで確かめよう．金属導体の自由電子は単位体積当たり n の数密度をもつものとする．電場が加わっていなければ，温度 T [K] の熱平衡状態にある電子ガスは，熱浴となる金属格子をなす正イオンの格子振動の熱擾乱を受け無秩序に運動している．したがって，**ドリフト速度** (drift velocity) とよばれる電子ガスの平均速度，

$$\boldsymbol{v}_{\mathrm{d}} = \frac{1}{n}\sum_{i=1}^{n}\boldsymbol{v}_i$$

は 0 である．

続いて，電場中の電子ガスを考える．電子系の運動は妨げを受けるので，電場による加速度 $-e\boldsymbol{E}/m$ を得た電子の速度が増大し続けることはない．この場合，結晶格子の周期性の乱れも運動の妨げの要因になる．これらの抵抗力はドリフト速度に比例すると考えられるので，τ で表される定数を用い，また，電子の電荷を $-e$，質量を m として，電子ガスの従う運動方程式を

$$m\left(\frac{\mathrm{d}\boldsymbol{v}_{\mathrm{d}}}{\mathrm{d}t} + \frac{1}{\tau}\boldsymbol{v}_{\mathrm{d}}\right) = -e\boldsymbol{E} \tag{7.13}$$

と表す[2)]．式 (7.13) で，電場がないときの電子の運動は

$$\frac{\mathrm{d}\boldsymbol{v}_{\mathrm{d}}}{\mathrm{d}t} + \frac{1}{\tau}\boldsymbol{v}_{\mathrm{d}} = 0$$

となり，ドリフト速度の初期値を $\boldsymbol{v}_{\mathrm{d}}(0)$ とすれば，$v_{\mathrm{d}}(t)$ は，上の方程式の解として，

$$\boldsymbol{v}_{\mathrm{d}}(t) = \boldsymbol{v}_{\mathrm{d}}(0)\mathrm{e}^{-t/\tau} \tag{7.14}$$

となる．すなわち，τ は時間 [s] の単位をもち，衝突の撃力を受けて $\boldsymbol{v}_{\mathrm{d}} \neq 0$ の初期状態にある電子が，その後，$\boldsymbol{v}_{\mathrm{d}}(\infty) = 0$ に近づく時間の目安である．この時間は**緩和時間** (relaxation time) とよばれる．また，導体中を運動する電子が障害に次々と衝突する間の電子の**平均自由時間** (mean free time) とみなせる．

次に，電場 $\boldsymbol{E}$ 中の電子の運動方程式 (7.13) の特解

$$\boldsymbol{v}_{\mathrm{d}} = -\frac{e\tau\boldsymbol{E}}{m} \tag{7.15}$$

---

2)　式 (7.13) の時間 t 対する v_{d} の微分方程式の解法については第 11 章を参照すること．

は，電子に働く外力と抵抗力が等しくなって $\mathrm{d}\boldsymbol{v}/\mathrm{d}t = 0$ となる，いわゆる終端速度に相当する．電子系は電場下の定常状態において，一定の速度 $\boldsymbol{v}_\mathrm{d} = -e\tau\boldsymbol{E}/m$ で $-\boldsymbol{E}$ の方向へ移動する．

この電場と移動速度の間の比例係数を $\mu\ (= \boldsymbol{v}_\mathrm{d}/\boldsymbol{E})$ とおくと，

$$\mu = \frac{e\tau}{m} \tag{7.16}$$

となり，μ は電子の**移動度** (mobility) とよばれる．したがって，電流密度は

$$\boldsymbol{j} = n(-e)\boldsymbol{v}_\mathrm{d} = ne\mu\boldsymbol{E}$$

となる．よって，電気伝導度 σ と抵抗率 ρ は，式 (7.9) と上式を比較して，

$$\sigma = \frac{ne^2\tau}{m}, \quad \rho = \frac{m}{ne^2\tau} \tag{7.17}$$

となる．金属以外にも，導体に応じて e と m を電気伝導に関わる物質固有のキャリアーの有効電荷と有効質量に改めると，これ等の等式は成り立つ．

また，電子の τ は，主に，陽イオンの熱振動などの妨げによるから，温度 T が高くなる程短くなり，$\tau \propto 1/T$ となる．したがって，一般に金属の電気伝導度は $\sigma \propto 1/T$ の温度依存性をもつ．

演習問題

1. 銅：Cu の比重は $8.93 \times 10^3\ \mathrm{kgm^{-3}}$，原子量は 63.55 である．銅原子 1 個が自由電子 1 個を伴うとして銅の自由電子密度 n を算出せよ．次に，断面積 $5 \times 10^{-6}\ \mathrm{m^2}$ の銅線に 1 A の電流が流れている．このとき，銅線内の自由電子の速度の大きさ v_d を求めよ．
2. 室温 (300 K) における銅線の抵抗率は $\rho = 1.7 \times 10^{-8}\ \Omega \cdot \mathrm{m}$ である．電気伝導に関わる自由電子の平均自由時間 τ を求めよ．また，室温における銅の自由電子の熱平均速度を $\overline{v} = \sqrt{2kT/m}$ として求め，平均自由行程 l を計算せよ．
3. 誘電率 ε，伝導率 σ の均質な物質がある．いま，内部に体積密度 ρ_0 の電荷がもち込まれたとする．電荷の体積密度は

$$\rho(t) = \rho_0 \exp\left(-\frac{t}{\tau_\mathrm{d}}\right)$$

$$\tau_\mathrm{d} = \frac{\varepsilon}{\sigma}$$

に従って時間変化することを示せ．τ_d は緩和時間とよばれる．例えば物質が銅の場合，$\sigma = 5.88 \times 10^7\ \Omega^{-1}\mathrm{m}^{-1}$ で $\varepsilon \simeq \varepsilon_0 = 8.8 \times 10^{-12}\ \mathrm{C^2N^{-1}m^{-2}}$ として見積もると，$\tau_\mathrm{d} \simeq 1.4 \times 10^{-19}\ \mathrm{s}$ となる．τ_d は極めて短く，金属に電圧を加えてもほとんど瞬間的に最終的な電位分布に落ち着くと考えてよい．

4. 半径がそれぞれ a, b $(b > a)$ で長さ h の同軸円筒がある．その間は抵抗率が σ の電解質で満たされている．両円筒間の電気抵抗を求めよ．

コラム

燃料電池

近年，クリーンなエネルギー源として期待されている燃料電池 (Fuel Cells) は 1839 年にイギリスのグローブが白金を電極，希硫酸を電解質としたグローブ電池として，水素と酸素から電気を取り出す燃料電池の原理を発明したことにゆらいする．その後，長らく忘れられた技術であった．しかし，アメリカの初期の有人宇宙飛行ジェミニ計画 (1965 年〜1966 年) において炭化水素系樹脂を使用した固体高分子形燃料電池が採用され，以来，スペースシャトル計画 (1981 年〜2011 年) に引き継がれて，電源や飲料水源として使用された．水素と酸素などによる電気化学反応によって電力を取り出す燃料電池は，外部からこれらを供給し続けることで継続的に電力を生みだすことができる．そのため，乾電池や 2 次電池などの電池よりもむしろ発電機に近い．しかし，熱機関を用いる発電システムと異なり，化学エネルギーから電気エネルギーへの変換のさいに熱エネルギーという形態を経ないため，熱機関型サイクルの効率の制約を受けない利点がある．燃料電池にはさまざまな燃料が用いられるが，主に水の電気分解の逆反応である $2H_2 + O_2 \rightarrow 2H_2O$ によって電力を取り出す場合が多い．用いられる電気化学反応，電解質の種類などによって燃料電池は幾つかのタイプに分けられる．なかでも固体高分子形燃料電池は室温動作が可能で，しかも小型軽量化が可能なことから，携帯機器や電気自動車などへの応用が期待されている．

第 8 章

電流の作る場：磁束密度

2 本の平行導線に同じ向きに電流が流れていると，導線は互いに引き合い，逆向きに流れていると, 反発しあう. このような電流間に働く力をアンペール力といい，電流間の距離に反比例する．電荷が電場を作るように，電流が作る場を磁場 (磁束密度 $\boldsymbol{B}$ の場とよばれる) という．

方位磁針の N 極は磁場の方向を指すので, 磁場の空間分布が直感的にわかる探り針である．一方，電荷が電場により力を受けるように，電流も磁場より力を受ける．力の方向は磁場に垂直であり，電流に対しても垂直である．その大きさは互いのなす角度を θ として，$\sin\theta$ に比例する．

荷電粒子が磁場中を運動しているとき，受ける力をローレンツ力といい，電流と同じような力を受ける．

微小電流が作る微小磁場はビオ・サバール法則に基づいて表される．曲線状の電流による磁場も，原理的にはこの微小磁場のベクトル和として導ける. 直線電流による磁場は電流を取り囲む同心円に接するようにできる．

磁場は電場と異なり，電流が存在しても湧き出し点や吸い込み点はない．また磁場に関して，電位と同様に，磁位を定義することができる．しかし電流が作る磁場は保存場ではないため，電流を一周する閉経路に沿った $\boldsymbol{B}$ の線積分は 0 ではなく，磁位は多価関数になる．これをアンペールの回路定理とよぶ．

8.1 電流間に働く力と電流が作る磁束密度

8.1.1 平行な無限直線電流間に働く力

アンペールは，互いに電流が流れている導線間に働く力を，電流回路の導線の一部が力を受けると動くように工夫して調べた．ここでは，それらの結果を踏まえて図 8.1 のように平行な直線導線に定常電流 I_1，I_2 が流れているとき，導線間に働く力を考えてみる．実験によると，この力には 1) 定常電流 I_1 と I_2 が平行に流れているときは引力が (図 8.1(a))，また，反平行に流れているときは斥力が (図 8.1(b)) 互いを結ぶ向きに働き，2) 導線 2 の長さ l 当たりに働く力の大きさ F_{21} は両電流の

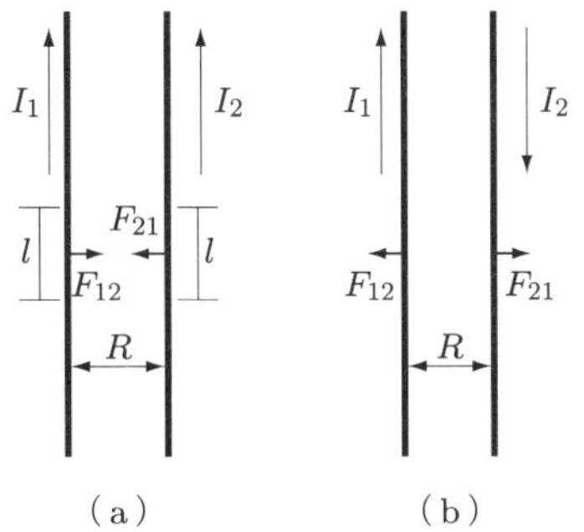

図 8.1　平行電流間に働く力：(a) 平行電流の場合は引力，(b) 反平行電流の場合は斥力

強さの積 I_1I_2 と l に比例し，また，導線間の距離 R に反比例する，3) 導線 1 の長さ l 当たりに働く力の大きさ F_{12} は F_{21} に等しい，などの性質をもつことがわかる．比例定数 k_m を用いると，それらの力の大きさは

$$F_{21} = F_{12} = k_\mathrm{m}\frac{I_1I_2}{R}l \tag{8.1}$$

と表せる．定数 k_m は 2 つの定常電流が隔てられた空間の性質や電流と距離の単位の取り方で決まる．第 1 章で，SI 単位系では電磁気的な基本量である電荷の単位 [C] の代わりに，電荷の単位時間当たりの流れである電流の単位 [A] を基本単位に据えることを述べた．その理由は電荷の間に働く力の精度よい測定が電流が流れている導線間に働く力の測定に比べて難しいことによる．このとき，式 (8.1) に基づき，真空中に距離 1 m 隔てられた平行導線に同じ強さの電流を流し，互いの 1 m 当たりに 2×10^{-7}N の力が働くときの電流を 1 A と定義している．この MKSA 系に基づくと，

$$k_\mathrm{m} = 2 \times 10^{-7} \quad \mathrm{NA}^{-2} \tag{8.2}$$

となる．力の大きさを示す式 (8.1) は，後の便宜として

$$k_\mathrm{m} = \frac{\mu_0}{2\pi} \tag{8.3}$$

とおいた**真空の透磁率** (magnetic permeability in vacuum) とよばれる μ_0 を用いて，

$$F_{21} = F_{12} = \frac{\mu_0 I_1 I_2}{2\pi R}l \tag{8.4}$$

と表される．よって，真空の透磁率の値は

$$\mu_0 = 4\pi \times 10^{-7} \quad \mathrm{NA}^{-2} \tag{8.5}$$

となる．式 (8.4) の力は，一方の電流が直接に他方の電流に作用する**直達説**の立場で表されている．これまで，静止した電荷間に働くクーロン力については**媒達説**に基づき，電荷が作る電場を介して力をおよぼし合うものとして静電気学を展開してきた．導線間に働く力についても同様な立場に立つと，定常電流の周りの空間には場が生じていて，その空間に別の定常電流が流れると，その電流に力が伝わると解釈できる．この場は電流 (運動する電荷) に働く力によって検知されるので，静電場とは別種の場である．そこで，この場を**静磁場** (static magnetic field) とよぶことにして，その場の性質を検討しよう．

■ 8.1.2　電流の場と方位針 (微小磁石)

さて，歴史をさかのぼると，電流が静磁場を作ることが認められた端緒はエルステッドの 1820 年の発見にある．すでに，方位針は一方の端が地球の北を向き，他方の端が南を向くことが知られ，航海などで使われていた．なお，方位針は微小な永久磁石であり，北を向く側を N 極，南を向く側を S 極とする．エルステッドは直線導線に電流を流すと，近くにある方位針が振れることを見出した．つまり，図 8.2(a) のように地上水平に南から北に張った導線と導線から垂直下方のある位置に，方位針を導線に平行におく．はじめ方位針は N 極が北を指し，S 極は南を指している．次に，南から北に向かって導線に電流 I を流すと，方位針は力を受けて図 8.2(a) のように，反時計方向に回転し N 極が西方を向く．また導線上方に方位針をおくと時計方向に回転して N 極が東方を向く．電流によって生じる磁場は図 8.2(b) のように，電流に対して垂直な面内で，電流を中心とする同心円に沿って，

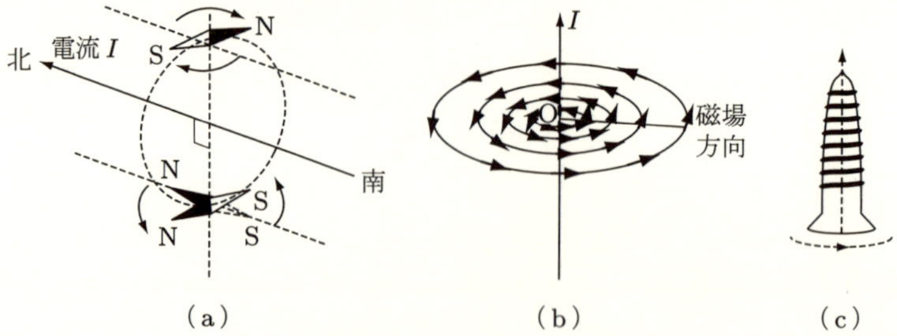

図 8.2　直線電流と方位針：(a) 地磁気により導線と平行に北を向いている方位針は，電流を流すと電流の直下では，方位針に垂直な図の点線の軸の周りで反時計方向に回転する．また，直上では時計方向に回転する，(b) 電流による磁場は電流を取り囲むように生じ，磁場の方向は電流の進む右ネジの回転と同じ方向になる，(c) 右ネジ

図 8.2(c) のように右ネジが回る向きを向く．**磁石が向く方向に電流が作る静磁場が存在すると考えてよい**．すなわち，方位針が静磁場の探り手となる．

8.1.3 ローレンツ力とアンペール力

ローレンツ力

真空放電で陰極から陽極に向かう**陰極線** (cathode ray) に電流を流したコイルや磁石を近づけると，直進している陰極線が曲がることが実験から示される．陰極線は真空中の電子の流れであることが知られているので，運動している荷電粒子はコイルや磁石から発生する静磁場により力を受けることがわかる．この力を**ローレンツ力** (Lorentz force) という．

静磁場中での荷電粒子の運動をよく調べると，図 8.3 に示されるように力は磁場の方向に垂直であり，かつ荷電粒子の速度ベクトル $\boldsymbol{v}$ にも垂直であることがわかる．力の大きさは磁場の強さに比例するとともに，粒子の速さ $|\boldsymbol{v}|$ と粒子の電荷量 q にも比例する．また，速度方向と磁場方向のなす角を θ とすれば，力は $\sin\theta$ に比例することが確かめられる．これらの事実から，静磁場を**磁束密度** (magnetic flux density) とよばれるベクトル $\boldsymbol{B}$ で表すと[1]ローレンツ力ベクトル $\boldsymbol{F}$ の大きさは，$\boldsymbol{v}$ と $\boldsymbol{B}$ が作る平行四辺形の面積に q を乗じた量： $F = q|\boldsymbol{v}|\,|\boldsymbol{B}|\sin\theta$ で表される．また，$\boldsymbol{F}$ は $\boldsymbol{v}$ の矢印を $\boldsymbol{B}$ 矢印の向きに回したとき右ネジの進む向きにある．このような性質をもつローレンツ力 $\boldsymbol{F}$ は $\boldsymbol{v}$ と $\boldsymbol{B}$ の**ベクトル積** (vector product)(ベク

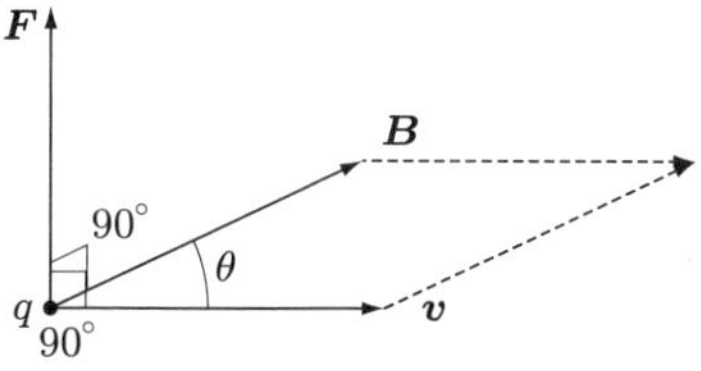

図 8.3 磁束密度 $\boldsymbol{B}$ の場で運動する電荷に働く力：ローレンツ力の磁気的部分．力は $\boldsymbol{v}$ と $\boldsymbol{B}$ のなす面に垂直で，向きは速度 $\boldsymbol{v}$ の矢印を $\boldsymbol{B}$ の方向に回転したとき右ネジが進む向きである

[1] 磁場の源が電流とする立場ならば，ここで定義した $\boldsymbol{B}$ は磁場と呼ぶのに相応しいベクトルである．しかし，上で述べたエルステッドの実験や，8.3 節と，第 9 章 9.3 節でふれるように，歴史的には磁石の磁極に備わると考える磁荷を磁気学の基本的量ととらえる立場が先行した．この体系では磁荷の作り出す場が磁場と定義されている．そして，磁場に真空の透磁率 μ_0 を掛けた物理量が磁束密度とよばれ，その場の性質はここで扱う電流が作る場と一致する．このような経緯から電流が源となる場は磁束密度とよばれている．また，磁束密度 $\boldsymbol{B}$ は軸性ベクトルである．

トルの外積) の形で

$$\boldsymbol{F}(\boldsymbol{r}) = q\boldsymbol{v}(\boldsymbol{r}) \times \boldsymbol{B}(\boldsymbol{r}) \tag{8.6}$$

と表される．ただし，位置 $\boldsymbol{r}$ で速度 $\boldsymbol{v}$ の粒子に働く力を記した．(ベクトル積については，付録 A の数学的準備を参照されたい) これらのベクトルの関係は図 8.3 のとおりである．

一般に，磁束密度に加え電場が存在すると電荷量 q の粒子は

$$\boldsymbol{F}(\boldsymbol{r}) = q\boldsymbol{E}(\boldsymbol{r}) + q\boldsymbol{v}(\boldsymbol{r}) \times \boldsymbol{B}(\boldsymbol{r}) \tag{8.7}$$

のローレンツ力を受けることになる．

▶ アンペール力

ローレンツ力に基づくと，電流 I が流れている導線が磁束密度下で受ける力を導ける．電流は導線に沿って平均速度 $\boldsymbol{v}$ で進む電荷 q のキャリアーからなるとする．それらには式 (8.6) で表される速度ベクトルに垂直な力が働く．導線は一様な断面積 S をもつものとし，また，導線に沿って長さ $\Delta\boldsymbol{l}$ の素片ベクトルをとる．導線の単位体積当たりのキャリアー数を n とすると，素片の体積 $\Delta V = S\Delta l$ に働く磁気力 $\Delta\boldsymbol{F}$ は各キャリアーの受ける力の和であるから，

$$\Delta\boldsymbol{F} = n\Delta V(q\boldsymbol{v} \times \boldsymbol{B})$$

キャリアーが Δl を移動する時間を Δt とすると，導線に流れる電流の大きさは

$$I = \frac{nqS\Delta l}{\Delta t} = nqvS$$

なので，電流素片に働く力は

$$\Delta\boldsymbol{F} = I\Delta\boldsymbol{l} \times \boldsymbol{B} \tag{8.8}$$

となる．なお，$I\Delta\boldsymbol{l}$ の向きは電流の流れに沿うものである．この力は**アンペール力** (Ampère force) とよばれる．

磁場に垂直な長さ 1 m の導線に 1 A の電流が流れているとき，電流に 1 N の力が働くような磁場の強さ，つまり磁束密度 $\boldsymbol{B}$ の大きさを 1 [T] (**テスラ**：tesla) とする．式 (8.8) より $\boldsymbol{B}$ の単位は [NA^{-1}m^{-1}] と表されるので，[T]=NA^{-1}m^{-1} である．また，後に述べるように，磁束の単位 [Wb] (**ウエーバー**：weber) を用いると [T] = Wbm^{-2} と表すことができる[2)].

[2)] 現在，永久磁石で 0.5 T，電磁石で 2 T，超伝導電磁石 (superconducting magnet) で 15 T 程度が発生できる．特殊な方法を用いると ~ 100 T も可能である．宇宙においては中性子星 (neutron star) の表面では 10^8 T の超強磁場をもつといわれている．因みに，地球磁場は東京付近で 5×10^{-5} T の程度である．

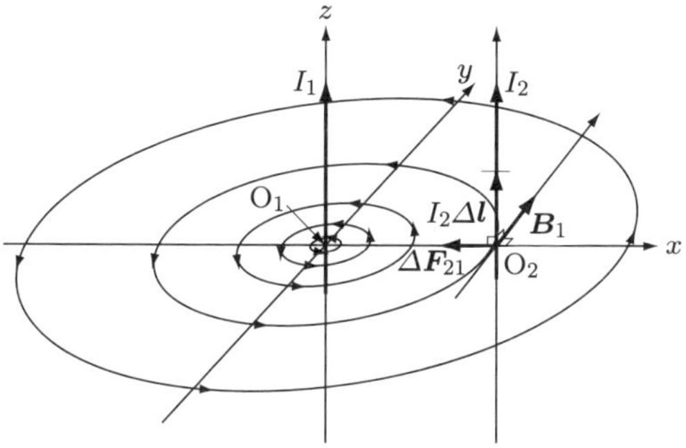

図 8.4 平行電流間に働く力

これらの磁気力を念頭におき，2本の平行直線電流の系について考えよう．図8.4のように導線1と導線2を結ぶ1つの垂線の足の位置に点 O_1，O_2 をとり，I_1 の流れに平行に z 軸，O_1 から O_2 に向かって x 軸，両軸に垂直に y 軸をとる．距離 $\overline{O_1O_2} = R$ とする．いま，電流素片 $I_2\Delta\boldsymbol{l}$ は電流 I_1 が O_2 に作る磁束密度ベクトル $\boldsymbol{B}_1$ を確かめる探り電流素片ととらえれば，この素片は $-x$ 方向に力を受けるので，その位置に場の存在を検知できる．電流素片を y 軸方向に傾けたとき，磁場から力を受けないので，アンペール力の表現式 (8.8) より，この方向が $\boldsymbol{B}_1$ の向きである．また，大きさ B_1 は実験式 (8.4) と比較すると，

$$B_1 = \frac{\mu_0 I_1}{2\pi R} \tag{8.9}$$

である[3]．すなわち，$\Delta\boldsymbol{F}_{21} = I_2\Delta\boldsymbol{l} \times \boldsymbol{B}_1$ で表される．

このとき，右ネジの進む向きが電流の方向とすると，電流 I_1 の周りの回転対称性から，この磁束密度 $\boldsymbol{B}_1$ は，図8.4のようにネジの縁の接線方向に向きをもつ．すなわち，直線電流 I_1 による磁束密度は直線電流の方向を z 軸として，xy 面内の I_1 を中心とした同心円の円周に沿った方向であり，向きは z 軸方向の右ネジの方向に直線電流からの垂直距離 R の逆数に比例する場が生じる．また，電流 I_2 が作る磁束密度 $\boldsymbol{B}_2$ についても全く同様に $\Delta\boldsymbol{F}_{12} = I_1\Delta\boldsymbol{l} \times \boldsymbol{B}_2$ となる．

---

[3] この B_1 の I_1 と R に関する依存性は，歴史的にはビオとサバールが定常電流が流れている直線導線の側に絹糸で吊るした方位針 (小磁石) をおいたとき，その配向が微小振動する現象に注目し，方位針の電流からの位置を変えながら振動周期を測定することで，この実験則を見出している．その原理はこの章の問題1を参照されたい．

8.2 ビオ・サバールの法則

前節で述べたように，電流は空間に磁束密度を作ることが明らかになった．ビオとサバールは微小電流 $I\boldsymbol{\Delta l}$ によって作られる微小磁束密度場 $\boldsymbol{\Delta B}$ を表す方程式を導いた．いま，図 8.5(a) のように電流 I が流れている導線上に素片ベクトル $\boldsymbol{\Delta l}$ をとり，素片の位置を原点 O とし，電流の向きに z 軸をとる．ビオとサバールによると，その電流素片 $I\boldsymbol{\Delta l}$ が O から位置ベクトル $\boldsymbol{r}$ の点 P に作る微小磁束密度 $\boldsymbol{\Delta B}$ は，P と素片の大きさ $|\boldsymbol{\Delta l}|$ $(= \Delta z)$ の両端を結ぶ線分と素片がなす三角形の面に垂直で，その向きは電流の流れる向きと右ネジの関係にあり．その大きさは

$$\Delta B = \frac{\mu_0}{4\pi}\frac{I\Delta z\sin\theta}{r^2}$$

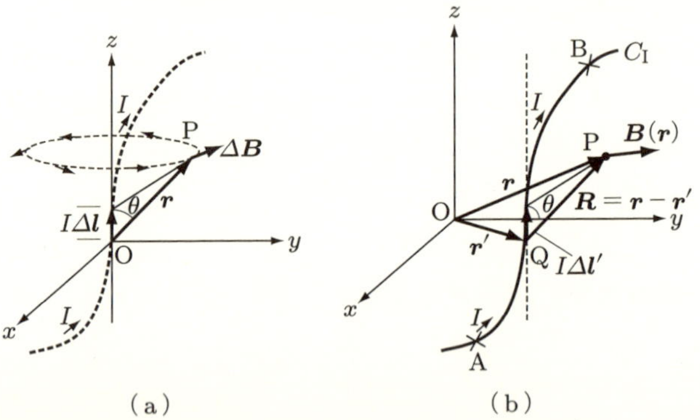

図 8.5　電流素片の作る場：(a) 任意な導線上の点 O にある電流素片が $\boldsymbol{r}$ だけ離れた位置 P に作る磁束密度，(b) 導線上の電流の A から B までが点 P に作る磁束密度

で与えられる．なお，θ は $I\boldsymbol{\Delta l}$ と $\boldsymbol{r}$ のなす角度である．すなわち，$\boldsymbol{\Delta B}$ の大きさは電流素片からの距離の 2 乗に反比例する．これは点電荷による電場と同じ距離依存性を示す．しかし，位置ベクトル $\boldsymbol{r}$ と素片の方向のなす角 θ の $\sin\theta$ にも比例する．θ が 0 のとき，つまり位置 $\boldsymbol{r}$ の方向が電流素片の方向と同じとき，ΔB は 0 となる．しかし，$\boldsymbol{r}$ の方向が，この方向からずれると増加し，垂直のときは最大となる．図 8.5(a) のように電流素片が z 軸を向いているとき，z 軸上では ΔB は 0 に，xy 平面上の位置では ΔB は最大になる．また **$\boldsymbol{\Delta B}$ の方向は電流素片と常に垂直で**，電流素片が z 方向を向いている場合は任意の点の $\boldsymbol{\Delta B}$ の方向は xy 面に平行な面上にある．さらに **ΔB の向きは r にも垂直で**，x 軸上では，$\boldsymbol{\Delta B}$ の方向は y 方向，y 軸上では $-x$ 方向である．したがって，$\boldsymbol{\Delta B}$ は $I\boldsymbol{\Delta l}$ と $\boldsymbol{r}$ のベクトル積，

$$\Delta \boldsymbol{B} = \left(\frac{\mu_0}{4\pi}\right) \frac{I \Delta \boldsymbol{l} \times \boldsymbol{r}}{r^3} \tag{8.10}$$

として表される．これを**ビオ・サバールの法則** (Biot-Savart's law) という[4]．

電流素片は電流の一部であるから，図 8.5(b) のような導線の経路 $\mathrm{C_I}$ に沿って流れている電流の点 A から点 B までの部分が点 P に作る磁束密度 $\boldsymbol{B}(\boldsymbol{r})$ は，この間を分割した各電流素片が $\boldsymbol{r}$ に作る磁束密度のそれぞれの重ね合わせ $\boldsymbol{B}(\boldsymbol{r}) = \sum \Delta \boldsymbol{B}$ である．点 P の磁束密度を記述する座標の原点 O から P まで位置ベクトルを $\boldsymbol{r}$，O から素片の位置 Q への位置ベクトルを $\boldsymbol{r}'$ とすると，$\boldsymbol{R} = \boldsymbol{r} - \boldsymbol{r}'$ なので，式 (8.10) より，P の磁束密度 $\boldsymbol{B}(\boldsymbol{r})$ は，素片を無限小にする極限をとった経路電流の線積分として，

$$\boldsymbol{B}(\boldsymbol{r}) = \left(\frac{\mu_0 I}{4\pi}\right) \int_{\mathrm{A}\{\mathrm{C_I}\}}^{\mathrm{B}} \frac{\mathrm{d}\boldsymbol{l}' \times (\boldsymbol{r} - \boldsymbol{r}')}{|\boldsymbol{r} - \boldsymbol{r}'|^3} \tag{8.11}$$

と表される．

例題 8.1

無限直線電流 I が直線から垂直な R の位置に作る磁束密度 $\boldsymbol{B}$ の方向を示し，大きさが $B = \dfrac{\mu_0 I}{2\pi R}$ となることを導け．

■ **解** 図 8.6 のように無限直線電流の流れに沿って z 軸をとると，求めるべき磁束密度は導線上の $-\infty < z < \infty$ にある電流素片が作る磁束密度の線積分となる．まず，z 軸の単位ベクトルを $\boldsymbol{k}$ として，$z = -z'$ の位置に電流素片 $I\,\mathrm{d}z'\boldsymbol{k}$ をとり，そこから R の点 P までの位置ベクトルを $\boldsymbol{s}$ とすると，P に生じる磁束密度 $\mathrm{d}\boldsymbol{B}$ の向きは，ベクトルの外積 $\boldsymbol{k} \times \boldsymbol{s}$ の向きで，図 8.6 のように右ネジが進む向きに流れる電流を巻く方向にある．また，線積分に関わる電流素片は z 軸に沿って分布しているので，$\boldsymbol{B}$ の方向は同じ向きとなる．磁束密度の大きさは z 軸のなす角度を θ とすると，$\mathrm{d}B(R) = \dfrac{\mu_0}{4\pi}\dfrac{I\mathrm{d}z' \sin\theta}{s^2}$ であり，$R = s\sin\theta = sR/\sqrt{z'^2 + R^2}$ なので，

$$B(R) = \int_{-\infty}^{\infty} \mathrm{d}B = \frac{\mu_0}{4\pi} \int_{-\infty}^{\infty} \frac{I\mathrm{d}z'}{(z'^2 + R^2)} \frac{R}{\sqrt{z'^2 + R^2}} = \frac{\mu_0 I R}{4\pi} \int_{-\infty}^{\infty} \frac{\mathrm{d}z'}{(z'^2 + R^2)^{3/2}}$$

$$= \frac{\mu_0 I}{4\pi R} \left| \frac{z'}{(z'^2 + R^2)^{1/2}} \right|_{-\infty}^{\infty} = \frac{\mu_0 I}{4\pi R} \times 2 = \frac{\mu_0 I}{2\pi R}$$

となる．すなわち，電流 I の流れる直線導線から距離 R だけ離れた点の磁束密度の強さを表す実験式 (8.9) が導かれたことになる．

---

4) ビオとサバールは実験的に式 (8.9) を得，その後 (1820 年) ビオが公式 (8.10) を導いた．

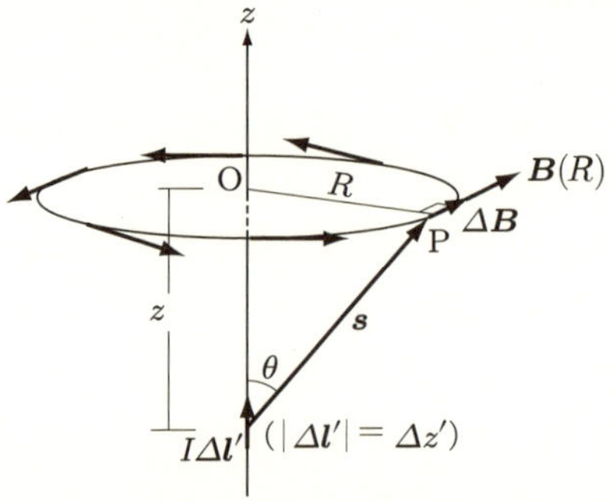

図 8.6　直線電流上のある位置の電流素片が電流軸の点 O から垂直に R だけ離れた点 P に作る磁束密度

第 2 章の例題 2.2 で扱った図 2.7 のように線密度 λ で直線状に分布した電荷の作る電場の式

$$E(R) = \frac{1}{2\pi\varepsilon_0}\frac{\lambda}{R}$$

と比較してみると，場の距離 R に関する依存性がまったく同じであることがわかる．電流素片が作る磁束密度の大きさに関し，点電荷の場と同様に，やはりその点までの距離についての逆二乗則が成り立っている．ただし，磁束密度の場と電場の向きは図 2.7(b)，図 8.6 のように本質的に異なる．◀■

例題 8.2

図 8.7 のように半径 a の円環に円電流 I が流れているとき，中心 O から面に垂直な z 軸上の点 P に作られる磁束密度 $\boldsymbol{B}$ を求めよ．

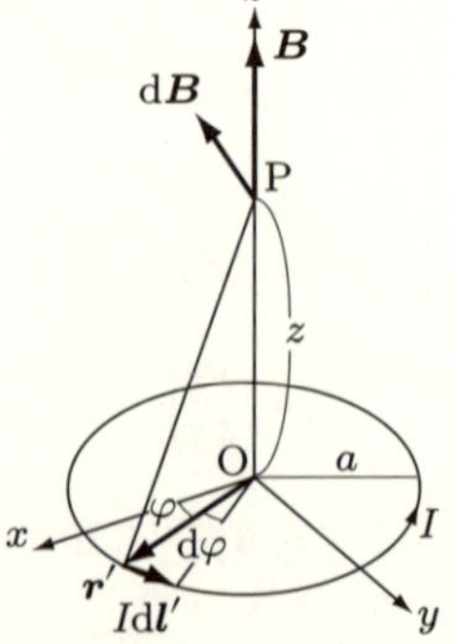

図 8.7　円電流ループが中心軸に沿って作る磁束密度

■ **解** 円電流面の中心 O に x, y, z 軸をとり, x 軸から φ の位置に電流素片 $I\,\mathrm{d}\boldsymbol{l}'$ を考える. この部分が z 軸の P の位置に作る磁束密度 $\mathrm{d}\boldsymbol{B}$ は素片の位置座標は $(a\cos\varphi,\ a\sin\varphi,\ 0)$ であるから, x, y, z 軸に沿った単位ベクトルを, それぞれ, $\boldsymbol{i}, \boldsymbol{j}, \boldsymbol{k}$ として, 電流素片は $\mathrm{d}\boldsymbol{l}' = -a\sin\varphi\,\mathrm{d}\varphi\boldsymbol{i} + a\cos\varphi\,\mathrm{d}\varphi\boldsymbol{j}$ である. 式 (8.11) において, $\boldsymbol{r}' = a\cos\varphi\boldsymbol{i} + a\sin\varphi\boldsymbol{j}$, $\boldsymbol{r} = z\boldsymbol{k}$ なので, $\boldsymbol{R} = \boldsymbol{r} - \boldsymbol{r}' = -a\cos\varphi\boldsymbol{i} - a\sin\varphi\boldsymbol{j} + z\boldsymbol{k}$ で, $R = (a^2 + z^2)^{3/2}$ である. 点 P の磁束密度は

$$\boldsymbol{B} = \frac{\mu_0 I}{4\pi}\int_0^{2\pi}\frac{(-a\sin\varphi\boldsymbol{i} + a\cos\varphi\boldsymbol{j})\,\mathrm{d}\varphi \times (-a\cos\varphi\boldsymbol{i} - a\sin\varphi\boldsymbol{j} + z\boldsymbol{k})}{(a^2+z^2)^{3/2}}$$

である. ここで単位ベクトルの外積についての $\boldsymbol{i}\times\boldsymbol{i} = 0,\ \boldsymbol{j}\times\boldsymbol{j} = 0,\ \boldsymbol{k}\times\boldsymbol{k} = 0$, および $\boldsymbol{i}\times\boldsymbol{j} = \boldsymbol{k},\ \boldsymbol{j}\times\boldsymbol{k} = \boldsymbol{i},\ \boldsymbol{k}\times\boldsymbol{i} = \boldsymbol{j}$ の関係式に留意すると,

$$\begin{aligned}\boldsymbol{B} &= \frac{\mu_0 I}{4\pi(a^2+z^2)^{3/2}}\int_0^{2\pi}\{az\cos\varphi\boldsymbol{i} - az\sin\varphi\boldsymbol{j} + a^2(\sin^2\varphi + \cos^2\varphi)\boldsymbol{k}\}\,\mathrm{d}\varphi \\ &= \frac{\mu_0 a^2 I}{2(a^2+z^2)^{3/2}}\boldsymbol{k}\end{aligned}$$

となる. すなわち, 点 P に生じる磁束密度は z 成分 $B(z) = \dfrac{\mu_0 a^2 I}{2(a^2+z^2)^{3/2}}$ のみとなり, z 軸の正方向にある. ◀■

8.3 微小閉 (ループ) 電流による磁束密度と閉電流がもつ磁気モーメント

電流がループ状に流れているときに発生する磁束密度は, 式 (8.11) について $\mathrm{C_I}$ を閉経路 (A=B) として周積分すれば導くことができる. この節では異なる視点から, この問題を調べる. いま, 閉回路電流 $\mathrm{C_I}$ を反時計方向に流れる電流を I としよう. 図 8.8(a) のように, これを網目状に分割した微小回路すべてに同じ大きさの電流 I を反時計方向に流れるとして回路の図 8.8(b) を考えよう. このとき, 隣り合

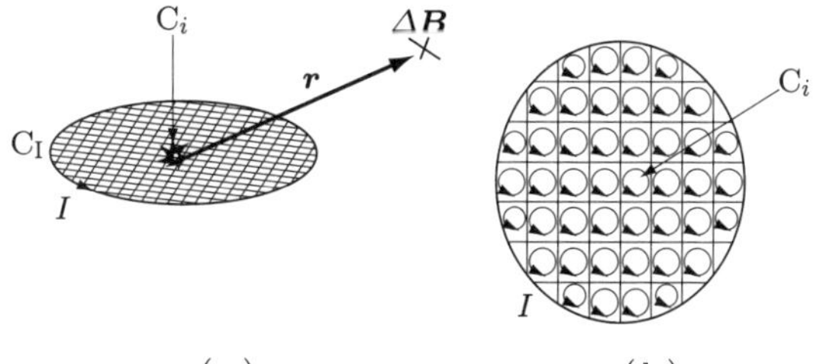

図 8.8 (a) 電流回路を微小回路に分割する, (b) 微小回路に閉回路と同じ方向に電流が流れている

う網目に共通な経路ではそれぞれの電流がうち消し合って，結局，元の回路 C_I の周縁を流れる電流 I だけが正味として残る．したがって，1 つの微小回路 C_{Ii} が作る $\boldsymbol{\Delta B}_i$ を計算しておけば，これらの重ね合わせ；

$$\boldsymbol{B} = \sum_i \boldsymbol{\Delta B}_i$$

より，はじめの閉電流 I が作る $\boldsymbol{B}$ を導くことができる．

▶ 微小円電流による磁束密度

そこで微小閉 (ループ) 電流の作る磁束密度の特徴を確かめる．

ここでは，図 8.9 に示すように半径 a の円形ループに電流 I が流れているとき，円の中心 O を原点とし，円に垂直な軸を z 軸とする．O から $\boldsymbol{r}$ の位置 P に生じる磁束密度 $\boldsymbol{\Delta B}$ を求めてみる．z 軸の正方向はループに流れる電流 I の向きに右ネジが進む向きにあるとする．O から位置ベクトル $\boldsymbol{r}'$ にあるループ上の任意の点 Q における電流素片 $I\mathrm{d}\boldsymbol{l}'$ が点 P につくる磁束密度 $\mathrm{d}\boldsymbol{B}$ は，$\overrightarrow{\mathrm{QP}} = \boldsymbol{R}$ とすると，ビオ・サバールの法則から，

$$\mathrm{d}\boldsymbol{B} = \left(\frac{\mu_0}{4\pi}\right)\frac{I\,\mathrm{d}\boldsymbol{l}' \times \boldsymbol{R}}{R^3} \tag{8.12}$$

となる．

点 Q の座標を $(x',\ y',\ 0)$，点 P の座標を $(x,\ y,\ z)$ で表し，xy 平面で x 軸と $\boldsymbol{r}'$ のなす角を φ とする．よって，$x' = a\cos\varphi$，$y' = a\sin\varphi$ で，電流素片の大きさは $Ia\,\mathrm{d}\varphi$ である．x 軸，y 軸，z 軸の単位ベクトルを $\boldsymbol{i}$，$\boldsymbol{j}$，$\boldsymbol{k}$ を用いると，$\overrightarrow{\mathrm{OP}} = \boldsymbol{r} = x\boldsymbol{i} + y\boldsymbol{j} + z\boldsymbol{k}$，$\overrightarrow{\mathrm{OQ}} = \boldsymbol{r}' = a\cos\varphi\boldsymbol{i} + a\sin\varphi\boldsymbol{j}$ なので，$\mathrm{d}\boldsymbol{l}'$ および

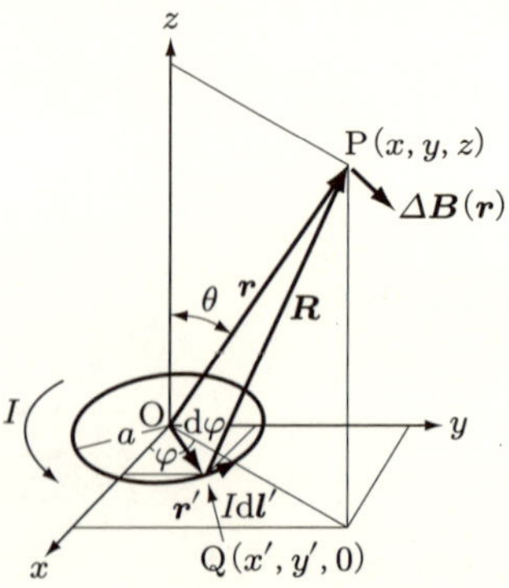

図 8.9　微小円電流が作る場

$\overrightarrow{\mathrm{QP}} = \boldsymbol{R}$ は

$$\mathrm{d}\boldsymbol{l}' = \mathrm{d}x'\boldsymbol{i} + \mathrm{d}y'\boldsymbol{j} = -a\sin\varphi\,\mathrm{d}\varphi\boldsymbol{i} + a\cos\varphi\,\mathrm{d}\varphi\boldsymbol{j} \tag{8.13}$$

$$\boldsymbol{R} = \boldsymbol{r} - \boldsymbol{r}' = (x - a\cos\varphi)\boldsymbol{i} + (y - a\sin\varphi)\boldsymbol{j} + z\boldsymbol{k} \tag{8.14}$$

と表される．

式 (8.13)，(8.14) を式 (8.12) に代入し，単位ベクトルの外積の関係式に留意すると，

$$\mathrm{d}\boldsymbol{B}(x,y,z) = \frac{\mu_0 I a}{4\pi R^3}\{z\cos\varphi\boldsymbol{i} + z\sin\varphi\boldsymbol{j} + (a - x\cos\varphi - y\sin\varphi)\boldsymbol{k}\}\,\mathrm{d}\varphi \tag{8.15}$$

となる．したがって，点 P における磁束密度 $\boldsymbol{\Delta B}$ はこれを φ につきループ一周にわたった積分

$$\boldsymbol{\Delta B}(x,y,z) = \left(\frac{\mu_0 I a}{4\pi}\right)\int_0^{2\pi}\frac{z\cos\varphi\boldsymbol{i} + z\sin\varphi\boldsymbol{j} + (a - x\cos\varphi - y\sin\varphi)\boldsymbol{k}}{R^3}\,\mathrm{d}\varphi \tag{8.16}$$

として得られる．式 (8.14) より，

$$R = \sqrt{r^2 + a^2 - 2ax\cos\varphi - 2ay\sin\varphi}$$

であるから，式 (8.16) の積分は点 P が z 軸上にある場合を除くと一般に実行することは容易でない．しかし，点 P が点 Q から十分に遠方の場合は容易に積分することができる[5)]．すなわち，$r \gg a$ として，R^{-3} を a/r のベキで

$$\begin{aligned}\frac{1}{R^3} &= (r^2 + a^2 - 2ax\cos\varphi - 2ay\sin\varphi)^{-\frac{3}{2}}\\ &\simeq \frac{1}{r^3}\left(1 + \frac{3ax\cos\varphi}{r^2} + \frac{3ay\sin\varphi}{r^2} - \frac{3a^2}{2r^2} + \cdots\right)\end{aligned} \tag{8.17}$$

と展開して，a^2/r^2 以上の高次項は無視すると，式 (8.16) は

$$\begin{aligned}&\boldsymbol{\Delta B}(x,y,z)\\ &= \left(\frac{\mu_0 I a}{4\pi r^3}\right)\int_0^{2\pi}\left[\left\{\frac{r^2 z\cos\varphi + 3a(zx\cos^2\varphi + yz\sin\varphi\cos\varphi)}{r^2}\right\}\boldsymbol{i}\right.\\ &\quad + \left\{\frac{r^2 z\sin\varphi + 3a(zx\cos\varphi\sin\varphi + yz\sin^2\varphi)}{r^2}\right\}\boldsymbol{j}\end{aligned}$$

5) 多少複雑であるが，球面調和関数などを用いた応用数学の手法で，多項式展開の表現で近似せずに計算することができる．

$$+\left\{(a - x\cos\varphi - y\sin\varphi)\right.$$
$$\left.+\frac{3a(ax\cos\varphi + ay\sin\varphi - x^2\cos^2\varphi - 2xy\sin\varphi\cos\varphi - y^2\sin^2\varphi)}{r^2}\right\}\boldsymbol{k}\Bigg]\,\mathrm{d}\varphi$$

となる．積分を実行すると，$\int_0^{2\pi}\sin\varphi\,\mathrm{d}\varphi = \int_0^{2\pi}\cos\varphi\,\mathrm{d}\varphi = \int_0^{2\pi}\sin\varphi\cos\varphi\,\mathrm{d}\varphi = 0$，$\int_0^{2\pi}\sin^2\varphi\,\mathrm{d}\varphi = \int_0^{2\pi}(1-\cos\varphi)/2\,\mathrm{d}\varphi = \pi$，$\int_0^{2\pi}\cos^2\varphi\,\mathrm{d}\varphi = \int_0^{2\pi}(1+\cos\varphi)/2\,\mathrm{d}\varphi = \pi$ を用いて，

$$\varDelta\boldsymbol{B}(x, y, z) = \varDelta B_x\boldsymbol{i} + \varDelta B_y\boldsymbol{j} + \varDelta B_z\boldsymbol{k}$$

の各成分は，

$$\varDelta B_x = \left(\frac{\mu_0\pi a^2 I}{4\pi}\right)\frac{3zx}{r^5} \tag{8.18}$$

$$\varDelta B_y = \left(\frac{\mu_0\pi a^2 I}{4\pi}\right)\frac{3zy}{r^5} \tag{8.19}$$

$$\varDelta B_z = \left(\frac{\mu_0\pi a^2 I}{4\pi}\right)\frac{(3z^2 - r^2)}{r^5} \tag{8.20}$$

となり，磁束密度は微小円電流に固有な量 I と πa^2 の積に比例する．これらの式は第2章で扱った z 軸に沿って原点Oに電気双極子モーメント $\boldsymbol{p}$ をおいたときの電場の式 (2.9)，(2.10)，(2.11) と座標依存性が一致する．ここでの微小円電流は xy 面にあり，ループを縁とする微小面積ベクトル $\varDelta\boldsymbol{S}$ とするとき，その大きさは πa^2 であり，その方向は z 軸方向なので，$\varDelta S_x = 0$，$\varDelta S_y = 0$，$\varDelta S_z = \pi a^2$ となる．$\varDelta\boldsymbol{S}$ の z 成分は $I\varDelta S_z$ に比例するので，磁気モーメントを

$$\varDelta m_z = I\varDelta S_z \tag{8.21}$$

と定義すれば，$\varDelta\boldsymbol{B}$ の各成分は $\varDelta m_z$ に比例する．式 (8.18)，(8.19)，(8.20) の（　）内は，$\mu_0\pi a^2 I/4\pi = \mu_0\varDelta m_z/4\pi$ と表される．微小円電流の面が xy になく，電流の囲む面積ベクトルが任意の方向を向いていて $\varDelta\boldsymbol{S}$ とすると，

$$\varDelta\boldsymbol{m} = I\varDelta\boldsymbol{S} \tag{8.22}$$

で表される．電気双極子モーメント $\boldsymbol{p}$ に対応するベクトルとして，これを微小電流回路の**磁気モーメント** (magnetic moment) とよぶことにする．その単位は [Am^2] である．なお，電流から十分に離れた点における磁束密度は回路の形の詳細には依存しないことが示されるので (章末演習問題 4)，回路の形状は長方形でも，円形でもよい．

微小円電流が作る磁束密度の磁束線を描き易くするために，極座標 $(r,\ \theta,\ \varphi)$ で，

極座標の単位ベクトルを $\boldsymbol{e}_r, \boldsymbol{e}_\theta, \boldsymbol{e}_\varphi$ を使って，$\Delta \boldsymbol{B} = \Delta B_r \boldsymbol{e}_r + \Delta B_\theta \boldsymbol{e}_\theta + \Delta B_\varphi \boldsymbol{e}_\varphi$ として記述する．第 2 章で扱った直角座標から極座標へのベクトル成分の変換則を用いると，磁束密度の各成分は

$$\Delta B_r = \frac{\mu_0}{2\pi}\frac{\Delta m_z}{r^3}\cos\theta \tag{8.23}$$

$$\Delta B_\theta = \frac{\mu_0}{4\pi}\frac{\Delta m_z}{r^3}\sin\theta \tag{8.24}$$

$$\Delta B_\varphi = 0 \tag{8.25}$$

となる[6]．

▶ 磁気双極子モーメントによる磁束密度

式 (8.23)，(8.24)，(8.25) より，微小円電流の作る磁束線の様子は図 8.10(a) のようになる．これは，前述したように原点 O 付近を除くと電気双極子モーメント $\boldsymbol{p}$ が作る静電場と同じ形なので，電荷に対応して，**点磁荷** (point magnetic charge) q_m，$-q_\mathrm{m}$ を導入して，微小円電流の磁気モーメントを正負の点磁荷が微小距離 Δl だけ隔てて対をなしている体系のモーメントと読み替えることができる．そこで，

$$\boldsymbol{p}_\mathrm{m} = q_\mathrm{m}\Delta \boldsymbol{l} \tag{8.26}$$

とおき，この $\boldsymbol{p}_\mathrm{m}$ を**磁気双極子モーメント** (magnetic dipole moment) とよぶことにする．微小円電流回路面を除いた外の空間の場は，あたかもミクロな正磁極，負

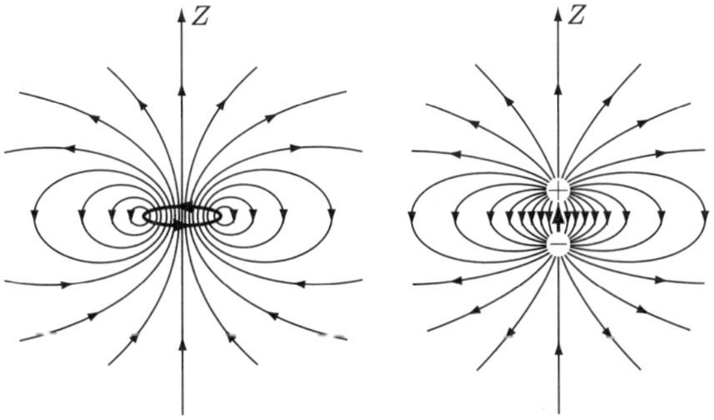

図 8.10　(a) 微小円電流の作る磁束密度場，(b) 正，負の磁荷対の作る磁束密度場，遠方の両者の場は双極子場として相似であるが，近くの場は振る舞いが異なる

6)　円筒座標で表示すると
$\Delta B_r = 3\mu_0 \Delta m_z rz/4\pi(r^2+z^2)^{5/2}$，$\Delta B_\varphi = 0$，
$\Delta B_z = \mu_0 \Delta m_z(2z^2-r^2)/4\pi(r^2+z^2)^{5/2}$

磁極をもつ実体が生成する双極子場としてとらえることができる．図 8.10(b) は，この磁気双極子が示す磁束線とみなせる．このような正磁極と負磁極が必ず対をなしている体系が，いわゆる**磁石**とよばれるものの考え方である．図中の $\oplus$ は点磁荷 q_{m} の N 極，$\ominus$ は点磁荷 $-q_{\mathrm{m}}$ の S 極を表している (この点磁荷により，磁束密度が生成されると考えることができるが，第 9 章 9.3 節で明らかになるように，磁荷が湧き出しとなる場は磁場 $\boldsymbol{H}$ である)．

▶ 一般の閉電流による磁気モーメント

この節のはじめに戻り，電流 I が流れる図 8.8(a) のような任意な閉回路 $\mathrm{C_I}$ を考える．ただし，電流の回路は 1 つの平面上にあるものとする．このとき，経路上の位置座標ベクトル $\boldsymbol{r}$ と経路に沿った微小変位 $\mathrm{d}\boldsymbol{l}$ の外積についての経路の周積分の半分

$$\frac{1}{2}\oint_{\mathrm{C_I}}(\boldsymbol{r}\times \mathrm{d}\boldsymbol{l}) \tag{8.27}$$

は電流面に垂直な閉回路の面積ベクトル $\boldsymbol{S}$ $(=\oint_{\mathrm{S}}\mathrm{d}\boldsymbol{s})$ に相当する．したがって式 (8.22) に基づくと，一般に，電流 I が流れている平面状の閉回路 $\mathrm{C_I}$ の磁気モーメント $\boldsymbol{m}$ $(=\oint_{\mathrm{S}}\mathrm{d}\boldsymbol{m})$ は，

$$\boldsymbol{m}=\frac{I}{2}\oint_{\mathrm{C_I}}(\boldsymbol{r}\times \mathrm{d}\boldsymbol{l})=I\boldsymbol{S} \tag{8.28}$$

と表せることになる．この磁気モーメントは閉電流回路の全磁気モーメントである．このような閉回路を流れる電流によって生成される $\boldsymbol{B}$ 場は，この回路を周縁とする曲面を網目状に分割した微小面積の辺を流れる電流による微小磁気モーメントが生成する $\boldsymbol{B}$ 場を合成した場と同じになる．このように，電流回路の形とまったく等しく，磁気モーメント $\boldsymbol{m}=I\boldsymbol{S}$ をもつ薄い磁気モーメント層のことを**等価磁石板** (磁気 2 重層ともよばれる)(equivalent magnetic shell あるいは magnetic double layer) とよぶ．

例題 8.3

古典力学的な描像として，原子内の電子が核からクーロン力を受けて閉軌道上を運動しているものとする．したがって，電子は軌道の中心の周りに**軌道角運動量** (orbital angular momentum) をもっている．また，閉軌道を運動すれば環状電流が原子核の周りに流れていることになり，磁気モーメントをもつ．このモーメントは**軌道磁気モーメント** (orbital magnetic moment) とよばれる．軌道角運

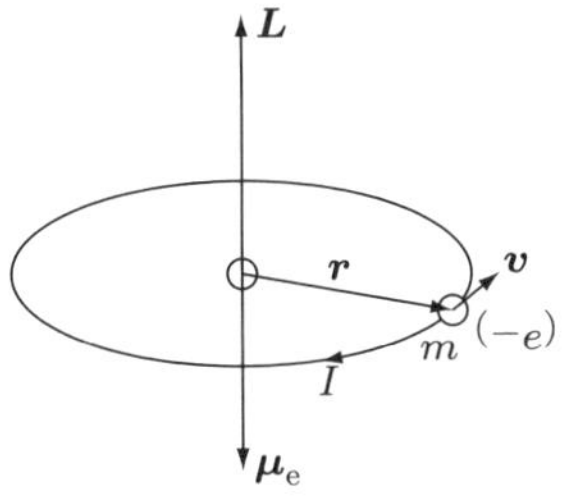

図 8.11　軌道角運動量と軌道磁気モーメント

動量 $\boldsymbol{L}$ をもつ電子の軌道が円運動として，その軌道磁気モーメント $\boldsymbol{\mu}_{\mathrm{e}}$ を求めよ．

■ **解**　いま．図 8.11 のように半径 r の円周上を電荷量 $-e$ の電子が速さ v で回転しているとする．角速度 $\omega = v/r$ で円運動する電子は軌道上を 1 周期 $2\pi/\omega$ で元の位置に戻るから，軌道電流 I は電子の回転方向とは逆向きに流れ

$$I = \frac{e}{2\pi/\omega} = \frac{ve}{2\pi r}$$

で与えられる．軌道の面積 ΔS は πr^2 であるから，その磁気モーメントを $\boldsymbol{\mu}_{\mathrm{e}}$ として

$$\mu_{\mathrm{e}} = \pi r^2 \frac{ve}{2\pi r} = \frac{1}{2} ver = \frac{1}{2} er^2 \omega$$

となる．角運動量ベクトル $\boldsymbol{L}$ は電子の質量を m とすれば $\boldsymbol{L} = m\boldsymbol{v} \times \boldsymbol{r}$ であるから，大きさが $|\boldsymbol{L}| = mrv = mr^2\omega$ となり，軌道角運動量ベクトル $\boldsymbol{L}$ と軌道磁気モーメントベクトル $\boldsymbol{\mu}_{\mathrm{e}}$ は

$$\boldsymbol{\mu}_{\mathrm{e}} = -\frac{e}{2m}\boldsymbol{L} \tag{8.29}$$

の関係となって，$\boldsymbol{\mu}_{\mathrm{e}}$ と $\boldsymbol{L}$ は反平行である．◀■

8.4　磁気モーメントに働く力

ループ電流は磁気モーメントをもつことを知ったので，一様な $\boldsymbol{B}$ 場に置かれた閉回路が受ける力と磁気モーメントの関連について考察しよう．先ず便宜として，閉電流回路は長方形コイルとする．はじめ，コイルに電流を流さないとき，図 8.12(a) のように水平軸にとった一様な磁束密度に対し，垂直軸 GH の周りに自由に回転できる 1 回巻きの長方形コイル CDEF を吊るす．次にコイルに電流 I を流した状態で，コイル面の法線ベクトル $\boldsymbol{n}$ を磁束密度ベクトル方向から θ 回転させる．なお，$\overline{\mathrm{CD}} = \overline{\mathrm{EF}} = a$，$\overline{\mathrm{CF}} = \overline{\mathrm{DE}} = b$ とする．このとき，各辺には磁気力が働く，なお，コイルは変形することはないものとする．FC と EF には等しい大きさで反対方向の力が垂直軸に沿って働くが，これらは互いに打ち消しあってしまう．CD と EF

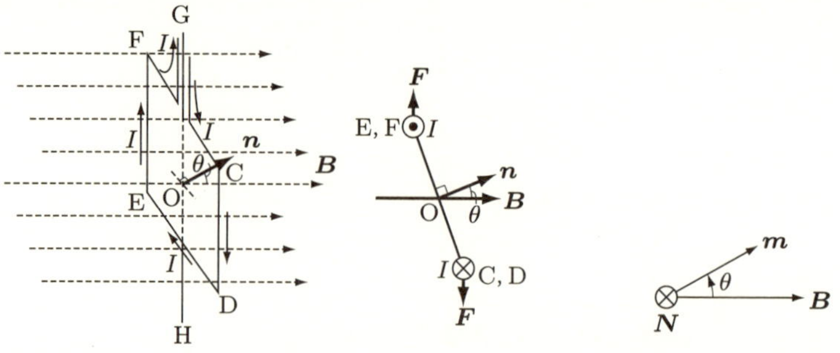

(a) (b)

図 8.12 (a) 一様な $\boldsymbol{B}$ 場下の閉回路コイルの磁気モーメント $\boldsymbol{m}$ に働く偶力，(b) 偶力のモーメント $\boldsymbol{N}$ は $\boldsymbol{B}$，$\boldsymbol{m}$ の作る平面に垂直で，紙面下方 ⊗ を向いている

に働く力は図 8.12(a) 右の太い矢印の向きにあり，その大きさはともに aIB であるから，偶力をつくる．しかし，これらの力の合力はコイルに並進力を与えない．

さて，コイルの中心 O の周りの力のモーメントの大きさ N は力の作用線に下した腕の長さ $(b/2)\sin\theta$ と力 IaB の積であり，偶力のモーメントの大きさは，

$$N = 2aIB \times (b/2)\sin\theta = abIB\sin\theta$$

に等しい．ab はコイルの面積であり，これを S と記すと，$N = SIB\sin\theta$ と書ける．ベクトル量である面積を，面法線ベクトル $\boldsymbol{n}$ を用いて $\boldsymbol{S} = S\boldsymbol{n}$ と表すと，コイルの回転軸が図 8.12(b) の紙面下向きなので，偶力のモーメントベクトルはベクトルの外積の形で

$$\boldsymbol{N} = I\boldsymbol{S} \times \boldsymbol{B} \tag{8.30}$$

と表せる．$I\boldsymbol{S} = \boldsymbol{m}$ はコイルの磁気モーメントであるから，

$$\boldsymbol{N} = \boldsymbol{m} \times \boldsymbol{B} \tag{8.31}$$

と記述される．

なお，コイルが複数回巻きで，またどのような形でも，一般に磁気モーメントが $\boldsymbol{m}$ であればこの式 (8.31) が成り立つ．すなわち，ベクトル演算を施せば，一様な磁束密度 $\boldsymbol{B}$ の場に，磁気モーメント $\boldsymbol{m}$ が式 (8.28) で表される任意の平面状の閉電流回路 C_I をおくとき，ループには並進力は働かないが，ループの面法線 $\boldsymbol{n}$ を $\boldsymbol{B}$ に平行にさせる力のモーメント $\boldsymbol{N} = \boldsymbol{m} \times \boldsymbol{B}$ が働くことが示せる (章末演習問題 6).

次に，一様な $\boldsymbol{B}$ 場に置かれたコイルの回転運動に関わる位置エネルギーについて調べよう．そのとらえ方は第 4 章例題 4.3 の電気双極子の配向の位置エネルギーに

対応する．はじめ面法線が磁束密度の方向を向いている 閉電流回路を，図 4.8(a) のように角度 θ だけ回転させるには，磁気力に抗して外力を加え仕事を施す必要があるため，ある角度傾いた閉回路は位置エネルギー U_m をもっている．図 4.8(b) のとおり，回路に働く磁気力のモーメント $\boldsymbol{N}$ は，$\boldsymbol{B}$ から反時計周りに測った $\boldsymbol{m}$ の配向角 θ の向きとは逆に，$\boldsymbol{m}$ を時計周りに回転させるよう働くので (一様電場下の電気双極子モーメントに働く偶力の関係の図 4.8 を参照のこと)，$N = -mB\sin\theta$ と表される．この偶力のモーメントに抗して仮想的外力のモーメントが，$\boldsymbol{m}$ を微小角 $\mathrm{d}\theta$ だけ回転させる仕事は，$\mathrm{d}W = -N\,\mathrm{d}\theta$ である．U_m の基準は適宜定められるので，$\boldsymbol{m}$ のもつ U_m を $\theta = \pi/2$ のときを 0 と決める．$\boldsymbol{m}$ と $\boldsymbol{B}$ が θ のときの $U_\mathrm{m}(\theta)$ は，基準位置から θ までの仕事として，

$$U_\mathrm{m}(\theta) = \int_{\pi/2}^{\theta} \mathrm{d}W = -\int_{\pi/2}^{\theta} N\,\mathrm{d}\theta = \int_{\pi/2}^{\theta} mB\sin\theta\,\mathrm{d}\theta = -mB\cos\theta$$

である．U_m をベクトル量で表すと，

$$U_\mathrm{m}(\theta) = -\boldsymbol{m}\cdot\boldsymbol{B} \quad ([\mathrm{J}],\ [\mathrm{AWb}]) \tag{8.32}$$

となる．$\theta = 0$ が位置エネルギー U_m の最小値となり，$\boldsymbol{m}$ は $\boldsymbol{B}$ と平行になる．なお，コイルに働く $\boldsymbol{N}$ の大きさ N と $U_\mathrm{m}(\theta)$ の間には

$$N = -\frac{\partial U_\mathrm{m}}{\partial\theta} \tag{8.33}$$

の関係式が成り立つ．

以上より，微小円電流を点磁荷の対からなる微小磁石で置き換えると，微小磁石が磁束密度の場に置かれたとき，微小磁石には回転力が働き，その $\boldsymbol{p}_\mathrm{m}$ が $\boldsymbol{B}$ の方向に配向することになり，微小磁石の磁束密度の方向を感知する方位針としての役割が理解できる．

［問題 1］ 一様な磁束密度 $\boldsymbol{B}$ の中に，小磁石を磁場に垂直な軸のまわりに自由に回転できるように吊るす．磁石の磁気モーメントを $\boldsymbol{M}$，回転軸の周りの慣性モーメントを I とする．この磁石がつりあい位置の近くで微小振動するときの振動周期 T を表せ．

8.5 磁束密度：B 場の性質

8.5.1 磁束密度の面積分

電場の様子を電気力線あるいは電束線で描いたように，これまでに，磁束密度場も空間の各点の $\boldsymbol{B}$ 方向に接線をもつ**磁束線** (lines of magnetic flux) の曲線群で描

くことで磁束密度場の空間変化を理解する一助にした．このとき側面が磁束線で囲まれた1つの磁束管を考えると，その任意断面を貫く磁束は一定である．電流素片 $I\boldsymbol{\Delta l}$ が作る $\boldsymbol{\Delta B}$ は $I\boldsymbol{\Delta l}$ を $-\infty$ から ∞ まで延長した直線に関して軸対称であり，その磁束線は直線上のあらゆる点を中心とする同心円を描くので，磁束管は円環状で一様な直断面をもっている．言い換えれば，$\boldsymbol{B}$ 場は $\boldsymbol{\Delta l}$ を含む直線の周りに無数の環状磁束管によって隙間なく埋め尽くされている．この場の中に任意の閉曲面Sを考えると，そこを貫く環状磁束管の磁束の閉曲面への出入りは等量なので，$I\boldsymbol{\Delta l}$ が作る $\boldsymbol{\Delta B}$ のS全体にわたる面積分は

$$\oint_{\mathrm{S}} \boldsymbol{\Delta B}\cdot \mathrm{d}\boldsymbol{S} = 0$$

となって，閉曲面Sで囲まれた体積領域で磁束の湧き出しと吸い込みの総和は0である．仮に閉曲面が電流素片 $I\boldsymbol{\Delta l}$ を取り囲んでいても，ビオ・サバールの法則から明らかなように，電流素片の延長線の上下方向には $\boldsymbol{B}$ 場はできないので上式は成り立つ．磁束についても重ね合わせの原理が成り立つから，電流素片を連続的に繋ぎ合わせた直線電流回路や磁気モーメントをもつ任意の閉電流回路が作る $\boldsymbol{B}$ 場の中に閉曲面Sをおいたとき，$\boldsymbol{B}$ の面積分について，

$$\Phi_{\mathrm{B}} = \oint_{\mathrm{S}} \boldsymbol{B}\cdot \mathrm{d}\boldsymbol{S} = 0 \tag{8.34}$$

が常に成り立つ．すなわち，磁束密度を生成する電流が存在しても磁束線は閉じていて，S面内の体積領域内に磁束の単独の湧き出し口や吸い込み口はない．この積分則は磁束密度に関するガウスの法則 (付録A 数学的準備 A.6) を用いると，

$$\int_{\mathrm{V}} \mathrm{div}\,\boldsymbol{B}\,\mathrm{d}V = 0$$

となる．ここで，Vは閉曲面Sで囲まれた体積領域である．任意の閉曲面でこの等式が成り立つならば，全空間の任意の点で，

$$\mathrm{div}\,\boldsymbol{B} = 0 \tag{8.35}$$

が得られる．これが磁束密度のガウスの法則の微分形である．

この式は電束に関するガウスの法則:

$$\Phi_D = \varepsilon_0 \oint_{\mathrm{S}} \boldsymbol{E}\cdot \mathrm{d}\boldsymbol{S} = \begin{cases} q & :\text{S内に電荷}\ q\ \text{があるとき} \\ 0 & :\text{S内に電荷がないとき} \end{cases}$$

あるいは，

$$\mathrm{div}\,\boldsymbol{E} = \frac{\rho(\boldsymbol{r})}{\varepsilon_0} \quad (\rho(\boldsymbol{r})：電荷密度)$$

と対比される．Φ_{B}，Φ_{D} に関する両法則ともに全閉曲面について場の面積分である．しかし，前者は孤立した単磁荷のような場の湧き出しがないので必ず 0 となるのに対し，後者は閉曲面内部に電荷が存在すると 0 にはならない．

また，磁束線が閉じていることから，図 8.13 のように閉回路 $\mathrm{C_I}$ に流れている電流が作る磁束線が $\mathrm{C_I}$ を縁とする 1 つの曲面 $\mathrm{S_1}$ を横切る磁束 $\int_{\mathrm{S_1}} \boldsymbol{B}\cdot\mathrm{d}\boldsymbol{S}$ は面のとり方にかかわらず一義的に定まることが導ける．いま，$\mathrm{C_I}$ を縁とする 1 つの閉曲面 S を考え，この S は $\mathrm{C_I}$ を流れる電流から見て面法線が右ネジ方向にある半曲面 $\mathrm{S_1}$ とその反対方向にある半曲面 $\mathrm{S_2}$ からなるものとする．この電流回路が作る磁束密度が閉曲面 S を貫く磁束は，

$$\oint_{\mathrm{S}} \boldsymbol{B}\cdot\mathrm{d}\boldsymbol{S} = 0$$

なので，

$$\oint_{\mathrm{S}} \boldsymbol{B}\cdot\mathrm{d}\boldsymbol{S} = \int_{\mathrm{S_1+S_2}} \boldsymbol{B}\cdot\mathrm{d}\boldsymbol{S} = \int_{\mathrm{S_1}} \boldsymbol{B}\cdot\mathrm{d}\boldsymbol{S} + \int_{\mathrm{S_2}} \boldsymbol{B}\cdot\mathrm{d}\boldsymbol{S} = 0$$

となる．すなわち，$\mathrm{C_I}$ を縁として張る半曲面 $\mathrm{S_2}$ を貫いた磁束 Φ_B

$$\Phi_B = \int_{\mathrm{S_2}} \boldsymbol{B}\cdot\mathrm{d}\boldsymbol{S} \tag{8.36}$$

は $\mathrm{S_2}$ の取り方に関わらず半曲面 $\mathrm{S_1}$ を通り抜けることになる．

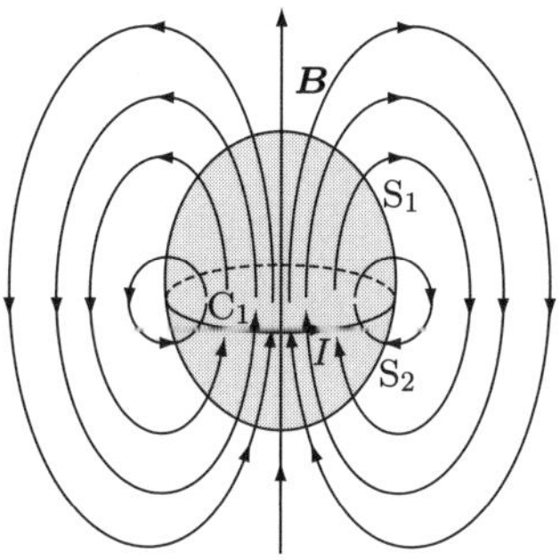

図 8.13　任意の電流回路 $\mathrm{C_I}$ を縁として張る任意な 2 つの半曲面 $\mathrm{S_1}$，$\mathrm{S_2}$ からなる閉曲面 S を貫く磁束，互いの半曲面を貫く磁束の量は等しい

8.5.2　磁束密度の線積分および磁位

▶ 磁位の定義

静電場 $\boldsymbol{E}$ のある空間は場に共役なスカラー量の電位あるいは静電ポテンシャルをもち，基準点 $\mathrm{P_o}$ の電位を $\phi(\mathrm{P_o})$ として，$\mathrm{P_o}$ からある点 P に向かう 1 つの経路 C に沿ってベクトル $\boldsymbol{E}$ の経路方向の成分について線積分 (経路積分) を施すと，点 P の電位 $\phi(\mathrm{P})$ は

$$\phi(\mathrm{P}) = -\int_{\mathrm{P_o(C)}}^{\mathrm{P}} \boldsymbol{E}\cdot \mathrm{d}\boldsymbol{l} + \phi(\mathrm{P_o})$$

で表されること，クーロン電場が保存場であるため $\phi(\mathrm{P})$ は途中の経路に関わらず一義的に定まること，また，電場は電位の勾配に負号を付けた

$$\boldsymbol{E}(\boldsymbol{r}) = -\mathrm{grad}\phi(\boldsymbol{r})$$

となることを学んだ.

同様に磁束密度 $\boldsymbol{B}$ の場の中で 1 つの経路 C に沿って基準点 $\mathrm{P_o}$ からある点 P まで経路に沿ったベクトル $\boldsymbol{B}$ の線積分を施すと，点 P は**磁位**あるいは**磁気ポテンシャル** (magnetic potential) とよばれるスカラー量

$$\phi_{\mathrm{m}}(\mathrm{P}) = -\int_{\mathrm{P_o(C)}}^{\mathrm{P}} \boldsymbol{B}\cdot \mathrm{d}\boldsymbol{l} + \phi_{\mathrm{m}}(\mathrm{P_o}) \tag{8.37}$$

をもつ. ただし，$\boldsymbol{B}$ 場で ϕ_{m} が一義的に定まるためには，線積分が経路によらず，始点 $\mathrm{P_o}$ と終点 P の位置のみによって決まることが必要である. しかし，以下の具体例で示すように，電流が作る $\boldsymbol{B}$ 場では経路を電流を取り巻く閉経路とすると，空間的に同一な点 P であっても，磁位は P に至る経路が電流の周りをまわる回数による多価関数となる. ただし空間の磁位 $\phi_{\mathrm{m}}(\boldsymbol{r})$ が定まれば磁束密度は磁位の勾配に負号を付けた

$$\boldsymbol{B}(\boldsymbol{r}) = -\mathrm{grad}\phi_{\mathrm{m}}(\boldsymbol{r}) \tag{8.38}$$

として求まる. 磁位 ϕ_{m} の単位は $[\mathrm{NA^{-1}}]$ および $[\mathrm{Wbm^{-1}}]$ である.

▶ 直線電流による磁位

図 8.14(a) のように z 軸に沿った無限に長い直線電流 I が作る場の磁位について，電流を囲まない扇状の経路 $\mathrm{C_q}$(PQRSP) に沿ったベクトル $\boldsymbol{B}$ の P から始まって P に戻る周積分を施して調べよう. このとき，電流に沿って円筒座標をとると，位置 $(r,\ \varphi,\ z)$ の $\boldsymbol{B}$ 場の座標成分は $B_r = 0$，$B_\varphi = \mu_0 I/2\pi r$，$B_z = 0$ である. $r-$ 方向の PQ に沿った線積分 $\int_{\mathrm{P}}^{\mathrm{Q}} B_r \mathrm{d}r$ と RS に沿った線積分 $\int_{\mathrm{R}}^{\mathrm{S}} B_r \mathrm{d}r$ は $B_r = 0$ なの

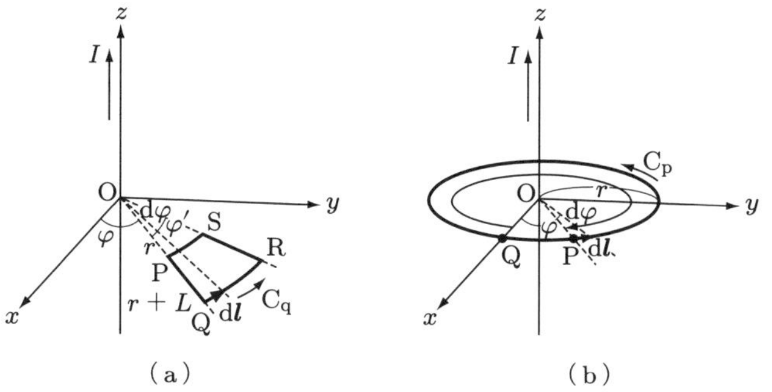

図 8.14 (a) 電流を囲まない扇状経路 $\mathrm{C_q}$，(b) 電流を囲む円形経路 $\mathrm{C_p}$
(どちらも円筒座標の $z=0$ の面上で表してある)

で，いずれも 0 である．したがって，円弧 QR と SP に沿った線積分を行えばよい．前者は偏角の差を φ' とすれば，$\int_{\mathrm{Q}}^{\mathrm{R}} B_\varphi r\mathrm{d}\varphi = \mu_0 I\varphi'/2\pi$，また，後者は偏角の差が $-\varphi'$ であるから，積分値は $-\mu_0 I\varphi'/2\pi$．したがって，この閉経路 $\mathrm{C_q}$ の周積分は $\oint_{\mathrm{C_q}} \boldsymbol{B}\cdot\mathrm{d}\boldsymbol{l} = 0$ となる．このように経路が電流を取り囲まない場合は，始点と終点が同じであればその点の磁位 ϕ_m に差は生じない．

次に図 8.14(b) のように電流を囲む半径 r の円形経路 $\mathrm{C_p}$ をとり，$\boldsymbol{B}$ に関し経路上の基準点 Q(図の x 軸上の点) から電流の流れる向きに反時計回りで偏角 φ の点 P まで施す線積分と時計回りに点 P まで施す線積分を考える．前者の線積分は $\int_{\mathrm{Q}}^{\mathrm{P}} \boldsymbol{B}\cdot\mathrm{d}\boldsymbol{l} = \dfrac{\mu_0 I}{2\pi}\varphi$, 後者では $\boldsymbol{B}$ とは逆向きに偏角として $2\pi-\varphi$ だけ回るので $\int_{\mathrm{Q}}^{\mathrm{P}} \boldsymbol{B}\cdot\mathrm{d}\boldsymbol{l} = -\dfrac{\mu_0 I}{2\pi}(2\pi-\varphi)$ となる．この結果，閉経路 $\mathrm{C_p}$ に沿って反時計回りに一周する場合と時計回りに一周する場合では，同じ位置であっても，磁位 $\phi_\mathrm{m} = -\oint_{\mathrm{C_p}} \boldsymbol{B}\cdot\mathrm{d}\boldsymbol{l}$ に $\mp\mu_0 I$ の違いが生じることがわかる．そのため，x 軸上の基準点の磁位を 0 とすれば，そこから偏角 φ だけ異なる位置 P の磁位 $\phi_\mathrm{m}(\varphi)$ は，周回経路に対する φ の多価性 $(\varphi\to\varphi\pm 2\pi n)$ を反映して，

$$\phi_\mathrm{m}(\varphi) = -\frac{\mu_0 I}{2\pi}(\varphi\pm 2\pi n) \quad (n=0,\ 1,\ 2,\ \cdots) \tag{8.39}$$

と周回数 n($+$ は反時計回り，$-$ は時計回り) の多価関数になる．しかし，この磁位の式を用いてその位置の磁束密度を計算すると，$B_r = -\partial\phi_\mathrm{m}/\partial r = 0$, $B_z = -\partial\phi_\mathrm{m}/\partial z = 0$ で，

$$B_\varphi = -\frac{\partial}{r\partial\varphi}\phi_\mathrm{m} = \frac{\mu_0 I}{2\pi r}$$

が得られる．

▶ 円電流による磁位

図 8.15 の矢印の向きに電流が流れている半径 a の円電流 I が作る場の磁位を調べよう．ただし，円環は xy 面内におかれているものとする．まず，中心軸 (z 軸) に沿って原点 O から任意の点 z までのベクトル $\boldsymbol{B}$ の積分を求める．点 z の $\boldsymbol{B}$ 場の成分は，例題 8.2 で導いたとおり $B_x = 0$, $B_y = 0$, $B_z = \mu_0 I a^2/2(a^2+z^2)^{3/2}$ であるから，

$$\int_0^z \frac{\mu_0 I a^2}{2(a^2+z^2)^{3/2}} \mathrm{d}z = \frac{\mu_0 I}{2} \frac{z}{(a^2+z^2)^{1/2}} \tag{8.40}$$

となる．

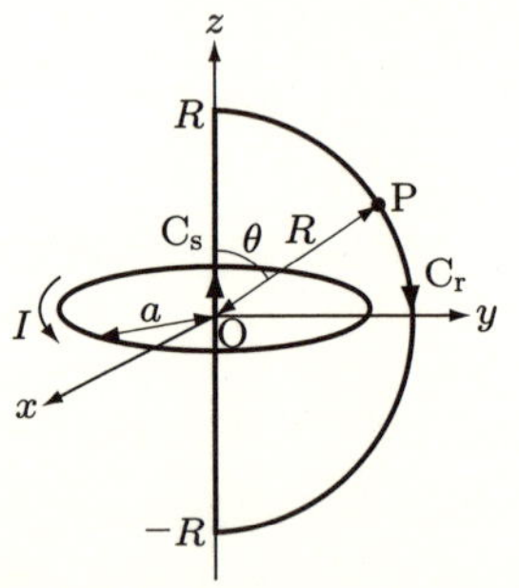

図 8.15　円電流が作る場中での閉経路 C_P $(= C_s + C_r)$ に沿った場の線積分

次に，中心軸 z に沿って，$z = -R$ から $z = R$ までの直線経路 (C_s)，次に，yz 平面にある半径 R の半円経路 (C_r) を結んだ電流を一巻きする閉経路 C_p を考える．ただし，経路 C_r は円電流から十分に離れているものとする．C_s に沿った図の矢印の向きのベクトル $\boldsymbol{B}$ の線積分は，式 (8.40) より，

$$\int_{-R\{C_s\}}^{R} \frac{\mu_0 a^2 I}{2(a^2+z^2)^{3/2}} \mathrm{d}z = \frac{\mu_0 I R}{(a^2+R^2)^{1/2}} = \frac{\mu_0 I}{\left(1+\frac{a^2}{R^2}\right)^{1/2}}$$

$R \to \infty$ の極限では右辺は $\mu_0 I$ となる．また，経路 C_r 上の $\boldsymbol{B}$ 場は双極子場で近似できるので．z 軸からの極角を θ とする極座標である位置のベクトル $\boldsymbol{B}$ を表すと，$B_r = \mu_0 I a^2 \cos\theta/2R^3$，$B_\theta = \mu_0 I a^2 \sin\theta/4R^3$ である．経路 C_r について

$$\int_{R\{C_r\}}^{-R} \boldsymbol{B}\cdot \mathrm{d}\boldsymbol{l} = \int_0^\pi B_\theta R \mathrm{d}\theta = \frac{\mu_0 I a^2}{4R^2} \int_0^\pi \sin\theta \mathrm{d}\theta = \frac{\mu_0 I a^2}{2R^2}$$

$R \to \infty$ のとき, 右辺は 0 となる．よって, $R \to \infty$ のときの周回閉経路 $\mathrm{C_p} = \mathrm{C_s} + \mathrm{C_r}$ の線積分は

$$\oint_{\mathrm{C_p}} \boldsymbol{B} \cdot \mathrm{d}\boldsymbol{l} = \mu_0 I$$

となる[7)]．このことから，電流を巻いて元に戻る経路 $\mathrm{C_p}$ 上の任意な位置 P の磁位 $\phi_{\mathrm{m}}(\mathrm{P})$ は，閉経路が複数回円電流を取り巻くと，周回数に依存する多価関数になることがわかる．

上の直線電流と円電流の 2 つの場合で見たように，$\boldsymbol{B}$ 場の下，ある点を通る閉経路をとったとき，積分経路が電流を巻き込むか否かによって，その点の磁位は異なる．しかし，経路上の 2 点間の磁位の差は有限な値となる．

♦8.5.3　閉電流による磁位の立体角表現

図 8.16(a) のように閉電流回路 $\mathrm{C_I}$ が作る場の下，ある経路 C に沿った磁束密度 $\boldsymbol{B}$ の線積分の 1 つの表し方を確かめよう．まず，回路 C_I は平面状として，ここに流れる電流 I と同じ向きに電流 I が流れている素回路に分割し，その i 番目の面積 ΔS_i の素回路 C_i が作る磁束密度 $\boldsymbol{\Delta B}_i$ について経路積分を計算する．

素回路の中心 O に立つ面法線軸の周りに，ベクトル $\boldsymbol{\Delta B}_i$ は回転対称性を示すので，O を原点とする極座標 $(r,\ \theta,\ \varphi)$ をとり，経路に沿って $\mathrm{P_o}$ から P までの $\boldsymbol{\Delta B}_i$ の線積分を行う．経路上の線素片ベクトルを $\mathrm{d}\boldsymbol{l}$ とすると，

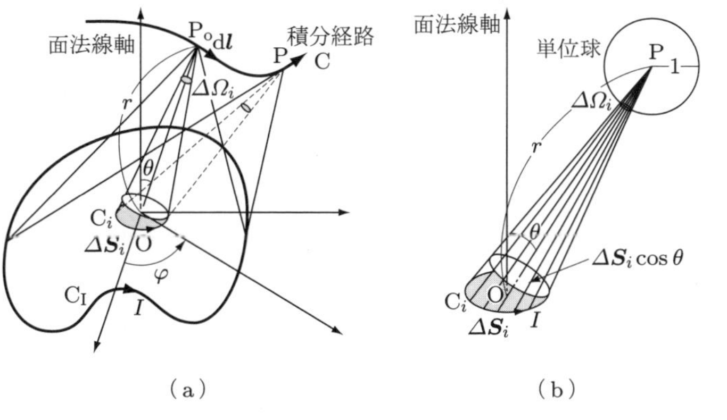

図 8.16　磁束密度のある経路についての：(a) 線積分，(b) 立体角

7)　かなり複雑になるが，ここの閉経路 $\mathrm{C_p}$ に沿って磁束密度の θ 成分，B_θ をルジャンドル陪関数で表して周積分を行うと，R が有限の場合でも上の関係は厳密に示すことができる．

$$\mathrm{d}\boldsymbol{l} = \mathrm{d}r\boldsymbol{e}_r + r\mathrm{d}\theta\boldsymbol{e}_\theta + r\sin\theta\mathrm{d}\varphi\boldsymbol{e}_\varphi$$

であり，P 点での $\boldsymbol{\Delta B}_i$ の極座標成分は $(\Delta B_{ir},\ \Delta B_{i\theta},\ 0)$ なので，

$$\boldsymbol{\Delta B}_i = \Delta B_{ir}\boldsymbol{e}_r + \Delta B_{i\theta}\boldsymbol{e}_\theta$$

である．2 点 P，$\mathrm{P_o}$ を結ぶ経路に沿った場の線積分は $\boldsymbol{\Delta B}_i \cdot \mathrm{d}\boldsymbol{l}$ の積分として，式 (8.23)，(8.24) より，

$$\begin{aligned} -\int_{\mathrm{P_o}}^{\mathrm{P}} \boldsymbol{\Delta B}_i \cdot \mathrm{d}\boldsymbol{l} &= -\int_{\mathrm{P_o}}^{\mathrm{P}} \{\Delta B_{ir}\mathrm{d}r + \Delta B_{i\theta} r\,\mathrm{d}\theta\} \\ &= -\frac{\mu_0 I}{4\pi}\int_{\mathrm{P_o}}^{\mathrm{P}} \left\{ \frac{2\Delta S_i \cos\theta}{r^3}\mathrm{d}r + \frac{\Delta S_i \sin\theta}{r^3} r\mathrm{d}\theta \right\} \\ &= \frac{\mu_0 I}{4\pi}\int_{\mathrm{P_o}}^{\mathrm{P}} \mathrm{d}\left(\frac{\Delta S_i\cos\theta}{r^2}\right) = \frac{\mu_0 I}{4\pi}\left|\frac{\Delta S_i \cos\theta}{r^2}\right|_{\mathrm{P_o}}^{\mathrm{P}} \end{aligned}$$

さて，上式の第 1 行目の右辺の式について，r，θ を独立変数とする被積分関数の 2 項を $2\Delta S_i\cos\theta/r^3 = P(r,\theta)$，$\Delta S_i \sin\theta/r^2 = Q(r,\theta)$ とおいてみると，$\partial P(r,\theta)/\partial\theta = Q(r,\theta)/\partial r = -2\Delta S_i \sin\theta/r^3$ を満足し，被積分項は関数 $\Delta S_i\cos\theta/r^2$ の**完全微分**となっていることがわかる．そのため．図 8.16(a) の $\mathrm{P_o}$ から P への経路が途中で閉電流を縁とする面を貫かない場合，ベクトル $\boldsymbol{B}$ の線積分はその間の経路のとり方によらない．

関数 $\Delta S_i \cos\theta/r^2$ は P から素回路 C_i を見込む**立体角** (solid angle)

$$\Delta\Omega_i = \frac{\Delta S_i \cos\theta}{r^2} \tag{8.41}$$

とよばれるスカラー量を表している．図 8.16(b) のように**立体角 $\Delta\Omega_i$ は点 P から面 ΔS_i を見込むとき，P から ΔS_i の淵を結ぶ無数の直線の作る錐面が P を中心とする半径 1 の単位球表面を切り取った面積の大きさで表される**．なお，$\Delta S_i\cos\theta$ は P から見た r の位置の面積 ΔS_i の正射影である (次頁の問題 2 を参照のこと)．また, ここでは電流が反時計周りに流れるループを見込むときの立体角の符号を正とする．

すると，電流素回路 C_i の作る場の磁位関数 $\Delta\phi_{\mathrm{m}i}$ は立体角に比例するスカラー量として，磁位の基準点を無限遠にとり $\Delta\phi_{\mathrm{m}i}(\infty) = 0$ とすれば

$$\Delta\phi_{\mathrm{m}i}(\mathrm{P}) = \frac{\mu_0 I}{4\pi}\Delta\Omega_i(\mathrm{P}) \tag{8.42}$$

と表される．したがって，経路上の P から $\mathrm{C_I}$ 全体を見込む立体角 $\Omega(\mathrm{P})$ は各 C_i の立体角の和 $\sum_i \Delta\Omega_i(\mathrm{P}) = \Omega(\mathrm{P})$ となるので，P 点の磁位は，

$$\phi_{\mathrm{m}}(\mathrm{P})=\sum_i \Delta\phi_{\mathrm{m}i}(\mathrm{P})=\frac{\mu_0 I}{4\pi}\sum_i \Delta\Omega_{\mathrm{m}i}(\mathrm{P})=\frac{\mu_0 I}{4\pi}\Omega(\mathrm{P}) \tag{8.43}$$

と P から閉回路 $\mathrm{C_I}$ を見込む立体角で表される．ここで，$\mathrm{C_I}$ が平面でない場合について触れておこう．分割された微小回路の面法線は必ずしも同一方向にない．しかし，それらの微小平面電流が作るベクトル $\boldsymbol{\Delta B}$ の $\mathrm{P_0}$ から P への線積分については，それぞれ式 (8.42) が成り立つ．それらの両辺を足し合わせると，結局，式 (8.43) が成り立つ．ただし，$\mathrm{C_I}$ の形状により立体角の値は異なる．なお，立体角 Ω の単位は**ステラジアン** (steradian) で無次元であり，SI 単位系では角度の単位**ラジアン** (radian) と同じく補助単位に位置づけられている．

[問題 2]　立体角 Ω は固定点 O を通り，かつ，O を含まない平面上の閉曲線の各点を通過する直線群によってできる錐面の O からの開き具合を表し，大きさは O を中心とする半径 1 の単位球を錐面が切り取った表面積として定義される．いま，図 8.17 のような θ を一定に保って半直線 OA が OX の周りに回転してできる円錐の開きを表す立体角は

$$\Omega(\theta)=2\pi(1-\cos\theta)$$

となることを示せ．次に，この円錐の頂点 O より r の位置 H に円断面があり，その面積を S とする．上の立体角の式に基づき，この面積が微小量 $\mathrm{d}S$ のとき O から見込む立体角は

$$\mathrm{d}\Omega=\frac{\mathrm{d}S}{r^2}$$

となることを示せ．

なお，切り取られた単位球上の面の形と微小面の形は $1:r^2$ の比の相似形になるので，この関係式は任意形状の微小面に対して成り立つ．

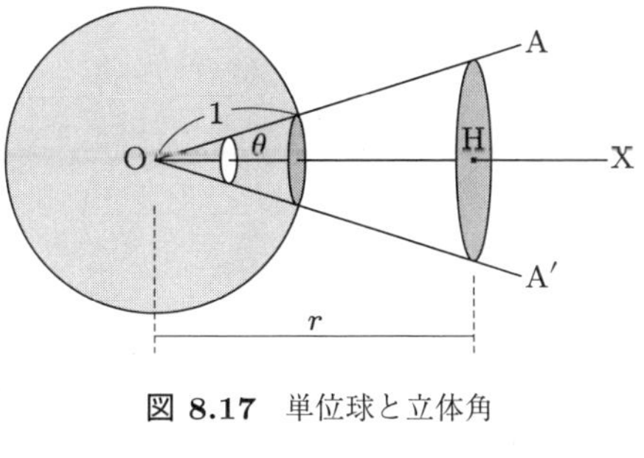

図 8.17　単位球と立体角

ここで，$\boldsymbol{B}$ の周積分を立体角の観点から考える．積分経路が閉電流 $\mathrm{C_I}$ を縁とする面をよぎらない閉じた経路 $\mathrm{C_q}$ では，始点と終点の立体角が同じなので，

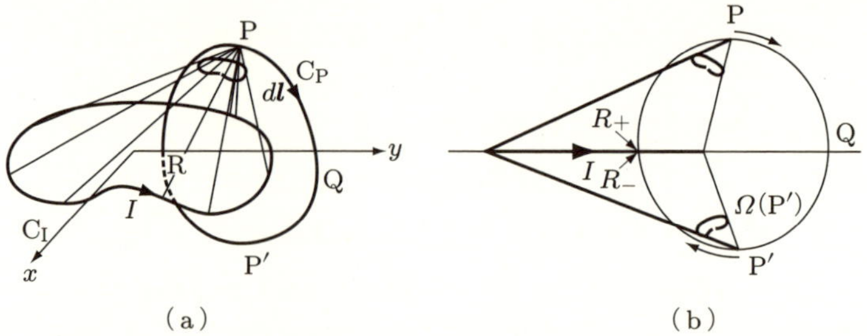

図 8.18　(a) 閉電流 (xy 面内にある) を取り囲む経路 C_p に対する磁束密度の線積分，(b) x 軸に沿ってから見た電流面，経路と立体角

$\oint_{C_q} \boldsymbol{B}\cdot \mathrm{d}\boldsymbol{l} = 0$ となる．

また，図 8.18(a) のような C_I の面内の点 R から外の点 P，電流面上の外の点 Q，面外の点 P′ を通って R に戻る電流面内を貫く閉経路 C_p の場合は，経路が C_I の面をよぎるとき，立体角は不連続となる．図 8.18(b) に示した C_I の直上の点 R_+ では，C_I の立体角が $\Omega(R_+) = 2\pi$ となり，直下の点 R_- から見た電流の向きが時計回りになるため，ここからの立体角は $\Omega(R_-) = -2\pi$ となる．したがって，

$$\phi_m(R_-) - \phi_m(R_+) = \frac{\mu_0 I}{4\pi}(2\pi) = \mu_0 I$$

となる．よって，$\oint_{C_p} \boldsymbol{B}\cdot \mathrm{d}\boldsymbol{l} = \mu_0 I$ となる．

例題 8.4

半径 a の円環に電流 I が流れているとき，円の中心軸に沿った z 軸上の位置 P から円環を見込む立体角 $\Omega(z)$ および P 点の磁位 $\phi_m(z)$ を $\phi_m(0)$ との差として示せ．また，P 点の磁束密度 $B(z)$ を求めよ．ただし，電流の向きは例題 8.2 のように P 点から電流面を見て反時計方向に流れているものとする．

■ **解**　P 点から面積 πa^2 の円環を見込む立体角を $\Omega(z)$ とすれば本節問題 2 の解より，

$$\Omega(z) = 2\pi(1-\cos\theta) = 2\pi\left(1 - \frac{z}{\sqrt{z^2+a^2}}\right)$$

よって，z 軸上の P 点と原点 O の磁位の差は，

$$\phi_m(z) - \phi_m(0) = \frac{\mu_0 I}{4\pi}\{\Omega(z) - \Omega(0)\} = -\frac{\mu_0 I}{2}\frac{z}{\sqrt{a^2+z^2}}$$

となる．なお，磁束密度がゼロとなる $z=\infty$ を基準にとれば，$\phi_m(\infty) = 0$ なので，$\phi_m(z) = (\mu_0 I/4\pi)\Omega(z)$ となる．P 点の磁束密度 $B(z)$ は $B = -\mathrm{d}\phi_m/\mathrm{d}z$ より，

$$B(z) = \frac{\mu_0 a^2 I}{2(a^2+z^2)^{3/2}}$$

となり，例題 8.2 の結果と一致する． ◀■

8.6 アンペールの回路定理

無限に長い電流または閉電流 (無限直線導線に流れる電流も，無限遠を巡回して流れる閉電流とみなすことができる) によって生じる磁束密度場 $\boldsymbol{B}$ をある経路に沿って線積分する．経路が閉じているとき，この経路を周囲にもつ曲面を電流 I が貫かない場合は (その経路を $\mathrm{C_q}$ と表す)，

$$\oint_{\mathrm{C_q}} \boldsymbol{B} \cdot \mathrm{d}\boldsymbol{l} = 0 \tag{8.44}$$

電流 I が一度貫く場合は (その経路を $\mathrm{C_p}$ と表す)，

$$\oint_{\mathrm{C_p}} \boldsymbol{B} \cdot \mathrm{d}\boldsymbol{l} = \pm\mu_0 I \tag{8.45}$$

となる．ここで，閉経路 $\mathrm{C_p}$ を右ネジが回るとき，ネジの進む向きと電流の向きが同じなら $+$，逆ならば $-$ を取る．なお，前節ではこれらの関係を特定の形の経路で導いた．しかし，一般に，これらの経路積分は，閉経路を分割した微小閉経路の合成として扱えるため，任意の形の閉経路について成り立つ．すなわち，線積分の閉経路を連続的に変形しても経路が電流をよぎらなければ，その積分値は変わらない．

同様の考察として，電流回路に注目すると，閉電流の回路 $\mathrm{C_I}$ が微小な閉電流回路 $\mathrm{C}_{\mathrm{I}_i}$ に分割できることから，式 (8.44), (8.45) の関係は任意の形をした $\mathrm{C}_{\mathrm{I}_i}$ でも成り立つことがわかる．これらのことは前節の磁位の立体角表示から導いた場合に当たる．

以上より，式 (8.45) の関係は図 8.19(a)，(b) のように電流回路 $\mathrm{C_I}$ と線積分の経路 $\mathrm{C_p}$ のいずれか一方が他方を複数回取り巻いて戻る場合へと拡張できて，その交差数を n とすれば，

$$\oint_{\mathrm{C_p}} \boldsymbol{B} \cdot \mathrm{d}\boldsymbol{l} = \mu_0 n I \tag{8.46}$$

となる．ただし，この図では経路と電流の向きはすべて右ネジの関係の場合を示してある．

また，1 つの積分経路の作る曲面に複数の閉電流 I_i が交差しているときは，

$$\oint_{\mathrm{C_p}} \boldsymbol{B} \cdot \mathrm{d}\boldsymbol{l} = \mu_0 \sum_i I_i \tag{8.47}$$

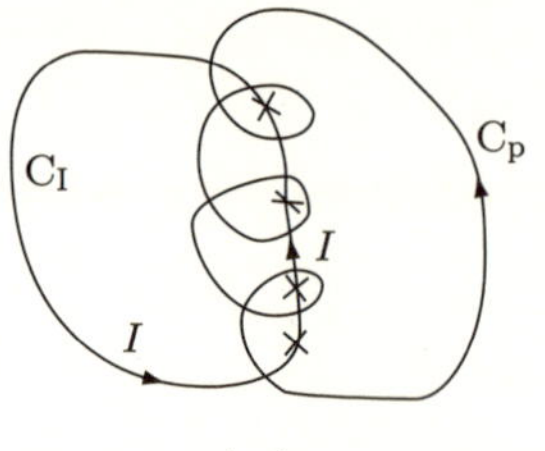

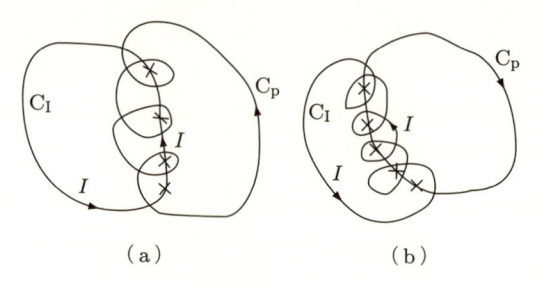

図 8.19 複数回交叉する電流と $\boldsymbol{B}$ の線積分経路：(a) 閉電流面を積分経路が複数回よぎる，(b) 閉積分経路を閉電流が複数回巻く

となる．ただし，閉積分経路の回り方が右ネジ回りとするとき，電流がネジの進む向きなら正，逆向きなら負号をつけて和をとる．

このようにある閉経路に沿った磁束密度の線積分値が経路が作る面内を貫く電流で決まることを表す式 (8.46)($n=0$ の閉電流面を貫かない場合の式 (8.44) を含む) あるいは式 (8.47) は，**アンペールの法則** (Ampère's law) あるいは**アンペールの回路定理**とよばれる．磁束密度を生み出す電流回路の空間的な対称性が良い場合は，この定理から比較的容易に場の強さを見出すことができる．

次に，図 8.20 のように空間に電流が広がって流れている場合，電流場の位置 $\boldsymbol{r}$ の電流密度ベクトルを $\boldsymbol{j}(\boldsymbol{r})$ とすると，ある断面 S を貫く電流 I は

$$I=\int_{\mathrm{S}}\boldsymbol{j}(\boldsymbol{r})\cdot\mathrm{d}\boldsymbol{S} \tag{8.48}$$

なので，アンペールの法則は S 面を縁とする積分経路 C に対して，面法線が右ネジが進む向きになるように $\boldsymbol{B}$ の線積分を行う，

$$\oint_{\mathrm{C}}\boldsymbol{B}(\boldsymbol{r})\cdot\mathrm{d}\boldsymbol{l}=\mu_0\int_{\mathrm{S}}\boldsymbol{j}(\boldsymbol{r})\cdot\mathrm{d}\boldsymbol{S} \tag{8.49}$$

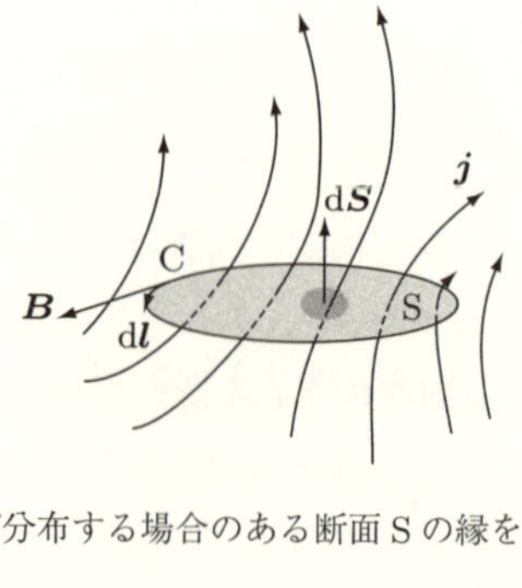

図 8.20 空間に電流が分布する場合のある断面 S の縁を経路とする $\boldsymbol{B}$ の線積分

となる．この式 (8.49) は積分形式のアンペールの法則とよばれ，積分経路 C を電流の中にとっても成り立つ関係であり，その積分値は C を縁とする面 S を貫く電流密度で決まり，その他の外部の電流密度には関係しない[8)]．

アンペールの法則の微分表現は，ストークスの定理

$$\oint_{\mathrm{C}} \boldsymbol{B}(\boldsymbol{r}) \cdot \mathrm{d}\boldsymbol{l} = \int_{\mathrm{S}} \mathrm{rot}\, \boldsymbol{B}(\boldsymbol{r}) \cdot \mathrm{d}\boldsymbol{S}$$

を用いると，

$$\mathrm{rot}\, \boldsymbol{B}(\boldsymbol{r}) = \mu_0 \boldsymbol{j}(\boldsymbol{r}) \tag{8.50}$$

となる．ここで，直角座標 O-xyz 系において，

$$\mathrm{rot}\, \boldsymbol{B}(x, y, z) = \left(\frac{\partial B_z}{\partial y} - \frac{\partial B_y}{\partial z}\right)\boldsymbol{i} + \left(\frac{\partial B_x}{\partial z} - \frac{\partial B_z}{\partial x}\right)\boldsymbol{j} + \left(\frac{\partial B_y}{\partial x} - \frac{\partial B_x}{\partial y}\right)\boldsymbol{k} \tag{8.51}$$

である．$\mathrm{rot}\, \boldsymbol{B}$ は磁束密度の回転とよばれる．式 (8.50) は磁束密度 $\boldsymbol{B}$ に関する偏微分方程式であり，電流密度 $\boldsymbol{j}$ が与えられると境界条件を考慮して $\boldsymbol{B}$ の解が求まる．ベクトル解析の立場では，$\boldsymbol{j}$ の存在する空間は $\mathrm{rot}\, \boldsymbol{B} \neq 0$ なので，$\boldsymbol{B}$ は**回転的場** (rotational field)，あるいは**渦のある場**とよばれる．

例題 8.5

直線電流 I が流れる細い直径導線の軸から r の位置に作る磁束密度 $B(r)$ をアンペールの法則から導け．

■ **解** 中心軸 O から半径 r の位置に直線電流に垂直面内に円状の経路を考える．この円周上ではどこでも磁束密度 $\boldsymbol{B}(r)$ は一定の大きさで，その向きは円の接線の向きであるから，式 (8.47) の周積分は $2\pi r B(r)$ である．右辺は円状の経路が作る面領域を貫く電流の総量に真空の透磁率 μ_0 を掛けたものであるから $\mu_0 I$ である．したがって，

$$2\pi r B(r) = \mu_0 I$$

より，

$$B(r) = \frac{\mu_0 I}{2\pi r}$$

を得る． ◀■

8) このことは積分経路内の磁束密度が外部の電流密度に影響されないことではなく，あくまで，経路上の磁束密度の線積分についての結果である．

例題 8.6

図 8.21(a) に示すような，半径 a，長さ $l(a \ll l$ とする)，巻き数 N の長いソレノイドコイル (solenoid coil) に電流 I が流れているとき，コイル内の磁束密度 $\boldsymbol{B}$ を導け．

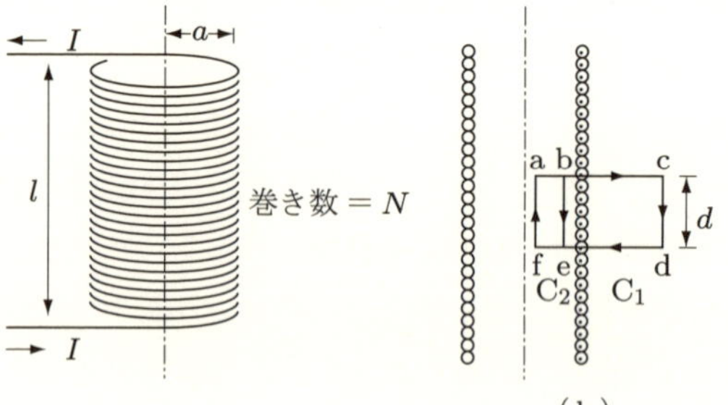

(a)　(b)

図 8.21 円筒コイル (ソレノイドコイル)：(a) 円筒コイルの形状，(b) 中心軸を通る断面

■ **解**　$\boldsymbol{B}$ は系の対称性を利用すると $\boldsymbol{B}$ の方向だけは確かめられる．まず断面上の各点での $\boldsymbol{B}$ は，円形ループが上下方向に積み重なっているため，中心軸に垂直な成分は打ち消されて，紙面内のどこかを向いていることがわかる．さらにコイルは十分長いとしているので，図の上側にも下側にも同じ電流が流れているとみなせる．このため上側の電流と下側の電流の効果が打ち消されて，図の中心軸に垂直な $\boldsymbol{B}$ の成分は消え，結局中心軸に垂直な上下方向を向いていることが結論づけられる．コイルの端の近くではこの条件から外れるが十分に長いとしてその効果を無視する．そこで，図 8.21(b) に示す経路 C_1(acdf) にアンペールの回路定理を適用する．コイル内部を通った磁束は上の端から外に出て，外部の無限に広い空間を通って下端に戻るので，コイルの外ではその密度は 0，すなわち $\boldsymbol{B} = 0$ とみなしてよい．また C_1 の上と下の辺 $\overline{\mathrm{ac}}$, $\overline{\mathrm{ac}}$ は $\boldsymbol{B}$ に直角なので線積分には寄与しない．コイル内部では，$\boldsymbol{B}$ は積分形路と同じ向き，経路上で一定と見なせるので式 (8.47) の左辺は $\oint_C \boldsymbol{B} \cdot \mathrm{d}\boldsymbol{l} = Bd$ となる．C_1 内には $N\dfrac{d}{l}$ 本の線が通過しているので，式 (8.47) の右辺は $\mu_0 IN\dfrac{d}{l}$ となり，両辺を等しいと置くと $B = \dfrac{\mu_0 IN}{l}$ が得られる．コイルの巻き線の単位長さ当たりの巻き数を n とすれば，$B = \mu_0 nI$ となる．次に，コイル内部に経路 C_1 をとって fa に沿った磁束密度 B_{fa}，eb に沿った磁束密度 B_{eb} として，アンペールの回路定理を適用すると，経路内に電流は流れていないので，$B_{\mathrm{fa}} = B_{\mathrm{eb}}$ となって，$B = \dfrac{\mu_0 IN}{l}$ の値はコイル内部の位置によらない．つまり中心軸の近くでも，導線の近くでも同じ値である．◀■

例題 8.7

図 8.22(a) のように半径 a の円柱導線に定常電流 I が一様に流れているとき，導線内外の磁束密度を式 (8.49) を用いて求めよ．

■ **解**　磁束密度 $\boldsymbol{B}$ の方向は導線に垂直な平面内にあって同心円の接線に沿っている．中心軸から距離 r の点 P の磁束密度の強さを $B(r)$ とする．

導線内部 $(r < a)$ に半径 r の経路に沿ってアンペールの法則を適応すると，半径 a と r の間にある電流密度は内部の $\boldsymbol{B}$ に影響を及ぼさないので，

$$\oint \boldsymbol{B}(\boldsymbol{r}) \cdot \mathrm{d}\boldsymbol{l} = 2\pi r B(r) = \mu_0 \left(\frac{\pi r^2}{\pi a^2}\right) I$$

よって，$B(r) = \mu_0 r I / 2\pi a^2$．導線外部 $(r > a)$ の場合は，$2\pi r B(r) = \mu_0 I$．

よって，$B(r) = \mu_0 I / 2\pi r$．これらを図示すると図 8.22(b) のようになる．

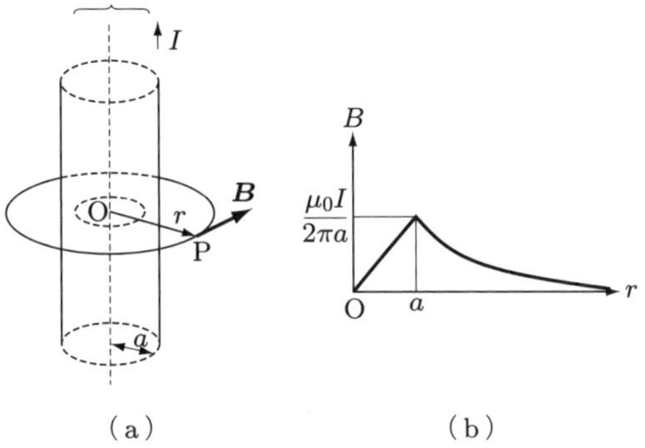

図 8.22　(a) 半径 a の直線導線に電流 I が一様に流れている，(b) 導線内外の磁束密度 $B(r)$

◀■

[問題 3]　例題 8.7 の半径 a の直線導線に定常電流 I が一様に流れているとき，アンペールの法則により導いた導線内外にできる磁束密度は $\mathrm{rot}\,\boldsymbol{B} = \mu_0 \boldsymbol{j}$ を満足することを示せ．

演習問題

1. 図 8.23(a) のように無限に長い直線電流 I を直角に折り曲げたとき，直交する 2 つの半直線からそれぞれ距離 a，b の点 P における磁束密度 $\boldsymbol{B}$ を求めよ．

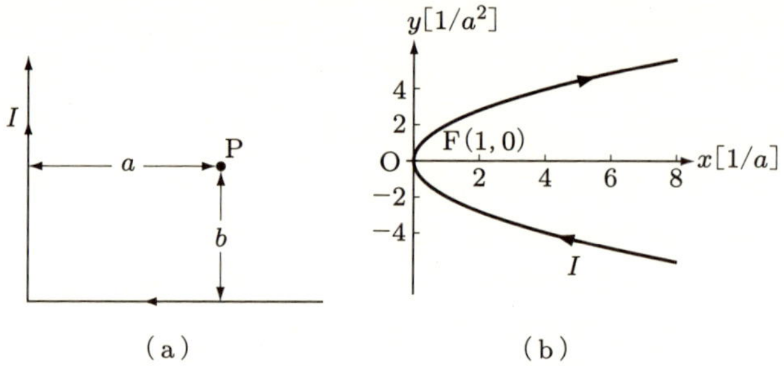

図 8.23　(a) 直角電流の作る場，(b) 放物線状電流の作る場

2. 図 8.23(b) のように放物線 $y^2 = 4ax$ で与えられる放物線回路に電流 I が流れているとき，その放物線の焦点 F$(a, 0)$ の位置における磁束密度 $\boldsymbol{B}$ を求めよ．

3. 半径 a の同じ円形コイルを中心軸を共通にして $2b$ の間隔で対置し，両方に同じ向きのと電流 I を流す．

   (i) 中心軸上の両者の中点 O より x の点 P での磁束密度 $B(x)$ を求めよ．また，中点 O での磁束密度を示せ．

   (ii) $a = 2b$ とするとき，中点付近 $(x < a, b)$ に一様な磁束密度の場ができることを示せ．このような配置の一対のコイルはヘルムホルツコイル (Helmholtz coil) とよばれる．

4. 2 辺を Δx，Δy にもつ微小な長方形の閉回路に電流 I が流れている．長方形の中心に x，y，z 座標軸をとったとき，この回路が作る原点から十分離れた位置ベクトル $\boldsymbol{r} = x\boldsymbol{i} + y\boldsymbol{j} + z\boldsymbol{k}$ の点の磁束密度 $\Delta\boldsymbol{B} = \Delta B_x\boldsymbol{i} + \Delta B_y\boldsymbol{j} + \Delta B_z\boldsymbol{k}$ の各成分は，式 (8.18)，(8.19)，(8.20) を満足することを示せ．すなわち，微小磁気モーメントが作る双極子場は回路の形状によらないことがわかる．

5. 例題 8.6 のコイル (図 8.21) の中心軸を x 軸にとる．軸上の任意の位置 P の磁束密度は，P からソレノイドの両端を見たときの x 軸からなす角度を θ_1，θ_2 とすると

$$B = \frac{\mu_0 n}{2} I(\cos\theta_2 - \cos\theta_1)$$

   となることを示せ．ただし，単位長さ当たりのコイルの巻き数を n とする．次に，無限に長いソレノイドの中心軸上の磁束密度は例題 8.6 のとおり $B = \mu_0 nI$ となることを示せ．

6. 任意の平坦な閉回路 C に電流が流れているとき，このループの磁気モーメント $\boldsymbol{m}$ は式 (8.28) で表される．このループを一様な磁束密度 $\boldsymbol{B}$ の場におくと，ループには並進力は働かない，しかし，力のモーメント $\boldsymbol{N} = \boldsymbol{m} \times \boldsymbol{B}$ が働きループの面法線 $\boldsymbol{n}$ が磁束密度 $\boldsymbol{B}$ に平行になろうとすることをベクトル解析に基づいて示せ．

7. 不均一な勾配のある磁束密度場 $\boldsymbol{B}(\boldsymbol{r})$ の中におかれた磁気モーメント $\boldsymbol{m}$ の磁石には並進力

$$\boldsymbol{F} = \boldsymbol{m} \cdot \mathrm{grad}\, \boldsymbol{B}$$

が働くことを示せ．ただし，$\boldsymbol{m}$ は $\boldsymbol{B}$ によって変化しないものとする．

8. 図 8.24 のように，断面の半径が a の円環状に一様にコイルを巻いたソレノイドを環状ソレノイドあるいはトロイダルコイル (toroidal coil) とよばれる．円環の断面の中心を通る円環の半径を R，コイルの巻き数を N とし，電流 I が流れているとき次の問に答えよ．

(i) 切断面上の磁束密度 $\boldsymbol{B}$ の大きさを，円環の中心 O からの距離 r' の関数として求めよ．

(ii) 環状コイルの切断面を貫く磁束密度の平均値 $\overline{B}$ を求めよ．

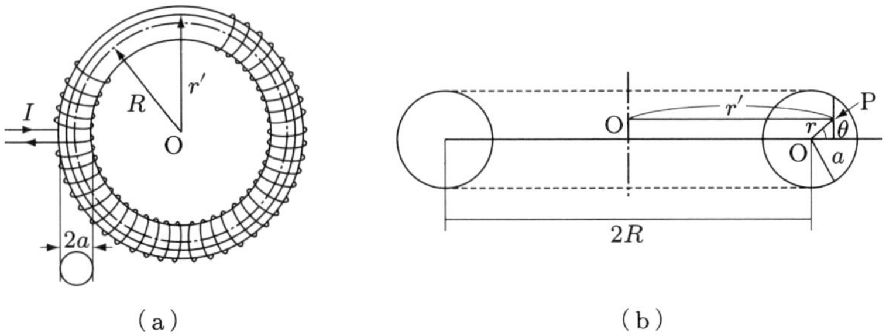

図 8.24　トロイダルコイル内の磁束密度：(a) コイルを上から見た図，(b) 横から見た形状サイズ

第 9 章

磁性体

永久磁石は自発的な磁気をもっており，その周りには磁場が生じている．このような物質を強磁性体という．磁気をもたない物質も磁場におくと，程度の差こそあれ，磁気を帯び，その周りの磁束密度の分布も変わる．磁気を帯びることを磁化という．外部磁場の向きに磁化する物質を常磁性体，逆向きに磁化する物質を反磁性体という．前章で述べたように，磁場は電流によって生じるので，巨視的な電流の流れがない物質のもつ磁気は，それを構成する原子 (分子) 内の電子の軌道運動によって生じる電流に，その起源を求めるのが自然である．さらに，量子力学によると，電子自身のもつ角運動量，つまりスピンも磁気モーメントをもつことが明らかになった．

電磁気学では物質を連続体としてとらえるため，磁性物質は原子のもつ磁気モーメントを平均化した磁化ベクトルの連続分布としてあつかう．磁化ベクトルにより生じる磁場を表す仮想的な分子電流を導入して，物質の磁性を表す．磁性体により生じる磁場は，厳密には磁束密度 ($\boldsymbol{B}$ 場) と磁場 ($\boldsymbol{H}$ 場) と区別して考察する必要があることを述べる．

9.1 物質の磁化と分子電流

物質は，通常，磁場に曝されると磁気を帯びる．これは巨視的な意味で，物質が磁化されたことを意味する．そのため物質がないときと比べ，周りの磁場が変化する．物質が磁場と同じ方向に磁化するとき，**常磁性** (paramagnetism) を示すという．一方，**永久磁石** (permanent magnet) は，室温における鉄 (Fe) のように，磁場におかなくても，自発的に磁化している物質で，**強磁性** (ferromagnetism) とよばれる性質を示し，その周囲には磁場が生じている．

電磁気学では，物質をその構成要素を粗視化した連続体として扱うので，その立場から物質の磁性を表す物理量を検討しよう．いま，図 9.1 のように，磁化した物質の内部に位置ベクトル $\boldsymbol{r}$ の点 P をとり，その点を囲む微視的 (原子・分子の大きさ) には大きく，巨視的には小さい体積領域 ΔV を考える．

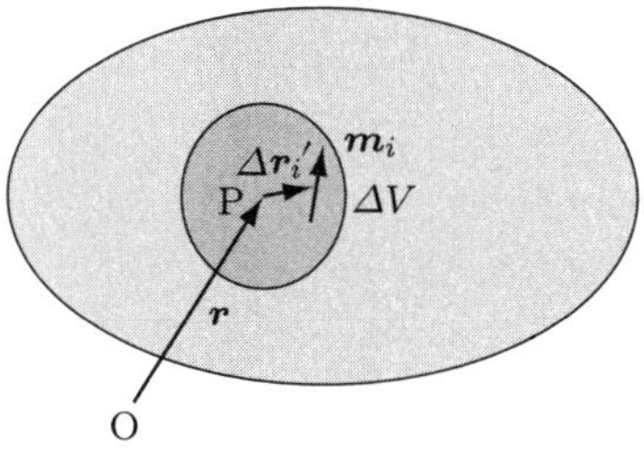

図 **9.1** 物質の巨視的磁化

この領域の全磁気モーメントは，点 P から ΔV 内の任意の位置ベクトル $\boldsymbol{r}_i'$ に微視的な磁気モーメント $\boldsymbol{m}_i$ があるものとして，それらの ΔV 内の総和 $\sum_i \boldsymbol{m}_i(\boldsymbol{r}+\Delta\boldsymbol{r}_i')$ である．そこで，$\sum_i \boldsymbol{m}_i$ の単位体積当たりの平均値を物質の位置ベクトル $\boldsymbol{r}$ の点の**磁化ベクトル (体積密度)** (magnetization) $\boldsymbol{M}(\boldsymbol{r})$ と定義し，

$$\boldsymbol{M}(\boldsymbol{r}) = \frac{\sum_i \boldsymbol{m}_i(\boldsymbol{r}+\Delta\boldsymbol{r}_i')}{\Delta V} \tag{9.1}$$

が，磁性体の巨視的性質を表すものとする．これは誘電体での電気分極 $\boldsymbol{P}(\boldsymbol{r})$ と同じ役割りを果たす．

この平均化は第 5 章の式 (5.1) と同じ扱いである．一般に，$\boldsymbol{M}$ は物質内の位置に依存する物理量である．磁気モーメント $\boldsymbol{m}_i$ の単位は $[\mathrm{Am}^2]$ であるが，$\boldsymbol{M}$ は単位体積当たりの磁気モーメントを表すから，その単位は $[\mathrm{Am}^{-1}]$ である．

物質の磁化の分布は，各点の磁化ベクトル $\boldsymbol{M}(\boldsymbol{r})$ を接線方向にもつ**磁化指力線** (lines of magnetization) を描くとわかりやすい．図 9.2(a), (b) に，一様に磁化した円柱状物質の磁化ベクトルと磁化指力線の様子を示す．磁化指力線の単位面積当たりの本数 (密度) は磁化の大きさに比例するように描く．

ある位置の磁化ベクトル $\boldsymbol{M}$ の微小体積素片が作る磁束密度は，その周囲を流れる微小円電流により作られる場と同等である．この微小円電流は**分子電流** (molecular current) あるいは**アンペール電流** (Ampère current) とよばれる．電磁気学では磁性体にはこのような仮想的な電流が流れているものとして扱う．具体的に，図 9.2(a),(b) のように，円柱形の磁性体が一様に磁化した場合を考えてみよう．図 9.2(c) のように点 P を挟み，素片長 Δl を厚さとする円盤状領域に注目する．この磁殻を図 9.2(d) のように，網目タイル状に分割する．i 番目のタイル領域の断面積を ΔS_i とすると，この領域の磁気モーメントは $\Delta M(r_i) = M(r_i)\Delta S_i \Delta l$ で表される．一方，この磁化が作る磁束密度と等価な場を生じる分子電流ループの電流の大きさを $\Delta I_{\mathrm{m}}(r_i)$ とすれば，$\Delta M(r_i) = \Delta I_{\mathrm{m}}(r_i)\Delta S_i$ と表される．したがって，

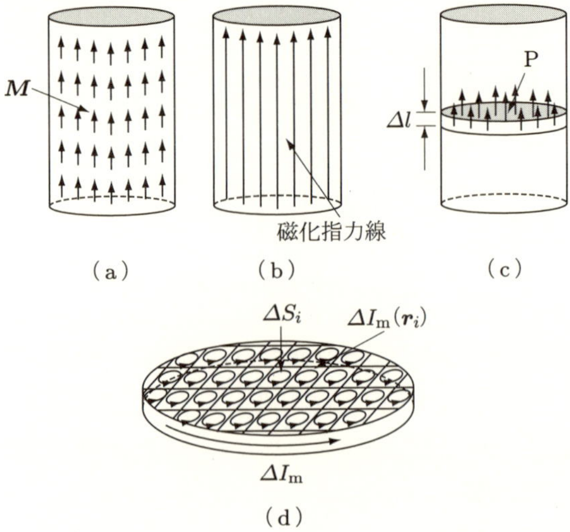

図 9.2　一様に磁化した円柱状物質の：(a) 磁化ベクトル $\boldsymbol{M}$，(b) 磁化指力線，(c) 薄い円盤状領域，(d) 分子電流 ΔI_{m} と表面磁化電流

$\Delta I_{\mathrm{m}}(r_i) = M(r_i)\Delta l$ の関係が得られる．分子電流の大きさは微小領域の大きさによらないことに注意しよう．もし，磁化 $M(r_i)$ が磁性体内で一様であるなら，すべての微小領域の周りの分子電流 ΔI_{m} の大きさも等しいことになる．図 9.2(d) からわかるように，微小領域の境界での分子電流は向きが逆になるので，互いに打ち消しあって，磁性体の外壁側面の分子電流 ΔI_{m} のみ残ることになる．厚さ Δl の円盤の側面を流れる分子電流によって生じる磁束密度は，この円盤内の一様な磁化によって生じる磁束密度と同じものを与える．側面での分子電流 ΔI_{m} は厚さ Δl 当たりであり，単位厚さ当たりで表した量は**表面磁化電流密度** J_{M} とよばれ，$J_{\mathrm{M}} = \Delta I_{\mathrm{m}}/\Delta l$ と表される．磁化の大きさ M との間に，

$$J_{\mathrm{M}} = \frac{\Delta I_{\mathrm{m}}}{\Delta l} = M = |\boldsymbol{M}| \tag{9.2}$$

の関係にある．その単位は $[\mathrm{Am^{-1}}]$ である．このように，一様に磁化した円柱状物質の磁性は，側面を環状に流れる磁化電流で表され，その電流の流れる方向は，ネジの回転によって右ネジの進む方向に磁化ベクトル $\boldsymbol{M}$ の向きとなるように決まる．また，その電流の表面密度の大きさは $|\boldsymbol{M}|$ と同じ値をとる．一言注意するが，表面磁化電流，あるいは分子電流は仮想的な電流であり，ジュール熱を発生して減衰することもないし，また，物質の外に取り出すこともできない．

コラム

軌道磁気モーメントとスピン磁気モーメント

量子力学によると原子内の電子の軌道角運動量は量子化されていて，軌道角運動量 $\boldsymbol{L}$ の自乗はプランク定数 h を 2π で割った定数 $\hbar$ と方位量子数 l を用いて $\boldsymbol{L}^2 = \hbar^2 l(l+1)$ である．また，磁気量子数 m_l が軌道角運動量の量子化軸方向(原子系を磁束密度場においたとき，その $\boldsymbol{B}$ の方向を z 軸とする) に射影した成分 L_z に対応し，$L_z = m_l\hbar$ である．したがって，軌道磁気モーメントの大きさは $\mu_\mathrm{e} = \dfrac{e\hbar}{2m}\sqrt{l(l+1)}$ となり，その量子化軸方向の磁気モーメントは $\mu_{\mathrm{e}z} = \dfrac{e\hbar}{2m}m_l$ である．e は電子電荷の大きさ，m は質量である．$\mu_\mathrm{B} = \dfrac{e\hbar}{2m}$ は電子の単位の磁気モーメントに当たる固有な定数で，**ボーア磁子** (Bohr magneton) とよばれ，その値は $\mu_\mathrm{B} = 9.27401 \times 10^{-24}\ \mathrm{JT^{-1}}$ である．

量子論から導かれ，また，実験で確認されているスピン磁気モーメントとスピン角運動量の関係は，軌道磁気モーメントと軌道角運動量との比例関係の式 (8.29) と係数が 2 倍だけ異なり，$\boldsymbol{\mu}_\mathrm{s} = -\dfrac{e}{m}\boldsymbol{\sigma}_\mathrm{s}$ である．また，スピン角運動量の量子化軸に関する固有値は $\sigma_{\mathrm{s}z} = \pm\dfrac{\hbar}{2}$ なので，電子スピン磁気モーメントの大きさは $\mu_{\mathrm{s}z} = \dfrac{e\hbar}{2m}$ となり，上のボーア磁子 $\mu_\mathrm{B} = \dfrac{e\hbar}{2m}$ の大きさをもつ．

9.2　磁性体を含む空間の磁束密度

外部磁場におかれて磁化した物質を含む空間の磁束密度 $\boldsymbol{B}$ と磁化 $\boldsymbol{M}$ の関係，ならびに磁化と磁化電流の関係を明らかにするために，図 9.3 のようなソレノイドコイルと物質の構成を考える．ソレノイドコイルは，単位長さ当たり n 巻き，断面積 S，長さ L で，そこに電流 I_e を流し，コイルの中心軸に沿って断面積 S_s，長さ L_s の均質な円柱状物質を挿入する．なお，$L \gg L_\mathrm{s}$ で，$S > S_\mathrm{s}$ とする．このとき，コイルを流れる伝導電流が作る磁束密度 $\boldsymbol{B}_\mathrm{e}$ は中心軸に平行で，一様な強さ $|\boldsymbol{B}_\mathrm{e}| = \mu_0 n I_\mathrm{e}$ となる．この磁束密度下で物質は $\boldsymbol{B}_\mathrm{e}$ と同じ方向に一様に磁化する．その大きさを $|\boldsymbol{M}|$ とする．ここで重要なことは，磁化された物質によって，伝導電流と同様に，新たに磁束密度 $\boldsymbol{B}_\mathrm{M}$ が作り出されることである．この磁束密度は物質側面に流れると考える磁化電流によって表現することができる．

したがって，物質中は，伝導電流による磁束密度 $\boldsymbol{B}_\mathrm{e}$ と磁化電流による $\boldsymbol{B}_\mathrm{M}$ の双

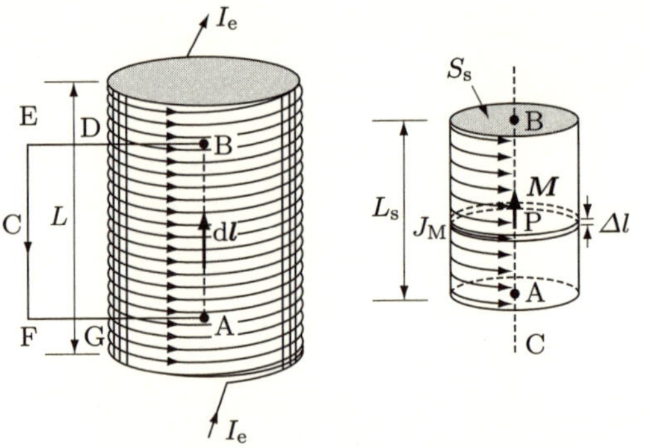

図 9.3　(a) 磁性体の分子電流と伝導電流，(b) 表面磁化電流

方の重ね合わせとなる．その磁束密度 $\boldsymbol{B}$ の周回線積分を図 9.3(a) のように，円柱内部では軸と平行に物質の一端 A から物質を通り他端 B へと向かい，そこで直角に折れて，円柱物質の表面近傍を通り，コイル面の D を突き抜け E まで進み，コイル外部のすぐそばを下に F まで下り，そこで，再び直角に折れ曲がって，コイル面の G を通りすぎ A まで戻る閉経路 C で評価しよう．コイルのすぐ外の磁束密度は 0 であり，BDE と FGA の経路は $\boldsymbol{B}$ の向きと垂直になるので，$\boldsymbol{B}$ の線積分は 0 で，結局 AB 間の経路の線積分を見積もればよいことになる．

$$\oint_{\mathrm{C}} \boldsymbol{B} \cdot \mathrm{d}\boldsymbol{l} = \int_{\mathrm{A}}^{B} \boldsymbol{B} \cdot \mathrm{d}\boldsymbol{l} = \int_{\mathrm{A}}^{B} \boldsymbol{B}_{\mathrm{e}} \cdot \mathrm{d}\boldsymbol{l} + \int_{\mathrm{A}}^{B} \boldsymbol{B}_{\mathrm{M}} \cdot \mathrm{d}\boldsymbol{l}$$
$$= \mu_0 n I_{\mathrm{e}} L_{\mathrm{s}} + \mu_0 \int_{\mathrm{A}}^{\mathrm{B}} J_{\mathrm{M}} dl = \mu_0 n I_{\mathrm{e}} L_{\mathrm{s}} + \mu_0 J_{\mathrm{M}} L_{\mathrm{s}} \qquad (9.3)$$

となる．磁束密度の経路積分はアンペールの法則を適用すると，伝導電流によるものと磁化 $\boldsymbol{M}$ による円柱の側面の表面磁化電流 J_{M} による寄与の和になる．

式 (9.3) は，磁性体を貫く経路 C の B から A の部分が直線でなく曲線経路の場合を含めて，$J_{\mathrm{M}}\mathrm{d}l = \boldsymbol{M} \cdot \mathrm{d}\boldsymbol{l}$ と一般化できる．磁性体の外部では $\boldsymbol{M} = 0$ であるから，磁性体の内外を含めた経路で，

$$\oint_{\mathrm{C}} \boldsymbol{B} \cdot \mathrm{d}\boldsymbol{l} = \mu_0 n I_{\mathrm{e}} L_{\mathrm{s}} + \mu_0 \oint_{\mathrm{C}} \boldsymbol{M} \cdot \mathrm{d}\boldsymbol{l} \qquad (9.4)$$

と表すことができる．ここで，伝導電流をあらわにすると，

$$\oint_{\mathrm{C}} (\boldsymbol{B} - \mu_0 \boldsymbol{M}) \cdot \mathrm{d}\boldsymbol{l} = \mu_0 n I_{\mathrm{e}} L_{\mathrm{s}} \qquad (9.5)$$

となる．この式の意味については，9.3 節で詳しく議論する．

◆ ▶ 不均一な磁化での磁化電流密度

さて，磁性体の内部の磁化 $\boldsymbol{M}(\boldsymbol{r})$ が一様でない場合に，式 (9.4) の第 2 項の磁化 $\boldsymbol{M}(\boldsymbol{r})$ の閉経路 C についての線積分を取り上げる．ストークスの定理を用いて経路を縁にもつ任意の曲面 S についての面積分で表すと，

$$\mu_0 \oint_{\mathrm{C}} \boldsymbol{M}(\boldsymbol{r}) \cdot \mathrm{d}\boldsymbol{l} = \mu_0 \int_{\mathrm{S}} \mathrm{rot}\, \boldsymbol{M}(\boldsymbol{r}) \cdot \mathrm{d}\boldsymbol{S} \tag{9.6}$$

となる．この関係は，任意の閉経路について成り立つ関係である．たとえば，図 9.3(a) のように磁性体からでる経路でもよいが，磁性体内部で閉じた経路でも成り立つ．この右辺の $\mathrm{rot}\, \boldsymbol{M}(\boldsymbol{r}) \cdot \mathrm{d}S$ は，磁性体内部での微小な閉経路に対する $\boldsymbol{M}(\boldsymbol{r})$ の線積分が，$\mathrm{rot}\, \boldsymbol{M}(\boldsymbol{r})$ の微小経路を縁とする微小面 $\mathrm{d}S$ の面積分に相当する．この $\mathrm{rot}\, \boldsymbol{M}(\boldsymbol{r})$ は**磁化電流密度** (magnetic current-density) $\boldsymbol{j}_{\mathrm{M}}$ [Am^{-2}] とよばれるベクトル量である．したがって，

$$\boldsymbol{j}_{\mathrm{M}}(\boldsymbol{r}) = \mathrm{rot}\, \boldsymbol{M}(\boldsymbol{r}) \tag{9.7}$$

この式から，物質の磁化 $\boldsymbol{M}(\boldsymbol{r})$ が一様なとき，$\mathrm{rot}\, \boldsymbol{M}(\boldsymbol{r})$ は位置 $\boldsymbol{r}$ に依存しないので，$\boldsymbol{J}_{\mathrm{M}} = 0$ となる．一方，物質内の磁化に不均一があると，この値は 0 ではない．このときは微小領域の周りの分子電流が打ち消されず，局所的に循環する分子電流が残ることを意味している．

例題 9.1

図 9.4 のように物質表面に対して斜め方向に磁化 $\boldsymbol{M}$ で一様に磁化した物質の表面を流れる磁化表面電流密度 $\boldsymbol{J}_{\mathrm{M}}$ は，物質の面法線ベクトルを $\boldsymbol{n}$ とすれば $\boldsymbol{J}_{\mathrm{M}} = \boldsymbol{M} \times \boldsymbol{n}$ と表されることを，式 (9.6) に基づいて示せ．

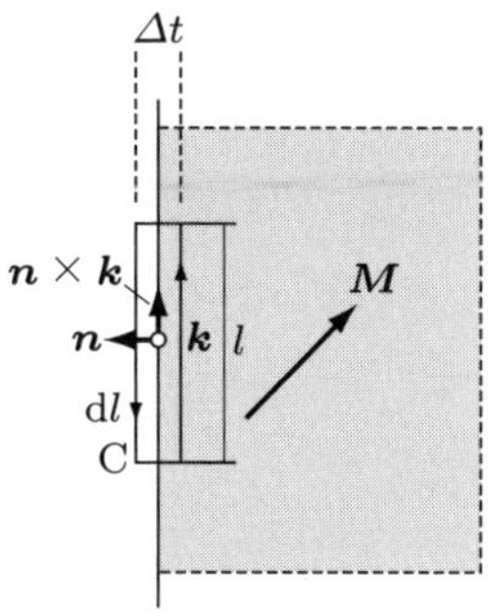

図 9.4　一様に磁化した磁性体の表面磁化電流
(磁化 $\boldsymbol{M}$ は任意な方向にあるとする)

■ **解**　いま，図 9.4 のようにある方向に $\boldsymbol{M}$ で一様に磁化した磁性体の平行境界面に着目する．物質表面の面法線 (紙面内) の単位ベクトルを $\boldsymbol{n}$，面に平行で面法線に垂直な方向 (紙面に垂直で裏から表の向き) の単位ベクトルを $\boldsymbol{k}$ とすると，導体表面のもう一方向の単位ベクトルは $\boldsymbol{n} \times \boldsymbol{k}$ である．物質表面を挟む $\boldsymbol{k}$ 方向に面の法線をもつ幅 Δt で長さ l の長方形面を考えて，式 (9.6)，(9.7) より導かれる式 $\oint_{\mathrm{C}} \boldsymbol{M} \cdot \mathrm{d}\boldsymbol{l} = \oint_{\mathrm{S}} \boldsymbol{j}_{\mathrm{M}} \cdot \mathrm{d}\boldsymbol{S}$ を適応する．物質内部では $\boldsymbol{j}_{\mathrm{M}} = 0$ であるが，物質表面での磁化の不連続性を反映して，境界近傍には体積磁化電流密度 $\boldsymbol{j}_{\mathrm{M}}$ が残り，

$$\boldsymbol{M} \cdot l(\boldsymbol{n} \times \boldsymbol{k}) = \boldsymbol{j}_{\mathrm{M}} \cdot l\Delta t\boldsymbol{k}$$

が成立する．両辺の幅 $\Delta t \to 0$ の極限は

$$\lim_{\Delta t \to 0} \boldsymbol{j}_{\mathrm{M}} \Delta t = \boldsymbol{J}_{\mathrm{M}}$$

が表面磁化電流密度を表しているので，

$$\boldsymbol{J}_{\mathrm{M}} \cdot \boldsymbol{k} = \boldsymbol{M} \cdot (\boldsymbol{n} \times \boldsymbol{k}) = \boldsymbol{k} \cdot (\boldsymbol{M} \times \boldsymbol{n})$$

この等式は表面上のどのような方向の $\boldsymbol{k}$ についても成り立つので，

$$\boldsymbol{J}_{\mathrm{M}} = \boldsymbol{M} \times \boldsymbol{n} \tag{9.8}$$

となる．

なお，表面磁化電流密度 $\boldsymbol{J}_{\mathrm{M}}$ は図 9.2(d) の場合，磁化ベクトル $\boldsymbol{M}$ が円筒物質の中心軸に平行で，表面法線ベクトル $\boldsymbol{n}$ に垂直なので，$\boldsymbol{M}$ と $\boldsymbol{n}$ のベクトル積の方向に流れる．$\boldsymbol{J}_{\mathrm{M}}$ の大きさは $|\boldsymbol{M}|$ なので，$J_{\mathrm{M}} = M$ なる表面電流が表面の縦方向の単位長さ当たりに流れていることになる．◀■

コラム

強磁性，常磁性，反磁性

磁気モーメントの大きさは，式 (8.28) のように閉電流 I と，その電流路で囲まれる表面積 S の積で表されるから，個々の原子あるいは分子の磁気モーメントは，原子内の電子の軌道運動に伴う軌道電流に起因すると考えられる．さらに，相対論的量子力学によれば，電子自身のもつ固有の**スピン磁気モーメント** $\boldsymbol{\mu}_{\mathrm{s}}$ (spin magnetic moment) があるので，その合成が原子のもつ磁気モーメントである．スピンをあえて古典的描像で扱うならば，電子の電荷が例えば球殻状に広がっており，その自転運動による円電流に伴う磁気モーメントと連想されよう．

原子間に磁気モーメントを揃えるような相互作用があれば，ある温度以下で，磁気モーメントが揃って秩序化し，物質全体として巨視的な自発磁化が生じ，**強磁性** (ferromagnetism) となる．また，磁気モーメントを反平行に揃えるような相互

作用があれば．ある温度以下で互いに反平行に磁気モーメントが並んだ**反強磁性** (antiferromagnetism) となるが，巨視的磁化をもたない．いずれの場合も，秩序化の温度以上では熱揺らぎにより，各原子の磁気モーメントの向きが無秩序となり，巨視的な磁化が生じない．この状態を，**常磁性** (paramagnetism) とよぶ．しかし，この場合，磁場の印加に伴い，これらの磁気モーメントが平均として磁場の方向に揃って，磁化が少し生じる．

反磁性 (diamagnetism) とよばれる物質では，磁場と逆方向に弱い磁化が現れる．この物質はもともと原子の合成磁気モーメントをもってはいない．しかし，軌道運動する電子に外部磁場が加わるとローレンツ力が働いて，軌道速度が影響を受けることで原子・分子には外部場と逆方向に誘起磁気双極子モーメントを生じる．この効果は弱いが必ず存在し，その結果，合成磁気モーメントが消失している物質でも，反磁性が現れる．

鉄は，伝導電子のスピン磁気モーメントが磁性を担う遍歴電子系とよばれる物質として，ある温度以下で，自発磁化が現れて強磁性を示す．しかし，温度を上げると熱運動の影響で磁気モーメントの大きさが揺らぎ，全体の磁気モーメント (自発磁化) が少しずつ減少する．さらに温度を上げるとキュリー温度とよばれる温度以上では自発磁化は 0 となる．キュリー温度は T_{C} で表す．鉄の T_{C} は 770°C である．T_{C} より高温の鉄は常磁性体となる．

同じ鉄でも磁石になる鉄，鉄釘のように普通は磁気を帯びない鉄があるが，その原因は磁区構造による．磁区とは磁気モーメントの揃った小さな体積領域のことで，強磁性となる温度範囲でも，磁区ごとに磁気モーメントの方向が異なっている．この方が磁気的エネルギーの低い状態になっているからである．外部磁場を印加するとそれぞれの磁区の磁化が外場の方向に揃って単磁区となり，全体として大きな磁化をもつ．その後，外場を 0 にしても残留磁化が残ることもある．残留磁化が大きいときは永久磁石，ほとんど残らない釘のようなときは軟鉄とよばれる．一般に鉄に不純物を入れると，磁区が動き難くなり，残留磁化が大きくなるといわれている，

9.3　磁場：H 場と磁場に対する物質の応答

磁場 $\boldsymbol{H}$ と磁束密度場 $\boldsymbol{B}$

前節で伝導電流と磁化による分子電流が作り出す磁束密度 $\boldsymbol{B}$ をアンペールの法則より調べた．伝導電流が作る場を特徴付けるために，新しいベクトル量 $\boldsymbol{H}$ を導入する．等式

$$\boldsymbol{H}(\boldsymbol{r}) = \frac{(\boldsymbol{B}(\boldsymbol{r}) - \mu_0 \boldsymbol{M}(\boldsymbol{r}))}{\mu_0} \equiv \frac{1}{\mu_0}\boldsymbol{B}(\boldsymbol{r}) - \boldsymbol{M}(\boldsymbol{r}) \tag{9.9}$$

で定義される量を**磁場** (magnetic field) または $\boldsymbol{H}$ 場とよぶ．

この $\boldsymbol{H}$ に対する 線積分を考える．閉経路 C に取り囲まれる伝導電流の和をまとめて I と表せば，$\boldsymbol{H}$ に対するアンペールの法則は式 (9.5) を用いて，

$$\oint_{\mathrm{C}} \boldsymbol{H}(\boldsymbol{r}) \cdot \mathrm{d}\boldsymbol{l} = I \tag{9.10}$$

となって，$\boldsymbol{H}$ の磁性体を通り抜ける経路 C に沿った線積分は，**伝導電流** (conduction current) のみによって決まり，磁化による分子電流と無関係であることがわかる．

物質が存在しない $\boldsymbol{M} = 0$ の空間では，真空の透磁率 μ_0 を比例定数として磁場 $\boldsymbol{H}$ は $\boldsymbol{B}$ 場と

$$\boldsymbol{B}(\boldsymbol{r}) = \mu_0 \boldsymbol{H}(\boldsymbol{r}) \tag{9.11}$$

の比例関係にある．ただし，μ_0 は次元をもつので，$\boldsymbol{H}$ と $\boldsymbol{B}$ の次元は同じではない．

伝導電流が空間に電流密度 $\boldsymbol{j}(\boldsymbol{r})$ で広がりをもって流れている場合は，経路 C で囲まれた曲面を S とするとき，

$$\oint_{\mathrm{C}} \boldsymbol{H}(\boldsymbol{r}) \cdot \mathrm{d}\boldsymbol{l} = \int_{\mathrm{S}} \boldsymbol{j}(\boldsymbol{r}) \cdot \mathrm{d}\boldsymbol{S} \tag{9.12}$$

で表せる．また，ストークス定理より式 (9.12) の左辺を書き直し $\oint_{\mathrm{C}} \boldsymbol{H}(\boldsymbol{r}) \cdot \mathrm{d}\boldsymbol{l} = \int_{\mathrm{S}} \mathrm{rot}\, \boldsymbol{H}(\boldsymbol{r}) \cdot \mathrm{d}\boldsymbol{S}$ とすると，微分形関係式の表現は

$$\mathrm{rot}\, \boldsymbol{H}(\boldsymbol{r}) = \boldsymbol{j}(\boldsymbol{r}) \tag{9.13}$$

となる．両辺に μ_0 をかければ式 (8.50) と同じになる．

▶ 磁気感受率・透磁率

次に外部磁場に対する物質の磁性としての応答を確かめよう．永久磁石を除く一般の物質では，伝導電流により磁束密度場が作り出され，その場により物質が磁化をもつことである．しかも，自身が磁化して生じた磁束密度場の影響を受けないので，**磁化は磁束密度場 ($\boldsymbol{B}$ 場) ではなく，磁場 ($\boldsymbol{H}$ 場) によって決まる**ことは重要である (9.4 節でその理由が明らかになる)．常磁性体のように，磁場がないときに磁化が 0 となる物質では，一般に磁化 $\boldsymbol{M}$ が磁場 $\boldsymbol{H}$ に比例すると考えてよい．したがって，比例係数を χ_{m} として

$$\boldsymbol{M}(\boldsymbol{r}) = \chi_{\mathrm{m}} \boldsymbol{H}(\boldsymbol{r}) \tag{9.14}$$

と表せる．比例係数 χ_{m} は**磁気感受率** (magnetic susceptibility) とよばれ，物質に固有なテンソル量である．磁気感受率が磁場の方向によらない物質を等方的な物質

という[1)]．磁性体の内部の磁場 $\boldsymbol{H}$ は上式を用いて書き換えると，

$$\boldsymbol{H}(\boldsymbol{r}) = \frac{1}{\mu_0}\boldsymbol{B}(\boldsymbol{r}) - \boldsymbol{M}(\boldsymbol{r}) = \frac{1}{\mu_0}\boldsymbol{B}(\boldsymbol{r}) - \chi_{\mathrm{m}}\boldsymbol{H}(\boldsymbol{r})$$

であるから，この式を書き換えると，

$$\boldsymbol{B}(\boldsymbol{r}) = \mu_0(1 + \chi_{\mathrm{m}})\boldsymbol{H}(\boldsymbol{r}) \tag{9.15}$$

となる．ここで，$\boldsymbol{H}$ の比例定数を物質の**透磁率** (magnetic permeability) といい，定数 μ を用いる．物質の内部での磁場 $\boldsymbol{H}$ と磁束密度 $\boldsymbol{B}$ の関係は，

$$\boldsymbol{B}(\boldsymbol{r}) = \mu\boldsymbol{H}(\boldsymbol{r}) \tag{9.16}$$

と表せる．式 (9.15) より

$$\mu = \mu_0(1 + \chi_{\mathrm{m}}) \tag{9.17}$$

である．また．$\mu_{\mathrm{r}} = \mu/\mu_0 = 1 + \chi_{\mathrm{m}}$ は**比透磁率** (specific permeability) とよばれ，真空の透磁率に対する物質の透磁率の比である．なお，真空の磁気感受率 χ_{m} は 0 であるが，常磁性体は正，反磁性体では負である．

[問題 1] 単位長さ当たり n 巻きのソレノイドコイルがあり，電流 I が流れている．コイルの中の磁場の大きさ H，磁束密度の大きさ B を求めよ．

[問題 2] 磁気感受率 χ_{m} の鉄を上記のコイルに挿入する．このときの H と B を示せ．

9.4 永久磁石による磁場 H

永久磁石 (permanent magnet) は，おかれた空間に伝導電流が流れていなくとも，すなわち外部磁場が 0 でも自発磁化をもつため，式 (9.14) のように磁化 $\boldsymbol{M}$ が磁場 $\boldsymbol{H}$ に比例するわけではない．そこで式 (9.9) に基づいて，永久磁石による $\boldsymbol{H}$ 場と $\boldsymbol{B}$ 場の関係を，一様な磁化 $\boldsymbol{M}$ をもつ円筒状の永久磁石で検討しよう．

先ず，永久磁石内外の $\boldsymbol{B}$ 場は，中心軸を通る断面上で磁束線を描くと，図 9.5(a) のようになる．磁石の側面には表面磁化電流 (分子電流) が流れているとみなすので，磁石の円筒面に巻かれたコイルに流れる等価な定常電流が周囲に作る磁束密度と同じで，磁性体内部では，$\boldsymbol{B}$ は左端から右端へと向かい，外部では，右端から左端に流れて磁束線は閉じている．

---

1) 真空中では $\boldsymbol{B} = \mu_0\boldsymbol{H}$ であるから，$\boldsymbol{B}$ と $\boldsymbol{H}$ は方向は同じで，$\boldsymbol{M}$ が $\boldsymbol{B}$ または $\boldsymbol{H}$ に比例しても，χ_{m} は単に係数の違いのように思われる．しかし，次節で示すように，磁性体内では，磁化により生じた両極の磁荷により $\boldsymbol{H}$ 場が生じ，一般に外部磁場 $\boldsymbol{B}$ とは逆向きとなるので，どちらに比例するかで，おおきな違いが生じる．

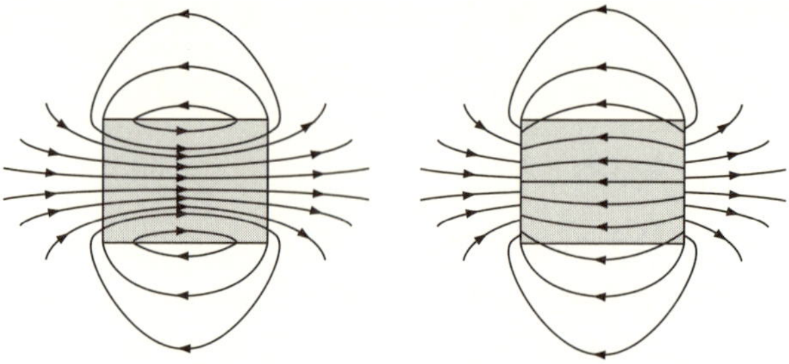

(a)　　(b)

図 9.5　永久磁石を含む空間における：(a) 磁束線 $\boldsymbol{B}$，(b) 磁力線 $\boldsymbol{H}$

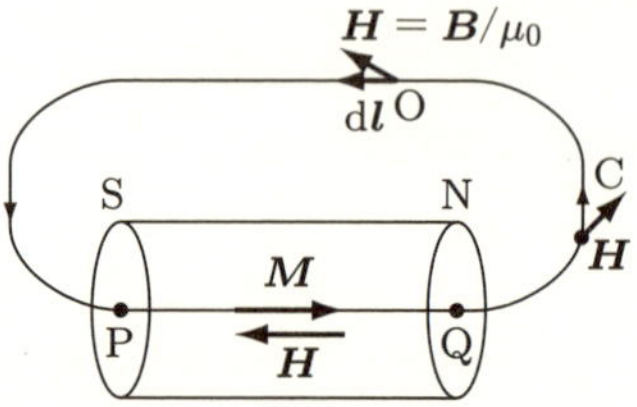

図 9.6　永久磁石を含む積分経路 C (QOPQ) についての $\boldsymbol{H}$ の線積分

次に，永久磁石によって生じる磁場 $\boldsymbol{H}$ と磁力線の様子を考えてみよう．そのため，図 9.6 のように，永久磁石の $\boldsymbol{H}$ に関する周積分を磁石の内部を通って外の空間を一巡する経路 C (QOPQ) に沿って行う．線積分の向きは，磁性体内部では磁化 $\boldsymbol{M}$ の向きとする．伝導電流が流れていないとき，アンペールの法則の式 (9.10) より，この経路の周積分は $\oint_{\mathrm{C}} \boldsymbol{H} \cdot \mathrm{d}\boldsymbol{l} = 0$ である．したがって，この積分を磁性体の外部と内部に分ければ，積分値は互いに符号が逆になる．磁性体外では $\boldsymbol{M} = 0$ であり，積分経路を $\boldsymbol{B}$ に沿ってとれば，$\boldsymbol{H}$ は $\boldsymbol{B}$ と同じ方向であるから，外部の線積分は正になる．すなわち，磁性体内部の $\boldsymbol{H}$ の線積分は負となるべきで，磁性体内部の $\boldsymbol{H}$ は，少なくとも一部分は積分方向と逆向き，つまり，内部の $\boldsymbol{B}$ に対し逆向きとなる部分のあることが示唆される．外部磁場がなく，磁化 $\boldsymbol{M}$ の磁性体が十分長く，端から離れたときは，磁性体内部で $\boldsymbol{B} = \mu_0 \boldsymbol{M}$ である．$\boldsymbol{H}$ の定義式 $\boldsymbol{H} = \boldsymbol{B}/\mu_0 - \boldsymbol{M}$ に代入すれば，$\boldsymbol{H} = 0$ となる．これは前述の予測と矛盾している．実は磁性体の長さが無限に長いときは，磁性体内の磁場が 0 になるのは正しい．しかし，有限の長さのときは正しくない．仮に磁化が一様でも，特に端付近の $\boldsymbol{B}$ の方向は軸に対して開いており，内部の $\boldsymbol{B}$ と比べやや弱くなっており，

$\boldsymbol{H} = \boldsymbol{B}/\mu_0 - \boldsymbol{M} < 0$ となっている．よって，図 9.6(b) のように，$\boldsymbol{H}$ 場については，$\boldsymbol{M}$ が 0 の磁石の外では $\boldsymbol{H} = \boldsymbol{B}/\mu_0$ となり，$\boldsymbol{B}$ と同じ向きになっている．しかし，磁石の内部では，$\boldsymbol{H}$ は $\boldsymbol{B}$ と方向が反対になっており，右端から左端に流れていることがわかる．

これらの考察から，永久磁石の磁場 $\boldsymbol{H}$ は湧き出し口から出て，吸い込み口に入るものとみなせる．後で述べるように湧き出し側の端面は N 極，吸い込み側の端面は S 極に対応する．

▶ 磁性体の端付近の磁場

ここで，この磁性体の端の付近の磁場を詳しく調べてみよう．まず，磁石の N 極部分で $\boldsymbol{H}$ 場の面積分を考える．いま図 9.7(a) のように N 極を含む薄い円盤型の閉曲面 S をとる．式 (8.34) あるいは式 (8.35) の $\boldsymbol{B}$ 場に関するガウスの法則から $\oint_{\mathrm{S}} \boldsymbol{B} \cdot \mathrm{d}\boldsymbol{S} = 0$ は必ず成立するため，式 (9.9) より，

$$\oint_{\mathrm{S}} \boldsymbol{H} \cdot \mathrm{d}\boldsymbol{S} = \frac{1}{\mu_0} \oint_{\mathrm{S}} \boldsymbol{B} \cdot \mathrm{d}\boldsymbol{S} - \oint_{\mathrm{S}} \boldsymbol{M} \cdot \mathrm{d}\boldsymbol{S} = -\int_{\mathrm{S}_1} \boldsymbol{M} \cdot \mathrm{d}\boldsymbol{S} - \int_{\mathrm{S}_2} \boldsymbol{M} \cdot \mathrm{d}\boldsymbol{S}$$

となる．$\boldsymbol{M}$ の積分では，側面では面の垂線と $\boldsymbol{M}$ とは垂直であるからその寄与はない．S_2 面は真空で $\boldsymbol{M} = 0$ なので，S_1 面だけの寄与となる．すなわち，S_1 面の断面積を A とすれば，$\boldsymbol{M}$ ベクトルの方向と S_1 の面積素片ベクトルの方向は逆なので，上の式の右辺の負符号は打ち消されて，MA となる．また S_1 と S_2 での $\boldsymbol{H}$ 場の軸成分の値を H_1, H_2 とすれば，$-H_1A + H_2A = MA$ より，

$$-H_1 + H_2 = M \tag{9.18}$$

となる．

さらに，$\boldsymbol{H}$ 場の周回線積分の経路を図 9.7(b) のように長方形 ABCDA ととる．AB は磁性体の軸と平行で，長さ $2\Delta l$，BC と DA は軸に垂直，CD は軸に平行で磁

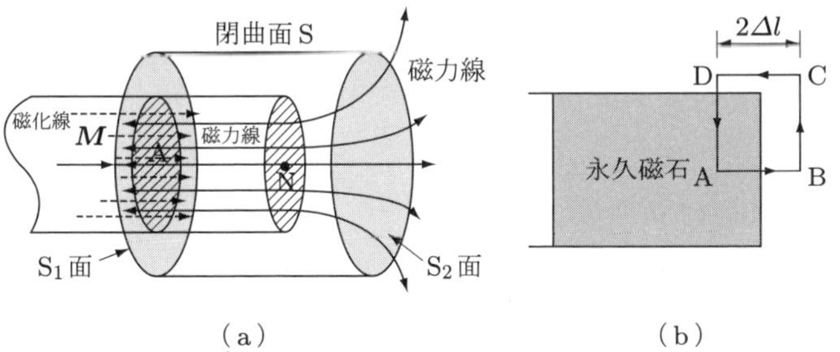

図 9.7 (a) 永久磁石を一端含む薄い円盤型の閉曲面 S についての磁場の面積分，(b) 磁石の一端を含む長方形 ABCDA の閉経路についての磁場の線積分

性体の外, すぐそばを通る．$\boldsymbol{B}$ と $\boldsymbol{M}$ は軸に平行であり，したがって，$\boldsymbol{H}$ も平行で積分路 BC と DA では $\boldsymbol{H}$ と直交するので，積分は 0，ついで CD 上では $\boldsymbol{B} = \boldsymbol{M} = 0$ となるから，この経路の寄与も 0 となる．したがって，経路 AB においての寄与のみとなる．伝導電流がないときには，この周積分は式 (9.10) より，0 となるから，$H_1 \Delta l + H_2 \Delta l = 0$ となるので，

$$H_1 = -H_2. \tag{9.19}$$

式 (9.18) に代入して

$$H_1 = -\frac{M}{2}, \quad H_2 = \frac{M}{2} \tag{9.20}$$

が得られる．したがって，磁性体内部と外部では，磁場の方向が逆になっている．特に磁性体の右端付近での内部の磁場 $\boldsymbol{H}$ は磁化 $\boldsymbol{M}$ の方向と逆，つまり $\boldsymbol{B}$ の方向と逆になっている．この式は，誘電体の分極の大きさが P のとき，それに垂直な正の端面に誘起された電荷密度 $\sigma = P$ と，誘起電荷による電場は電荷の左右で逆符号で，$E = \pm\sigma/2\varepsilon_0 = \pm P/2\varepsilon_0$ になることを思い起こしてみよう．したがって，永久磁石の右端付近の磁場 $\boldsymbol{H}$ は，正の磁荷密度が存在することを仮定した立場から意味づけが可能である．式 (9.20) の $H = \pm M/2$ は，磁石の右端は表面密度

$$\sigma_{\mathrm{m}} = \mu_0 M \tag{9.21}$$

の**磁荷**が存在することにより，磁場が生じると解釈できる．つまり，右端が $\boldsymbol{H}$ の湧き出し口となる．これが N 極である．一方，左端では，負の磁荷が現れ，磁場の吸い込み口となる．これが S 極である．方位磁針は微小な永久磁石であり，地球磁場に沿って北極を向く側の極は N 極，南極を向く側の極は S 極と定義されている．

外部磁場中の磁性体内部の $\boldsymbol{H}$ は外部磁場 $\boldsymbol{B}$ による $\boldsymbol{H}_{\mathrm{e}}$ のほかに，両極の磁荷による $\boldsymbol{H}_{\mathrm{d}}$ のベクトル和になる．$\boldsymbol{H}_{\mathrm{d}}$ は一般に $\boldsymbol{H}_{\mathrm{e}}$ と逆向きとなるので，**反磁場**と呼ばれている．この係数の大きさは磁性体の形により異なるのは，誘電体の反電場係数と同様である．磁性体が針状でその方向に磁化するときは小さく，板状では大きくなる．そのため，永久磁石で自発磁化を大きく保つには針状が有利になり，板状では不利である．

▶ 磁荷による磁場 $\boldsymbol{H}$ の生成

磁荷の体積密度を $\rho_{\mathrm{m}}(\boldsymbol{r})$ とすれば，

$$\operatorname{div} \boldsymbol{H}(\boldsymbol{r}) = \frac{\rho_{\mathrm{m}}(\boldsymbol{r})}{\mu_0} \tag{9.22}$$

のガウスの法則を満たす．また，式 (9.9) より，$\operatorname{div} \boldsymbol{B} = 0$ なので，

$$\mathrm{div}\,\boldsymbol{M}(\boldsymbol{r}) = -\rho_{\mathrm{m}}(\boldsymbol{r}) \tag{9.23}$$

でもある．この式は電荷密度 $\rho(r)$ のあるときの $\mathrm{div}\,\boldsymbol{E}(\boldsymbol{r}) = \rho(\boldsymbol{r})/\varepsilon_0$ に対応する．

磁束密度場 $\boldsymbol{B}$ では，湧き出し口も吸い込み口も存在しないが，磁場 $\boldsymbol{H}$ では，磁極がその役割りをしていることが重要な違いである．また，磁場の湧き出しと吸い込みは常に対となって現れ，その強さも同じなので，両者を含む閉曲面 S での $\boldsymbol{H}$ の面積分は $\oint_{\mathrm{S}} \boldsymbol{H}\cdot \mathrm{d}\boldsymbol{S} = \int_{\mathrm{V}} \mathrm{div}\,\boldsymbol{H}\,\mathrm{d}V = 0$ となる．

▶ 磁荷の間に働く力

真空中に点磁荷 q_{m} が存在するとき，点磁荷から位置ベクトル $\boldsymbol{r}$ 離れた位置の磁場 $\boldsymbol{H}$ は

$$\boldsymbol{H}(\boldsymbol{r}) = \frac{q_{\mathrm{m}}\boldsymbol{r}}{4\pi\mu_0 r^3} \tag{9.24}$$

で与えられることになる．q_{m} の単位は [NA^{-1}m] となるが，磁束の単位と等しく，[Wb] となる．

磁場 $\boldsymbol{H}$ 中の位置 $\boldsymbol{r}$ に磁荷 q_m があるときに，磁荷に働く力 $\boldsymbol{F}$ は $\boldsymbol{B}(\boldsymbol{r})$ に比例するのではなく，$\boldsymbol{H}(\boldsymbol{r})$ に比例して

$$\boldsymbol{F}(\boldsymbol{r}) = q_{\mathrm{m}}\boldsymbol{H}(\boldsymbol{r}) \tag{9.25}$$

で与えられる．単位の磁荷に働く力から，磁場の大きさが決まる．したがって，真空中に点磁荷 q_{m1} と q_{m2} が，それぞれ $\boldsymbol{r}_1$，$\boldsymbol{r}_2$ の位置にあるとき，両者の間に働く力は

$$\boldsymbol{F}_{12} = -\boldsymbol{F}_{21} = \left(\frac{1}{4\pi\mu_0}\right)\frac{q_{\mathrm{m1}}q_{\mathrm{m2}}(\boldsymbol{r}_1 - \boldsymbol{r}_2)}{|\boldsymbol{r}_1 - \boldsymbol{r}_2|^3} \tag{9.26}$$

となる．この式は**磁荷に対するクーロンの法則**とよばれる．逆に，この法則を第一原理に据えれば，磁場に対するガウスの法則も導くことができる．

第 8 章で触れたように，真空中での磁束密度は $\boldsymbol{B} = \mu_0\boldsymbol{H}$ であるから，磁場 $\boldsymbol{H}$ 中の長さ l の電流 I に作用するアンペール力は，長さをベクトル $\boldsymbol{l}$ で表して

$$\boldsymbol{F} = \mu_0 I\boldsymbol{l} \times \boldsymbol{H} \tag{9.27}$$

となる．また，同章の 8.3 節で扱ったように，磁気双極子モーメントは，磁荷の間のベクトルを $\boldsymbol{d}$ とすれば，$\boldsymbol{p}_{\mathrm{m}} = q_{\mathrm{m}}\boldsymbol{d}$ と表される．一方，微小電流ループの磁気モーメントは $\boldsymbol{M} = I\Delta\boldsymbol{S}$ と表され，この両者の関係は

$$\boldsymbol{M} = \frac{\boldsymbol{p}_{\mathrm{m}}}{\mu_0} \tag{9.28}$$

となる．

このように正および負の**単磁荷 (極)**(magnetic mono-pole) の存在を仮定すれば，静磁気に関する諸法則は，電荷に関するクーロンの法則から導かれる静電気現象と等価な記述ができ，電気と磁気の表現の対応はよくなる．実際，電磁気学の教科書の中には，磁気現象に関し，$\boldsymbol{E}$–$\boldsymbol{H}$ 対応とよばれる磁荷が湧き出し口となる磁場 $\boldsymbol{H}$ をはじめにすえる記述もある．しかし，これまでに単磁荷の存在は確かめられていないので，そのような立場はわかり易いが，あくまで便宜的な取り扱いといえる．

本書の立場は伝導電流と分子電流が生成する磁束密度 $\boldsymbol{B}$ が，真電荷と分極電荷が湧き出し口となる電場 $\boldsymbol{E}$ と対応している．このような方式は $\boldsymbol{E}$–$\boldsymbol{B}$ 対応とよばれる．

演習問題

1. アンペール力の表現では磁束密度 $\boldsymbol{B} = \mu_0 \boldsymbol{H}$ の単位はテスラ [T] と定義される．他方，磁極 (磁荷) の単位としてウエーバー [Wb] を用いたとき，磁束密度の単位は [Wb·m^{-2}] である．しかし，両者は同じ物理量である．

   (i) [T] を [N], [A], [m] を用いて表せ．
   (ii) [Wb] を [N], [A], [m] を用いて表せ．
   (iii) 真空の透磁率 μ_0 の単位を [N], [A] を用いて表せ．
   (iv) 磁場 H の単位を [m], [A] を用いて表せ．

2. 磁場中の透磁率 μ_1 と μ_2 をもつ磁性体 1 と 2 の境界面で，磁束密度と磁場に関し成り立つ，次の境界条件を示せ．

$$B_{1n} = B_{2n}, \quad H_{1t} = H_{2t}, \quad \frac{\tan\theta_1}{\tan\theta_2} = \frac{\mu_1}{\mu_2}$$

   ただし，磁性体 1 から 2 へ進入する磁束線の境界面の法線軸に対する入射角を θ_1，屈折角を θ_2 とし，B_{1n}, B_{2n} は面法線成分の磁束密度，H_{1t}, H_{2t} は接線成分の磁場の強さを表す．

3. 第 8 章例題 8.7 の半径 a の直線導線に定常電流 I が一様に流れているときに導線内外にできる磁場を式 (9.13) を適応して偏微分方程式の解として求めよ．

4. 地磁気は図 9.8(a) のように地球磁石の S 極から N 極へ向かう地球の中心にある磁気モーメント $\boldsymbol{m}$ の磁気双極子によって生じているものとして，N 極からの方位角が θ の位置の地表における磁場の動径 r 成分，方位角 θ 成分 (H_r, H_θ)，伏角とよばれる磁力線と水平線のなす角度 ξ を，それぞれ求めよ．なお，北半球 ($\theta > 90^\circ$) では ξ は負となり，図 9.8(b) のようにある地点の地磁気ベクトルは水平面から地表面へ向かって差し込む方向をとる．

5. 地球が一様に磁化した球であるとする．赤道における磁場の強さが $H = 30\ \mathrm{Am^{-1}}$ とすると，地球の平均磁化 M はどれだけか．ただし，地理学的な極と地磁気の極のずれは無視してよい．

6. 物質の磁化が必ずしも一様でない場合，物質内部で局所的な環状の磁化電流の流れがある．位置ベクトル $\boldsymbol{r}$ の点に流れる磁化電流密度を $\boldsymbol{j}_{\mathrm{M}}(\boldsymbol{r})$ とすると，物質の磁化 $\boldsymbol{M}(\boldsymbol{r})$ は，前章の式 (8.28) との関連から，$\boldsymbol{j}_{\mathrm{M}}$ を用いて，

$$\boldsymbol{M}(\boldsymbol{r}) = \frac{1}{2}(\boldsymbol{r} \times \boldsymbol{j}_{\mathrm{M}}) \tag{9.29}$$

のように，$\boldsymbol{r}$ に対する $\boldsymbol{j}_{\mathrm{M}}(\boldsymbol{r})$ の外積の 1 次モーメントに 1/2 を乗じた物理量で表せる．$\boldsymbol{j}_{\mathrm{M}} = \mathrm{rot}\,\boldsymbol{M}$ の関係を用い，$(1/2)(\boldsymbol{r} \times \mathrm{rot}\,\boldsymbol{M})$ を物質全体の体積領域 V について積分すると，ベクトル演算の結果，

$$\int_{\mathrm{V}} \frac{1}{2}(\boldsymbol{r} \times \boldsymbol{j}_{\mathrm{M}})\mathrm{d}V = \int_{\mathrm{V}} \boldsymbol{M}(\boldsymbol{r})\mathrm{d}V \tag{9.30}$$

となることを示せ．すなわち，一般に式 (9.29) の $\boldsymbol{M}(\boldsymbol{r})$ が磁化ベクトル (体積密度) を表していることがわかる．

コラム

地磁気

1600 年にギルバートは地球は大きな磁石であると唱えた．方位針 (コンパス) が地球の南北を指すことは地球の磁石が作る磁場の磁力線に沿って方位針が配向する結果である．磁場は地球の内部から，地球を取り巻く外部空間の数百 km にもわたって存在する．地球は図 9.8 のような巨大な棒磁石でモデル化できる．しかし，地球磁石の正磁極 (N 極) である南極および負磁極 (S 極) である北極に当たる磁極は，それぞれ，地球自転軸の地理学的南極および北極からわずかにずれている．地球表面のある点での**地磁気** (geomagnetism) の磁場ベクトルについて，水平成分を**水平分力**，北からのずれを**偏角**，水平方向からのずれを**伏角**とよぶ．これらを**地磁気要素** (elements of terrestrial magnetism) という．千葉県館山の偏角は $6°24'$，伏角は $47°35'$，水平分力は約 30500 nT である．地磁気の起源は十分にわかっていないが，地球の深い内部にある荷電物質の運動に伴った内部電流によるとする説が受け入れられている．地球内部の鉄化合物のような磁性物質の大きな塊に起因するとする説は，地球内部は考えられる強磁性鉱物のキュリー温度よりも非常に高温のため考えにくい．また，地磁気は一定不変でなく周期的にも，また，不規則にも時間変化していて，変動の時間スケールは ms から 10 億年にわたっている．その理由も未だ十分に解き明かされていない．しかし，1 年以下の短い時間スケールの変動は電離層などの高層大気中に流

れる電流に，数十年以上のゆっくりした変動は地球内部に流れる環状電流に起因するものとされている．

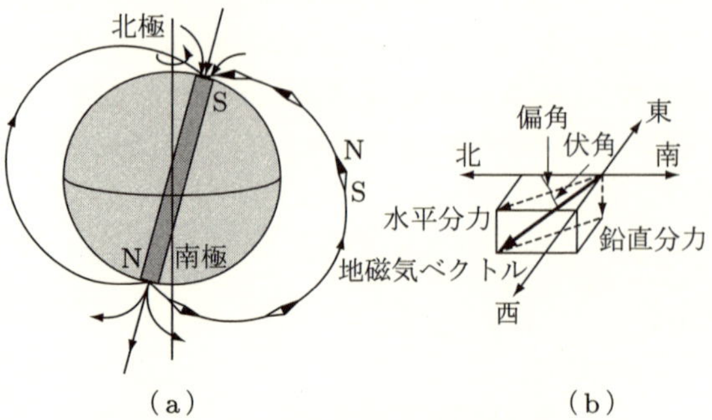

図 9.8　(a) 地球磁場，(b) 地磁気要素

第 10 章

電磁誘導

これまでは，電荷が作る電場 $\boldsymbol{E}$ や定常電流が作る磁束密度 $\boldsymbol{B}$ のようにそれぞれの場の源が時間変化しない静的電場，静的磁場を扱った．これらの場合，それぞれは独立した場であった．しかし，コイルに流れる電流が時間的に変化すると外部の磁場が時間変化するだけでなく，電場を誘起する．そのため，電場と磁場を独立に扱うことができなくなる．ここでは，磁束密度が時間変化すると電場を生じる電磁誘導現象について考える．最後に，コイルのインダクタンスと磁気エネルギーについて述べる．

10.1 電磁誘導現象

電流によって磁場が作られることが，エルステッドにより発見されると，逆に磁場から電流を発生させようとする試みがなされた．しかし，これはなかなか実現しなかった．ファラデーはコイルを貫く磁場が変化するさいに，コイルに電流が流れることを発見し，磁場の強さではなく，磁場を時間変化させることが重要であることを明らかにした．このような磁場の変動によって起電力が生じる現象を**電磁誘導** (electromagnetic induction) という．図 10.1(a) のように電流が流れるソレノイドあるいは磁石の作る磁束密度場の中に検流計 (galvanometer) をつないだループ・コイルをおくと，ファラデーが見出したように，

(1) 電流をソレノイドに流した瞬間，あるいは流れている電流を遮断した瞬間，また，電流を時間変化させているとき
(2) 電流が流れているソレノイドあるいは磁石を固定してループを移動させたとき
(3) ループを固定し電流が流れているソレノイドあるいは磁石を移動させたとき

ループに起電力が生じて電流が流れることが検流計で確かめられる．これらの実験結果を，レンツは**レンツの法則** (Lenz's law) として，「**ループコイルに誘導される起電力はループを縁とする曲面を貫く磁束の変化の大きさに比例し，その起電力に**

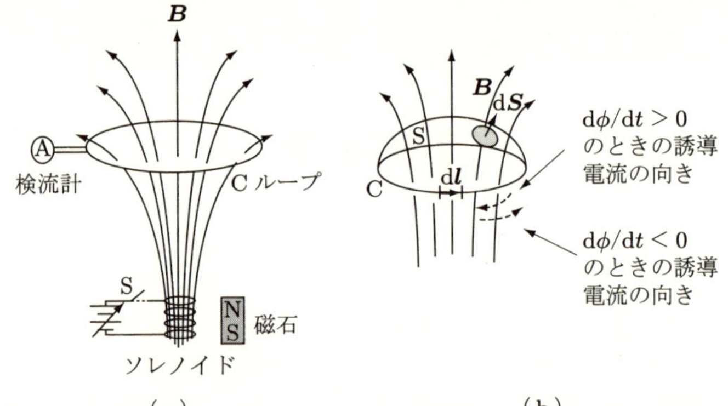

図 10.1 電磁誘導現象：(a) ループに切れ込みを入れて検流計につなぐ，(b) ループ面を貫く磁束の時間変化率と誘導電流の向き

よって流れる電流の向きは磁束の変化を妨げる向きである」とまとめた．この法則はノイマンにより定式化され，**誘導起電力** (induced electromotive force) V_{i} は図10.1(b) のコイルを縁にもつ曲面 S を貫く磁束

$$\Phi(t) = \int_{\mathrm{S}} \boldsymbol{B}(\boldsymbol{r}, t) \cdot \mathrm{d}\boldsymbol{S}$$

の時間変化率の負号に比例し，

$$V_{\mathrm{i}}(t) = -k\frac{\mathrm{d}\Phi(t)}{\mathrm{d}t} \tag{10.1}$$

と表される．すなわち，磁束 Φ が増大するときは**誘導電流** (induced current) が磁束の変化を抑える向きにループの導線を流れ，磁束 Φ が減少するときはその向きは逆に流れる．なお，第8章8.5節で示したとおり，ループ C を貫く磁束 $\Phi = \int_{\mathrm{S}} \boldsymbol{B} \cdot \mathrm{d}\boldsymbol{S}$ は C を縁に張る半曲面 S の取り方によらず一義的に定まる．磁束の単位を Wb とすれば，$k = 1$ となり，一巻きコイルを貫く磁束が時間変化が 1 Wb/s となるとき，コイルに 1 V の起電力 V_{i} が誘起される．したがって，[Wb]=[Vs] である．また，[Wb] は磁束密度の単位 [T] を用いると，[Wb]=[Tm^2] である．

レンツの法則は上の (2)，(3) の場合，ループコイル，あるいはソレノイド (磁石) のどちらが動いても，磁束の変化量が同じならば生じる起電力は同じで，両者の相対速度で決まることを示している．また，この法則には，一様な磁束密度の中でループコイルが変形してコイルを貫く磁束が変化して起電力が生じる場合も含まれる．

さて，閉じた導線に電流が流れることは，導線に沿ってある時刻 t に局所的な電場 $\boldsymbol{E}_{\rm i}(\boldsymbol{r}, t)$ が生じて，その電場により導線内の自由電子が力を受けて移動することを示唆している．なお，電場の変数 $\boldsymbol{r}$ はループ C 上の位置座標である．この電場は**誘導電場** (inductive electric field) とよばれる．誘導起電力は仮に C のどこで切断を入れてもその両端は同じ値を示す．このとき，C に沿った微小変位を $\mathrm{d}\boldsymbol{l}$ とすると，誘導起電力は C に沿った誘導電場の周積分は

$$V_{\rm i}(t) = \oint_{\rm C} \boldsymbol{E}_{\rm i}(\boldsymbol{r}, t) \cdot \mathrm{d}\boldsymbol{l} \tag{10.2}$$

である．図 10.1(b) において，$\mathrm{d}\boldsymbol{l}$ の向きは C を回るときに右ネジが進む向きと半曲面 S の面法線の向きが同じとなるようにとる．そのようにして式 (10.2) の誘導電場の周積分は

$$\oint_{\rm C} \boldsymbol{E}_{\rm i}(\boldsymbol{r}, t) \cdot \mathrm{d}\boldsymbol{l} = -\frac{\mathrm{d}\Phi(t)}{\mathrm{d}t} = -\frac{\mathrm{d}}{\mathrm{d}t}\int_{\rm S} \boldsymbol{B}(\boldsymbol{r}, t) \cdot \mathrm{d}\boldsymbol{S} = -\int_{\rm S} \frac{\partial}{\partial t}\boldsymbol{B}(\boldsymbol{r}, t) \cdot \mathrm{d}\boldsymbol{S} \tag{10.3}$$

と表される．

静止電荷が作るクーロン電場が電位の勾配

$$\boldsymbol{E}_{\rm c} = -\operatorname{grad}\phi$$

として表され，経路 C に沿った電場の周積分が

$$\oint_{\rm C} \boldsymbol{E}_{\rm c} \cdot \mathrm{d}\boldsymbol{l} = 0 \quad (\mathrm{rot}\, \boldsymbol{E}_{\rm c} = 0)$$

となる「渦のない場」なのに対して，誘導電場 $\boldsymbol{E}_{\rm i}$ は，このように一周積分が値をもつため，**渦のある場** (rotational field) であり，クーロン電場 $\boldsymbol{E}_{\rm c}(\boldsymbol{r})$ とはまったく異なる起源をもつ．

いま，クーロン 電場 $\boldsymbol{E}_{\rm c}$ と誘導電場 $\boldsymbol{E}_{\rm i}$ が共存するときを考える．その空間の電場 $\boldsymbol{E} = \boldsymbol{E}_{\rm c} + \boldsymbol{E}_{\rm i}$ を 1 つの閉経路 C について周積分すると，

$$\oint_{\rm C} \boldsymbol{E} \cdot \mathrm{d}\boldsymbol{l} = \oint_{\rm C} \boldsymbol{E}_{\rm c} \cdot \mathrm{d}\boldsymbol{l} + \oint_{\rm C} \boldsymbol{E}_{\rm i} \cdot \mathrm{d}\boldsymbol{l} = -\int_{\rm S} \frac{\partial}{\partial t}\boldsymbol{B} \cdot \mathrm{d}\boldsymbol{S} \tag{10.4}$$

となり，誘導電場の線積分のみが経路 C で囲まれた面 S を貫く磁束の時間変化と関連する．このように「渦のある電場」は，本質的に時間的に変動する場である．式 (10.4) は**ファラデーの電磁誘導の法則** (Faraday's law of electromagnetic induction) とよばれる．ここで重要なことは，電磁誘導を確かめるときに用いられる導線の回路がなくとも，磁束が変化すると誘導電場が空間に生じていて，そこに電荷があれば力が働くことである．

式 (10.4) の左辺にストークスの定理を用いると，

$$\oint_{\mathrm{C}} \boldsymbol{E} \cdot \mathrm{d}\boldsymbol{l} = \int_{\mathrm{S}} \mathrm{rot}\, \boldsymbol{E} \cdot \mathrm{d}\boldsymbol{S}$$

が経路 C を周囲とする任意の曲面上で成り立つので，ファラデーの電磁誘導の法則の微分形は

$$\mathrm{rot}\, \boldsymbol{E}(\boldsymbol{r}, t) = -\frac{\partial \boldsymbol{B}(\boldsymbol{r}, t)}{\partial t} \tag{10.5}$$

となる．式 (10.4)，(10.5) の $\boldsymbol{E}$ は電場として，静的な $\left(\dfrac{\partial \boldsymbol{B}}{\partial t} = 0\right)$ 場合のクーロン電場と，動的な $\left(\dfrac{\partial \boldsymbol{B}}{\partial t} \neq 0\right)$ 場合の誘導電場を含む一般的な表現になっている．

例題 10.1

図 10.2 のように，磁石の磁極間に一様な磁束密度 $\boldsymbol{B}$ の磁場があり，磁場に垂直な一方向に回転軸をもつ長方形のコイル ABCD が一定の角速度 (角振動数，角周波数ともいう) ω で回転している．ただし，$\overline{\mathrm{AB}}$, $\overline{\mathrm{CD}}$ の長さは l, $\overline{\mathrm{BC}}$,$\overline{\mathrm{DA}}$ の長さは $2r$ とする．コイルの端子 1, 2 の間に現れる誘導起電力を求めよ．

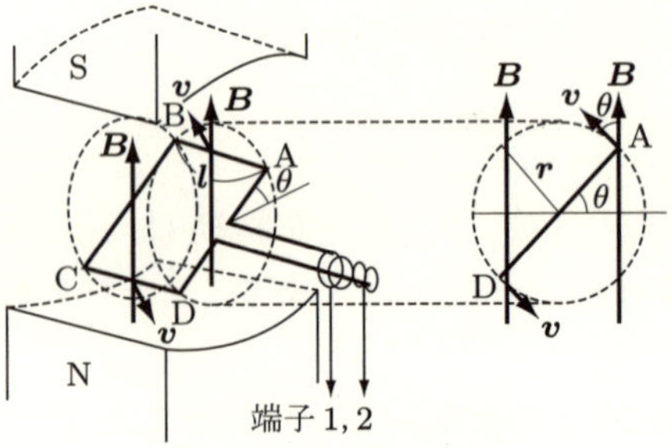

図 10.2　交流発電機

■ **解**　コイルが磁束密度 $\boldsymbol{B}$ と垂直な $\theta = 0$ の面から θ の角度傾いたときコイルを貫く磁束 Φ は $\Phi(t) = Bl2r\cos\theta = 2Blr\cos\omega t$ である．誘導起電力は $V(t) = -\dfrac{\mathrm{d}\Phi}{\mathrm{d}t}$ より，

$$V(t) = 2Blr\omega\sin\omega t$$

となる．$2Blr\omega = V_0$ とすれば，$V(t) = V_0 \sin\omega t$.　◀■

コラム

ベータートロン

電磁誘導において，磁束が変化すると空間に電場が生じ，そこにある電荷には力が働く．この原理を応用したものとして，誘導電場によって荷電粒子 (電子など) を真空中で加速する**ベータートロン** (betatron) とよばれる装置がある．この装置を用いて，初め低エネルギーの電子を一定の軌道上で加速して高エネルギーとし，取り出して金属物質に当てエネルギーの高い X 線を発生させることができる．最近ではあまり活用されていないが，原子核物理の研究や医療用放射線の発生に用いられる．その概要は，図 10.3 のような中心軸に対して回転対称な磁極にコイルを巻き，中央部は均一で，動径方向に向かって弱くなる磁場を作る．ドーナツ状のガイド内で電子を円軌道に閉じこめて運動させ，磁束密度の時間変化に伴う誘導電場が軌道に挿入された電子を円軌道内で加速する．なお，このような磁極の構造は，加速過程において電子の軌道半径 R を一定に保ち，しかも，外に向かって弱くなる磁場が加速中の電子が軌道から外れることを抑える復元力をもたらすためである．このとき，磁極の中心軸の周りの空間に導線回路がなくとも，電子の円運動により円電流が流れる．

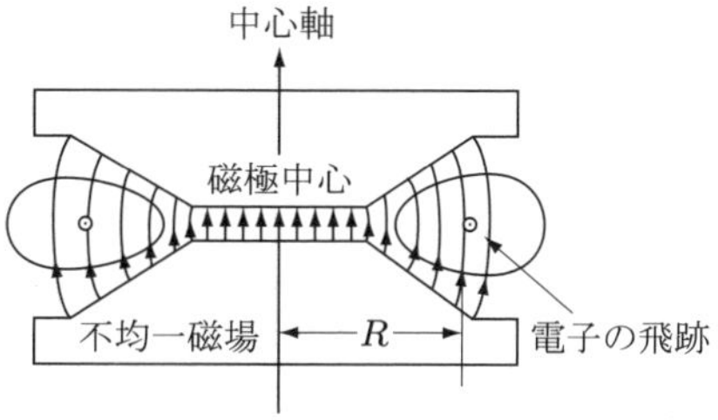

図 10.3　ベータートロンの断面図

♦10.2　運動の相対性と電磁場

前節のレンツの法則によれば，静止したソレノイドコイル S に対しループコイル C が運動する場合も，逆に静止した C に対し S が逆方向に運動する場合も，互いの相対速度が同じならば C にはまったく同じ誘導起電力が生じることになる．この誘導起電力の起源を，C の導線内の電子に働くローレンツ力に基づいて考えてみよう．なお，S に固定された座標系を S 系，C に固定された座標系を C 系としてこの問題を扱う．

I. ループコイルの運動によるローレンツ力

図 10.4(a) のように，磁束密度 $\boldsymbol{B}$ を発生する静止した S (このとき S 系を静止系とよぶ) に対して，運動する C (C 系は運動系とよぶ) の相対速度を $\boldsymbol{u}$ とする．C の導線中の電子は S に対して速度 $\boldsymbol{v} = \boldsymbol{u}$ で運動しているので，S 系から見て電子に働くローレンツ力は，$\boldsymbol{E} = 0$ のため磁気的な力

$$\boldsymbol{F} = -e(\boldsymbol{u} \times \boldsymbol{B}) \tag{10.6}$$

が C の接線方向に働く．この力により電子は移動して起電力が誘起されていると解釈できる．そのため導線内には**誘導電場** (induced electric-field)) とよばれる電場

$$\boldsymbol{E}_{\mathrm{i}} = \boldsymbol{u} \times \boldsymbol{B} \tag{10.7}$$

が生じていることと等価な力が電子に働く．すなわち，仮に図 10.4(b) のように C をある場所で分割すると，この両端の電位差が起電力であるから，その大きさはローレンツ力に抗して C を一周するときの素電荷当たりの仕事であり，

$$V_{\mathrm{i}} = \frac{1}{|-e|}\oint_{\mathrm{C}} -\boldsymbol{F}\cdot \mathrm{d}\boldsymbol{l} = \oint_{\mathrm{C}} (\boldsymbol{u} \times \boldsymbol{B})\cdot \mathrm{d}\boldsymbol{l} = \oint_{\mathrm{C}} \boldsymbol{E}_{\mathrm{i}} \mathrm{d}\boldsymbol{l} \tag{10.8}$$

となる．

次に，この等式がレンツの法則に一致することを確かめよう．ループ C は運動しているから，S 系から見て図 10.5 に示すように時刻 t に位置 L_1 にある C を貫く磁束 $\Phi(t)$

$$\Phi(t) = \int_{\mathrm{S_C}} \boldsymbol{B}(\boldsymbol{r} \in \mathrm{L}_1)\cdot \mathrm{d}\boldsymbol{S}$$

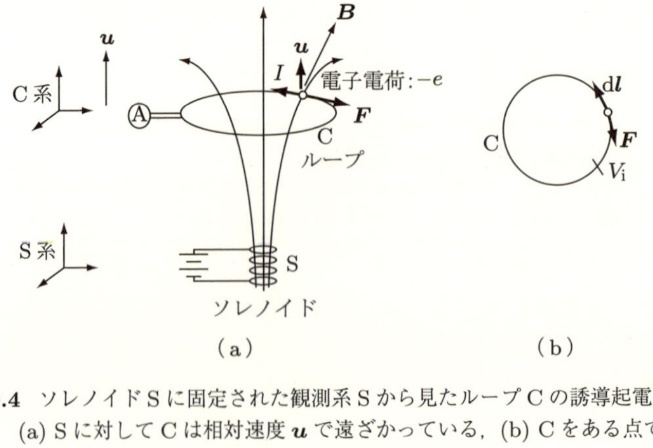

図 10.4　ソレノイド S に固定された観測系 S から見たループ C の誘導起電力：(a) S に対して C は相対速度 $\boldsymbol{u}$ で遠ざかっている，(b) C をある点で分けて考えると，両端には起電力 V_{i} が発生している

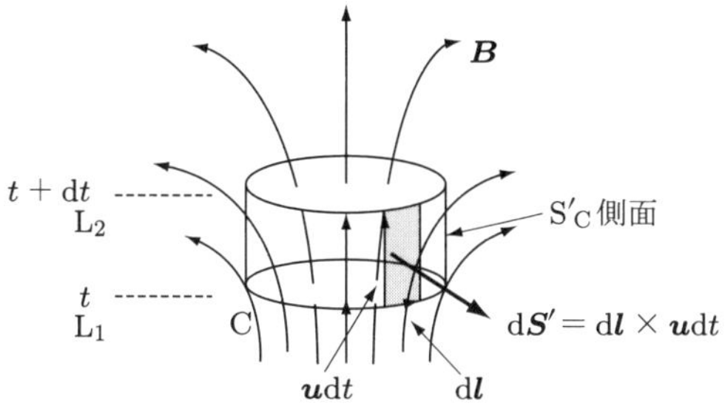

図 10.5 ループ C を貫く磁束

と，$t+\mathrm{d}t$ に L_2 にある C を貫く磁束 $\Phi(t+\mathrm{d}t)$

$$\Phi(t+\mathrm{d}t) = \int_{\mathrm{S_C}} \boldsymbol{B}(\boldsymbol{r} \in \mathrm{L}_2) \cdot \mathrm{d}\boldsymbol{S} = \int_{\mathrm{S_C}} \boldsymbol{B}(\boldsymbol{r} \in \mathrm{L}_1) \cdot \mathrm{d}\boldsymbol{S} - \int_{\mathrm{S}'_\mathrm{C}} \boldsymbol{B}(\boldsymbol{r}) \cdot \mathrm{d}\boldsymbol{S}'$$

に差 $\mathrm{d}\Phi(t)$ が生じる．

磁束の変化量 $\mathrm{d}\Phi(t)$ は図 10.5 のように C が掃引する側面 S'_C からの磁束の漏れ分で，

$$\mathrm{d}\Phi = \Phi(t+\mathrm{d}t) - \Phi(t) = -\int_{\mathrm{S}'_\mathrm{C}} \boldsymbol{B} \cdot \mathrm{d}\boldsymbol{S}' \tag{10.9}$$

である．もしも $\boldsymbol{B}$ 場が一様ならば S'_C 面からの磁束の漏れはなく，$\Phi(t+\mathrm{d}t) = \Phi(t)$ である．ここで S'_C 面の外向きに法線ベクトルを持つ面素片 $\mathrm{d}\boldsymbol{S}'$ は，C 上で電流が流れる方向の線素片を $\mathrm{d}\boldsymbol{l}$ とすると，C の $\mathrm{d}t$ 時間の変位ベクトルが $\boldsymbol{u}\mathrm{d}t$ であるから，$\mathrm{d}\boldsymbol{S}' = \mathrm{d}\boldsymbol{l} \times \boldsymbol{u}\mathrm{d}t$ となり，式 (10.9) の面積分は線積分に置き換えられて，右辺は $-\oint_\mathrm{C} \boldsymbol{B}\cdot(\mathrm{d}\boldsymbol{l} \times \boldsymbol{u}\mathrm{d}t)$ となる．ベクトルの積に関する等式 $\boldsymbol{C}\cdot(\boldsymbol{A}\times\boldsymbol{B}) = \boldsymbol{A}\cdot(\boldsymbol{B}\times\boldsymbol{C})$ を用い，式 (10.8) を考慮すると，式 (10.9) より

$$-\frac{\mathrm{d}\Phi}{\mathrm{d}t} = \oint_\mathrm{C} \boldsymbol{B} \cdot (\mathrm{d}\boldsymbol{l} \times \boldsymbol{u}) = \oint_\mathrm{C} (\boldsymbol{u} \times \boldsymbol{B}) \cdot \mathrm{d}\boldsymbol{l} = V_\mathrm{i}$$

となり，起電力は $k=1$ とする式 (10.1) のレンツの法則と一致する．

II. ソレノイドコイルの運動による誘導起電力

図 10.6 のようにループ C が静止しており，ソレノイド S が $-\boldsymbol{u}$ の速度で遠ざかるものとする．このときは C 系は静止系，S 系は運動系に相当する．この場合，仮に，運動する S が静止する C の位置に電場 $\boldsymbol{E}'$，磁束密度 $\boldsymbol{B}'$ を作るものとしよう．運動しているときの S も静止している S と同じ電場 $\boldsymbol{E}$ や磁束密度 $\boldsymbol{B}$ を生ずるものとすれば，$\boldsymbol{E}' = \boldsymbol{E} = 0$ で，$\boldsymbol{B}' = \boldsymbol{B}$ である．C 系では C 内の電子の速度 $\boldsymbol{v}'$ は

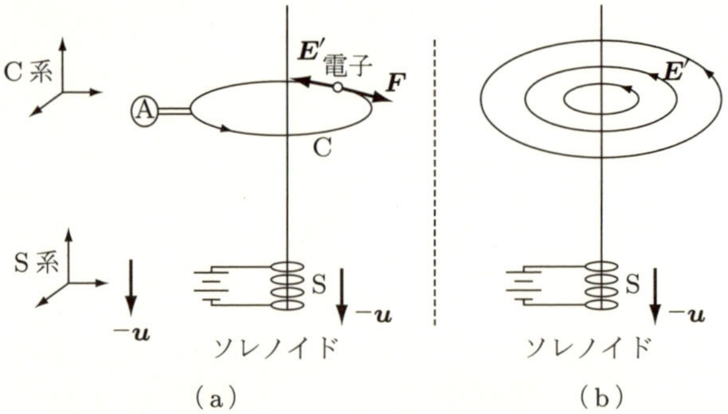

図 10.6 ループCと一緒に動く座標系Cから見た誘導起電力：(a) ソレノイドSの移動，(b) 誘導電場 $\boldsymbol{E}' = \boldsymbol{E}_{\rm i}$ の様子．なお，運動系からみた静止系の相対速度を $\boldsymbol{u}$ としている

$\boldsymbol{v}' = 0$ であるから，$\boldsymbol{B}'$ によるローレンツ力は働かないことになる．しかし，Sの運動によりCを貫く磁束は時間変化するので，この場合も，式 (10.3) よりCに起電力が生じることがわかる．誘起される電場は次に述べるように $\boldsymbol{u} \times \boldsymbol{B}$ である．

ニュートン力学の運動方程式が**ガリレイ変換** (Galilean transformation) に対して不変な形であるのに対し，電磁場を記述する方程式は**ローレンツ変換** (Lorentz transformation) に対して不変な形をもつ．電磁場の方程式は，もともと，相対論的な方程式になっている．S系から見た電場が $\boldsymbol{E}$，磁束密度が $\boldsymbol{B}$ とすると，C系から見るSは $-\boldsymbol{u}$ で遠ざかる運動系なので，**特殊相対性理論** (theory of special relativity) によると，Cから見る電場と磁束密度は

$$\boldsymbol{E}' = \boldsymbol{E} + \boldsymbol{u} \times \boldsymbol{B}, \quad \boldsymbol{B}' = \boldsymbol{B} \tag{10.10}$$

で与えられる．なお，光速度を c として $|\boldsymbol{u}|/c \ll 1$ とする．

Sには電流が流れているだけで $\boldsymbol{E} = 0$，$\boldsymbol{B} \neq 0$ である．したがって，C内の電子に働くローレンツ力は，$\boldsymbol{E}' = \boldsymbol{u} \times \boldsymbol{B}$，また，$\boldsymbol{v}' = 0$ より，電場 $\boldsymbol{E}'$ による $\boldsymbol{F}' = -e\boldsymbol{E}' = -e(\boldsymbol{u} \times \boldsymbol{B})$ となって，式 (10.6) と同じになる．Sを運動系あるいは静止系とするどちらの系から観測してもC内の電子に働く力は変わらないことになる．このとき，ループCに沿った電場 $\boldsymbol{E}' = \boldsymbol{u} \times \boldsymbol{B}$ は，Iの立場の式 (10.7) で表される誘導電場 $\boldsymbol{E}_{\rm i}$ と等しく，誘導電場をある瞬間のスナップショットとして電気力線で描くと図 10.6(b) のように，互いの並進軸の周りで環状に，相対速度ベクトル $\boldsymbol{u}$ と磁束密度ベクトル $\boldsymbol{B}$ に垂直な向きで空間に分布している．

ここで重要なことは静止したソレノイドコイルの系から見て存在していた 磁束密

度 B が，運動するループコイルの系から見ると電場 E' に変換されたことである．I と II の考察から，電磁誘導現象を互いの相対速度が u の関係にある 2 つの慣性座標系 S, C で見たときの電場と磁場の関係は図 10.7 のようにまとめられる．変動する電場と磁場は不可分であって，**電磁場の相対性** (relativity of electromagnetic field) とよばれる概念にたどりつく．

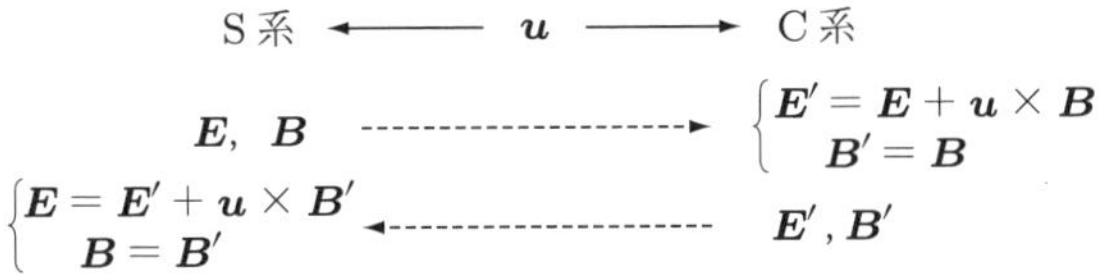

$$\text{S系} \longleftarrow\ u\ \longrightarrow \text{C系}$$
$$E,\ B \dashrightarrow \begin{cases} E' = E + u \times B \\ B' = B \end{cases}$$
$$\begin{cases} E = E' + u \times B' \\ B = B' \end{cases} \dashleftarrow E',\ B'$$

図 **10.7** 電磁場の相対性 ($|u|/c \ll 1$ とする)

10.3 インダクタンス

図 10.8(a) に示すように定常電流 I がループ C を流れているものとする．第 8 章 8.5 節で見たようにループ電流が作る B 場に関し，C を縁とする半閉曲面 S を通過する磁束 Φ は式 (8.36) で与えられ，C を縁とするならば S としてどんなものを選んでも，Φ の値は同じになる．また，定常電流が作る B 場は空間のすべての点で電流 I に比例するため，C 内を貫く磁束 Φ は電流 I に比例する．よって，

$$\Phi = \mathcal{L}I \tag{10.11}$$

と表すことができる．この比例係数 $\mathcal{L}$ は電流ループ C の形状によって決まる定数で，その電流ループの**インダクタンス** (inductance) とよばれる．単位は**ヘンリー**

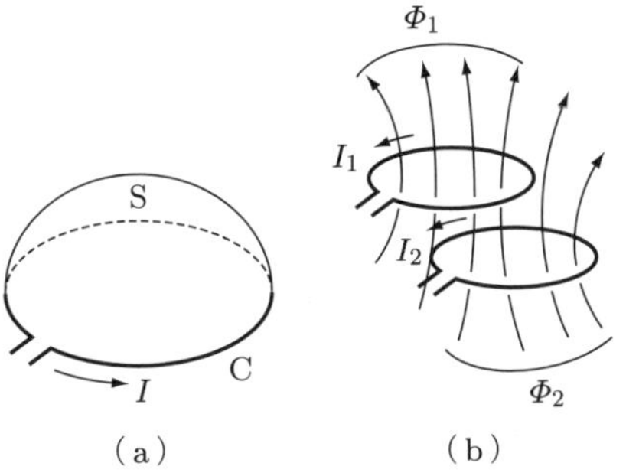

図 **10.8** 電流ループ：(a) 電流ループ C とそれを縁とする曲面 S，(b) 2 個の電流ループ

[H] (henry) が使われる．また，[WbA^{-1}] であるが，[JA^{-2}] とも表すことができる．

次に，図 10.8(b) のように電流ループが 2 個ある場合，C_1, C_2 を流れる電流と貫く磁束を，それぞれ I_1, I_2, $\varPhi_1$, $\varPhi_2$ と表すと，C_1 を貫く磁束 $\varPhi_1$ は自身の電流 I_1 によって作り出された磁束 $\mathcal{L}_{11}I_1$ のほかに C_2 の電流 I_2 による磁束の一部 $\mathcal{L}_{12}I_2$ が通り抜けて付け加わり，$\varPhi_1 = \mathcal{L}_{11}I_1 + \mathcal{L}_{12}I_2$ となる．同様に C_2 を貫く磁束 $\varPhi_2$ は $\varPhi_2 = \mathcal{L}_{21}I_1 + \mathcal{L}_{22}I_2$ となり，行列式の形にまとめて表すと式 (10.11) は

$$\begin{pmatrix} \varPhi_1 \\ \varPhi_2 \end{pmatrix} = \begin{pmatrix} \mathcal{L}_{11} & \mathcal{L}_{12} \\ \mathcal{L}_{21} & \mathcal{L}_{22} \end{pmatrix} \begin{pmatrix} I_1 \\ I_2 \end{pmatrix} \tag{10.12}$$

となる．ここで，$\mathcal{L}_{11}$，$\mathcal{L}_{22}$ をそれぞれ C_1, C_2 の**自己インダクタンス** (self inductance)，$\mathcal{L}_{12}$，$\mathcal{L}_{21}$ を C_1, C_2 間の**相互インダクタンス** (mutual inductance) とよぶ．なお，$\mathcal{L}_{12} = \mathcal{L}_{21}$ の相反性が成り立ち，その値は双方のループの形状と相互の位置で決まることが導ける (本章の演習問題 5 で確かめよ)．

電流ループが 3 個以上の場合についても同様の等式が成り立ち，インダクタンス行列は対称行列になる．

ループ導線の巻き数が，N_1, N_2 の 2 つのループコイルが離れて置かれ，巻き線はそれぞれの厳密に同じ位置に巻かれているものとする．このとき，各コイルに電流 I_1, I_2 が流れていれば，それぞれのコイルを貫く磁束は

$$\begin{pmatrix} \varPhi_1 \\ \varPhi_2 \end{pmatrix} = \begin{pmatrix} N_1\mathcal{L}_{11} & N_2\mathcal{L}_{12} \\ N_1\mathcal{L}_{21} & N_2\mathcal{L}_{22} \end{pmatrix} \begin{pmatrix} I_1 \\ I_2 \end{pmatrix} \tag{10.13}$$

となる．

ここで，コイルに流れる電流 I_1, I_2 が時間変化することを考える．その場合，コイルを貫く磁束 $\varPhi$ が時間変化するから，電磁誘導により 2 つのコイルに逆起電力，

$$V_1(t) = -N_1\frac{\mathrm{d}\varPhi_1}{\mathrm{d}t} = -N_1^2\mathcal{L}_{11}\frac{\mathrm{d}I_1}{\mathrm{d}t} - N_1N_2\mathcal{L}_{12}\frac{\mathrm{d}I_2}{\mathrm{d}t}$$
$$V_2(t) = -N_2\frac{\mathrm{d}\varPhi_2}{\mathrm{d}t} = -N_2N_1\mathcal{L}_{21}\frac{\mathrm{d}I_1}{\mathrm{d}t} - N_2^2\mathcal{L}_{22}\frac{\mathrm{d}I_2}{\mathrm{d}t}$$

が生じる．$L_{11} = N_1^2\mathcal{L}_{11}$，$L_{12} = N_1N_2\mathcal{L}_{12}$，$L_{21} = N_1N_2\mathcal{L}_{21}$，$L_{22} = N_2^2\mathcal{L}_{22}$ とおけば，

$$\begin{pmatrix} V_1(t) \\ V_2(t) \end{pmatrix} = -\begin{pmatrix} L_{11} & L_{12} \\ L_{21} & L_{22} \end{pmatrix} \begin{pmatrix} \mathrm{d}I_1/\mathrm{d}t \\ \mathrm{d}I_2/\mathrm{d}t \end{pmatrix} \tag{10.14}$$

と表される．また，$L_{12} = L_{21}$ の相反性が成り立つ．この式は電気回路のトランスの 1，2 次側に適用できる．特に，トランスの鉄心の特性がよければ，一方のコイ

ルに流れる電流が作る磁束は漏れることなく他方のコイルを貫くので，上の場合の良い近似となる．そのため，$\mathcal{L}_{11} = \mathcal{L}_{22} = \mathcal{L}_{12}$ となり，

$$L_{11}L_{22} = L_{12}^2$$

となる．さらに，1 次側で実効値 V_1 の交流電圧を印加すると，2 次側の開放端には実効値 V_2 の誘導起電力が生じ，

$$\frac{V_1}{V_2} = \frac{L_{11}}{L_{21}} = \frac{N_1}{N_2}$$

となり，電圧比は巻き線数に比例する．

なお，一方のコイルの磁束密度が，完全に他方のコイル面を貫かない場合を含めると，一般に，$L_{11}L_{22} \geq L_{12}^2$ となる．このとき，両コイルの幾何学的形状や相互の配置で決まる磁束の結合係数 $k(1 \geq k \geq 0)$ を用いると，$L_{11}L_{22} = kL_{12}^2$ である．

例題 10.2

図 8.21 に示した，半径 a，長さ l ($a \ll l$ とする)，巻き数 N の長い円筒コイルの自己インダクタンス L を求めよ．ただし，巻き線の間隔は十分密なものとする．

■ **解**　コイルはソレノイドコイルとみなす，その内の磁束密度の大きさは $B = (\mu_0 IN)/l$ なので，コイルを貫通する磁束 Φ はこれに断面積をかけた $(\mu_0 \pi a^2 IN)/l$ である．よって，$\mathcal{L} = (\mu_0 \pi a^2 N)/l$．$N$ 巻きコイルの自己インダクタンスとして

$$L = N\mathcal{L} = \frac{\mu_0 \pi a^2 N^2}{l}$$

が得られる．◀■

10.4　コイルを流れる電流の性質，磁気エネルギー

前節に述べたインダクタンスという量は，電流が流れるときは必ず存在するので，電気回路で重要な役割を果たしている．電気回路の分野では通常インダクタンスをもつ素子一般のことをコイルとよぶことが多いので，本書でもそれに従っている．さてコイルを流れる電流が時間変化したとき発生するコイルの起電力は，コイルのつながれている回路から見て，電流の時間変化率に対する逆起電力になるので，この素子の起電力の向きを通常の電気回路の慣例に従って式 (10.14) とは逆にとることにして，負符号は除き

$$V = -N\frac{\mathrm{d}\Phi}{\mathrm{d}t} = L\frac{\mathrm{d}I}{\mathrm{d}t} \tag{10.15}$$

と表す．ただし，ここでのコイルは N 巻きとする．ここでの議論をふり返ってみると，以下のようになる．

(1) コイルを形成するループに流れる電流は，ビオ・サバールの法則 (したがってアンペールの回路定理) に従って磁束密度 $\boldsymbol{B}$ の場を作る．

(2) その電流を変化させると，磁束密度 $\boldsymbol{B}$，したがってループ内を通る磁束 Φ も変化し，ファラデーの法則によって起電力が生じる．

ところがビオ・サバールの法則は，時間的に一定のいわゆる定常電流が作る $\boldsymbol{B}$ を求めるものであった．これを変化する非定常電流に適用してよいのだろうか．結論をいうと電流の変化率（というより電磁場の変化率といったほうがよいかもしれない）が著しく大きいとき以外はこれらの法則を使ってかまわないのである．実は第12章に述べるように，電場が時間変化すると伝導電流のほかに変位電流が流れて変動する磁束密度を作る．このとき，導体内で伝導電流に比べ変位電流が無視できることがその条件となる．詳細はここでは立ち入らないことにする．このような取り扱いができる条件を**準定常** (quasi-stationary) とよび，通常の電気回路ではこの範囲内にあるとみなすことができる．

次に自己インダクタンス L のコイルに蓄えられているエネルギーを考えてみよう．時刻 $t=0$ で電流が流れていないコイルに電源をつないで電流を流し，$t=t_0$ で $I(t_0)$ になったとする．時刻 t のとき，$I(t)$ の電流が流れていて，続く Δt の間に $\Delta I(t)$ だけ増加したときコイルに発生する逆起電力は，式 (10.15) より $V = L\dfrac{\Delta I(t)}{\Delta t}$ である．この起電力に逆らって電流を流すべく，Δt 時間に $I(t)\Delta t$ の電荷を供給するのに必要な電源からの仕事 ΔW は，$\Delta W = L\dfrac{\Delta I(t)}{\Delta t}I(t)\Delta t$ となる．したがって，時刻 t_0 にコイルに蓄えられるエネルギー U は，これを $t=0$ から t_0 まで加えた，

$$
\begin{aligned}
U &= \lim_{\Delta t\to 0}\sum LI(t)\frac{\Delta I(t)}{\Delta t}\Delta t = \int_0^{t_0} LI(t)\frac{\mathrm{d}I(t)}{\mathrm{d}t}\mathrm{d}t \\
&= \int_0^{t_0}\frac{L}{2}\frac{\mathrm{d}I^2(t)}{\mathrm{d}t}\mathrm{d}t = \frac{LI^2(t_0)}{2}
\end{aligned}
$$

である．このエネルギーはコイル内にある磁束密度場に蓄えられていると考えてよいので**磁気エネルギー** (magnetic energy) とよばれる．一般に，自己インダクタンス L のコイルに電流 I が流れているとき，コイルのもつ磁気エネルギー U は

$$
U = \frac{1}{2}LI^2 \quad [\mathrm{J}] \tag{10.16}
$$

コイルをソレノイドとして，その半径を a，長さを l とすれば，このエネルギーはコイル内の磁束密度の大きさ $|\boldsymbol{B}| = (\mu_0 IN)/l$ を使って表すと，$L = (\mu_0 \pi a^2 N^2)/l$ であるから，

$$U = \frac{1}{2}\frac{B^2}{\mu_0}\pi a^2 l \tag{10.17}$$

となる．ここで，$\pi a^2 l$ は磁束密度が存在するコイル内の体積であるから，単位体積当たりの磁気エネルギーは $U/(\pi a^2 l) = B^2/2\mu_0$ となる．したがって，一般的に磁束密度 $\boldsymbol{B}$ が存在する空間は

$$u_{\mathrm{m}} = \frac{1}{2}\frac{B^2}{\mu_0} \quad [\mathrm{Jm^{-3}}] \tag{10.18}$$

で表される**磁気エネルギー密度** u_{m}(density of magnetic energy) で満たされていると理解できる．

演習問題

1. 図 10.9(a) のように紙面に垂直なある領域内の一様磁場に対して，銅板が紙面に平行に置かれている．この板を引き出すかあるいは差し込もうとするときは抵抗力が働く．その理由を述べよ．

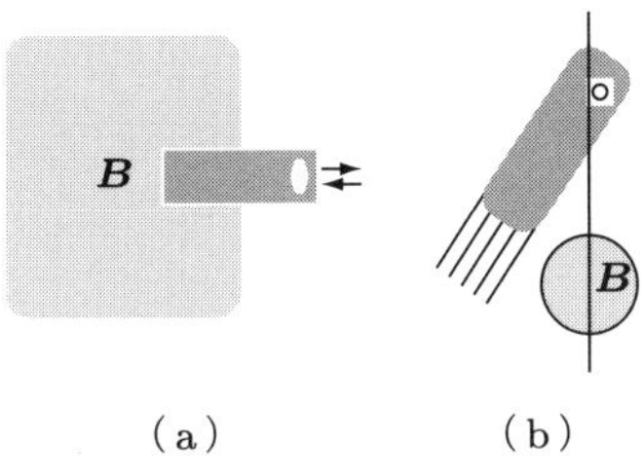

図 10.9　電磁誘導現象例

2. 図 10.9(b) の O 軸のまわりで銅板が自由に鉛直面内で回転できるようにおかれている．銅板は図のような櫛状の切れ込みがある場合は磁場に対してほぼ自由に振り子運動ができる．また，切れ込みのない板状の場合は振り子運動はすぐに減衰する．その理由を説明せよ．

3. 図 10.10 のように，点 O を中心とする半径 a の円形コイル A に定常電流 I が流れている．この A の中心軸上，O から z_1 離れた点 P を中心にして半径 b の円形コイル B が，A に平行におかれていて，B には外部抵抗 R がつながれている．以下の問に答えよ．

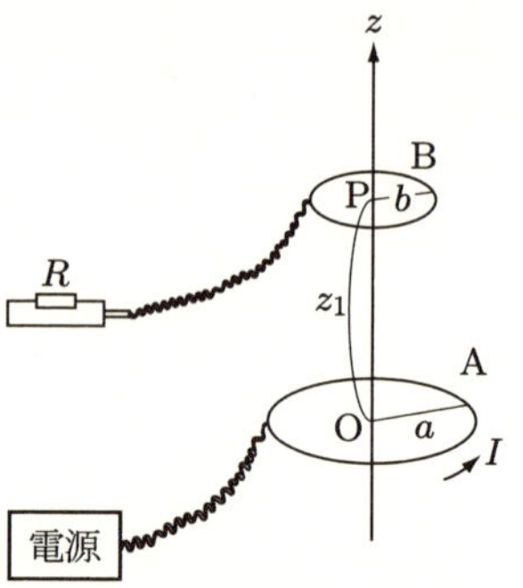

図 10.10　電流の流れている固定コイル A と可動コイル B

(i) コイル B をコイル A に平行に保ったまま，P の位置から中心軸に沿って．O から $z_2(z_2 > z_1)$ の位置まで一定速度 v で移動させる．このとき，抵抗 R で発生するジュール熱は v に比例することを示せ．

(ii) 抵抗 R で発生する熱エネルギーはどこから供給されると考えられるか．ただし，重力は考えないものとする．

4. 図 10.11 のように磁石の N 極上方に半径 a の金属円盤を置き，中心軸のまわりに一定の角速度 ω で回転させる．そのとき円盤を含む閉回路に電流が流れる．円盤を貫く磁束密度の大きさは，盤面の場所によらず一様で B と仮定する，このとき，円盤の中心と円盤の縁の電極の間に発生する起電力 V_{m} を求めよ．この仕掛けは**単極誘導**とよばれる．

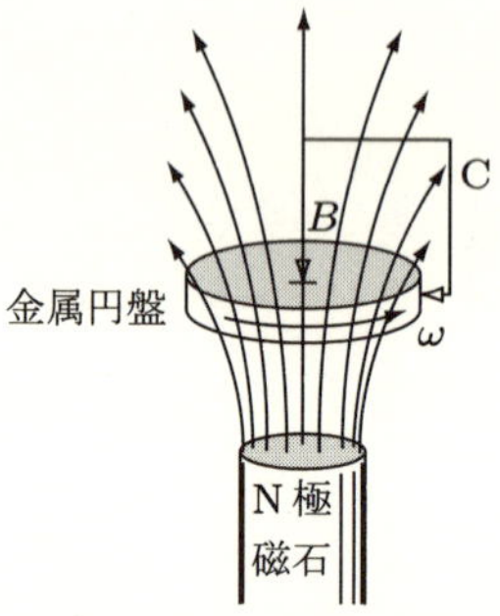

図 10.11　単極誘導

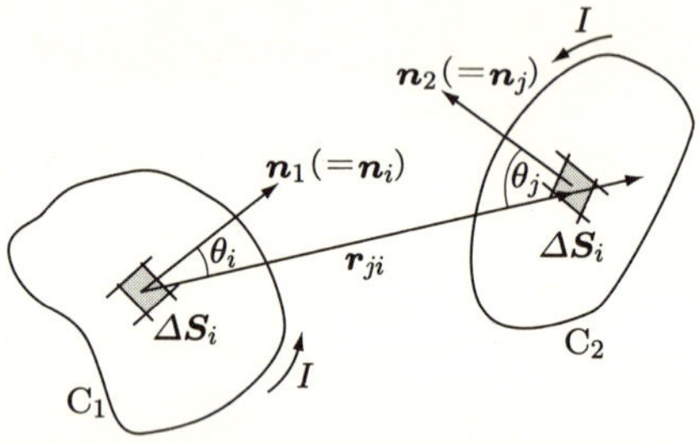

図 10.12　ループコイル C_1 と C_2 の相互インダクタンス

5. 図 10.12 のように，空間にループ・コイル C_1 と C_2 がおかれている．C_1 に電流 I が流れたとき，C_2 のループ面を貫く磁束 Φ_{21}，また，C_2 に電流 I が流れたとき，C_1 のループ面を貫く磁束 Φ_{12} を考えて，両コイルの相互インダクタンスに関し相反性 $\mathcal{L}_{12} = \mathcal{L}_{21}$ が成り立つことを示せ．ただし，ループ面は平面状で，それぞれの面法線は $\boldsymbol{n}_1$，$\boldsymbol{n}_2$ とする．

コラム

渦電流

渦電流 (eddy current) は，金属板を磁場中で動かしたり，金属板がおかれた空間の磁場を急激に変化させたさいに，電磁誘導に伴う誘導電場によって金属内に生じる渦状の電流のことである．磁場の変化を抑えようとして流れる渦電流はいろいろなところで利用されている．たとえば，物体の運動を抑える制動力に利用した渦電流ブレーキや (電車の車輪に装備されているディスクブレーキなど)，身近には，比較的周波数の高い (例えば 25 kHz) 交流磁場下に鉄製の鍋をおき，鍋底の金属を透過する磁束の時間変化で内部に渦電流を発生させ、この電流によるジュール熱を利用する電磁調理器 (IH ヒーター) がある．他方，渦電流の発生に伴うマイナスの効果として，交流モーターや発電機，変圧器の鉄芯内で渦電流が発生すると，鉄芯の電気抵抗による発熱が原因となるエネルギーの損失が起こる．この現象は渦電流損とよばれる．これを防ぐため，鉄芯には表面を絶縁処理した薄いケイ素鋼板などを重ね合わせたものが用いられている．また，音響機器として最近は CD プレイヤーに取って代わられているが，テープレコーダーの磁気ヘッドも，フェライトではなく金属を用いる場合は，積層型にして音響周波数の高域特性の低下を防ぐ工夫がなされている．

第 11 章

電気回路

電気回路はコンピュータ，家庭電器製品をはじめとして，我々が日常利用している多くの機器に組み込まれており，日々その恩恵を受けている．電気回路は各種の回路素子を導線でつないで構成され，その動作は，電磁気学の法則からの帰結として導かれるキルヒホッフの電流法則，電圧法則と呼ばれる２つの法則に従っている．電気回路の設計や動作の解析については，それ自体１つの学問分野を構成しており，詳細は専門書に譲ることとし，ここではこれまでに述べた電磁気学の法則に従う受動素子とよばれる回路素子からなる回路の過渡応答と交流応答の求め方を紹介する．また過渡応答を求めるための簡単な常微分方程式の解法についても必要に応じて解説する．

11.1 回路素子の性質と回路構成

11.1.1 回路素子

各種の電気回路は**回路素子** (curcuit element) とよばれるものを，導線を介して相互に接続して構成されている．回路素子は，

- トランジスタ，ダイオードなどの**能動素子** (active element)
- コンデンサー，コイル，抵抗の**受動素子** (passive element)
- **電源** (power source)

に分類される．このうち能動素子の原理，特性を理解するためには，量子力学や固体物理学を勉強する必要があり，本書の範囲を超える．またそれを使った回路の構成法については電子回路の教科書を参照してもらいたい．この章では以下電磁気現象の応用ともいえる受動素子に限って，それを使った電気回路について考察する．ここで取り扱う受動素子はすべて２つの端子をもち，その一方から他方に電流が流れる．素子の特性は両端子間の電圧

$$V(t) = -\int_{\text{端子間}} \boldsymbol{E}(t) \cdot \mathrm{d}\boldsymbol{l} \tag{11.1}$$

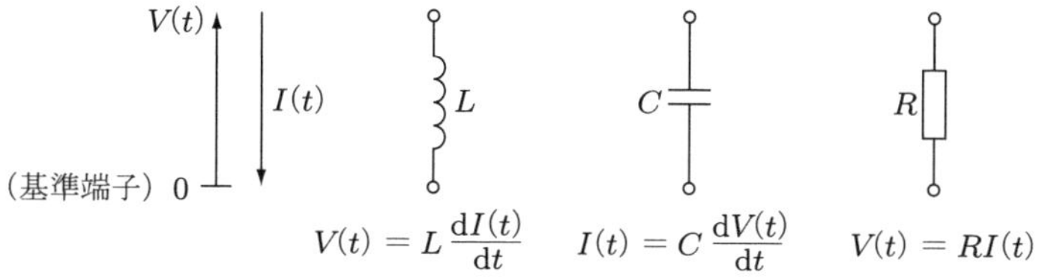

図 11.1　回路素子の端子間電圧と，流れる電流の向き

と，流れる電流 $I(t)$ の簡単な関係で表すことができ，内部の $\boldsymbol{E}$, $\boldsymbol{B}$ などの場を考える必要はない．$V(t)$ と $I(t)$ の向きはそれぞれの素子ごとに任意に決めてよいが，$V(t)$ は図 11.1 に示すように，電流 $I(t)$ の流出側を基準とした流入側の電圧を表すものとする．

コイルの電流-電圧特性については第 10 章の式 (10.15) に示したとおり，

$$V(t) = L\frac{\mathrm{d}I(t)}{\mathrm{d}t} \qquad (L\ \text{はインダクタンス}) \tag{11.2}$$

である．コンデンサーについては第 5 章の次式 (5.21) より，両辺を時間で微分して式 (11.3) を得る．

$$I(t) = C\frac{\mathrm{d}V(t)}{\mathrm{d}t} \qquad (C\ \text{は電気容量}) \tag{11.3}$$

次に抵抗については第 7 章の式 (7.7) のように，

$$V(t) = RI(t) \qquad (R\ \text{は電気抵抗}) \tag{11.4}$$

となる．これらの受動素子のうち抵抗は式 (7.11) の電力を消費するが，コイル，コンデンサーは電力を消費しない．

11.1.2　キルヒホッフの法則

電気回路は上に述べたような回路素子を導線でつなぎ合わせたものであり，素子の部分を枝 (branch)，接続点を節点 (node) とよぶ．回路各部分の電流，電圧に関して，以下の 2 つの法則が時間 t にかかわらず成り立つ．

- **キルヒホッフの電流法則** (Kirchhoff's current law)

回路内の任意の節点に流入する電流の和は 0 である． ただし和をとるさい，図 11.2(a) の例のように，流入する方向ならば加え，流出する方向ならば引くものとする．

- **キルヒホッフの電圧法則** (Kirchhoff's voltage law)

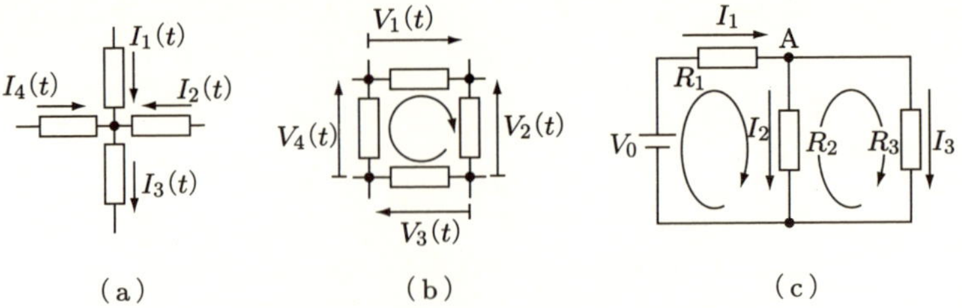

図 11.2　キルヒホッフの法則の適用例：
(a) 電流法則 $I_1(t) + I_2(t) - I_3(t) + I_4(t) = 0$
(b) 電圧法則 $V_1(t) - V_2(t) + V_3(t) + V_4(t) = 0$
(c) 回路への応用例

回路内の任意のループに沿った枝電圧の和は 0 である．ループの向きは時計回りでも反時計回りでもよいが，図 11.2(b) に示すように，枝電圧の向きがループに沿っていれば加え，反対向きならば引くものとする．

これらの法則の応用例として，図 11.2(c) の回路の，電池 V_0 を流れる電流 I_1 を求めてみよう．定常な電流を扱うので，時間に依存しないから電流の記号の (t) は省いた．電流の記号に沿って描かれた矢印は仮に決めた電流の方向であって，連立方程式を解いた結果 $I_i > 0$ ならば実際に矢印の方向に，$I_i < 0$ ならば逆方向に流れることを表している．まず節点 A に電流法則を適用すると，

$$I_1 - I_2 - I_3 = 0$$

次に電池と R_1，R_2 からなるループに電圧法則を適用する．すなわち各枝電圧を，ループに沿って進んだときに電位が上がる場合はプラス符号を，下がる場合はマイナス符号をつけてすべて加えたものを 0 とおく．抵抗枝の電圧の最終的な向きはこの時点ではわからないが，仮定した電流の矢印の向きがループの矢印の向きに一致していれば $R_i I_i$ を引き，反対向きならば加えればよい．これより

$$V_0 - R_1 I_1 - R_2 I_2 = 0$$

同様に R_2，R_3 からなるループに電圧法則を適用すると，

$$R_2 I_2 - R_3 I_3 = 0$$

これらの 3 式から I_2，I_3 を消去すると，

$$V_0 = \left(R_1 + \frac{R_2 R_3}{R_2 + R_3} \right) I_1$$

となって，高校で習った**直列接続** (series connection)，**並列接続** (parallel connection)

の公式から求めたのと同じ結果が得られる．これで I_1 が求められたが，I_2，I_3 も上の式から求めることができる．

キルヒホッフの 2 つの法則は，ともに電磁気学の法則から導くことができる．電流法則は，節点に電荷がたまることがないという電荷の保存則 (第 7 章参照) を表している．電圧法則の方は以下のように導かれる．静電場は任意の閉曲線 C について $\oint_{\mathrm{C}} \boldsymbol{E}(\boldsymbol{r}) \cdot \mathrm{d}\boldsymbol{l} = 0$ を満たすことを第 4 章の式 (4.9) に述べた．実はこの式は電磁場が時間変化していても，閉曲線を貫く磁束が時間変化していなければ成立する．電気回路ではコイル内にしか磁束は存在しないので，回路素子からなるループ内にコイルがあったら，その内部を通らず，端子間を迂回する閉曲線を選べばこの式が成り立つ．この端子間を迂回した部分の空間の電場を式 (11.1) により積分したものが，式 (11.2) に述べたコイルの枝電圧になることが示される．

式 (4.9) の積分経路をループを構成する枝に分けて書けば

$$-\sum_{i \in \mathrm{loop}} \int_{\text{枝 } i} \boldsymbol{E}(\boldsymbol{r}) \cdot \mathrm{d}\boldsymbol{l} = \sum_i V_i = 0 \tag{11.5}$$

となって電圧法則が導かれた．なお式 (11.5) は導線内では電場が 0 であることを前提としている．これは導線の抵抗が無視できるとともに，電源の変動が緩やかで，変動にかかる時間内に電波が媒質中を進む距離が，回路の寸法に比べて十分大きければ満たされる．

11.2 電気回路の過渡応答

11.2.1 RL 直列回路

図 11.3(a) に示すような回路で，十分長い時間開放してあったスイッチを $t = 0$ に閉じた後の電流を $I(t)$ とすると，式 (11.2)，(11.4) と，キルヒホッフの電圧法則より，式 (11.6) が成り立つ．

$$L\frac{\mathrm{d}I(t)}{\mathrm{d}t} + RI(t) = V_0 \quad (t \geq 0) \tag{11.6}$$

ここで L, R, V_0 は時間によらない定数であり，求めようとしているのは時間の関数 $I(t)$ である．このように未知の関数の導関数を含む式を**微分方程式** (differential equation) といい，与えられた**初期条件** (initial condition) のもとで，その関数を求めることを微分方程式を解くという．特に未知関数が 1 変数関数の場合，常微分方程式とよばれる．また含まれている最高次の導関数が n 階ならば，**n 階の常微分方**

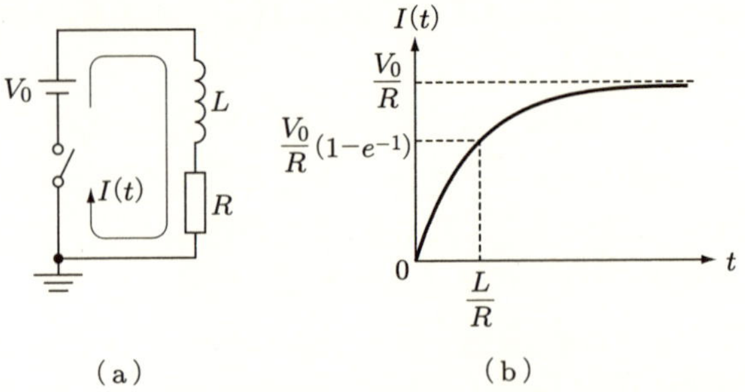

図 11.3　RL 直列回路：(a) 回路図，(b) 回路を流れる電流

程式 (n-th order ordinary differential equation) という．ここで初期条件について少し説明すると，微分方程式には普通無数の解があり，その中から現実の問題に適合するものが満たす条件のことをいう．この例では直列に入っているコイルの性質から，$t = 0$ にスイッチを入れた直後には，まだ電流が流れ始めていないはずであることから，$I(0) = 0$ が初期条件である．

式 (11.6) のように，未知関数やその導関数の係数が定数である，定数係数の線形微分方程式は，以下の手順 (a)〜(d) で解くことができる．

(a) まず，微分方程式中の未知関数やその導関数を含まない項を 0 とおいた下記の**斉次方程式** (homogeneous equation)[1]の解を求める．

$$L\frac{\mathrm{d}I(t)}{\mathrm{d}t} + RI(t) = 0 \tag{11.7}$$

(a-1) このため解の形を $I(t) = Ae^{\lambda t}$ と仮定して[2]斉次方程式に代入する．ここで A と λ は定数である．

$$LA\lambda e^{\lambda t} + RAe^{\lambda t} = (L\lambda + R)Ae^{\lambda t} = 0$$

0 でない解が存在するためには，$L\lambda + R = 0$ であることが必要である．この λ に関する代数方程式を**特性方程式** (characteristic equation) とよぶ．

(a-2) 特性方程式を λ について解く．

1) この場合，未知関数およびその導関数の 1 次の項のみが含まれているので，こうよばれている．

2) なぜこのように仮定するのか，他の関数を仮定しても同様のことができるのではないかという疑問をもたれるかもしれない．ここで得られたものが解であることは，代入してみれば明らかである．問題はこれ以外に解がないのかということになる．詳しくは述べないが，微分方程式の形がある条件を満たせば，与えられた初期条件を満たす解はひとつしかないことが証明されている．ここであげたような定数係数微分方程式では，その条件が満たされているので，解はこれ以外にないことが保証されているのである．

$\lambda = -R/L$ になるので解の式に代入して，斉次方程式の解 $I(t) = Ae^{-Rt/L}$ が得られる．ここで得られた解は，斉次方程式 (11.7) の一般解である．任意定数や任意関数が含まれている解を**一般解** (general solution) といい，式 (11.6) や式 (11.7) のような 1 階の線形微分方程式では，任意定数を 1 つ含む解が一般解となることが知られている．一般に，n 階の線形微分方程式では，n 個の任意定数を含む解が一般解となる．

(b) もとの微分方程式 (11.6) の解を何らかの方法で 1 つ求める．代入してみればすぐわかるように，$I(t) = V_0/R$ は解である．このように一般解ではないが，とにかく解になっているものを**特解** (particular solution) という．

(c) **斉次方程式** (11.7) の一般解と，もとの微分方程式 (11.6) の特解を加える．これが式 (11.6) の一般解である．

$$I(t) = Ae^{-Rt/L} + \frac{V_0}{R} \tag{11.8}$$

(d) 一般解 (11.8) に含まれる任意定数を，初期条件を満たすように決定する．

$I(0) = A + \dfrac{V_0}{R} = 0$ より $A = -\dfrac{V_0}{R}$ となるので，これを式 (11.8) に代入すると，求める解は，

$$I(t) = \frac{V_0}{R}(1 - e^{-Rt/L}) \tag{11.9}$$

となる．$I(t)$ をグラフで表すと図 11.3(b) のようになる．初期条件で与えたように $t = 0$ では電流は 0 だが，時間が十分経つと V_0/R に近づく．コイルはスイッチを閉じた後の電流の変化を遅らせる働きがある．最終的な値との差が比率で e^{-1} になるまでの時間 L/R を RL 回路の**時定数** (time constant) とよび，遅れの目安として使われる．

11.2.2 RC 直列回路

抵抗値 R の電気抵抗と電気容量 C のコンデンサーを図 11.4(a) のように直列に接続し，スイッチを入れてコンデンサーを充電するときに回路に流れる電流の時間変化を考えよう．

キルヒホッフの電圧法則より，回路に流れる電流を $I(t)$ とするとき電池の起電力 V_0 は抵抗の電圧降下 $RI(t)$ とコンデンサーの極板間の電位差 $Q(t)/C$ の和に等しいので，$V_0 = RI(t) + \dfrac{Q(t)}{C}$ が成立する．$I(t) = \dfrac{\mathrm{d}Q(t)}{\mathrm{d}t}$ であるから，上の等式は，コンデンサーに蓄えられる電荷量 $Q(t)$ に関する微分方程式

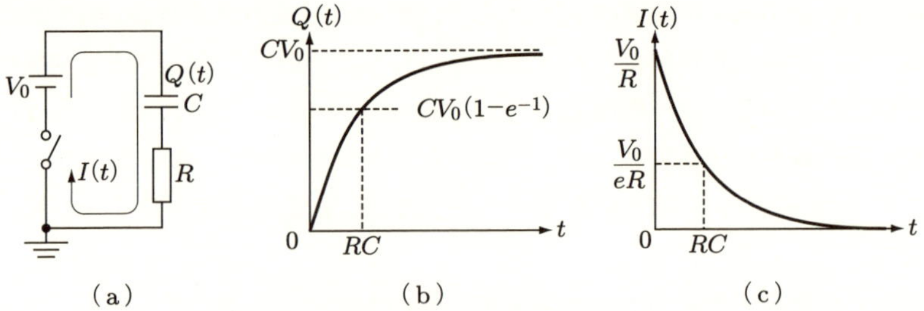

図 11.4　RC 直列回路：(a) 回路図，(b) コンデンサーに蓄えられる電荷，(c) 回路を流れる電流

$$\frac{\mathrm{d}Q(t)}{\mathrm{d}t} + \frac{1}{RC}Q(t) = \frac{V_0}{R} \quad (t \geq 0) \tag{11.10}$$

となる．スイッチを入れてから時間 t が経過した後の電流 I を知るには先ず式 (11.10) より $Q(t)$ を求める必要がある．この微分方程式の解き方を RL 直列回路のところで説明した解法手順に沿って示す．

$V_0 = 0$ とした斉次方程式の一般解 $Q(t) = Ae^{-t/RC}$ (手順 (a)) と特解 $Q(t) = CV_0$ (手順 (b)) との和

$$Q(t) = Ae^{-t/RC} + CV_0 \tag{11.11}$$

が式 (11.10) の一般解である．ただし，A は任意定数である (手順 (c))．

$t = 0$ のときコンデンサーの電荷量 Q が 0 であれば，$A + CV_0 = 0$ より

$$Q(t) = CV_0(1 - e^{-t/RC}) \tag{11.12}$$

が解である (手順 (d))．これを時間 t で微分すると

$$I(t) = \frac{V_0}{R}e^{-t/RC} \tag{11.13}$$

が導かれる．スイッチを入れた $t = 0$ のときに流れる電流値 $\frac{V_0}{R}$ が $\frac{V_0}{R}e^{-1}$ となる時間は $t = RC$ なのでこれが RC 回路の**時定数**である．$Q(t)$, $I(t)$ を図示すると図 11.4(b), (c) のようになる．

また，電流が流れ始めてから流れなくなるまでに抵抗で消費されるエネルギー W について確かめる．式 (7.11) より Δt 時間に抵抗で発生するジュール熱は $RI^2\Delta t$ であるから，

$$W = \int_0^\infty RI^2 \mathrm{d}t = \frac{V_0^2}{R}\int_0^\infty e^{-2t/RC}\mathrm{d}t = \frac{C}{2}V_0^2$$

となる．この量はコンデンサーの方に蓄えられている電気エネルギー式 (5.23) と等しいから，電池からはその 2 倍のエネルギー CV_0^2 が取り出されたことになる．

11.2.3 RLC 直列回路

次に図 11.5 に示す回路で，$t=0$ にスイッチを閉じた後の電流 $I(t)$ を求めよう．コンデンサーを含む回路の場合はコンデンサーに蓄えられる電荷 $Q(t)$ を未知関数に選ぶ．$I(t)=\dfrac{\mathrm{d}Q(t)}{\mathrm{d}t}$ であることから，

$$L\frac{\mathrm{d}^2Q(t)}{\mathrm{d}t^2}+R\frac{\mathrm{d}Q(t)}{\mathrm{d}t}+\frac{1}{C}Q(t)=V_0 \quad (t\geq 0) \tag{11.14}$$

となる．初期条件は $Q(0)=0$, $\dfrac{\mathrm{d}Q(0)}{\mathrm{d}t}=I(0)=0$ とする[3)]．この微分方程式の解を 11.2.1 項と同様の手順で求めると，斉次方程式

$$L\frac{\mathrm{d}^2Q(t)}{\mathrm{d}t^2}+R\frac{\mathrm{d}Q(t)}{\mathrm{d}t}+\frac{1}{C}Q(t)=0 \tag{11.15}$$

の特性方程式は下記の 2 次方程式となり，

$$\lambda^2+\lambda\frac{R}{L}+\frac{1}{LC}=0 \tag{11.16}$$

判別式の正負で解は異なる．以下それぞれの場合について解いてみる．

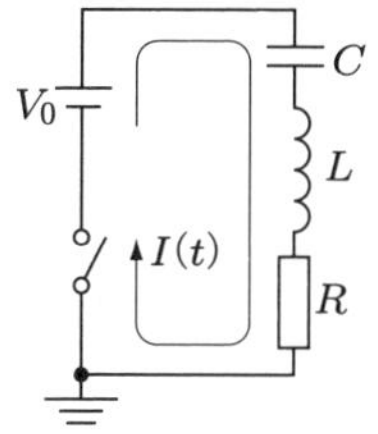

図 11.5 RLC 直列回路

(i) 判別式が負の場合

$$\lambda=-\alpha\pm i\beta$$

ただし，$\alpha=\dfrac{R}{2L}$，$\beta=\sqrt{\dfrac{1}{LC}-\dfrac{R^2}{4L^2}}$，$i$ は虚数単位

(a) 式 (11.15) は 2 階の微分方程式なので，その一般解は 2 つの任意定数を含む．特性方程式の 2 つの根に複素数の任意定数 A_1, A_2 をかけて加えた，$e^{-\alpha t}(A_1e^{i\beta t}+$

3) 2 階の微分方程式の一般解は定数を 2 つ含んでいるので，初期条件を 2 つ設定する必要がある．

$A_2 e^{-i\beta t})$ が一般解になる．一方，$e^{ix} = \cos x + i \sin x$ の関係があるから，上の一般解は別の任意定数の組 B_1, B_2 を使って $e^{-\alpha t}(B_1 \cos \beta t + B_2 \sin \beta t)$ と表すこともできる．どちらを採用してもよいが，B_1，B_2 を使うほうが以後の計算が簡単になる．

(b) 式 (11.14) の特解として $V_0 C$ が得られる．

(c) 式 (11.14) の一般解は (a) と (b) の結果を加えて，$e^{-\alpha t}(B_1 \cos \beta t + B_2 \sin \beta t) + V_0 C$ となる．

(d) 初期条件 $Q(0) = 0$ より $B_1 = -V_0 C$，もう 1 つの初期条件 $\dfrac{\mathrm{d}Q(0)}{\mathrm{d}t} = I(0) = 0$ より $B_2 = -\dfrac{V_0 RC}{2L\beta}$ が得られ，結局初期条件を満たす解は，

$$Q(t) = V_0 C \left\{ 1 - e^{-\alpha t} \left(\cos \beta t + \frac{R}{2L\beta} \sin \beta t \right) \right\} \tag{11.17}$$

となる．回路を流れる電流はこれを時間で微分すれば得られる．途中式が複雑になるが，整理すると簡単になって，

$$I(t) = \frac{V_0}{L\beta} e^{-\alpha t} \sin \beta t = \frac{V_0}{L\sqrt{\dfrac{1}{LC} - \dfrac{R^2}{4L^2}}} e^{-Rt/2L} \sin \left(\sqrt{\frac{1}{LC} - \frac{R^2}{4L^2}}\ t \right) \tag{11.18}$$

が得られる．電流波形は図 11.6(a) の例に示すように，周期 $2\pi/\beta$ の振動が時定数 $2L/R$ で減衰する**減衰振動** (damping oscillation) になる．エネルギーに着目して考察すると，電池から毎秒 $V_0 I(t)$ の割合で供給され，コンデンサーに $Q^2(t)/(2C)$ が，

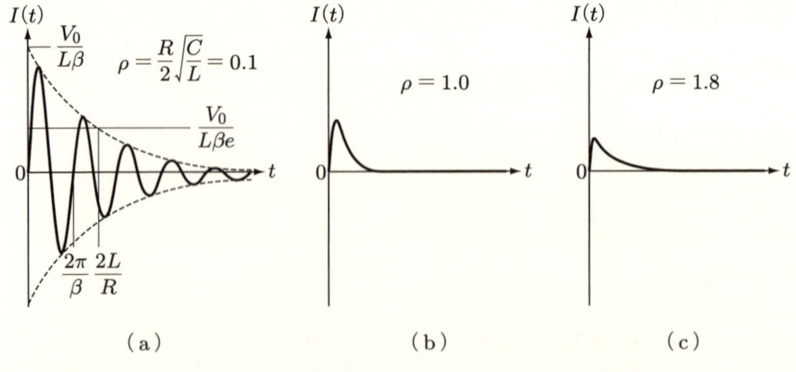

図 11.6　RLC 回路の過渡応答の例：(a) 判別式 < 0 (減衰振動)，(b) 判別式 $= 0$ (臨界減衰)，(c) 判別式 > 0 (過減衰)

コイルに $LI^2(t)/2$ が蓄えられ，抵抗で毎秒 $RI^2(t)$ の割合で消費され，最終的にはコンデンサーに一定値 $CV_0^2/2$ が蓄えられて $I(t)=0$ に落ち着く．前節に述べたように受動回路素子のうちエネルギーを消費するのは抵抗だけで，$R\to 0$ の極限では振動電流は減衰せず，エネルギーは素子と電池の間を往復し続けることになる．なお，ここで使われている電池は，電流が逆に流れても一定電圧を保つ (充電可能な) ものを仮定している．

(ii) 判別式が 0 の場合

式 (11.16) は重根 $-\alpha=-R/(2L)$ をもつ．このとき独立な特解は $e^{-\alpha t}$ と $te^{-\alpha t}$ の 2 つである．これより式 (11.14) の一般解は任意定数を A_1，A_2 として式 (11.19) で与えられる．

$$Q(t)=e^{-Rt/2L}(A_1+A_2t)+V_0C \tag{11.19}$$

初期条件 $Q(0)=0$ と $I(0)=0$ から A_1, A_2 を求めて代入すると，

$$Q(t)=V_0C\left\{1-e^{-Rt/2L}\left(1+\frac{R}{2L}t\right)\right\} \tag{11.20}$$

式 (11.20) を時間で微分すれば，

$$I(t)=\frac{R^2V_0C}{4L^2}te^{-Rt/2L} \tag{11.21}$$

が得られる．図 11.6(b) に数値例を示す．このような解で表される現象を**臨界減衰** (critical damping) という．

(iii) 判別式が正の場合

解を負の場合と同様にして求めると式 (11.22) のようになる．

$$I(t)=\frac{V_0e^{-Rt/2L}}{\sqrt{R^2-\dfrac{4L}{C}}}\left[\exp\left(t\sqrt{\frac{R^2}{4L^2}-\frac{1}{LC}}\right)-\exp\left(-t\sqrt{\frac{R^2}{4L^2}-\frac{1}{LC}}\right)\right] \tag{11.22}$$

この場合を**過減衰** (over damping) といい，数値例を図 11.6(c) に示す．

振動は抵抗値を大きくするに従って抑止される．振動をしなくなる境目が (b) の臨界減衰であり，このとき最も早く減衰する．なお，判別式の正負はパラメータ $\rho=R\sqrt{C}/(2\sqrt{L})$ で判定することができる．$\rho>1$ ならば判別式は正，$\rho=1$ ならば 0，$\rho<1$ ならば負になる．

◆11.3 交流回路

■ 11.3.1 交流 RLC 直列回路の定常解

図 11.7 に示すように，RLC 直列回路に角周波数 (angular frequency) ω の交流電圧源 (AC voltage source) をつないだ場合を考えてみよう．式 (11.14) と同様にコンデンサーに蓄えられる電荷 $Q(t)$ についての微分方程式をたてると，

$$L\frac{\mathrm{d}^2Q(t)}{\mathrm{d}t^2} + R\frac{\mathrm{d}Q(t)}{\mathrm{d}t} + \frac{1}{C}Q(t) = V_0\cos\omega t \tag{11.23}$$

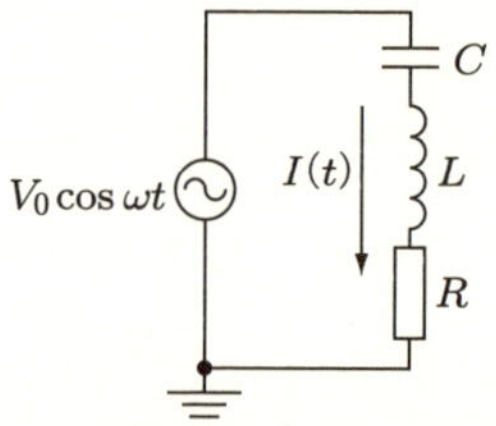

図 11.7 交流 RLC 直列回路

斉次方程式の一般解は過渡応答の場合とすべて同じで，まず特性方程式の判別式が負の場合 $Q(t) = e^{-\alpha t}(A_1\cos\beta t + A_2\sin\beta t)$ になる．ただし $\alpha = \dfrac{R}{2L}$，$\beta = \sqrt{\dfrac{1}{LC} - \dfrac{R^2}{4L^2}}$，また，$A_1$ と A_2 は任意定数である．次に式 (11.23) の特解として，

$$Q(t) = B\sin(\omega t + \theta)$$

の形のものを試してみる．B と θ をうまく選んで解になっているものを探そうというのである．これをもとの微分方程式に代入すると，

$$B\left\{-\omega^2L\sin(\omega t + \theta) + \omega R\cos(\omega t + \theta) + \frac{\sin(\omega t + \theta)}{C}\right\} = V_0\cos\omega t$$

三角関数の公式を使い左辺を変形すると，

$$B\frac{\sqrt{(1-\omega^2LC)^2 + \omega^2R^2C^2}}{C}\cos(\omega t + \theta - \theta_0) = V_0\cos\omega t$$

ただし，$\theta_0 = \tan^{-1}\left(\dfrac{1-\omega^2LC}{\omega RC}\right)$ である．左辺の関数と右辺の関数が同じであれば，これが特解なので，$B = \dfrac{CV_0}{\sqrt{(1-\omega^2LC)^2 + \omega^2R^2C^2}}$，$\theta = \theta_0$ となり，もとの

方程式の一般解は

$$Q(t) = e^{-\alpha t}(A_1 \cos \beta t + A_2 \sin \beta t) + \frac{CV_0}{\sqrt{(1-\omega^2 LC)^2 + \omega^2 R^2 C^2}} \sin(\omega t + \theta_0)$$

であるが，$\alpha > 0$ なので十分時間が経過すれば第 2 項のみが残る．これを**定常解** (stationary solution) という．つまり特解が定常解を与える．回路を流れる電流 $I(t)$ はそれを微分すれば，

$$I(t) = \frac{\omega CV_0 \cos(\omega t + \theta_0)}{\sqrt{(1-\omega^2 LC)^2 + \omega^2 R^2 C^2}} \tag{11.24}$$

が得られる．なお，特性方程式の判別式が 0 または正の場合も，結局特解だけになるので結果は同じである．

11.3.2 交流回路の複素表示による解析

式 (11.24) を見ると電圧源の電圧と各素子を流れる電流とでは，角周波数 ω は同じだが位相が θ_0 だけ異なっている．図 11.7 の回路に限らず一般に角周波数 ω の電圧源または電流源を含む回路の任意の枝の電圧 $V(t)$，電流 $I(t)$ は定常解に限れば，角周波数 ω で振幅と位相の異なる**正弦波** (sinusoidal wave) になる．すなわち，

$$V(t) = V_0 \cos(\omega t + \theta_V) \tag{11.25}$$

$$I(t) = I_0 \cos(\omega t + \theta_I) \tag{11.26}$$

一般に $\cos x$ は $\exp(ix)$ の実数部 (real part) だから，

$$V(t) = \mathrm{Re}[V_0 \exp\{i(\omega t + \theta_V)\}], \quad I(t) = \mathrm{Re}[I_0 \exp\{i(\omega t + \theta_I)\}]$$

と書ける．ここで実数部をとらずに複素数のままとし，さらに上に述べたように角周波数は必ず ω なので ωt は省くとともに，実効値[4]を表すように $\sqrt{2}$ で割ることにすれば以下のような表現を得る．

$$\dot{V} = \frac{V_0}{\sqrt{2}} \exp(i\theta_V) \tag{11.27}$$

$$\dot{I} = \frac{I_0}{\sqrt{2}} \exp(i\theta_I) \tag{11.28}$$

これらを**複素表示** (complex notation) といい，本書では記号の上に・をつけて表すことにする．ωt を省いたことにより，これらは正弦波の振幅と $t = 0$ のときの位相の情報だけを表している．ただし以後の例でわかるように角周波数 ω を含む式にな

---

[4] 交流電圧 (電流) の実効値とは，抵抗負荷に印加したときに，同じ電力を得るような直流電圧 (電流) をいい，値は交流の最大値の $1/\sqrt{2}$ になる．

ることはある．複素表示からもとの時間領域の式に戻したければ以下のようにすればよい．

$$V(t) = \sqrt{2}\,\mathrm{Re}\{\dot{V}\exp(i\omega t)\}, \quad I(t) = \sqrt{2}\,\mathrm{Re}\{\dot{I}\exp(i\omega t)\} \tag{11.29}$$

この複素表示を使うと，式 (11.2)，(11.3)，(11.4) で与えられていたコイル，コンデンサー，抵抗の電圧と電流の関係式は以下のようになる．

$$\dot{V} = i\omega L\dot{I} \tag{11.30}$$

$$\dot{I} = i\omega C\dot{V} \tag{11.31}$$

$$\dot{V} = R\dot{I} \tag{11.32}$$

式 (11.30) が成り立つことを確かめてみよう．時間領域で電流が式 (11.26) で表されているとすると，式 (11.2) より，

$$V(t) = LI_0\frac{\mathrm{d}}{\mathrm{d}t}\cos(\omega t+\theta_I) = -\omega LI_0\sin(\omega t+\theta_I) = -\omega LI_0\cos\left(\omega t+\theta_I-\frac{\pi}{2}\right)$$

前述のように ωt を省いて cos を exp になおし $\sqrt{2}$ で割れば電圧の複素表示が得られ，

$$\begin{aligned}\dot{V} &= -\frac{\omega LI_0}{\sqrt{2}}\exp\left(i\theta_I - i\frac{\pi}{2}\right) = -\frac{\omega LI_0}{\sqrt{2}}\exp(i\theta_I)\exp\left(-i\frac{\pi}{2}\right)\\ &= i\frac{\omega LI_0}{\sqrt{2}}\exp(i\theta_I) = i\omega L\dot{I}\end{aligned}$$

ここで，$\exp\left(-i\frac{\pi}{2}\right) = -i$ の関係を使った．

このように複素表示を使うと，コイルとコンデンサーそれぞれの電圧 $\dot{V}$ と電流 $\dot{I}$ の関係が，抵抗の場合と同様に比例関係になってしまう．$\dot{V} = Z\dot{I}$ の形に表したときの比例係数 Z を**複素インピーダンス** (complex impedance) といい

$$|\dot{V}| = |Z|\,|\dot{I}|, \quad \theta_V = \theta_Z + \theta_I \tag{11.33}$$

の関係がある．ただし，θ_Z は Z の偏角である．

コイルの複素インピーダンスは $i\omega L$，コンデンサーの複素インピーダンスは $\dfrac{1}{i\omega C}$，抵抗の複素インピーダンスは R である．

複素表示の上記の性質を利用すれば，角周波数 ω で振動する定常解を求めるのに微分方程式を解く代わりに，複素インピーダンスを抵抗とみなして抵抗回路と同様に解を求めることができる．例えば素子を直列につないだものの合成複素インピーダンスはそれぞれの和であり，並列につないだものの合成複素インピーダンスは逆

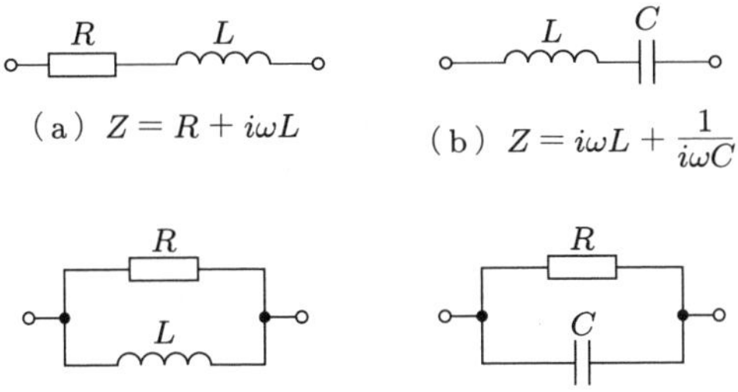

(a) $Z = R + i\omega L$　(b) $Z = i\omega L + \dfrac{1}{i\omega C}$

(c) $Z = \dfrac{1}{\dfrac{1}{R} + \dfrac{1}{i\omega L}}$　(d) $Z = \dfrac{1}{\dfrac{1}{R} + i\omega C}$

図 11.8 複素インピーダンスの合成

数の和の逆数で計算できる．図 11.8 に例を示す．

例 11.1 RLC 直列回路の交流励振

図 11.9(a) の回路を流れる電流の複素表示を求める．電源電圧 $\dot{V}_0$ は図 11.7 の $V(t) = V_0 \cos \omega t$ を複素表示したもの，すなわち $\dot{V}_0 = \dfrac{V_0}{\sqrt{2}}$ とする．電流の複素表示は $\dot{V}_0$ を RLC 直列回路の複素インピーダンスで割ればいいので，

$$\dot{I} = \frac{\dot{V}_0}{R + \dfrac{1}{i\omega C} + i\omega L} = \frac{\omega V_0 C(1 - \omega^2 LC - i\omega RC)}{\sqrt{2}\{(1 - \omega^2 LC)^2 + \omega^2 R^2 C^2\}}$$
$$= \frac{\omega V_0 C}{\sqrt{2\{(1 - \omega^2 LC)^2 + \omega^2 R^2 C^2\}}}$$
$$\times \left(\frac{\omega RC}{\sqrt{(1 - \omega^2 LC)^2 + \omega^2 R^2 C^2}} + \frac{i(1 - \omega^2 LC)}{\sqrt{(1 - \omega^2 LC)^2 + \omega^2 R^2 C^2}} \right)$$

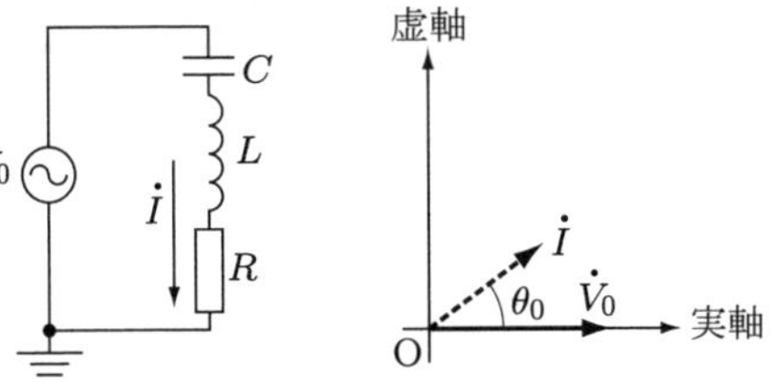

(a)　(b)

図 11.9 RLC 回路の交流解析：(a) 回路，(b) $\dot{V}_0$ と $\dot{I}$ の複素平面表示

$$= \frac{\omega V_0 C e^{i\theta_0}}{\sqrt{2\{(1-\omega^2 LC)^2 + \omega^2 R^2 C^2\}}}$$

ただし，$\theta_0 = \tan^{-1}\left(\dfrac{1-\omega^2 LC}{\omega RC}\right)$．これを式 (11.29) を使って時間領域の式に戻すと，$I(t) = \dfrac{\omega C V_0 \cos(\omega t + \theta_0)}{\sqrt{(1-\omega^2 LC)^2 + \omega^2 R^2 C^2}}$ となって，微分方程式を解いて求めた式 (11.24) と一致する．

複素表示の電圧，電流は式 (11.27), (11.28) で述べたようにその絶対値が振幅 (実効値) に，偏角 (argument) が $t = 0$ での位相角 (phase angle) に対応する．図 11.9(b) は複素平面上で $\dot{V}_0$，$\dot{I}$ を表したもので，$\dot{I}$ は $\dot{V}_0$ に比べて位相が θ_0 進んでいることを示している．つまりこの場合 $\theta_Z = -\theta_0$ である (式 (11.33) 参照)．図 11.10 は上で求めた $\dot{I}$ の絶対値と偏角を ω の関数として表した数値例である．絶対値は共振角周波数 $1/\sqrt{LC}$ で最大になり，その値は抵抗が小さいほど大きい．またそのとき偏角のほうは 0 となる (電源電圧と電流の位相差が 0 となる)．

複素表示を使うと，交流の平均電力 P (単位時間あたりの平均消費エネルギー) は式 (11.34) で表される．

$$P = \mathrm{Re}(\dot{V}\dot{I}^*) = \mathrm{Re}(\dot{V}^*\dot{I}) \tag{11.34}$$

ここで * は共役複素数を表す．これに式 (11.27), (11.28) を代入すると，

$$P = \mathrm{Re}\left\{\frac{V_0}{\sqrt{2}}\exp(i\theta_V)\frac{I_0}{\sqrt{2}}\exp(-i\theta_I)\right\} = \frac{V_0 I_0}{2}\cos(\theta_V - \theta_I) \tag{11.35}$$

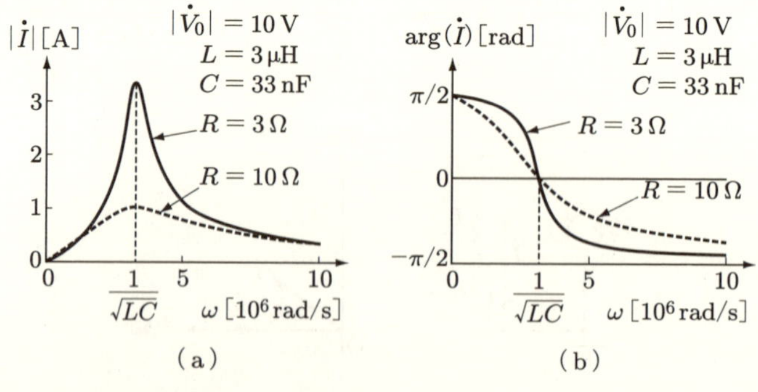

図 11.10　RLC 直列回路を流れる複素電流の絶対値と偏角：(a) 複素電流の絶対値，(b) 複素電流の偏角

これを定義にさかのぼって確かめてみよう．平均電力は電圧と電流を時間領域の式 (11.25), (11.26) で表し，それらの積を周期 $T = 2\pi/\omega$ にわたって平均したものだから，

$$P = \frac{1}{T}\int_0^T V(t)I(t)\mathrm{d}t = \frac{\omega}{2\pi}\int_0^{\frac{2\pi}{\omega}} V_0\cos(\omega t + \theta_V)I_0\cos(\omega t + \theta_I)\mathrm{d}t$$

$$= \frac{\omega}{2\pi}\int_0^{\frac{2\pi}{\omega}} \frac{V_0 I_0}{2}\left\{\cos(2\omega t + \theta_V + \theta_I) + \cos(\theta_V - \theta_I)\right\}\mathrm{d}t$$

積分を行うと被積分関数の { } 内の第 1 項は正弦波なので 0 となり，t を含まない第 2 項だけが残って，

$$P = \frac{\omega}{2\pi}\int_0^{\frac{2\pi}{\omega}} \frac{V_0 I_0}{2}\cos(\theta_V - \theta_I)\mathrm{d}t = \frac{V_0 I_0}{2}\cos(\theta_V - \theta_I) \qquad (11.36)$$

となり，式 (11.35) に一致することがわかる．

また $|\dot{V}| = \frac{V_0}{\sqrt{2}}$, $|\dot{I}| = \frac{I_0}{\sqrt{2}}$ (それぞれ電圧と電流の実効値に等しい) なので，

$$P = |\dot{V}|\,|\dot{I}|\cos(\theta_V - \theta_I) \qquad (11.37)$$

とも書ける．すなわち交流電力は電圧の実効値と電流の実効値の積に $\cos(\theta_V - \theta_I)$ をかけたものに等しい．この $\cos(\theta_V - \theta_I)$ を**力率** (power factor) という．電圧と電流の位相が等しい抵抗負荷では力率は 1 であり，コンデンサーやコイルでは位相差が $\pi/2$ なので力率は 0 になる．

演習問題

1. 図 11.11(a) の回路で V_1, V_2, R_1, R_2, r を既知として，電流 $I_1.I_2, I_3$ を求めよ．
2. 図 11.11(b) のように無限に続く梯子形の回路における AB 間の抵抗を求めよ．

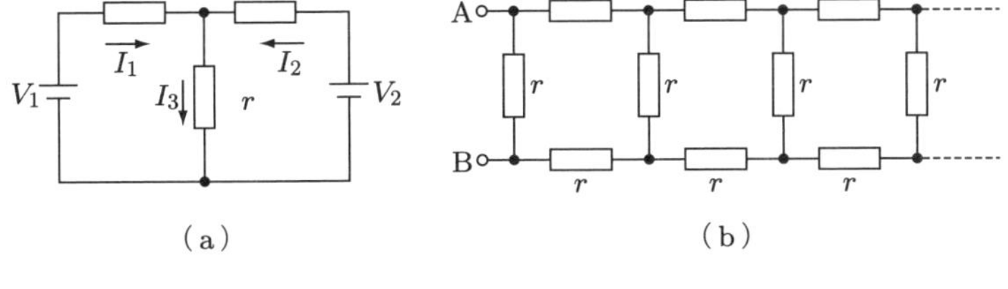

図 11.11　抵抗回路

3. 図 11.12(a) のように内部抵抗 R_i，起電力 V_0 の直流電源に，負荷抵抗 R_L を繋ぐ．次の問に答えよ．

(i) 負荷抵抗 R_L の消費する電力 W はいくらか．

(ii) $R_i = 10\ \Omega$，$V_0 = 60$ V，$R_L = 2$ kΩ とするとき，R_L が消費する電力は何 W か．またこの場合，1 時間に負荷抵抗の消費するエネルギーは何 J か．

(iii) 起電力 V_0 と内部抵抗 R_i が一定であるとき，負荷抵抗 R_L の消費する電力が最大になるのは R_L がいくらになったときか．このときに負荷抵抗が消費する電力 $W_{\max}$ はどれだけか．また R_i と V_0 が (ii) で与えられた値のとき，1 時間に消費するエネルギーはいくらか．

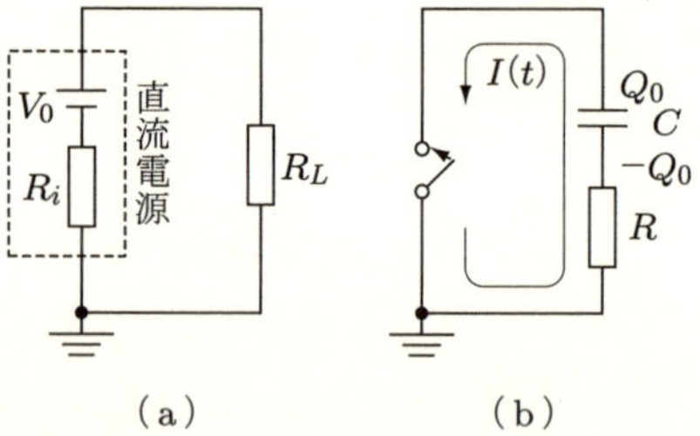

図 11.12　(a) 問題 3 と (b) 問題 4 の回路

4. 図 11.12(b) のように，はじめ電気容量 C のコンデンサーの極板に電荷 Q_0，$-Q_0$ が蓄えられていて，$t = 0$ でスイッチを入れ抵抗 R を通じて放電する．このときの通電後の極板上の電荷 $Q(t)$ と回路に流れる電流 $I(t)$ を求めよ．また，抵抗で消費される電力ははじめコンデンサーに蓄えられていたエネルギーに等しいことを示せ．

5. 図 11.8(b) の LC 直列回路の複素インピーダンスが 0 となる周波数を求めよ．この周波数を直列共振周波数という．$L = 1\ \mu$H，$C = 500$ pF の場合の直列共振周波数は何 Hz か．

第 12 章

変位 (電束) 電流とマクスウェルの電磁方程式

第 10 章では，磁束密度の時間変化が電場を誘導し，導線内に起電力を生じることを述べた．マクスウェルは電場の時間変化があるとき，空間に磁場が誘起されることを提唱した．電場の時間変化をある種の電流と等価と考え，これを変位電流と名づけた．磁場は電流によって生じるが，変位電流によっても磁場が誘起されるとした．この章では，コンデンサーを充電するときの伝導電流と変位電流を取り上げて解説する．さらに，これまでの電磁気に関する諸法則のまとめとして，静的および動的な電磁気現象を統一的に記述するマクスウェルの方程式について述べる．

12.1 変位 (電束) 電流

第 10 章で述べたように磁束密度の時間変化は電場を誘導する．逆に電場が時間変化したときは何が起こるであろうか．その糸口を図 12.1 のように電池をコンデンサー C と抵抗 R の回路につないだとき，回路に流れる電流 $I(t)$ と，そのときのコンデンサー内の電束密度 $\boldsymbol{D}(t)$ の時間変化を調べることで確かめよう．

時刻 $t = 0$ にコンデンサーが蓄電を開始すると導線には過渡的な電流 $I(t)$ が流れる．コンデンサーには外から流れ込む電流 $I(t)$ により正電極板に電荷 $Q(t)$ が帯電し，負電極板からは電流が流れ出て電荷 $-Q(t)$ が帯電している，このとき，コンデンサーの正負電極間には伝導電流は流れていない．つまり，伝導電流の流れは極板

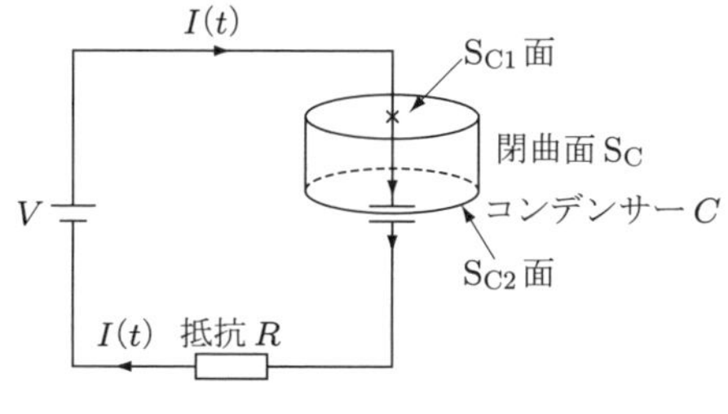

図 12.1 電池をコンデンサーと抵抗の回路につないだとき流れる過渡電流

間で途切れていることになる．

正電極板上の電荷の表面密度を $\sigma(t)$，電極間の電束密度を $\boldsymbol{D}(t)$ とすると，ガウスの法則より $\sigma(t) = D(t)$ である．図 12.1 に示すように，正電極板とつながれた導線を包む円筒形閉領域 $\mathrm{S_C}$ をとり，導線をよぎる面を $\mathrm{S_{C1}}$，正負の電極板の間の面を $\mathrm{S_{C2}}$ としよう．極板間の電束密度を $\boldsymbol{D}$ とすれば，

$$Q(t) = \int_{\mathrm{V}} \sigma(t)\mathrm{d}V = \int_{\mathrm{S_C}} \boldsymbol{D}(t) \cdot \mathrm{d}\boldsymbol{S}$$

が成立する．ここで，V は閉曲面 $\mathrm{S_C}$ で囲まれた体積領域とする．電極上の電荷 $Q(t)$ の時間変化は流入する伝導電流 $I(t)$ により決まるから，

$$I(t) = \frac{\mathrm{d}Q}{\mathrm{d}t} = \frac{\mathrm{d}}{\mathrm{d}t}\int_{\mathrm{V}} \sigma(t)\mathrm{d}V = \int_{\mathrm{S_C}} \frac{\partial \boldsymbol{D}(t)}{\partial t} \cdot \mathrm{d}\boldsymbol{S} \tag{12.1}$$

となる．面 $\mathrm{S_{C1}}$ の位置の $\boldsymbol{D}$ は 0，$\mathrm{S_C}$ の側面法線は $\boldsymbol{D}$ と垂直なので，側面の積分が 0 となるため，右辺の積分は面 $\mathrm{S_{C2}}$ のみの寄与となる．

マクスウェルは電束密度の時間変化率 $\dfrac{\partial \boldsymbol{D}}{\partial t} = \boldsymbol{j}_{\mathrm{D}}(t)$ を**変位電流密度** (density of displacement current) と名づけ，変位電流を広義の電流に含めるものとした．なお，この電流は**電束電流**ともよばれる．したがって，電極面積を S とすると

$$I(t) = \int_{\mathrm{S_C2}} \boldsymbol{j}_D(t) \cdot d\boldsymbol{S} = j_{\mathrm{D}}S$$

となり，コンデンサーに流れ込む伝導電流 $I(t)$ と内部に流れる正味の変位電流 $I(t)_{\mathrm{D}}(= j_D(t)S)$ は等しく，負電極からは伝導電流 $I(t)$ が流れ出すので，この回路で広義の電流が連続につながっていることになる．

伝導電流によってその周囲に磁場が作られるが，マクスウェルは変位電流によっても磁場が生成されると提唱し，アンペールの法則を電束密度の時間変化によっても磁場が生成される形の

$$\oint_{\mathrm{C}} \boldsymbol{H}(\boldsymbol{r},t) \cdot \mathrm{d}\boldsymbol{l} = \int_{\mathrm{S}} \left\{ \boldsymbol{j}(\boldsymbol{r},t) + \frac{\partial \boldsymbol{D}(\boldsymbol{r},t)}{\partial t} \right\} \cdot \mathrm{d}\boldsymbol{S} \tag{12.2}$$

に書き改めた．この等式は**アンペール・マクスウェルの法則** (Ampère-Maxwell law) とよばれる．

変位電流の導入は一見形式的であったが，変位電流は電束密度の時間変化で，真空でも流れることになるため，特に，式 (12.2) より磁場 $\boldsymbol{H}(r,t)$ が真空に生じることになる．例えば図 12.2 のように電極が円盤状のコンデンサーを充電中は，極板間に変位電流 I_{D} が流れて電流に垂直な面内で同心円状の磁場が作られる．

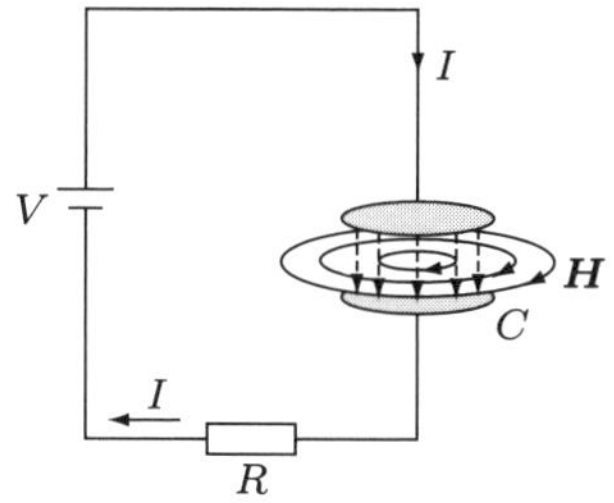

図 12.2　図の矢印の方向に，円形電極をもつコンデンサー内に変位電流が流れ，また，導線に伝導電流が流れているとき，周囲に作られる磁場の様子

変位電流による磁場の生成は物理的に非常に重要な意味がある．電場が時間変化すれば磁場を伴い，その磁場が変動すれば，次に電場が生じるので，これが繰り返されることになる．変位電流の導入により**電磁波** (electromagnetic wave) が真空を伝わる根拠が築かれたことになる．

例題 12.1

極板間の距離 d，半径 a の円形電極コンデンサーがある．はじめ表面密度 σ_0 および $-\sigma_0$ で正負の電荷が帯電している．このとき，電極内の電束密度は $|\boldsymbol{D}| = \sigma_0$ である．コンデンサーに抵抗をつなぐと放電を開始する．その後の変位電流と周りにできる円周方向の磁場のコンデンサー軸から r の位置の大きさを求めよ．

■ **解**　変位電流の大きさ $I_\mathrm{D}(t)$ は電極の面積が πa^2 であるから，

$$I_\mathrm{D}(t) = \pi a^2 \frac{\partial D}{\partial t} = \pi a^2 \frac{\mathrm{d}\sigma}{\mathrm{d}t} = \pi a^2 \varepsilon_0 \frac{\mathrm{d}E}{\mathrm{d}t}$$

となる．コンデンサーの内部に電束電流が流れると変動する磁場ができる．アンペール・マクスウェルの法則を用い，極板に平行な半径 r の円周の経路をとれば，コンデンサーの中心軸の周りの回転対称性から，磁場 H は r のみの関数であるから，中心軸から半径 r の極板内の磁場 $H(r,t)$ は式 (12.2) より，伝導電流は流れていないので

$$2\pi r H(r,t) = \pi r^2 \varepsilon_0 \frac{\mathrm{d}E}{\mathrm{d}t}$$

よって，

$$H(r,t) = \frac{\varepsilon_0 r}{2} \frac{\mathrm{d}E}{\mathrm{d}t} = \frac{r}{2\pi a^2} I_\mathrm{D}(t)$$

となる．この回路に流れる電流の時間依存性は，第 11 章の演習問題 4 のとおり放電前のコンデンサーの端子電圧を $\sigma_0 \pi a^2 d/\varepsilon_0 = V_0$, $C = \varepsilon_0 \pi a^2/d$, 抵抗を R とすれば

$$I(t) = \frac{V_0}{R} e^{-\frac{1}{RC}t}$$

となり，この電流が $I_\mathrm{D}(t)$ に等しい．　◀■

12.2 マクスウェルの電磁方程式

このようにして，マクスウェルは時間的に変動する場合を含めた電磁場の法則として次の関係式をまとめ上げた．

真電荷のガウスの法則

$$\text{I.}\qquad \oint_{\mathrm{S}} \boldsymbol{D}(\boldsymbol{r},t)\cdot \mathrm{d}\boldsymbol{S} = \int_{\mathrm{V}} \rho(\boldsymbol{r},t)\mathrm{d}V \tag{12.3}$$

真電荷密度 ρ は電束密度 $\boldsymbol{D}$ の湧き出し口となっていることを表す．

磁束密度のガウスの法則

$$\text{II.}\qquad \oint_{\mathrm{S}} \boldsymbol{B}(\boldsymbol{r},t)\cdot \mathrm{d}\boldsymbol{S} = 0 \tag{12.4}$$

電流によって作り出された磁束密度 $\boldsymbol{B}$ の磁束線は必ず循環している．また，磁石によって生じた $\boldsymbol{B}$ も磁極でも連続につながり場の湧き出し口も吸い込み口もないので常に上式が成り立つ．磁束密度場は電荷が起源となる静電場とは異なる．

ファラデーの法則

$$\text{III.}\qquad \oint_{\mathrm{C}} \boldsymbol{E}(\boldsymbol{r},t)\cdot \mathrm{d}\boldsymbol{l} = -\int_{\mathrm{S}} \frac{\partial \boldsymbol{B}(\boldsymbol{r},t)}{\partial t}\cdot \mathrm{d}\boldsymbol{S} \tag{12.5}$$

磁束密度が時間変化するとき，電磁誘導により空間に経路 C をとると，C を囲む曲面を貫く磁束の変化を抑える向きに誘導電場 $\boldsymbol{E}$ が生じることを表す．

アンペール・マクスウェルの法則

$$\text{IV.}\qquad \oint_{\mathrm{C}} \boldsymbol{H}(\boldsymbol{r},t)\cdot \mathrm{d}\boldsymbol{l} = \int_{\mathrm{S}} \left\{\boldsymbol{j}(\boldsymbol{r},t) + \frac{\partial \boldsymbol{D}(\boldsymbol{r},t)}{\partial t}\right\}\cdot \mathrm{d}\boldsymbol{S} \tag{12.6}$$

電束密度 $\boldsymbol{D}$ が時間変化すると空間に電束密度の時間変化率に相当する電流が流れる．この変位 (電束) 電流は伝導電流と同様に空間に磁場 $\boldsymbol{H}$ を作ることを表す．

これらの方程式の組は**マクスウェルの電磁方程式** (Maxwell's electromagnetic equations)(通称マクスウェルの方程式) とよばれる．ただし，電磁場について積分形式の表現となっている．さらに媒質の誘電的，磁気的および電気伝導の特性を表す誘電率 $\varepsilon(=\varepsilon_0\varepsilon_{\mathrm{r}})$，透磁率 $\mu(=\mu_0\mu_{\mathrm{r}})$，電気伝導率 σ を用いた

$$\boldsymbol{D}(\boldsymbol{r},t) = \varepsilon\boldsymbol{E}(\boldsymbol{r},t) = \varepsilon_0\boldsymbol{E}(\boldsymbol{r},t) + \boldsymbol{P}(\boldsymbol{r},t) \tag{12.7}$$

$$\boldsymbol{B}(\boldsymbol{r},t) = \mu\boldsymbol{H}(\boldsymbol{r},t) = \mu_0\boldsymbol{H}(\boldsymbol{r},t) + \boldsymbol{M}(\boldsymbol{r},t) \tag{12.8}$$

$$\boldsymbol{j}(\boldsymbol{r},t) = \sigma\boldsymbol{E}(\boldsymbol{r},t) \tag{12.9}$$

の 3 つの**物性方程式** (equations of electromagnetic properties of matter) があり，これらを考慮することで巨視的電磁気学の体系ができ上がる．すなわち，これらの式に基づき電磁波の存在を含め巨視的な電磁気現象のすべてが説明できる．なお，次章で述べるように，真空の誘電率 ε_0，真空の透磁率 μ_0 を用いれば，光速度 c は

$$c = \frac{1}{\sqrt{\varepsilon_0 \mu_0}}$$

と表される．また，ガウスの定理，ストークスの定理を用いると，電磁場に対する微分形式のマクスウェルの方程式は

$$\mathrm{div}\,\boldsymbol{D}(\boldsymbol{r},t) = \rho(\boldsymbol{r},t) \tag{12.10}$$

$$\mathrm{div}\,\boldsymbol{B}(\boldsymbol{r},t) = 0 \tag{12.11}$$

$$\mathrm{rot}\,\boldsymbol{E}(\boldsymbol{r},t) = -\frac{\partial \boldsymbol{B}(\boldsymbol{r},t)}{\partial t} \tag{12.12}$$

$$\mathrm{rot}\,\boldsymbol{H}(\boldsymbol{r},t) = \boldsymbol{j}(\boldsymbol{r},t) + \frac{\partial \boldsymbol{D}(\boldsymbol{r},t)}{\partial t} \tag{12.13}$$

にまとめられる．

演習問題

1. 伝導率 σ，誘電率 ε をもつ導体に関し，伝導電流の大きさと変位電流の大きさを比較してみよう．これを導線状にして，その両端に角振動数 ω で周期的に変動する電圧を印加し，導線内部に一様な電場 $E(t) = E_0 \sin \omega t$ を立てる．以下の問に答えよ．

(i) 導線を流れる伝導電流の電流密度 $j_{\mathrm{C}}(t)$ および変位電流の電流密度 $j_{\mathrm{D}}(t)$ を表せ．

(ii) この物質の伝導率は $\sigma \simeq 10^8\ \Omega^{-1} \cdot \mathrm{m}^{-1}$ であり，誘電率はおおよそ $\varepsilon \sim 10^{-10}\ \mathrm{A}^2 \cdot \mathrm{s}^2 \cdot \mathrm{N}^{-1} \cdot \mathrm{m}^{-2}$ とする．変位電流の振幅の伝導電流の振幅に対する比を求めよ．

(iii) 周波数が $f = 5 \times 10^8$ Hz の放送電波を受けたテレビアンテナからフィーダー線を通して流れる電流について考えると，フィーダー線がこの導体の場合，上の比はどの程度か．

(iv) 角振動数 ω がどの位の値になると変位電流が伝導電流に対して無視できなくなるのか，またそのときの変動する電場の波長 λ はどの程度か．ただし，電磁波の伝わる速度は光速度 $c = 3 \times 10^8$ m とする．

2. x 軸に沿って正の方向に，一定の速度 v で運動する電荷量 q の粒子がある．この粒子が原点 O を通過するとき，O から距離 R の正の x 軸上の点 P に作る変位電流密度 $i_{\mathrm{D}}(R)$ を求めよ．

第 13 章

平面電磁波の波動方程式

マクスウェルがアンペールの法則に変位電流の項を加えたことにより，電場が時間変化すると，その変化方向と垂直に変動する磁場が発生することが導かれた．他方，ファラデーの法則によって磁束密度が変化すると電場が生じる．したがって，時間的に変動している電場と磁場は互いに影響を及ぼしながら波として空間を伝播することが予想される．この波は電磁波と呼ばれる．この章では，電磁波の伝播はマクスウェルの方程式より導かれる波動方程式に従い，電磁場が横波として真空中を光速度 c で伝わることを示す，また，電磁波が運ぶエネルギーや運動量，角運動量について考察する．

13.1 電磁波の発生

電磁波 (electromagnetic wave) はその周波数によりいろいろな名称で呼ばれている．表 13.1 に示すように電磁波の中で X 線，紫外線，可視光，赤外線などは，原子・分子サイズの電磁波源から発生し，γ 線は原子核から発生するため，そのメカニズムについては量子力学的考察が必要になる．ここでは，これまでの電磁気学で取り扱える電波 (例えば波長 10 m 程度) の発生について触れることにしよう．図 13.1 は LC 回路で角振動数 (角周波数) $\omega = 1/\sqrt{LC}$ (波長 10 m の場合，振動数 $f = \omega/2\pi \approx 30$ MHz) の電流振動を起こす共振回路と電磁波を**放射** (radiation) する**アンテナ** (antena) の概念図である．LC 回路の発振器で生じた正弦波電流は相互誘導コイルで結合した伝送線 (transmission line) を通して細い導体ロッド対からなるアンテナにつながれる．アンテナに沿って大きさが正弦振動する電流は角振動数 ω で強さと流れの極性が変動し，遠方から見ると，その効果はアンテナに沿って双極子モーメントが正弦振動する電気双極子を形成するものと見なせる．このとき，電気双極子が作る電場 $\boldsymbol{E}$ の大きさと向きがアンテナ軸を含む面内に平行な電場成分として (アンテナ軸に沿って偏光しているという) 変動し，また，変位電流 $\varepsilon_0 \dfrac{\partial \boldsymbol{E}}{\partial t}$ が流れるので，この電流による磁場 $\boldsymbol{H}$ がアンテナ軸に垂直な成分として振動する．

表 13.1 電磁波の周波数帯と名称

周波数[Hz]	波長[m]		名称		波源	物理現象	応用
3k (kilo)	10^{5}		電波	超長波 (VLF)			電波航法
30k	10^{4}			長波 (LF)			船舶通信
300k	10^{3}			中波 (MF)	電子回路		AMラジオ
3M (mega)	10^{2}			短波 (HF)			
30M	10^{1}						MRI
300M	10^{0}			超短波 (VHF)			TV 携帯電話
3G (giga)	10^{-1}			極超短波 (UHF)	マグネトロン クライストロン		電子レンジ
30G	10^{-2}			センチ波	メーザー	分子回転遷移	衛星放送 レーダー
300G	10^{-3}	光子エネルギー		ミリ波			電波天文学
3T (tera)	10^{-4}			サブミリ波			
30T	10^{-5}		赤外線	遠赤外	高温物体	分子振動遷移	赤外ヒーター
300T	10^{-6}	1eV		近赤外	レーザー		光通信
3P (peta)	10^{-7}		紫外線	可視光 近紫外	石英水銀灯	外殻電子遷移	殺菌灯
30P	10^{-8}			真空紫外			
300P	10^{-9}	1keV	X線		X線管	内殻電子遷移	医療
3E (exa)	10^{-10}				放射光施設	制動放射	結晶構造解析
30E	10^{-11}					シンクロトロン放射	
300E	10^{-12}	1MeV					
3Z (zetta)	10^{-13}		γ線		放射性同位体		γ線治療
30Z	10^{-14}				粒子加速器	原子核反応	
300Z	10^{-15}	1GeV			系外宇宙		

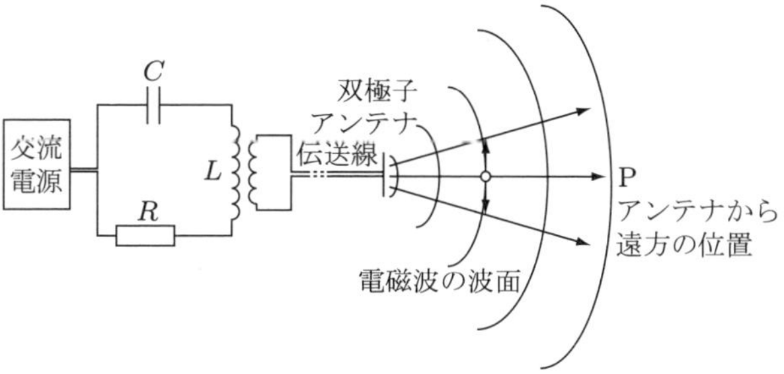

図 13.1 LC 発信器と変動する電磁場：LC 回路内に流れる振動電流により紙面内にある双極子型アンテナに電気振動を誘起し，電磁波が空間に放射される．遠く離れた点 P で電磁波の到来を観測する．図中の紙面内にある両端の矢印は電場の振動方向 (偏り) を，また，紙面に垂直な白丸の方向は磁場の振動方向を表す

このとき，電場と磁場の変動はすべての空間に一瞬に広がるのではなく，双方は電磁波としてアンテナから**光の速度** (light velocity) c で伝わる．なお，真空中では磁化 $\boldsymbol{M} = 0$ のため，磁束密度 $\boldsymbol{B}$ と磁場 $\boldsymbol{H}$ は常に $\boldsymbol{H} = \boldsymbol{B}/\mu_0$ の関係があるので，ここでは磁場成分を $\boldsymbol{B}$ としても扱う．

図 13.2 は空間に広がった電磁波のある瞬間の電気力線と磁力線の断面の模図をアンテナから放射された 1.5 周期分の様子として示す．この図に示した電場，磁場の時間変化の厳密な取り扱いは本書の範囲を超えているので，ここでは触れない．アンテナ軸に同心円をなす磁場は紙面に対しては垂直に表裏に振動しており，電場は電気力線の接線方向に紙面内で振動している．次にアンテナから十分に離れた位置 P にやって来る電磁波を考える．アンテナから放射される電磁波は波源より**球面波** (spherical wave) として，到達距離を r とすれば振幅が $1/r$ に依存して振動しながら伝わる．しかし，遠い位置では波長で決まる振幅の波動模様に比べると振幅の距離依存性は無視できるから．電磁波の波面はほとんど**横波平面波** (transverse electromagnetic wave) として扱える．また，$\boldsymbol{E}$ と $\boldsymbol{B}$ は次節で示すように同位相で振動する．したがって，発信源から十分遠ざかった位置 x を時刻 t に伝わる横波電磁波は波数を $k\left(=\dfrac{2\pi}{\lambda}\right)$ として，

電場成分

$$E = E_0 \sin(kx - \omega t) \tag{13.1}$$

磁場成分

$$B = B_0 \sin(kx - \omega t) \tag{13.2}$$

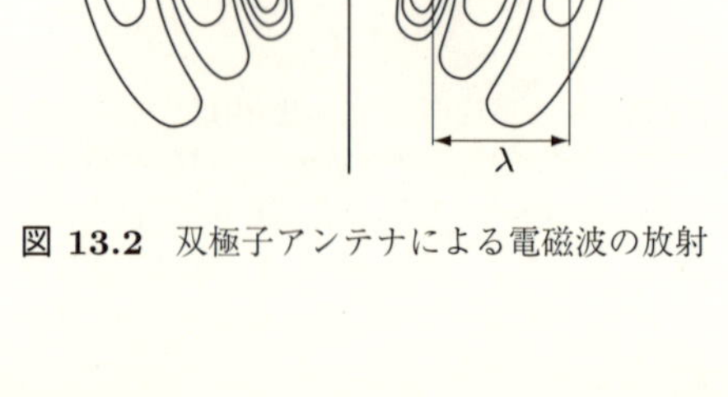

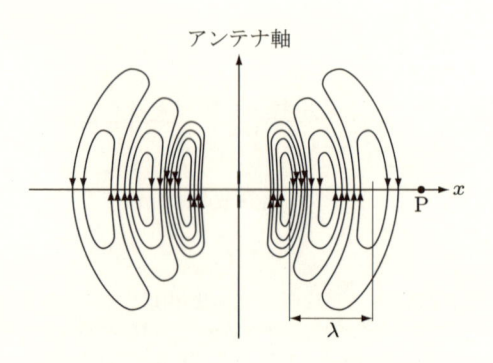

図 13.2　双極子アンテナによる電磁波の放射

と表される．このとき，波の速度は $c = \omega/k$ となる．式 (13.1) の変動電場はマクスウェルの誘導則により変動する磁場を伴い，式 (13.2) の変動磁場はファラデーの誘導則により変動する電場を伴い，あい携えて空間を進行することになる．

13.2 平面電磁波の波動方程式

自由空間 (真空中) を $xyz-$ 座標系で表したとき，マクスウェルの方程式から x 方向に伝わる平面電磁波を導いてみよう．すなわち，平面波であるから $\boldsymbol{E}$, $\boldsymbol{D}$, $\boldsymbol{B}$, $\boldsymbol{H}$ の変動成分はいずれも x と t だけの関数で，y, z によらない．

例えば速度 c で x 方向に進む平面電磁波を $\boldsymbol{E}(x,t) = \boldsymbol{E}(x - ct)$ として，まず図 13.3 のように，必ずしも横波ではなく，進行方向の成分 $E_x(x,t)$ があるものとして，

$$\boldsymbol{E}(x,t) = E_x(x,t)\boldsymbol{i} + E_y(x,t)\boldsymbol{j} + E_z(x,t)\boldsymbol{k} \tag{13.3}$$

を考えてみる．

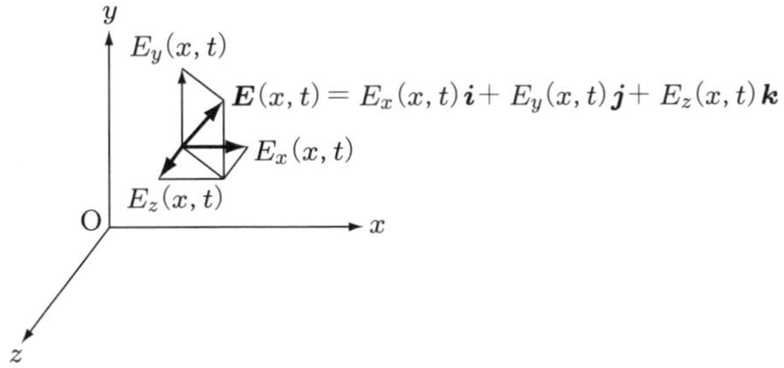

図 13.3　空間を伝わる変動する電場

空間には電荷はないとして，マクスウェルの方程式を微分形で表した式 (12.12) で，$\rho = 0$ を用いると

$$\mathrm{div}\boldsymbol{E} = \frac{\partial E_x}{\partial x} + \frac{\partial E_y}{\partial y} + \frac{\partial E_z}{\partial z} = \frac{\partial E_x}{\partial x} = 0 \tag{13.4}$$

ここで，電場の各成分は x のみの関数であることを用いた．

空間に伝導電流が存在しないので，式 (12.13) の x 成分より

$$\mathrm{rot}_x\,\boldsymbol{H} = \frac{\partial H_z}{\partial y} - \frac{\partial H_y}{\partial z} = \frac{\partial D_x}{\partial t} \tag{13.5}$$

H の各成分は x のみの関数で，左辺は 0 となる，したがって，

$$\frac{\partial E_x}{\partial t} = 0 \tag{13.6}$$

E_x は y, z に依存しない平面波を扱っているが，式 (13.4), (13.6) より，x および t に依存せず，結局，まったくの定数でなければならない．x 方向の一様な静電場は波として伝わる性質をもたないから，電磁波に関しては

$$E_x = 0$$

である．

同様な考察により，式 (12.11) から $\partial B_x/\partial x = 0$．式 (12.12) から $\partial B_x/\partial t = 0$ が得られ，電場成分と同様に

$$B_x = 0$$

となり，$H_x = 0$ となる．これらは，真電荷や伝導電流が存在しない自由空間において，電磁波が平面波の進行方向には電磁場成分をもたない横波であることを示している．

▶ 電磁波の $\boldsymbol{E}$ と $\boldsymbol{B}$ の直交性

ここからは，E の偏りを y 方向にとって，つまり，$E_y \neq 0$, $E_z = 0$ として議論を進めることにする．

式 (12.13) の y 成分を用いれば，

$$\varepsilon_0 \frac{\partial E_y}{\partial t} = -\frac{\partial H_z}{\partial x} \tag{13.7}$$

また，このとき，$\boldsymbol{H}$ が仮に y 方向に成分をもつとして，式 (12.13) の z 成分を適用すれば，

$$\frac{\partial H_y}{\partial x} = \varepsilon_0 \frac{\partial E_z}{\partial t} = 0$$

となり，$E_z = 0$ ならば必ず $H_y = 0$ となる．したがって，$\boldsymbol{E}$ が y 方向に偏りをもつならば，その磁場成分は H_z のみで，お互いに直交関係にあることが示される．

▶ 波動方程式

式 (12.12) の z 成分は

$$\mu_0 \frac{\partial H_z}{\partial t} = -\frac{\partial E_y}{\partial x} \tag{13.8}$$

となる．この式は電磁波の電場 $\boldsymbol{E}$ と磁場 $\boldsymbol{H}$ の関係を表す重要な式である．

式 (13.7), (13.8) をそれぞれ t, x で偏微分して H_z を消去すれば

$$\varepsilon_0 \frac{\partial^2 E_y}{\partial t^2} = -\frac{\partial^2 H_z}{\partial x \partial t}$$

および，

$$\mu_0 \frac{\partial^2 H_z}{\partial t \partial x} = -\frac{\partial^2 E_y}{\partial x^2}$$

より,

$$\frac{\partial^2 E_y}{\partial t^2} = \frac{1}{\varepsilon_0 \mu_0} \frac{\partial^2 E_y}{\partial x^2} \tag{13.9}$$

が得られる．同様にして式 (13.7), (13.8) をそれぞれ x, t で偏微分して E_z を消去すれば

$$\frac{\partial^2 H_z}{\partial t^2} = \frac{1}{\varepsilon_0 \mu_0} \frac{\partial^2 H_z}{\partial x^2} \quad \left(\frac{\partial^2 B_z}{\partial t^2} = \frac{1}{\varepsilon_0 \mu_0} \frac{\partial^2 B_z}{\partial x^2} \right) \tag{13.10}$$

が導かれる，これらの式 (13.9), (13.10) は波が速度

$$c = \frac{1}{\sqrt{\varepsilon_0 \mu_0}} \quad [\mathrm{ms}^{-1}] \tag{13.11}$$

で伝わる 1 次元波動方程式 (one-dimensional wave equation) を表す．すなわち，電場の E_y 成分と磁場の H_z 成分は波動として振る舞うことを示している．真空の誘電率，真空の透磁率の値を用いると

$$c = 2.99792458 \times 10^8 \quad \mathrm{ms}^{-1} \tag{13.12}$$

となり，c は真空中の光速度として認められている値となる[1)]．式 (13.9)，(13.10) は 1 次元の**マクスウェルの波動方程式** (Maxwell's wave equation) とよばれる．なお，誘電率 ε，透磁率 μ の媒質を伝播する電磁波の速度は

$$v = \frac{1}{\sqrt{\varepsilon \mu}} = \frac{c}{\sqrt{\varepsilon_\mathrm{r} \mu_\mathrm{r}}} \tag{13.13}$$

となる．

▶ 前進波と後退波

式 (13.9) の電場の波の解は，一般に f, g を任意の関数として，

$$E_y = f(x - ct) + g(x + ct) \tag{13.14}$$

で与えられる進行波 (propagating wave) である．第 1 項は x の正の方向に進む前進波を表し，第 2 項は x の負の方向へ進む後退波を表す．このとき，磁場の波は式

---

1) 光速度 c は実験により高精度で値が定まる普遍的な物理定数である．また，式 (13.11) のとおり真空の誘電率 ε_0 と透磁率 μ_0 に結びついている．第 1 章で電荷間に働く力，第 8 章では電流間に働く力のそれぞれの定義式に基づき，ε_0，μ_0 の次元や数値が定められると説明した．しかし，電荷に働く静電的な力の精密な測定は困難なことから，電流間に働く力の精密な測定で決まる μ_0 と光速度の値から ε_0 の値は定めることができる．その結果 $\varepsilon_0 = 8.85418782 \times 10^{-12}\ \mathrm{C^2N^{-1}m^{-2}}$ として認められている．

(13.8) を満足する必要があり，

$$H_z = \sqrt{\frac{\varepsilon_0}{\mu_0}}[f(x-ct) - g(x+ct)] \tag{13.15}$$

あるいは

$$B_z = \sqrt{\varepsilon_0\mu_0}[f(x-ct) - g(x+ct)] \tag{13.16}$$

となる．これら一対の波が電磁波である．前節の正弦電磁波の場合は，電場の波が

$$E_y = f(x-ct) = E_0 \sin(kx - \omega t) = E_0 \sin k\left(x - \frac{\omega}{k}t\right) \tag{13.17}$$

に対応し，磁場の波は

$$B_z = \sqrt{\varepsilon_0\mu_0} f(x-ct) = \sqrt{\varepsilon_0\mu_0} E_0 \sin(kx - \omega t) = B_0 \sin k\left(x - \frac{\omega}{k}t\right) \tag{13.18}$$

となり，電場と磁場の波が同位相で伝播することがわかる．このとき，図 13.4 のように電場の向きから磁場の向きに右ネジを回したときネジの進む向きに電磁波は伝わる．なお，$f(x-ct)$ および $g(x+ct)$ の波の形は電磁波を励起する手段により決まる．

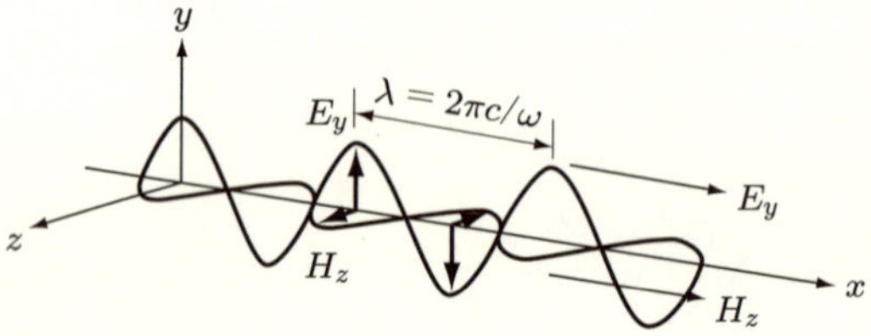

図 13.4　直線偏光の平面電磁波：電磁波の進行方向を x とすると電場の振動方向は y，磁場の振動方向は z となり，この三者はつねに直交する

ここで導いた平面電磁波は電場 $\boldsymbol{E}$ が y 成分，それに伴う磁場 $\boldsymbol{H}$ は z 成分であったが，電場が z 成分，磁場が y 成分をもって x 方向へ進む平面波も存在する．電場や磁場の振動方向が波の進行を伴って変わらない電磁波を**直線偏光** (linearly polarized light) という．このとき，式 (13.8) と同様な関係は

$$\mu_0 \frac{\partial H_y}{\partial t} = \frac{\partial E_z}{\partial x}$$

で与えられる．式 (13.8) の場合も考慮して，一般に電磁波では磁束密度ベクトル $\boldsymbol{B}$ と電場ベクトル $\boldsymbol{E}$ は

$$-\frac{\partial \boldsymbol{B}}{\partial t} = \mathrm{rot}\ \boldsymbol{E}$$

の関係がある．したがって，平面波の進行方向が伝播ベクトル $\boldsymbol{k}$ で表されるとき，電磁波の角振動数を ω とすれば，$\boldsymbol{E}(t) = \boldsymbol{E}_0 \sin(\boldsymbol{k}\cdot\boldsymbol{r} - \omega t)$, $\boldsymbol{B}(t) = \boldsymbol{B}_0 \sin(\boldsymbol{k}\cdot\boldsymbol{r} - \omega t)$ とおいて，上式に代入すれば，

$$\omega \boldsymbol{B}_0 = \boldsymbol{k} \times \boldsymbol{E}_0 \tag{13.19}$$

とする関係が導かれる．$\boldsymbol{B}_0$ と $\boldsymbol{E}_0$ は互いに直交している．もちろん $\boldsymbol{E}_0$ および $\boldsymbol{B}_0$ は波の進行方向 $\boldsymbol{k}$ に対して垂直である．

▶ 制動放射

ここでは，電磁波の放射が電荷の振動電流に起因する**電気双極子放射** (electric dipole radiation) の場合を扱った．しかし，電磁波が発生するのはこのような場合だけではない．一般に荷電粒子が加速度運動するとき電磁波を発生し，真空や媒質中をマクスウェルの波動方程式に従って伝播する．例えば高速に加速した荷電粒子を金属に当て制動させるときに**制動放射** (brems strahlung) として現れる X 線 (X ray) の発生や高速電子をシンクロトロン加速器 (synchrotron accelerator) で円軌道を描かせながら加速しているとき軌道の接線方向に強く放射される**放射光** (synchrotron radiation) は，このような原理により発生する電磁波である．ただし，空間に放射された電磁波は 3 次元に拡張した波動方程式にしたがって伝播する．

[問題 1] 振動数 300 MHz の正弦波電磁波が x 方向に伝播する，電場の振幅 E_0 は 750 V/m とする．

(i) この電磁波の波長 λ と周期 T を求めよ．

(ii) 磁場密度の振幅 B_0 は何 T か．

13.3 電磁波の運ぶエネルギー

▶ 電磁波のエネルギー密度

電磁場のもつ電磁エネルギー密度 u [Jm^{-3}] は，電場に対して式 (5.25)，磁場に対して式 (10.8) で表されるから，電磁波は電磁エネルギーを伝える．x 方向へ伝わる電磁波に伴う，ある時刻 t，位置 x の局所的な電磁エネルギー密度 $u(x,t)$ は

$$u(x,t) = \frac{1}{2}\varepsilon_0 E^2(x,t) + \frac{1}{2}\frac{B^2(x,t)}{\mu_0} \tag{13.20}$$

で表される．このとき，電場，磁束密度の振動成分が，それぞれ，E_y，B_z の平面電磁波のもつ**電磁エネルギーの流れ** (flow of electromagnetic energy) を考えよう．電磁エネルギー密度 $u(x,t)$ は

$$u(x,t) = \frac{1}{2}\left\{\varepsilon_0 E_y^2(x,t) + \frac{B_z^2(x,t)}{\mu_0}\right\}$$

なので，位置 x における $u(x,t)$ の時間変化率 $\partial u(x,t)/\partial t$ は，

$$\frac{\partial u}{\partial t} = \varepsilon_0 E_y \frac{\partial E_y}{\partial t} + \frac{1}{\mu_0} B_z \frac{\partial B_z}{\partial t}$$

となる．電場 E_y，磁束密度 B_z の時間変化率に関する式 (13.7), (13.8) を用いると

$$\frac{\partial u}{\partial t} = \frac{1}{\mu_0}\left(-\frac{\partial B_z}{\partial x}E_y - \frac{\partial E_y}{\partial x}B_z\right) = -\frac{1}{\mu_0}\frac{\partial (E_y B_z)}{\partial x}$$

と書ける．

▶ ポインティング・ベクトル

ここで，

$$S_x(x,t) = \frac{E_y(x,t)B_z(x,t)}{\mu_0} \tag{13.21}$$

で表される関数 $S_x(x,t)$ を導入する．$\partial u(x,t)/\partial t$ は

$$\frac{\partial u(x,t)}{\partial t} = -\frac{\partial S_x(x,t)}{\partial x}$$

すなわち，

$$\frac{\partial u(x,t)}{\partial t} + \frac{\partial S_x(x,t)}{\partial x} = 0 \tag{13.22}$$

となる．この式は，$S_x(x,t)$ が x 軸に垂直な単位面積を単位時間に x 方向へ流れる電磁エネルギーの連続の方程式と見なすことができる．

そこで，一般に直線偏光として電場ベクトルが yz 面の任意の方向，つまり $\boldsymbol{E}(0, E_y, E_z)$ で，磁束密度ベクトルが電場と垂直な $\boldsymbol{B}(0, B_y, B_z)$ の x 方向へ伝わる電磁波に対して式 (13.21) を拡張する．E_z, B_y 成分をもつ電磁波のエネルギー密度 $u(x,t) = (1/2)\{\varepsilon_0 E_z^2(x,t) + B_y^2(x,t)/\mu_0\}$ の時間変化率は $\partial u(x,t)/\partial t = (1/\mu_0)\partial(E_z B_y)/\partial x$ となる．よって，x 方向へ伝わる平面電磁波について式 (13.21) は，

$$S_x = \frac{1}{\mu_0}(E_y B_z - E_z B_y) = \frac{1}{\mu_0}(\boldsymbol{E}\times\boldsymbol{B})_x = (\boldsymbol{E}\times\boldsymbol{H})_x$$

となる．なお，いまの場合は $S_y(x,t) = 0$, $S_z(x,t) = 0$ である．

以上の考察から，任意の方向に伝わる平面電磁波に伴うベクトル $\boldsymbol{S}(S_x, S_y, S_z)$ は，

$$\boldsymbol{S}(\boldsymbol{r}, t) = \frac{1}{\mu_0}\boldsymbol{E}(\boldsymbol{r}, t) \times \boldsymbol{B}(\boldsymbol{r}, t) = \boldsymbol{E}(\boldsymbol{r}, t) \times \boldsymbol{H}(\boldsymbol{r}, t) \tag{13.23}$$

と表されることがわかる．ベクトル $\boldsymbol{S}$ は**ポインティング・ベクトル** (poynting vector) とよばれ，$\boldsymbol{S}$ は $\boldsymbol{E}$ と $\boldsymbol{B}$ の外積で決まる方向にあり，その大きさ $|\boldsymbol{S}|$ は $\boldsymbol{S}$ に垂直な単位面積を単位時間に流れる電磁エネルギーで，単位は $[\mathrm{Wm}^{-2}]$ である．なお，一般の電磁波に対しても式 (13.23) は成り立つ．また，電磁エネルギーの微分形式の保存則として

$$\frac{\partial u(\boldsymbol{r}, t)}{\partial t} + \mathrm{div}\ \boldsymbol{S}(\boldsymbol{r}, t) = 0 \tag{13.24}$$

が成り立つことがわかる．

式 (13.17)，(13.18) で与えられる正弦進行波の場合は x 方向の単位ベクトルを $\boldsymbol{i}$ として，

$$\boldsymbol{S}(x, t) = \frac{1}{\mu_0 c}E_{\mathrm{o}}^2 \sin^2(kx - \omega t)\boldsymbol{i}$$

となる．ある位置 x_0 で $\boldsymbol{S}(x, t)$ を 1 周期 T にわたって時間平均すると，

$$< \boldsymbol{S} >_T = \frac{E_{\mathrm{o}}^2}{\mu_0 c}\frac{\int_0^T \sin^2(kx_0 - \omega t)\mathrm{d}t}{T}\boldsymbol{i} = \frac{E_0^2}{2\mu_0 c}\boldsymbol{i} \tag{13.25}$$

となる．一般に電磁波の強度とよばれる量 I はこの $< \boldsymbol{S} >_T$ の大きさことで $(I = E_0^2/2\mu_0 c)$，その単位は $[\mathrm{Wm}^{-2}]$ である．

[問題 2]　出力 10 mW のあるレーザー光の円形ビームの断面直径は 1.5 mm である．

(i) ビームの強度は円形断面内で一様と仮定すると，光の電場成分の強さは何 V/m になるか．なお，レーザー光の強度 I は出力 (パワー) を口径面積で割った量である．

(ii) ビームの時間平均電磁エネルギー密度はいくらか．

♦13.4　放射圧と電磁波の運動量

電磁波は光速 c で進行する場としてエネルギーを運ぶ．電磁波は質量をもたないが，物体に当たって反射されたときその物体に力を及ぼすので，電磁波のもつ運動量 (momentum) が変化したはずである．ここでは，図 13.5 のように，これまでと

同様に電場と磁場が，それぞれ y 軸，z 軸に偏りをもち，自由空間の x 方向に進行する電磁波が，$x=0$ にある完全導体 ($\sigma=\infty$) 平面に当たり，そこで反射されることを例にとり，電磁波が導体に及ぼす圧力と，そのことから電磁波がもつ運動量を考えよう．

▶ 金属面での反射

ただし，入射電磁波は説明の便宜から図 13.5 のような有限の広がりをもつパルス波 $f(x-ct)$(波束) とする[2)]．まず，電磁場は入射波 (incident wave) と反射波 (reflected wave) を考慮した

$$E_y = f(x-ct) + g(x+ct) \tag{13.26}$$

および

$$H_z = \sqrt{\frac{\varepsilon_0}{\mu_0}}[f(x-ct) - g(x+ct)] \tag{13.27}$$

で表す．反射面 $x=0$ において金属内は電場が 0 なので．

$$E_y(0,t) = 0$$

となり，式 (13.26) より

$$0 = f(-ct) + g(ct)$$

すなわち，$x>0$ へ向かった入射波 $f(x-ct)$ と $x<0$ へ向かう反射波 $g(x+ct)$ の間には

$$g(ct) = -f(-ct)$$

の関係が成立し，互いの変数の符号と，関数値の符号を変えたものに等しくなる．したがって，入射波と反射波が共存する $x<0$ 空間においては，

$$E_y = f(x-ct) - f(-x-ct) \quad (x<0) \tag{13.28}$$

と入射波と反射波の重ね合わせとなり，電場成分にとっては導体表面は弾性体の横波振動における固定端 (fixed end) と同様に反射波と入射波は $x=0$ で鏡映反対称的である．

また，磁場成分は式 (13.27) より $x<0$ へ進む波については $\sqrt{\dfrac{\varepsilon_0}{\mu_0}}E_y = -H_z$ と

2) ある時刻のスナップショットで見た空間的広がりをもつ波束の波形関数 $f(x)$ は無数の異なる波長をもつ正弦波の足し合わせで表される．それぞれの正弦波の伝播速度 $c(\lambda)$ が波長 λ に依存しない場合は，すべての正弦波は等しい速度 c をもつので，波束は波形が歪まずに伝わる．このとき，各正弦波の角振動数 ω と波数 $k=2\pi/\lambda$ に関し，$\mathrm{d}\omega/\mathrm{d}k = c$ の関係が成り立ち，その媒質は分散がないという．ここの波束が伝播する空間は真空中と考えているので分散媒質ではない．

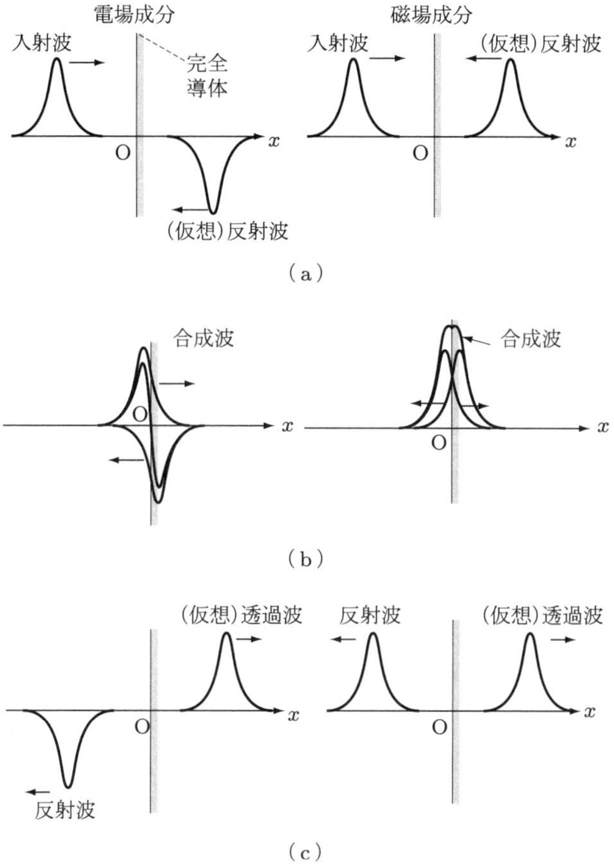

図 13.5 電磁波が**完全導体** ($\sigma = \infty$) (perfect conductor) に入射し反射される．例として図は導体にパルス状の電磁波が到来する (a) 前，(b) 進入中，(c) 反射後の電場および磁場の様子を表している．ただし，$x < 0$ 領域では実際の，$x > 0$ の導体内領域では仮想的な，波動の波形である

なることを考慮すると，

$$H_z = \sqrt{\frac{\varepsilon_0}{\mu_0}}[f(x-ct)+f(-x-ct)] \quad (x<0) \tag{13.29}$$

であって，入射波と反射波とは振幅の符号が同じで等しい．すなわち，磁場成分にとっては導体表面は弾性体の横波振動における自由端 (free end) と同様に入射波と $x=0$ で鏡映対称の反射波が発生することがわかる．導体表面 $x=0$ においては，$E_y = 0$ であるが，磁場については

$$H_z = \sqrt{\frac{\varepsilon_0}{\mu_0}}[f(-ct) + f(-ct)] = 2\sqrt{\frac{\varepsilon_0}{\mu_0}}f(-ct) \quad (x = 0) \tag{13.30}$$

となり，境界面では接線方向に入射波の 2 倍の振幅の振動磁場が存在する．しかし，振動電場は導体内では減衰する．特に，$\sigma = \infty$ では内部に侵入しない．したがって，図 13.6 に示されるように完全導体内では，この電場に伴った振動磁場は存在しないから，導体表面を境に内外で H は不連続性である．境界を挟んだ xz 面内に z 方向には長く x 方向には極めて短く，その縁を含む面が y 方向を向く経路をとり，経路に沿ってアンペールの回路定理を適用すると，導体表面の y 方向に

$$J_y = H_z = 2\sqrt{\frac{\varepsilon_0}{\mu_0}}f(-ct) \tag{13.31}$$

だけの表面電流密度の電流が流れていることによって H の不連続性がもたらされることがわかる．結局，図 13.5 や図 13.6 のように電磁波の電場に対する固定端の要請から反射電場が駆動され，それに伴って反射磁場が生じて表面電流が導体面上に流れると解釈できる，このとき，導体表面では互いに直交する表面電流と磁場の相互作用で導体に力が働く．この力に関わる導体表面での磁束密度は磁束密度 0 の面内と外部 $\mu_0 H_z$ との平均と考えてよい．言い換えれば，反射磁場と関わる表面電流と入射波の磁場成分の間の磁気力が導体に圧力を及ぼす．B_z の平均は

$$\overline{B_z} = \mu_0\sqrt{\frac{\varepsilon_0}{\mu_0}}f(-ct) = \sqrt{\varepsilon_0\mu_0}f(-ct) \tag{13.32}$$

したがって，導体に働く x 方向の力は単位面積当たり

$$p(t) = J_y\overline{B_z} = (\boldsymbol{J} \times \overline{\boldsymbol{B}})_x = 2\varepsilon_0 f(-ct)^2 = 2\varepsilon_0 E_y^2(0, t) \tag{13.33}$$

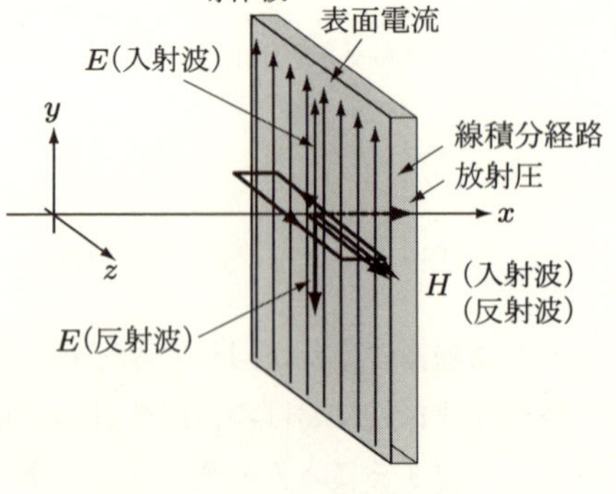

図 13.6　表面電流と放射圧

となる．ただし，ここの $E_y(0,x)$ は入射電場成分を表す．1 周期 T で時間平均した量 $<p(t)>_{\mathrm{T}}= p_{\mathrm{r}}$ は完全反射のさいの圧力の強さとして，$p_{\mathrm{r}} = \varepsilon_0 E_0^2$ である．

このように電磁波が導体に垂直に入射して反射されるとき，$2\varepsilon_0 E(0,t)^2$ の大きさをもつ圧力が導体板に働く．これは**放射圧** (radiation pressure) とよばれる．光の圧力は通常の強さでは極めて微小なため，光が物体に当たると熱せられてその表面の空気の圧力を上昇させる**ラジオメーター効果** (radiometer effect) とよばれる効果があるため，これに覆い隠され測定しにくい．しかし，レベデフがはじめて (1890 年) その存在を確認した．光の圧力は微小なものであるが，彗星の尾がいつも太陽と反対方向に向いているのは太陽からの光の圧力で吹き流されているためと理解されている．近年は放射出力の強力なレーザーが実用化されていて，これを光源にすれば微細な粒子にも大きな放射圧が働くことになり，その実用化に向け基礎と応用から多様な試みがなされている[3)]．

▶ 電磁波の運動量

このように電磁波が導体に圧力を及ぼすならば，電磁波は運動量をもつ粒子として振る舞い，物質粒子に衝突したときに及ぼす力積が放射圧の起源と考えることができる．このとき式 (13.33) により，入射電磁波の電場で表すと，一般に $2\varepsilon_0 \boldsymbol{E}^2(x,t)$ だけの圧力を及ぼすから，反射による単位体積当たりの運動量 (運動量密度) の変化の大きさは，これを光速度 c で割った

$$|\Delta \boldsymbol{P}| = \frac{2\varepsilon_0 \boldsymbol{E}^2}{c}$$

である．さて，反射するときは運動量の方向が逆になるから，入射波と反射波の運動量密度はともに上の式の半分の，

$$|\boldsymbol{P}| = \frac{\varepsilon_0 \boldsymbol{E}^2}{c} \tag{13.34}$$

と考えてよい．一方，入射波のポインティング・ベクトル $\boldsymbol{S}$ の大きさは，式 (13.28), (13.29) より，

$$|\boldsymbol{S}| = |\boldsymbol{E} \times \boldsymbol{H}| = f(x-ct)\sqrt{\frac{\varepsilon_0}{\mu_0}} f(x-ct) = \sqrt{\frac{\varepsilon_0}{\mu_0}} \boldsymbol{E}^2 = c\varepsilon_0 \boldsymbol{E}^2$$

となり，運動量密度の c^2 倍である．ポインティング・ベクトルの向きは入射波の方向であり，これはまた，運動量密度の進行方向とも一致する．一般に，電磁波の運動量密度 $\boldsymbol{P}$ とポインティング・ベクトル $\boldsymbol{S}$ は，

---

3) Ashkin：レーザー光の圧力，別冊サイエンス特集レーザー未来を開く光，霜田光一編 (1975) 85.

$$P(r,t) = \frac{S(r,t)}{c^2} \tag{13.35}$$

の関係となる．

[問題 3]　地球は太陽から平均して 1 m^2 あたり毎秒 0.33×10^3 cal の放射熱を受けているという．なお，1 cal = 4.2 J とする．

(i) 太陽放射の地表での電場および磁場の振幅 E_0，H_0 を求めよ．

(ii) また，地球は太陽からの放射を全部吸収するとすれば，表面に垂直方向の平均放射圧力はいくらか．

なお，ある方向に2つの互いに直角な直線偏光波が互いの位相を $\pi/2$ だけ異にして伝播するとき，合成波は偏光面が角振動数 ω で回転しながら伝播する**円偏光** (circularily polarized light) の電磁波なる．この円偏光波は**角運動量** (angular momentum) をもっている．ここでは，進行方向に偏波面が反時計まわりに回転しながら進む円偏光波は，角運動量密度は $|J(r,t)| = u(r,t)/\omega$ [$\mathrm{Jsm^{-3}}$] の大きさをもち，時計回りの場合は負号がつくことを述べるだけに留める[4]．

演習問題

1. 角振動数 ω の平面電磁波が，比誘電率 ε_1，比透磁率 $\mu_1 = 1$ の媒質1から一様な境界面で接した比誘電率 ε_2，比透磁率 $\mu_2 = 1$ の媒質2へ入射する[5]．入射波の電場ベクトル E_I は図13.7のように波面法線と境界面法線がなす面内に偏っているものとする．この電磁波が起こす反射と透過現象について次の問に答えよ．ただし，入射点を原点として境界面法線に沿って媒質1から2へ向けて z 軸，紙面と境界面の交線を x 軸にとり，入射電場は振幅 $E_{\mathrm{I}0}$，偏波の単位ベクトル e_I，波動ベクトル k_I，位置ベクトル r，時刻 t を用いて $E_\mathrm{I}(r,t) = E_{\mathrm{I}0} e_\mathrm{I} \exp i(\omega t - k_\mathrm{I} \cdot r)$ と表示する．また，両媒質とも等方的で，電気伝導性はないものとする．

(i) 波動ベクトルの大きさ $|k_\mathrm{I}|$ を ε_1, ω，真空中の光速度 c を使って表せ．

(ii) 境界面において波動の電磁場が満たすべき境界条件をあげよ．

(iii) 入射角，反射角，屈折角をそれぞれ θ_I, θ_L, θ_R と表す．これらが満たす反射と屈折の法則を導け．

(iv) 反射波，透過波の電場振幅をそれぞれ $E_{\mathrm{L}0}$，$E_{\mathrm{R}0}$ と表す．入射波に対する振幅比

---

4) 円偏光電磁波のもつ角運動量の解説として巻末の参考文献13は参考になる．

5) 光の振動数領域では，媒質の透磁率 μ には分散がなく，真空の透磁率 μ_0 に等しいとして扱ってよい．

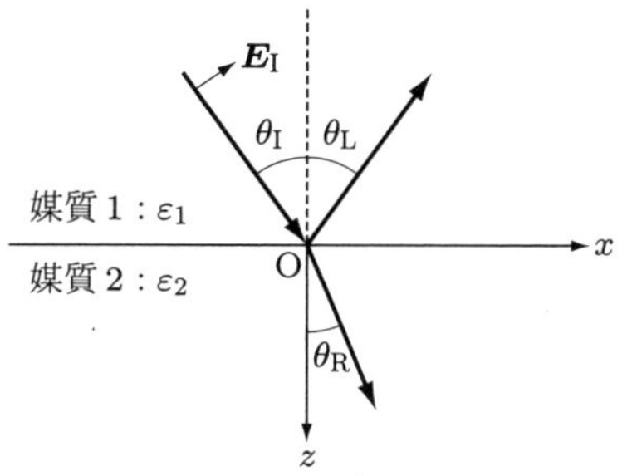

図 13.7　平面電磁波の反射と屈折：電場は図の紙面内に偏向している

$E_{\mathrm{L}0}/E_{\mathrm{I}0}$ および $E_{\mathrm{R}0}/E_{\mathrm{I}0}$ を求めよ．

(v) $\varepsilon_1 > \varepsilon_2$ であるとする．入射角 θ_I を次第に大きくすると，反射波がいったん消える**ブリユースター角** $(= \theta_\mathrm{B})$ と呼ばれる入射角があり，さらに大きくすると**全反射**が起こる臨界角 $(= \theta_\mathrm{C})$ がある．θ_B，θ_C を求めよ．

(vi) $\theta_\mathrm{I} > \theta_\mathrm{C}$ のとき，$\cos\theta_\mathrm{R}$ は純虚数になるが，(iv) で求めた関係式はそのまま成立する．反射波の入射波に対する位相差は，入射角が $\theta_\mathrm{I} < \theta_\mathrm{B}, \theta_\mathrm{B} < \theta_\mathrm{I} < \theta_\mathrm{C}$，および，$\theta_\mathrm{I} < \theta_\mathrm{C}$ の場合，それぞれどのように変わるか．

2. 前章の例題 12.1 の平行円板型コンデンサーの放電時の過渡現象について，次の問に答えよ．

(i) コンデンサー内の中心軸から r の位置における放電開始から時刻 t でのポインティング・ベクトル $\boldsymbol{S}(r,t)$ の大きさを求め，方向を記せ．

(ii) 時刻 t にコンデンサーの縁 $(r = a)$ の全側面を単位時間当たりに通過する電磁場のエネルギー $w(a,t)$ を求めよ．

(iii) 放電が完全に終わるまでにコンデンサーの縁 $(r = a)$ の全側面を通過した電磁場のエネルギー W を求め，はじめにコンデンサーに蓄えられていた静電エネルギー U と等しいことを示せ．

3. 有効口径 4.60 mm で出力 4.60 W のレーザー光が鉛直上方に向けられている．そこへレーザー口径より小さい直径 d で高さ H の円柱を光軸に平行に置くと放射圧のために空間に浮いた．この円柱の底面は完全に光を反射し，密度 ρ は 1.2 $\mathrm{gcm^{-3}}$ であるとする．この円柱の高さ H [m] はいくらか．ただし，重力加速度は $g = 9.8\ \mathrm{Nkg^{-1}}$ とする．

コラム

非線形光学

電磁気学を記述するマクスウェル方程式は電場 $\boldsymbol{E}$，磁場 $\boldsymbol{H}$ に対して線形な方程式である．また，真空や物質を含む媒質の電場に対する電気分極や磁場に対する磁化の応答は $i,\ j = 1,\ 2,\ 3$ を直角座標の $x,\ y,\ z$ 成分を表すものとして，$P_i/\varepsilon_0 = \sum_j^3 \chi_{ij} E_j$，$M_i = \sum_j^3 \chi_{\mathrm{m}ij} H_j$ のように，2階テンソルの電気感受率 χ_{ij} や磁気感受率 $\chi_{\mathrm{m}ij}$ を介して線形なものとして扱い，さらに，媒質において電場，磁場には重ね合わせの原理が成り立つものとする．一般に，真空を除きこのような関係が成り立つのは電場や磁場が弱い場合で，場の強度が強くなると，媒質は電場 $\boldsymbol{E}$，磁場 $\boldsymbol{H}$ に対する非線形な応答を示す．古典的に物質中の原子・分子に束縛されている電子の電場下での束縛運動を振動子のモデルで扱うと，電場が弱い場合は調和ポテンシャルの線形な復元力が働き線形応答を示すが，強くなると電子の運動の振幅が増大して非調和なポテンシャルによる非線形な運動が生じることに関わっている．このとき，たとえば電気分極に話を限ると，P は E のべきで展開した，

$$P_i/\varepsilon_0 = \sum_j^3 \chi_{ij} E_j + \sum_{j,k}^3 \chi_{ijk} E_j E_k + \sum_{j,k,l}^3 \chi_{ijkl} E_j E_k E_l + \cdots$$

と表すことができる．χ_{ijk} は3階，χ_{ijkl} は4階の非線形感受率テンソル (nonlinear susceptibility tensor) とよばれ，さらに高階の感受率が存在する．なお，偶数階の感受率はどのような空間対称性をもつ物質でも現れ得るが，奇数階の感受率は物質に中心対称性がない場合に現れる．これらの非線形項は電場が強くなるにつれて顕著になる．磁場に対する磁化についても同様な展開が可能であり，強磁性体の磁気履歴は磁場と磁化に対する非線形効果のよく知られた現象である．電場や磁場が静的な場合の非線形効果は地味であるが，電磁波のように固有の角振動数で変動する場に対しては，非線形効果は明瞭である．なお，一般に電場に比べて磁場の効果は弱い．**非線形光学** (nonlinear optics) とは，入射光電場 E が非常に大きいとき，つまり，光源に高輝度，単色性，高コヒーレンスのレーザーを用いることでこのような効果が顕著になって発展した光物理学の分野である．

これらの項に基づき，角振動数 ω の入射光に対する，$2\omega,\ 3\omega,\ \cdots$ の光高調波発生や，角振動数 $\omega_1,\ \omega_2$ の入射光に対する $\omega_1 \pm \omega_2$ の光混合，多光子遷移，光の強度に依存する屈折率の変化に伴う光自己収束効果，他，物質の格子振動と結合する誘導ラマン散乱や誘導ブリュアン散乱等の現象が見られる．これらの多彩な効果は，既に物性物理の研究のプローブとして，また，光通信のデバイスとして実用化されており，さらに，光コンピュータ開発などへ向けた応用研究がなされている．

付録 A

数学的準備

電磁気学は難しいといわれる．多くの場合その理由は使われている数式がなじみにくいことだろう．期末試験は式を丸暗記してしのいで単位はとれたが，後になって電磁気学はどうも苦手だということになるケースが少なくないようだ．こうならないためには出てくる数学的表現の意味をちゃんと理解して進む習慣をつけることが大切である．本章ではまず力学等で習ったであろう3次元空間のベクトルと，極座標について基本的な概念を簡単に復習する．気がかりな所があったら，自分で納得がいくまで理解しておくことを奨める．昔の話になるが筆者がはじめて電磁気学を学んだころは，曲線C上の線積分 $\int_{\mathrm{C}} \boldsymbol{E}(\boldsymbol{r}) \cdot \mathrm{d}\boldsymbol{l}$ とか，曲面S上の面積分 $\int_{\mathrm{S}} \boldsymbol{E}(\boldsymbol{r}) \cdot \mathrm{d}\boldsymbol{S}$ というような表現が，ほとんど何の説明もなく出てきて閉口した記憶がある．これらの表現は，特に重要な物理法則に含まれていることが多い．初めてこのような式を見る読者も少なくないと思うが，「積分のdの後がベクトルだ！」と驚く必要はない．本章の残りの部分で少しページを割いて，これら線積分，面積分，さらに3次元空間領域の積分の意味，計算法についても説明しよう．

A.1 ベクトルについて

(1) ベクトルの記法

本書では式の中でベクトルを表すのに太字を使うことにする．またベクトルの直角座標成分 (図A.1(a)) は細字に x, y, z の添え字をつけて表す．また通常行われているように，成分を (　) でくくってベクトルを表すこともある．各成分にそれぞれその方向の単位ベクトル $\boldsymbol{i}, \boldsymbol{j}, \boldsymbol{k}$ (次頁 (5) 参照) をかけて加えたものでも表すことができる．つまり以下の3つの表現は，同じものを表している．

$$\boldsymbol{A} = (A_x, A_y, A_z) = A_x\boldsymbol{i} + A_y\boldsymbol{j} + A_z\boldsymbol{k} \tag{A.1}$$

(2) 位置ベクトル

空間の中の1点の位置を表すのに，原点からその点までの距離を大きさとし，原点からその点に向かう方向をもつベクトルで表すことができる．電磁気学では物理量を場として，

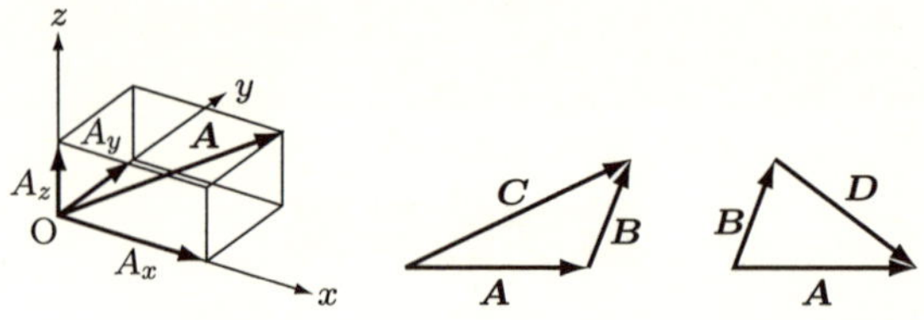

（a）　（b）　（c）

図 A.1　ベクトルの基本：(a) ベクトルの直角座標成分，(b) ベクトルの和 ($\boldsymbol{C} = \boldsymbol{A}+\boldsymbol{B}$), (c) ベクトルの差 ($\boldsymbol{D} = \boldsymbol{A}-\boldsymbol{B}$)

すなわち位置の関数として取り扱うが，このとき関数の独立変数になるのが位置ベクトルである．位置ベクトルは $\boldsymbol{r}$, $\boldsymbol{r}_1$, $\boldsymbol{r}'$ などと表すことにする．これらを直角座標成分で表すときは，それぞれ (x, y, z), (x_1, y_1, z_1), (x', y', z') と書く．

(3)　ベクトルの大きさ

ベクトル $\boldsymbol{A}$ の大きさは $|\boldsymbol{A}|$，または細字の A で表す．ピタゴラスの定理より下式が成り立つ．

$$|\boldsymbol{A}| = A = \sqrt{A_x^2 + A_y^2 + A_z^2} \tag{A.2}$$

大きさが 0 のベクトルをゼロベクトルとよぶ．このとき $A_x = A_y = A_z = 0$ である．

(4)　スカラーとベクトルの積

スカラー α とベクトル $\boldsymbol{A}$ の積 $\alpha\boldsymbol{A}$ は大きさが $|\alpha|\,|\boldsymbol{A}|$ であり，方向は $\alpha > 0$ ならば $\boldsymbol{A}$ と同じ方向，$\alpha < 0$ ならば $\boldsymbol{A}$ と逆の方向であるようなベクトルである．$\alpha = 0$ のとき $\alpha\boldsymbol{A}$ の大きさは 0 であり，ゼロベクトルになる．成分で表すと，上のどの場合でも下式のようになる．

$$\alpha\boldsymbol{A} = (\alpha A_x, \alpha A_y, \alpha A_z) \tag{A.3}$$

(5)　単位ベクトル

単位ベクトルとは大きさ 1 のベクトルで，ベクトルの方向を示すのにしばしば用いられる．ベクトル $\boldsymbol{A}$ の方向の単位ベクトルは $\boldsymbol{A}/|\boldsymbol{A}|$ で与えられる．逆にベクトル $\boldsymbol{A}$ は，$|\boldsymbol{A}|\times$ ($\boldsymbol{A}$ の方向の単位ベクトル) で与えられる．とくに x, y, z 方向の単位ベクトルをそれぞれ $\boldsymbol{i}, \boldsymbol{j}, \boldsymbol{k}$ と書く．すなわち，$\boldsymbol{i} = (1, 0, 0), \boldsymbol{j} = (0, 1, 0), \boldsymbol{k} = (0, 0, 1)$ である．これらを直交座標系の**基本ベクトル** (base) という．

(6)　ベクトルの和と差

ベクトル $\boldsymbol{A}$ と $\boldsymbol{B}$ の和は，各成分ごとの和で下式のように与えられる．

$$\boldsymbol{A} + \boldsymbol{B} = (A_x + B_x, A_y + B_y, A_z + B_z) \tag{A.4}$$

ベクトル $\boldsymbol{A}$ と $\boldsymbol{B}$ の和 $\boldsymbol{C}$ は，図形的には図 A.1(b) のように矢印をつなぎ合わせて求める

ことができる．同様にベクトル $\boldsymbol{A}$ と $\boldsymbol{B}$ の差は成分ごとに差をとればよく，

$$\boldsymbol{A}-\boldsymbol{B}=(A_x-B_x, A_y-B_y, A_z-B_z) \tag{A.5}$$

図 A.1(c) に示すように，$\boldsymbol{A}$ から $\boldsymbol{B}$ を引いた差 $\boldsymbol{D}$ は，$\boldsymbol{B}$ の先端から $\boldsymbol{A}$ の先端に向かう矢印で表される．

(7)　スカラー積

ベクトル $\boldsymbol{A}$ と $\boldsymbol{B}$ のスカラー積を $\boldsymbol{A}\cdot\boldsymbol{B}$ と書く．ベクトルどうしの積なのに結果はスカラーで，その値は，

$$\boldsymbol{A}\cdot\boldsymbol{B}=|\boldsymbol{A}|\,|\boldsymbol{B}|\cos\theta \tag{A.6}$$

で与えられる．ここで θ はベクトル $\boldsymbol{A}$ と $\boldsymbol{B}$ それぞれの始点を重ね合わせたときに，それらのベクトルがなす角度である (図 A.2(a))．定義より $\boldsymbol{A}$ と $\boldsymbol{B}$ がともにゼロベクトルでないとき，$\theta<\dfrac{\pi}{2}$ ならば $\boldsymbol{A}\cdot\boldsymbol{B}>0$, $\theta=\dfrac{\pi}{2}$ ならば $\boldsymbol{A}\cdot\boldsymbol{B}=0$, $\theta>\dfrac{\pi}{2}$ ならば $\boldsymbol{A}\cdot\boldsymbol{B}<0$ になる．

また以下の式が成り立つ．

$$(\alpha\boldsymbol{A})\cdot\boldsymbol{B}=\alpha\boldsymbol{A}\cdot\boldsymbol{B} \tag{A.7}$$

$$\boldsymbol{A}\cdot(\boldsymbol{B}+\boldsymbol{C})=\boldsymbol{A}\cdot\boldsymbol{B}+\boldsymbol{A}\cdot\boldsymbol{C} \tag{A.8}$$

[問題 1]　$\boldsymbol{A}\cdot\boldsymbol{B}=A_xB_x+A_yB_y+A_zB_z$ であることを示せ．

ヒント：ベクトル $\boldsymbol{A},\boldsymbol{B}$ を式 (A.1) の最右辺のように表し，$\boldsymbol{i}\cdot\boldsymbol{i}=\boldsymbol{j}\cdot\boldsymbol{j}=\boldsymbol{k}\cdot\boldsymbol{k}=1$, $\boldsymbol{i}\cdot\boldsymbol{j}=\boldsymbol{j}\cdot\boldsymbol{k}=\boldsymbol{k}\cdot\boldsymbol{i}=0$ であることを使う．

(8)　ベクトル積

ベクトル $\boldsymbol{A}$ と $\boldsymbol{B}$ のベクトル積を $\boldsymbol{A}\times\boldsymbol{B}$ と書く．今度の積はベクトルで，それをベクトル $\boldsymbol{C}$ で表すと，大きさは $|\boldsymbol{C}|=|\boldsymbol{A}|\,|\boldsymbol{B}|\,|\sin\theta|$，これはベクトル $\boldsymbol{A}$ と $\boldsymbol{B}$ を 2 辺とする平行四辺形の面積に等しい．$\boldsymbol{C}$ の方向は $\boldsymbol{A}$ と $\boldsymbol{B}$ のどちらとも垂直で，$\boldsymbol{A}$ と $\boldsymbol{B}$ それぞれの始点を重ね合わせたときに $\boldsymbol{A}$ から $\boldsymbol{B}$ に向かって回転する右ネジの進む方向である (図 A.2(b))．この定義から $\boldsymbol{A}\times\boldsymbol{B}$ は $\boldsymbol{B}\times\boldsymbol{A}$ と逆向き，すなわち $\boldsymbol{A}\times\boldsymbol{B}=-\boldsymbol{B}\times\boldsymbol{A}$ である．

また以下の式が成り立つ．

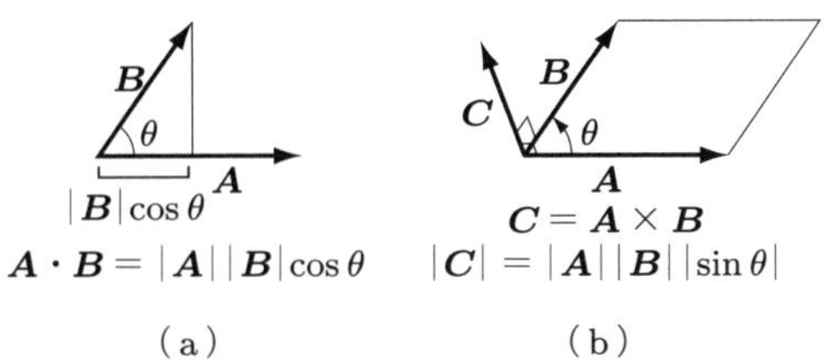

図 **A.2**　(a) スカラー積，(b) ベクトル積

$$\boldsymbol{A}\times(\boldsymbol{B}+\boldsymbol{C})=\boldsymbol{A}\times\boldsymbol{B}+\boldsymbol{A}\times\boldsymbol{C} \tag{A.9}$$

$$\boldsymbol{i}\times\boldsymbol{j}=\boldsymbol{k},\quad \boldsymbol{j}\times\boldsymbol{k}=\boldsymbol{i},\quad \boldsymbol{k}\times\boldsymbol{i}=\boldsymbol{j} \tag{A.10}$$

[問題 2]　$\boldsymbol{A}\times\boldsymbol{B}=(A_yB_z-A_zB_y, A_zB_x-A_xB_z, A_xB_y-A_yB_x)$ であることを示せ．

(9)　ベクトルの 3 重積の公式

任意の 3 個のベクトル $\boldsymbol{A}, \boldsymbol{B}, \boldsymbol{C}$ の積に関し以下の等式が成り立つ．各ベクトルを直角座標成分で表して，難しくはないがちょっと手間のかかる計算をすれば証明できるので，各自試みられたい．

$$\boldsymbol{A}\cdot(\boldsymbol{B}\times\boldsymbol{C})=\boldsymbol{B}\cdot(\boldsymbol{C}\times\boldsymbol{A})=\boldsymbol{C}\cdot(\boldsymbol{A}\times\boldsymbol{B}) \tag{A.11}$$

$$\boldsymbol{A}\times(\boldsymbol{B}\times\boldsymbol{C})=\boldsymbol{B}(\boldsymbol{A}\cdot\boldsymbol{C})-\boldsymbol{C}(\boldsymbol{A}\cdot\boldsymbol{B}) \tag{A.12}$$

なお式 (A.11) の絶対値は，ベクトル $\boldsymbol{A}, \boldsymbol{B}, \boldsymbol{C}$ を 3 辺とする平行六面体の体積に等しい．

(10)　ベクトルの微分公式

位置ベクトルを独立変数とする関数の偏微分を含む式を簡潔に表すために，以下に示すベクトル微分演算子が使われる．

$$\nabla\equiv\boldsymbol{i}\frac{\partial}{\partial x}+\boldsymbol{j}\frac{\partial}{\partial y}+\boldsymbol{k}\frac{\partial}{\partial z} \tag{A.13}$$

∇ は**ナブラ** (nabla) とよばれ，以下に述べるように関数に施してはじめて意味をもつ．スカラー関数 $\phi(\boldsymbol{r})$ に施した場合，通常の偏微分で書き下すと，

$$\nabla\phi(\boldsymbol{r})\equiv\mathrm{grad}\,\phi(\boldsymbol{r})\equiv\boldsymbol{i}\frac{\partial\phi}{\partial x}+\boldsymbol{j}\frac{\partial\phi}{\partial y}+\boldsymbol{k}\frac{\partial\phi}{\partial z} \tag{A.14}$$

となる．$\nabla\phi(\boldsymbol{r})$ を $\phi(\boldsymbol{r})$ の**勾配** (gradient) とよぶ．

ベクトル関数に施す方法は 2 通りある．∇ をベクトルとみなして，ベクトル関数とのスカラー積の形で演算を施す場合，

$$\nabla\cdot\boldsymbol{A}(\boldsymbol{r})\equiv\mathrm{div}\,\boldsymbol{A}(\boldsymbol{r})\equiv\frac{\partial A_x}{\partial x}+\frac{\partial A_y}{\partial y}+\frac{\partial A_z}{\partial z} \tag{A.15}$$

$\nabla\cdot\boldsymbol{A}(\boldsymbol{r})$ を $\boldsymbol{A}(\boldsymbol{r})$ の**発散** (divergence) とよぶ．∇ とベクトル関数とのベクトル積の形で演算を施す場合，

$$\begin{aligned}\nabla\times\boldsymbol{A}(\boldsymbol{r})&\equiv\mathrm{rot}\,\boldsymbol{A}(\boldsymbol{r})\\&\equiv\boldsymbol{i}\left(\frac{\partial A_z}{\partial y}-\frac{\partial A_y}{\partial z}\right)+\boldsymbol{j}\left(\frac{\partial A_x}{\partial z}-\frac{\partial A_z}{\partial x}\right)+\boldsymbol{k}\left(\frac{\partial A_y}{\partial x}-\frac{\partial A_x}{\partial y}\right)\end{aligned} \tag{A.16}$$

$\nabla\times\boldsymbol{A}(\boldsymbol{r})$ を $\boldsymbol{A}(\boldsymbol{r})$ の**回転** (rotation) とよぶ．

∇ を関数の積に施した場合について下記の公式がある．ここで ϕ, ψ はスカラー関数を，$\boldsymbol{A}, \boldsymbol{B}$ はベクトル関数を表し，煩雑になるのを避けるため独立変数 $(\boldsymbol{r})$ は省略した．これらの公式は通常の関数同士の積の微分の公式を使って根気よく計算すれば証明できる．

$$\nabla(\phi\psi) = \phi\nabla\psi + \psi\nabla\phi \tag{A.17a}$$

$$\nabla(\boldsymbol{A}\cdot\boldsymbol{B}) = (\boldsymbol{A}\cdot\nabla)\boldsymbol{B} + (\boldsymbol{B}\cdot\nabla)\boldsymbol{A} + \boldsymbol{A}\times(\nabla\times\boldsymbol{B}) + \boldsymbol{B}\times(\nabla\times\boldsymbol{A}) \tag{A.17b}$$

$$\nabla\cdot(\phi\boldsymbol{A}) = \phi\nabla\cdot\boldsymbol{A} + \boldsymbol{A}\cdot\nabla\phi \tag{A.18}$$

$$\nabla\cdot(\boldsymbol{A}\times\boldsymbol{B}) = \boldsymbol{B}\cdot(\nabla\times\boldsymbol{A}) - \boldsymbol{A}\cdot(\nabla\times\boldsymbol{B}) \tag{A.19}$$

$$\nabla\times(\phi\boldsymbol{A}) = \phi(\nabla\times\boldsymbol{A}) + (\nabla\phi)\times\boldsymbol{A} \tag{A.20}$$

$$\nabla\times(\boldsymbol{A}\times\boldsymbol{B}) = \boldsymbol{A}(\nabla\cdot\boldsymbol{B}) - \boldsymbol{B}(\nabla\cdot\boldsymbol{A}) + (\boldsymbol{B}\cdot\nabla)\boldsymbol{A} - (\boldsymbol{A}\cdot\nabla)\boldsymbol{B} \tag{A.21}$$

A.2　極座標

対象としている系が円，円環，円柱，球などの場合，直角座標を使うより極座標を使うほうが，いろいろな局面で式が簡単になることが多い．以下に示す式を使って直角座標を極座標に，また逆に極座標を直角座標に変換することができる．

(1)　2 次元極座標

平面上の位置を表すのに，直角座標 (x, y) のかわりに，原点からの距離 r と，x 軸から測った角度 θ を使って (r, θ) で表す．図 A.3(a) に示すように，(x, y) と (r, θ) の間の変換式は下記のとおりである．

$$\begin{cases} x = r\cos\theta \\ y = r\sin\theta \end{cases} \qquad \begin{cases} r = \sqrt{x^2 + y^2} \\ \theta = \tan^{-1}\dfrac{y}{x} \end{cases} \tag{A.22}$$

2 次元極座標に関連し，r, θ が増加する方向のベクトル成分を考えると便利なことがある．それらの方向の単位ベクトルを，それぞれ $\boldsymbol{e}_r, \boldsymbol{e}_\theta$ と書くことにする (図 A.3(a) 参照)．これらを直角座標の単位ベクトル $\boldsymbol{i}, \boldsymbol{j}$ で表すと以下のようになる．

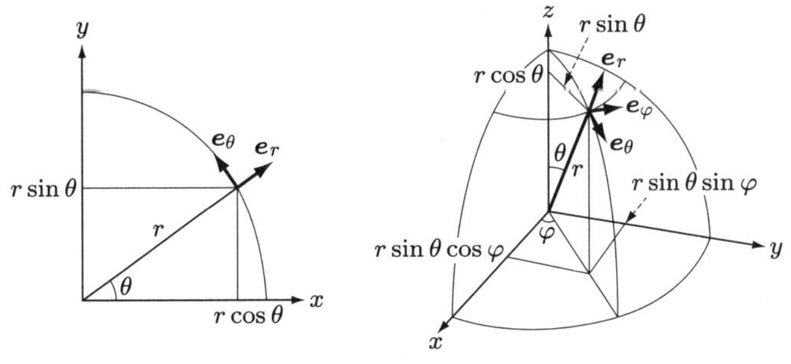

(a)　　(b)

図 A.3　極座標と直角座標の関係：(a) 2 次元極座標，(b) 3 次元極座標

$$
\begin{aligned}
\boldsymbol{e}_r &= \boldsymbol{i}\cos\theta + \boldsymbol{j}\sin\theta \\
\boldsymbol{e}_\theta &= -\boldsymbol{i}\sin\theta + \boldsymbol{j}\cos\theta
\end{aligned} \tag{A.23}
$$

逆に直角座標の $\boldsymbol{i}, \boldsymbol{j}$ はそれぞれ $\boldsymbol{e}_r, \boldsymbol{e}_\theta$ を使って下記のように表すことができる.

$$
\begin{aligned}
\boldsymbol{i} &= \boldsymbol{e}_r\cos\theta - \boldsymbol{e}_\theta\sin\theta \\
\boldsymbol{j} &= \boldsymbol{e}_r\sin\theta + \boldsymbol{e}_\theta\cos\theta
\end{aligned} \tag{A.24}
$$

2 次元ベクトル $\boldsymbol{A}$ を，$\boldsymbol{e}_r$ 方向成分 A_r と，$\boldsymbol{e}_\theta$ 方向成分 A_θ を使って，

$$
\boldsymbol{A} = A_r\boldsymbol{e}_r + A_\theta\boldsymbol{e}_\theta \tag{A.25}
$$

のように表すことができる．ここで A_r, A_θ は下式により求められる.

$$
\begin{aligned}
A_r &= \boldsymbol{A}\cdot\boldsymbol{e}_r = (A_x\boldsymbol{i} + A_y\boldsymbol{j})\cdot\boldsymbol{e}_r = A_x\cos\theta + A_y\sin\theta \\
A_\theta &= \boldsymbol{A}\cdot\boldsymbol{e}_\theta = (A_x\boldsymbol{i} + A_y\boldsymbol{j})\cdot\boldsymbol{e}_\theta = -A_x\sin\theta + A_y\cos\theta
\end{aligned} \tag{A.26}
$$

3 次元空間の x, y 軸について上の 2 次元極座標を使い，z 軸はそのままにしたものを**円筒座標**とよぶ.

(2)　3 次元極座標

やはり原点からの距離と，方向を使って 3 次元空間内の点の位置を表す．空間内での方向を示すには，地球上の位置を表すのに緯度と経度を使うことからもわかるとおり，2 つの角度が必要である．3 次元極座標では図 A.3(b) に示す角度 θ と φ を使う．直角座標 (x, y, z) と 3 次元極座標 (r, θ, φ) の間の変換式は下記のとおりである.

$$
\left\{
\begin{aligned}
x &= r\sin\theta\cos\varphi \\
y &= r\sin\theta\sin\varphi \\
z &= r\cos\theta
\end{aligned}
\right.
\qquad
\left\{
\begin{aligned}
r &= \sqrt{x^2 + y^2 + z^2} \\
\theta &= \tan^{-1}\frac{\sqrt{x^2 + y^2}}{z} \\
\varphi &= \tan^{-1}\frac{y}{x}
\end{aligned}
\right. \tag{A.27}
$$

3 次元極座標についても同様に，r, θ, φ が増加する方向の単位ベクトル $\boldsymbol{e}_r, \boldsymbol{e}_\theta, \boldsymbol{e}_\varphi$ が使われる (図 A.3(b) 参照)．$\boldsymbol{e}_r$ は北緯 $(\pi/2) - \theta$，東経 φ における天頂方向，$\boldsymbol{e}_\theta$ は南の方向，$\boldsymbol{e}_\varphi$ は東の方向を指すと考えればわかりやすい．$\boldsymbol{e}_r, \boldsymbol{e}_\theta, \boldsymbol{e}_\varphi$ を直角座標の単位ベクトル $\boldsymbol{i}, \boldsymbol{j}, \boldsymbol{k}$ で表すと以下のようになる.

$$
\begin{aligned}
\boldsymbol{e}_r &= \boldsymbol{i}\sin\theta\cos\varphi + \boldsymbol{j}\sin\theta\sin\varphi + \boldsymbol{k}\cos\theta \\
\boldsymbol{e}_\theta &= \boldsymbol{i}\cos\theta\cos\varphi + \boldsymbol{j}\cos\theta\sin\varphi - \boldsymbol{k}\sin\theta \\
\boldsymbol{e}_\varphi &= -\boldsymbol{i}\sin\varphi + \boldsymbol{j}\cos\varphi
\end{aligned} \tag{A.28}
$$

逆に直角座標の $\boldsymbol{i}, \boldsymbol{j}, \boldsymbol{k}$ はそれぞれ $\boldsymbol{e}_r, \boldsymbol{e}_\theta, \boldsymbol{e}_\varphi$ を使って下記のように表すことができる.

$$
\begin{aligned}
\boldsymbol{i} &= \boldsymbol{e}_r\sin\theta\cos\varphi + \boldsymbol{e}_\theta\cos\theta\cos\varphi - \boldsymbol{e}_\varphi\sin\varphi \\
\boldsymbol{j} &= \boldsymbol{e}_r\sin\theta\sin\varphi + \boldsymbol{e}_\theta\cos\theta\sin\varphi + \boldsymbol{e}_\varphi\cos\varphi \\
\boldsymbol{k} &= \boldsymbol{e}_r\cos\theta - \boldsymbol{e}_\theta\sin\theta
\end{aligned} \tag{A.29}
$$

3 次元ベクトル $\boldsymbol{A}$ を，$\boldsymbol{e}_r$ 方向成分 A_r, $\boldsymbol{e}_\theta$ 方向成分 A_θ, $\boldsymbol{e}_\varphi$ 方向成分 A_φ を使って，

$$\boldsymbol{A} = A_r \boldsymbol{e}_r + A_\theta \boldsymbol{e}_\theta + A_\varphi \boldsymbol{e}_\varphi \tag{A.30}$$

のように表すことができる．ここで A_r, A_θ, A_φ は下式により求められる．

$$\begin{aligned} A_r &= \boldsymbol{A}\cdot\boldsymbol{e}_r = (A_x\boldsymbol{i} + A_y\boldsymbol{j} + A_z\boldsymbol{k})\cdot\boldsymbol{e}_r \\ &= A_x\sin\theta\cos\varphi + A_y\sin\theta\sin\varphi + A_z\cos\theta \\ A_\theta &= \boldsymbol{A}\cdot\boldsymbol{e}_\theta = (A_x\boldsymbol{i} + A_y\boldsymbol{j} + A_z\boldsymbol{k})\cdot\boldsymbol{e}_\theta \\ &= A_x\cos\theta\cos\varphi + A_y\cos\theta\sin\varphi - A_z\sin\theta \\ A_\varphi &= \boldsymbol{A}\cdot\boldsymbol{e}_\varphi = (A_x\boldsymbol{i} + A_y\boldsymbol{j} + A_z\boldsymbol{k})\cdot\boldsymbol{e}_\varphi \\ &= -A_x\sin\varphi + A_y\cos\varphi \end{aligned} \tag{A.31}$$

A.3　曲線上の積分

(1)　スカラー関数の線積分

位置 $\boldsymbol{r}$ の関数 $f(\boldsymbol{r})$ と，空間内の曲線 C が与えられたとする．C というのは「村びと A」の A と同じで，その曲線につけた名前である．$f(\boldsymbol{r})$ はスカラー関数とする．すなわち位置 $\boldsymbol{r}$ が決まると，それに応じてスカラー値 $f(\boldsymbol{r})$ が決まる．$\boldsymbol{r}$ として曲線 C 上の点をとっても，もちろんそれに応じてスカラー値が決まる．さて関数 $f(\boldsymbol{r})$ の曲線 C 上での積分は以下のように定義される．

$$\int_{\mathrm{C}} f(\boldsymbol{r})\mathrm{d}l = \lim_{\Delta l_i \to 0} \sum_{i\in\mathrm{C}} f(\boldsymbol{r}_i)\Delta l_i \tag{A.32}$$

図 A.4 に示すように，$\boldsymbol{r}_i$ は曲線 C を分割した i 番目の区間内の点の位置ベクトルであり，Δl_i はその区間の長さである．右辺の極限の意味は，Δl_i のうち最大のものが 0 に近づくように細かく分割することを表すものとする．また極限が存在するかどうかについては，ここでは不問に付すことにする．電磁気学で取り扱う関数や曲線は，多くの場合なめらかなので，発散する心配はいらないからである．つまり $\int_{\mathrm{C}} f(\boldsymbol{r})\mathrm{d}l$ は，曲線 C を細かく分割し，各分割区間での被積分関数値にその区間の長さをかけ，その積をすべて加えたものである (やはりすなおな関数と曲線だけ考えることにすれば，$\boldsymbol{r}_i$ として区間 i 内のどの点を選んでも結果は同じになる)．なお，$f(\boldsymbol{r}) \equiv 1$ ならば $\int_{\mathrm{C}} f(\boldsymbol{r})\mathrm{d}l$ は式 (A.32) より曲線 C

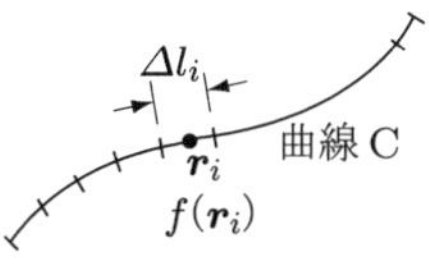

図 A.4　線積分の定義の説明図：曲線 C 上の線積分とは，C を分割した i 番目の区間内の点 $\boldsymbol{r}_i$ における関数値 $f(\boldsymbol{r}_i)$ に，区間 i の長さ Δl_i をかけたものを，すべての i について加えたものの極限値である

の長さになる．

実際に線積分を実行するのに，いちいち曲線を分割して積の和をとり，極限を求めるのではかなわない．実は既に学んだ普通の積分と同じようにして解くことができる．式 (A.32) は曲線に沿う長さ l を積分変数とする普通の積分の (初歩的な) 定義式に他ならないので，関数 $f(\boldsymbol{r})$ を l の関数として積分すればよいのである．

例 1　関数 $f(x, y, z) = x^2 + 2y$ の，始点 (1, 0, 0) から終点 (2, 2, 2) までの線分上での積分：線分上の点 (x, y, z) を始点からの距離 l を使って表すと，図 A.5(a) より $x = 1 + \dfrac{l}{3}$，$y = \dfrac{2l}{3}$，$z = \dfrac{2l}{3}$ となる．これより被積分関数 $= x^2 + 2y = 1 + 2l + \dfrac{l^2}{9}$，これを始点に対応する $l = 0$ から終点に対応する $l = 3$ まで積分する．

$$\int_0^3 \left(1 + 2l + \frac{l^2}{9}\right) \mathrm{d}l = \left[l + l^2 + \frac{l^3}{27}\right]_0^3 = 13$$

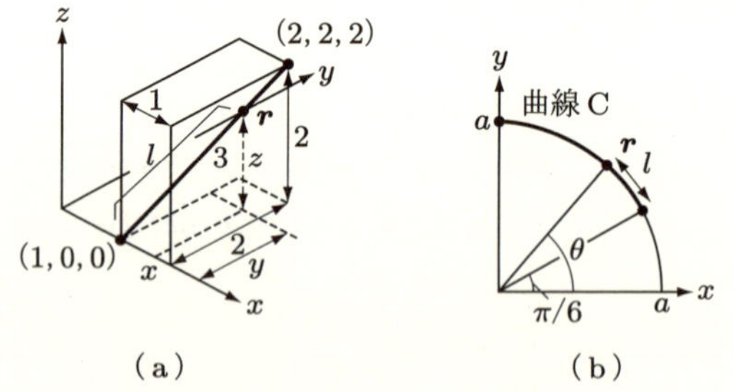

図 A.5　線積分の積分変数 l と位置座標の関係：積分変数 l は，始点から曲線 C 上の点の座標 $\boldsymbol{r}(x, y, z)$ までの，曲線に沿った長さである．
(a) 例 1 の積分経路，(b) 例 2 の積分経路

例 2　関数 $f(x, y) = x + 2y$ を，原点を中心とした，x-y 面内の半径 a の円弧の，x 軸からの角度 $\pi/6$〜$\pi/2$ の部分の上で積分せよ：曲線が x-y 面内に限られているので 2 次元極座標を使う．被積分関数 $= a\cos\theta + 2a\sin\theta$．積分変数は l でなければならず，θ とは $l = a(\theta - \pi/6)$ の関係にある．そこで積分変数を l から θ に変換するために，被積分関数に $\mathrm{d}l/\mathrm{d}\theta = a$ をかけて積分する．

$$\int_{\mathrm{C}} (a\cos\theta + 2a\sin\theta)\frac{\mathrm{d}l}{\mathrm{d}\theta}\mathrm{d}\theta = a^2 \int_{\pi/6}^{\pi/2} (\cos\theta + 2\sin\theta)\mathrm{d}\theta = \left(\frac{1}{2} + \sqrt{3}\right) a^2$$

(2)　ベクトル関数の線積分

曲線上の積分の中で，とくに被積分関数 $f(\boldsymbol{r})$ が，ベクトル関数 $\boldsymbol{v}(\boldsymbol{r})$ と，曲線 C への接線方向単位ベクトル $\boldsymbol{t}(\boldsymbol{r})$ のスカラー積である場合，すなわち

$$\int_{\mathrm{C}} \boldsymbol{v}(\boldsymbol{r}) \cdot \boldsymbol{t}(\boldsymbol{r}) \mathrm{d}l$$

の形をしているものは，定義式 (A.32) より以下のようにも表すことができる (図 A.6).

$$\lim_{\Delta l_i \to 0} \sum_{i \in \mathrm{C}} \boldsymbol{v}(\boldsymbol{r}_i) \cdot \boldsymbol{t}(\boldsymbol{r}_i) \Delta l_i = \lim_{\Delta l_i \to 0} \sum_{i \in \mathrm{C}} \boldsymbol{v}(\boldsymbol{r}_i) \cdot \Delta \boldsymbol{l}_i = \int_{\mathrm{C}} \boldsymbol{v}(\boldsymbol{r}) \cdot \mathrm{d}\boldsymbol{l}$$

ここで $\boldsymbol{t}(\boldsymbol{r}_i)\Delta l_i = \Delta \boldsymbol{l}_i$ とおいて極限をとった．なお，この場合曲線 C の始点と終点を入れ替えて積分の向きを逆にすると，線積分の結果は逆符号になる．これが章のはじめに紹介した線積分で，重要な法則のいくつか，例えば式 (4.5)，式 (8.46) はこの形で表されている．

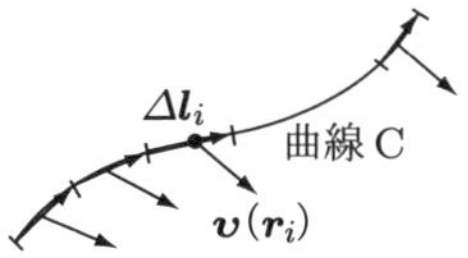

図 A.6　ベクトル関数の線積分の定義

この形の線積分は，直角座標を使って積分するときは

$$\mathrm{d}\boldsymbol{l} = \boldsymbol{i}\mathrm{d}x + \boldsymbol{j}\mathrm{d}y + \boldsymbol{k}\mathrm{d}z$$

と展開すると便利なことがある．2 次元極座標を使う場合は，図 A.7(a) に示すように

$$\mathrm{d}\boldsymbol{l} = \boldsymbol{e}_r \mathrm{d}r + \boldsymbol{e}_\theta r \mathrm{d}\theta \tag{A.33}$$

3 次元極座標の場合は，図 A.7(b) に示すように

$$\mathrm{d}\boldsymbol{l} = \boldsymbol{e}_r \mathrm{d}r + \boldsymbol{e}_\theta r \mathrm{d}\theta + \boldsymbol{e}_\varphi r \sin\theta \mathrm{d}\varphi \tag{A.34}$$

と書ける．この $\mathrm{d}\boldsymbol{l}$ を通常のベクトルのようにみなして $\boldsymbol{v}(\boldsymbol{r})$ とのスカラー積をとってから積分すればいいのである．例 3 にこれを使った解き方を示す．

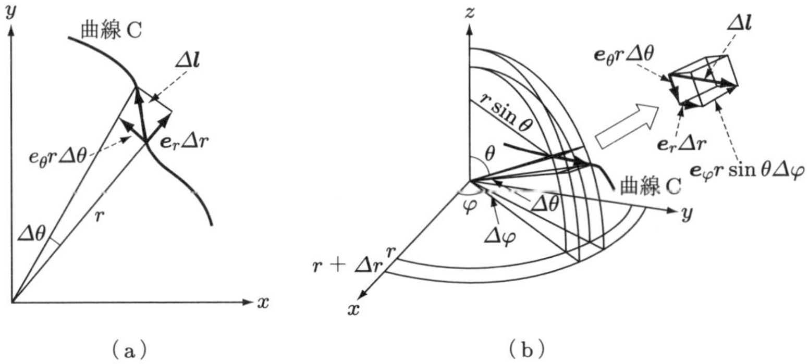

図 A.7　線素ベクトルの極座標成分分解：(a) 2 次元線素，(b) 3 次元線素

例 3　$\boldsymbol{v}(\boldsymbol{r}) = (x-y, x+y, 0)$ であり，曲線 C が以下の (i), (ii) である場合について

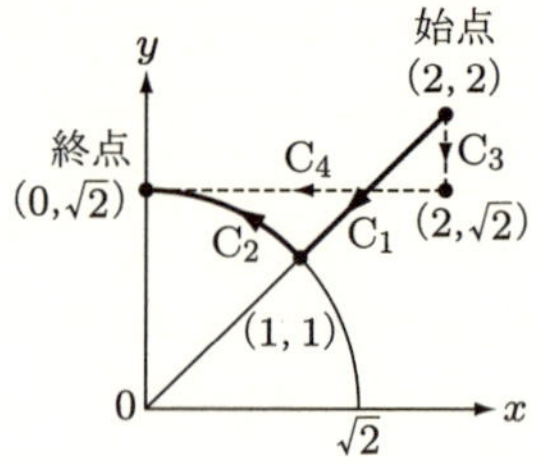

図 A.8　例 3 の積分経路

$\int_C \boldsymbol{v}(\boldsymbol{r}) \cdot \mathrm{d}\boldsymbol{l}$ を求めよ．(i) x-y 面内にある図 A.8 に示す実線，すなわち (2,2) と (1,1) を結ぶ線分 C_1 と原点を中心とした半径 $\sqrt{2}$ の円弧 C_2 をつないだ経路，(ii) 同図点線，すなわち $(2,2) \to (2,\sqrt{2})$ の線分 C_3 と $(2,\sqrt{2}) \to (0,\sqrt{2})$ の線分 C_4 をつないだ経路．

(i) 曲線は $x-y$ 面内にあるので式 (A.34) の右辺に式 (A.28) と $\theta = \pi/2$ を代入して

$$\mathrm{d}\boldsymbol{l} = \mathbf{e}_r \mathrm{d}r + \mathbf{e}_\varphi r \mathrm{d}\varphi = (\boldsymbol{i}\cos\varphi + \boldsymbol{j}\sin\varphi)\mathrm{d}r + (-\boldsymbol{i}\sin\varphi + \boldsymbol{j}\cos\varphi)r\mathrm{d}\varphi$$

一方，$\boldsymbol{v}(\boldsymbol{r}) = \boldsymbol{i}r(\cos\varphi - \sin\varphi) + \boldsymbol{j}r(\cos\varphi + \sin\varphi)$ だから両者のスカラー積をとると，$\boldsymbol{v}(\boldsymbol{r}) \cdot \mathrm{d}\boldsymbol{l} = r\mathrm{d}r + r^2\mathrm{d}\varphi$．曲線 C_1 上では $\varphi = \pi/4$，$\mathrm{d}\varphi = 0$，C_2 上では $r = \sqrt{2}$，$\mathrm{d}r = 0$ なので，

$$\int_C \boldsymbol{v}(\boldsymbol{r}) \cdot \mathrm{d}\boldsymbol{l} = \int_{C_1} r\mathrm{d}r + \int_{C_2} r^2 \mathrm{d}\varphi = \int_{2\sqrt{2}}^{\sqrt{2}} r\mathrm{d}r + \int_{\pi/4}^{\pi/2} (\sqrt{2})^2 \mathrm{d}\varphi = \frac{\pi}{2} - 3$$

(ii) 曲線 C_3 上では $x = 2$，$\mathrm{d}x = 0$, C_4 上では $y = \sqrt{2}$，$\mathrm{d}y = 0$ なので，

$$\int_C \boldsymbol{v}(\boldsymbol{r}) \cdot \mathrm{d}\boldsymbol{l} = \int_C \{\boldsymbol{i}(x-y) + \boldsymbol{j}(x+y)\} \cdot \{\boldsymbol{i}\mathrm{d}x + \boldsymbol{j}\mathrm{d}y\}$$
$$= \int_2^{\sqrt{2}} (2+y)\mathrm{d}y + \int_2^0 (x - \sqrt{2})\mathrm{d}x = 4\sqrt{2} - 7$$

このように線積分は一般に始点・終点が同じでも，積分経路によって異なる結果になることがある．ベクトル関数 $\boldsymbol{v}(\boldsymbol{r})$ が $\mathrm{rot}\,\boldsymbol{v}(\boldsymbol{r}) = 0$ を満たす場合は積分結果は始点・終点のみで決まり，経路によらないことが知られている．

A.4　曲面上の積分

(1)　曲面上の積分の定義

関数 $f(\boldsymbol{r})$ ($\boldsymbol{r}$ は位置ベクトル) の曲面 S 上での積分は下式で定義される．

$$\int_S f(\boldsymbol{r})\mathrm{d}S = \lim_{\Delta S_k \to 0} \sum_k f(\boldsymbol{r}_k)\Delta S_k \tag{A.35}$$

ここで $\boldsymbol{r}_k$ は曲面 S を分割した k 番目の領域内の点の位置ベクトル，ΔS_k はその分割領域の面積である (図 A.9)．すなわち $\int_S f(\boldsymbol{r})\mathrm{d}S$ は曲面 S を細かく分割し，各分割領域での被

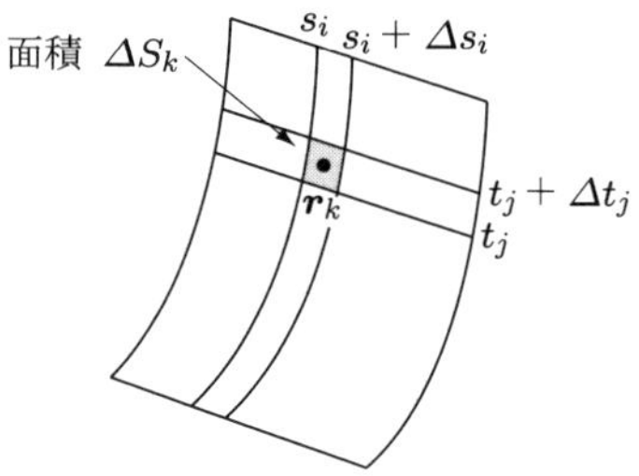

図 A.9　面積分の定義の説明図：曲面 S 上の面積分とは，S を分割した k 番目の領域内の点 $\boldsymbol{r}_k$ における関数値 $f(\boldsymbol{r}_k)$ に，領域 k の面積 ΔS_k をかけたものを，すべての k について加えたものの極限値である

積分関数値に，その分割領域の面積を掛け，その積をすべて加えたものである．($\boldsymbol{r}_k$ として領域 k 内のどの点を選んでも，通常現れるようなすなおな関数ならば同じ結果になる)．これだけではぴんと来ないという人のために実例をあげると，$f(\boldsymbol{r})$ を地球上各地点の人口密度を表す関数とし，積分範囲 S をアジアとすれば，$\int_{\mathrm{S}} f(\boldsymbol{r})\mathrm{d}S$ はアジアの人口を表す．

注）　$f(\boldsymbol{r}) \equiv 1$ ならば $\int_{\mathrm{S}} f(\boldsymbol{r})\mathrm{d}S$ は上の定義より曲面 S の面積になる．

$\int_{\mathrm{S}} f(\boldsymbol{r})\,\mathrm{d}S$ は曲線上の積分と同様，普通の積分 (2 重積分になる) にもち込んで解くことができる．曲面上の位置を指定するには 2 つのパラメータが必要であり，それらを積分変数にして積分する．ただし選んだパラメータの微小変化 $\Delta s, \Delta t$ に対し，$\Delta S = J(s,t)\Delta s\Delta t$ となるような関数 $J(s,t)$ を見つけて，$\mathrm{d}S \to J(s,t)\mathrm{d}s\mathrm{d}t$ と置換する．

(2)　平面上の面積分

[x, y 表示]

積分範囲 S が x, y 面内の，図 A.10 のような三角形である場合，パラメータは直角座標 x, y を選ぶ．分割領域の面積 $\Delta S = \Delta x \Delta y$ なので，$\mathrm{d}S = \mathrm{d}x\mathrm{d}y$ としてよい．積分範囲は x 軸，y 軸と直線 $y = 1 - x (x = 1 - y)$ で囲まれた領域だから，まず x について 0 から $1 - y$ まで，次に y について 0 から 1 まで積分すればよい．すなわち，

$$\int_{\mathrm{S}} f(\boldsymbol{r})\mathrm{d}S = \int_{y=0}^{1} \int_{x=0}^{1-y} f(x,y)\mathrm{d}x\mathrm{d}y$$

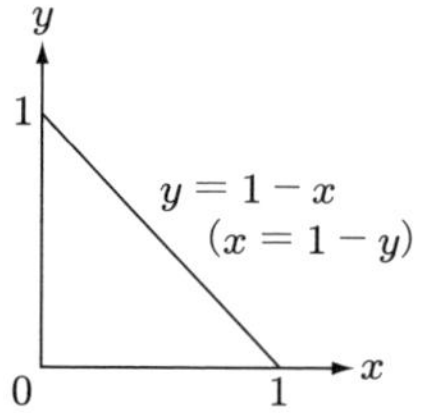

図 A.10　積分範囲

[2 次元極座標表示]

S が x, y 面内での 2 次元極座標で表して $r_1 \leq r \leq r_2$, $\theta_1 \leq \theta \leq \theta_2$ であるような扇形の領域である場合，積分範囲が簡単になるためには r, θ をパラメータとするのがよい．図 A.11(a) より円環弧 (灰色の部分) の面積を，分割が十分細かいとして長方形で近似し，$\Delta S \simeq (\Delta r)(r\Delta\theta) = r\Delta r\Delta\theta$．これより $\mathrm{d}S = r\mathrm{d}r\mathrm{d}\theta$ となり，

$$\int_{\mathrm{S}} f(\boldsymbol{r})\mathrm{d}S = \int_{\theta=\theta_1}^{\theta_2}\int_{r=r_1}^{r_2} f(r\cos\theta, r\sin\theta)r\mathrm{d}r\mathrm{d}\theta$$

このように平面上で 2 次元極座標 (r, θ) をパラメータとして積分することは，今後もしばしば経験すると思う．

$$\mathrm{d}S = r\mathrm{d}r\mathrm{d}\theta \tag{A.36}$$

は覚えておくとよい．

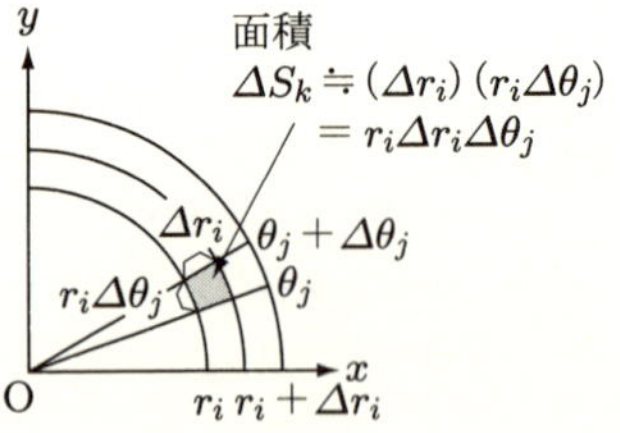

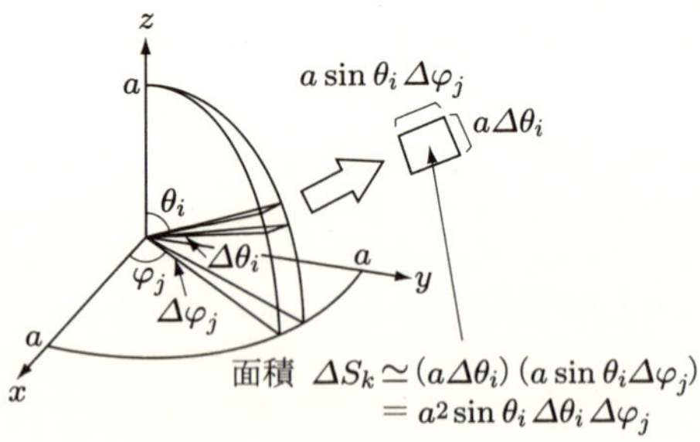

図 A.11　(a) 2 次元極座標における面積要素の計算，(b) 球面上の面積要素の計算

(3)　球面上の面積分

S が半径 a の球面上で，3 次元極座標の角度 θ, φ が $\theta_1 \leq \theta \leq \theta_2, \varphi_1 \leq \varphi \leq \varphi_2$ の範囲であるような領域の場合，パラメータとして θ, φ を選べば，積分範囲が簡単になる (上限，下限とも定数になる)．

図 A.11(b) より $\Delta S \simeq (a\Delta\theta)(a\sin\theta\Delta\varphi) = a^2\sin\theta\Delta\theta\Delta\varphi$ なので，$\mathrm{d}S = a^2\sin\theta\mathrm{d}\theta\mathrm{d}\varphi$ となり，

$$\int_{\mathrm{S}} f(\boldsymbol{r})\mathrm{d}S = \int_{\varphi_1}^{\varphi_2}\left[\int_{\theta_1}^{\theta_2} f(a\sin\theta\cos\varphi, a\sin\theta\sin\varphi, a\cos\theta)a^2\sin\theta\mathrm{d}\theta\right]\mathrm{d}\varphi$$

(4)　ベクトル関数の面積分

曲面上の積分の中で，とくに被積分関数 $f(\boldsymbol{r})$ が，ベクトル関数 $\boldsymbol{v}(\boldsymbol{r})$ と，曲面 S の $\boldsymbol{r}$ における法線方向単位ベクトル $\boldsymbol{n}(\boldsymbol{r})$ のスカラー積である場合，すなわち

$$\int_{\mathrm{S}} \boldsymbol{v}(\boldsymbol{r})\cdot\boldsymbol{n}(\boldsymbol{r})\mathrm{d}S$$

の形をしているものは，定義式 (A.35) より以下のようにも表すことができる．

$$\lim_{\Delta S_k\to 0}\sum_{k\in C}\boldsymbol{v}(\boldsymbol{r}_k)\cdot\boldsymbol{n}(\boldsymbol{r}_k)\Delta S_k=\lim_{\Delta S_k\to 0}\sum_{k\in C}\boldsymbol{v}(\boldsymbol{r}_k)\cdot\boldsymbol{\Delta S}_k=\int_C\boldsymbol{v}(\boldsymbol{r})\cdot\mathrm{d}\boldsymbol{S}$$

ここで $\boldsymbol{n}(\boldsymbol{r}_{\mathrm{k}})\Delta S_{\mathrm{k}}=\boldsymbol{\Delta S}_{\mathrm{k}}$ とおいて極限をとった．この極限 $\mathrm{d}\boldsymbol{S}$ を面素片ベクトルといい，大きさ $\mathrm{d}S$ で面に垂直なベクトルである．特に閉曲面のときは外向きにとると約束する．例えば原点を中心とする半径 a の球面の場合，式 (A.28) の $\boldsymbol{e}_r$ を使って $\mathrm{d}\boldsymbol{S}=\boldsymbol{e}_r a^2\sin\theta\mathrm{d}\theta\mathrm{d}\varphi$ となる．

これがこの章の初めに紹介した面積分の表示法で，この形で表される重要な物理法則には，式 (3.7)，(8.34) 等がある．

例 4 $\boldsymbol{v}(\boldsymbol{r})=\dfrac{q\boldsymbol{r}}{4\pi\varepsilon_0|\boldsymbol{r}|^3}$，曲面 S を図 A.12 のような，原点を中心とした半径 a の球面と半径 $a/\sqrt{2}$ の円筒側面をつなぎ合わせた閉曲面とするとき，$\int_S\boldsymbol{v}(\boldsymbol{r})\cdot\mathrm{d}\boldsymbol{S}$ を求めよ．

上下対称なので $z>0$ の部分のみを求めて 2 倍すればよい．半径 a の球面上では

$\boldsymbol{v}(\boldsymbol{r})=\dfrac{q\boldsymbol{e}_r}{4\pi\varepsilon_0 a^2}$ 　　($\boldsymbol{r}=a\boldsymbol{e}_r$ より)

$\mathrm{d}\boldsymbol{S}_1=\boldsymbol{n}_1\mathrm{d}S_1=\boldsymbol{e}_r a^2\sin\theta\mathrm{d}\theta\mathrm{d}\varphi$，ゆえに

$$\int_S\boldsymbol{v}(\boldsymbol{r})\cdot\mathrm{d}\boldsymbol{S}_1=\frac{q}{4\pi\varepsilon_0}\int_{\theta=0}^{\pi/4}\int_{\varphi=0}^{2\pi}\sin\theta\mathrm{d}\varphi\mathrm{d}\theta=\frac{q}{2\varepsilon_0}\left(1-\frac{1}{\sqrt{2}}\right)\tag{A.37}$$

半径 $a/\sqrt{2}$ の円筒面上では $\boldsymbol{r}=\boldsymbol{i}(a\cos\varphi)/\sqrt{2}+\boldsymbol{j}(a\sin\varphi)/\sqrt{2}+\boldsymbol{k}z$ より

$$\boldsymbol{v}(\boldsymbol{r})=\frac{q\{\boldsymbol{i}(a\cos\varphi)/\sqrt{2}+\boldsymbol{j}(a\sin\varphi)/\sqrt{2}+\boldsymbol{k}z\}}{4\pi\varepsilon_0(a^2/2+z^2)^{3/2}}$$

$$\mathrm{d}\boldsymbol{S}_2=\boldsymbol{n}_2\mathrm{d}S_2=(\boldsymbol{i}\cos\varphi+\boldsymbol{j}\sin\varphi)\frac{a}{\sqrt{2}}\mathrm{d}\varphi\mathrm{d}z,$$

ゆえに

$$\int_S\boldsymbol{v}(\boldsymbol{r})\cdot\mathrm{d}\boldsymbol{S}_2=\frac{q}{4\pi\varepsilon_0}\int_{z=0}^{a/\sqrt{2}}\int_{\varphi=0}^{2\pi}\frac{a^2}{2(a^2/2+z^2)^{3/2}}\mathrm{d}\varphi\mathrm{d}z$$

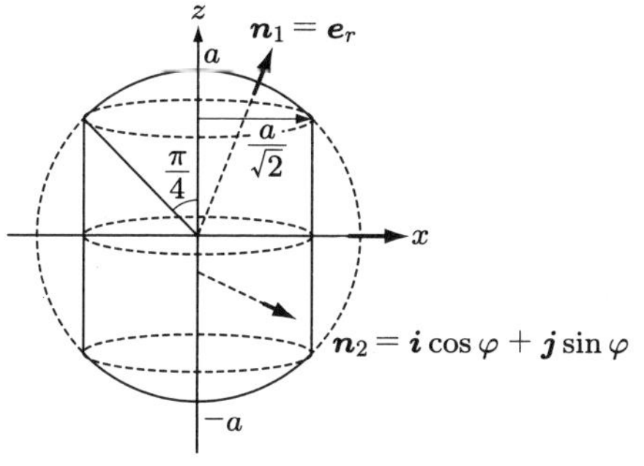

図 A.12 例 4 の積分範囲

$$= \frac{qa^2}{4\varepsilon_0}\int_0^{a/\sqrt{2}} \frac{1}{(a^2/2+z^2)^{3/2}}\mathrm{d}z = \frac{qa^2}{4\varepsilon_0}\left[\frac{2z}{a^2\sqrt{z^2+a^2/2}}\right]_0^{a/\sqrt{2}} = \frac{q}{2\sqrt{2}\varepsilon_0} \tag{A.38}$$

式 (A.37) と式 (A.38) を加えて 2 倍すれば答が得られ，$\int_{\mathrm{S}} \boldsymbol{v}(\boldsymbol{r})\cdot\mathrm{d}\boldsymbol{S} = \frac{q}{\varepsilon_0}$ となって，このケースでガウスの法則式 (3.6) が成り立つことが確認された．

A.5　3 次元空間領域内の積分

関数 $f(\boldsymbol{r})$ ($\boldsymbol{r}$ は位置ベクトル) の領域 V 内での積分とは

$$\int_{\mathrm{V}} f(\boldsymbol{r})\mathrm{d}V = \lim_{\Delta V_m\to 0}\sum_m f(\boldsymbol{r}_m)\Delta V_m \tag{A.39}$$

ここで，$\boldsymbol{r}_m$ は領域 V を分割した m 番目の領域内の点の位置ベクトル，ΔV_m はその分割領域の体積である．すなわち $\int_V f(\boldsymbol{r})\mathrm{d}V$ は領域 V を細かく分割し，各分割領域での被積分関数値に，その分割領域の体積をかけ，その積をすべて加えたものである (例によって $\boldsymbol{r}_m$ として領域 m 内のどの点を選んでも結果は同じになるとしてしまう)．

注）$f(\boldsymbol{r}) \equiv 1$ ならば積分は上の定義より領域 V の体積になる．

[直角座標表示]

V が $x_1 \le x \le x_2, y_1 \le y \le y_2, z_1 \le z \le z_2$ で表される直方体である場合，パラメータを x, y, z に選べば，$\Delta V_m = \Delta x_i \Delta y_j \Delta z_k$ なので，$\mathrm{d}V = \mathrm{d}x\mathrm{d}y\mathrm{d}z$ となり，

$$\int_{\mathrm{V}} f(\boldsymbol{r})\mathrm{d}V = \int_{z_1}^{z_2}\int_{y_1}^{y_2}\int_{x_1}^{x_2} f(x,y,z)\mathrm{d}x\mathrm{d}y\mathrm{d}z \tag{A.40}$$

[極座標表示]

V が 3 次元極座標 r, θ, φ で $r_1 \le r \le r_2$，$\theta_1 \le \theta \le \theta_2$，$\varphi_1 \le \varphi \le \varphi_2$ であるような領域の場合，パラメータとして r, θ, φ を選べば，積分範囲が簡単になる (上限，下限とも定数になる)．図 A.7(b) からわかるように，パラメータが $r\sim r+\Delta r$, $\theta\sim\theta+\Delta\theta$, $\varphi\sim\varphi+\Delta\varphi$ であるような領域は直方体で近似され，その体積は $\Delta V \simeq (\Delta r)(r\Delta\theta)(r\Delta\varphi\sin\theta) = r^2\sin\theta\Delta r\Delta\theta\Delta\varphi$ なので，$\mathrm{d}V = r^2\sin\theta\mathrm{d}r\mathrm{d}\theta\mathrm{d}\varphi$ となり，

$$\int_{\mathrm{V}} f(\boldsymbol{r})\mathrm{d}V = \int_{\varphi_1}^{\varphi_2}\int_{\theta_1}^{\theta_2}\int_{r_1}^{r_2} f(r\sin\theta\cos\varphi, r\sin\theta\sin\varphi, r\cos\theta)r^2\sin\theta\mathrm{d}r\mathrm{d}\theta\mathrm{d}\varphi$$

ここで出てきた 3 次元極座標で積分する場合の体積要素の式

$$\mathrm{d}V = r^2\sin\theta\mathrm{d}r\mathrm{d}\theta\mathrm{d}\varphi \tag{A.41}$$

も，2 次元の場合と同様覚えておくのがよい．

例 5　半径 a の球 R 内で $x^2+y^2+z^2$ を積分せよ．

$$\iiint_{\mathrm{R}} r^2 \mathrm{d}V = \int_{\varphi=0}^{2\pi}\int_{\theta=0}^{\pi}\int_{r=0}^{a} r^4 \sin\theta \mathrm{d}r\mathrm{d}\theta\mathrm{d}\varphi$$
$$= \int_{\varphi=0}^{2\pi}\int_{\theta=0}^{\pi} \frac{a^5}{5}\sin\theta\mathrm{d}\theta\mathrm{d}\varphi = \frac{4\pi a^5}{5}$$

A.6 ガウスの定理

ガウスの定理はベクトル場の閉曲面上の積分と，その曲面に囲まれる空間領域内の積分の関係を示す定理であり，式 (A.42) で与えられる．これは数学の定理であって，物理法則であるガウスの法則とは別のものである．

$$\oint_{\mathrm{S}} \boldsymbol{v}(\boldsymbol{r})\cdot\mathrm{d}\boldsymbol{S} = \int_{\mathrm{V}} \nabla\cdot\boldsymbol{v}(\boldsymbol{r})\mathrm{d}V \ \left(= \int_{\mathrm{V}} \mathrm{div}\,\boldsymbol{v}(\boldsymbol{r})\mathrm{d}V\right) \tag{A.42}$$

ここでベクトル場 $\boldsymbol{v}(\boldsymbol{r})$ は任意のベクトル場，S は任意の閉曲面であり，面素 $\mathrm{d}\boldsymbol{S}$ は外向きにとる．また領域 V は S に囲まれる空間領域である．なお記号 $\oint$ は閉曲面全体にわたって積分することを表す．厳密にいうとベクトル場 $\boldsymbol{v}(\boldsymbol{r})$ の関数形や曲面 S の性質にはある数学的な制限条件があるのだが，通常考えられるようなケースでは事実上任意とみなしてよい．この定理が成り立つことは以下のようにして示される．

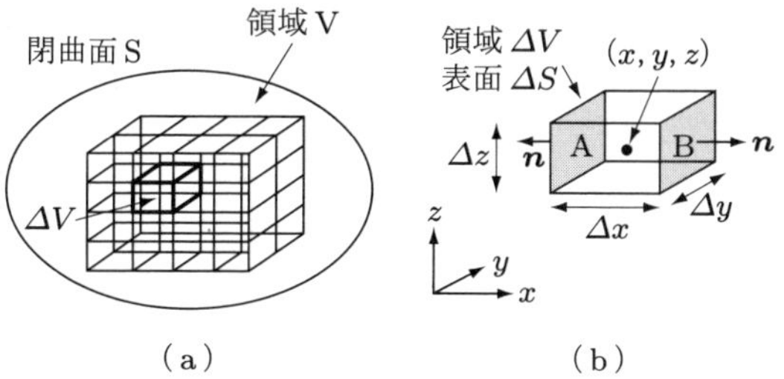

図 A.13 ガウスの定理の対象領域とその分割

まず領域 V を図 A.13(a) のように x, y, z 軸に垂直な面からなる n 個の小さい直方体領域に分割する．その 1 つの領域を ΔV とし，その表面を ΔS とする (図 A.13(b))．ΔS のうちまず x 軸に垂直な 2 つの面を A, B とすると，面 A の中心では外向き法線単位ベクトルを $\boldsymbol{n}(\boldsymbol{r})$ として $\boldsymbol{v}(\boldsymbol{r})\cdot\boldsymbol{n}(\boldsymbol{r}) = -v_x(x-\Delta x/2, y, z)$，面 B の中心では $\boldsymbol{v}(\boldsymbol{r})\cdot\boldsymbol{n}(\boldsymbol{r}) = v_x(x+\Delta x/2, y, z)$ である．ここで領域 ΔV の中心座標を (x, y, z) とした．領域は十分小さいとして面 A, B 内で $\boldsymbol{v}(\boldsymbol{r})$ がそれぞれ一定であると見なせば，

$$\int_{\mathrm{A}} \boldsymbol{v}(\boldsymbol{r})\cdot\mathrm{d}\boldsymbol{S} + \int_{\mathrm{B}} \boldsymbol{v}(\boldsymbol{r})\cdot\mathrm{d}\boldsymbol{S} \simeq -v_x(x-\Delta x/2, y, z)\Delta y\Delta z$$
$$+ v_x(x+\Delta x/2, y, z)\Delta y\Delta z$$
$$\simeq -\left\{v_x(x,y,z) - \frac{\partial v_x}{\partial x}\frac{\Delta x}{2}\right\}\Delta y\Delta z + \left\{v_x(x,y,z) + \frac{\partial v_x}{\partial x}\frac{\Delta x}{2}\right\}\Delta y\Delta z$$

$$= \frac{\partial v_x}{\partial x}\Delta x \Delta y \Delta z = \frac{\partial v_x}{\partial x}\Delta V$$

y 軸，z 軸に垂直な面についても同様に計算して加えると，

$$\oint_{\Delta \mathrm{S}} \boldsymbol{v}(\boldsymbol{r}) \cdot \mathrm{d}\boldsymbol{S} \simeq \left(\frac{\partial v_x}{\partial x} + \frac{\partial v_y}{\partial y} + \frac{\partial v_z}{\partial z}\right)\Delta V = \nabla \cdot \boldsymbol{v}(\boldsymbol{r})\Delta V \qquad \text{(A.43)}$$

これは 1 つの直方体領域の話だったから，添字 i をつけて区別することにし，それらをすべて加える．

$$\sum_{i=1}^{n} \oint_{\Delta \mathrm{S}_i} \boldsymbol{v}(\boldsymbol{r}_i) \cdot \mathrm{d}\boldsymbol{S}_i \simeq \sum_{i=1}^{n} \nabla \cdot \boldsymbol{v}(\boldsymbol{r}_i)\Delta V_i$$

このとき領域 V 内部の隣接する直方体の接合面では，2 つの領域の外向き法線ベクトルが互いに逆向きであるために面積分がキャンセルするので，左辺の和は領域 V の表面に出ている面，すなわち閉曲面 S に面している分だけが残る．n が十分大きければ細かい直方体の，閉曲面 S に面した表面をつなぎ合わせると閉曲面 S そのものに近似できるから，$n \to \infty$ の極限をとれば左辺は閉曲面 S 上の積分，右辺は領域 V 内の積分となり，式 (A.42) が得られる．

A.7　ストークスの定理

ストークスの定理はガウスの定理と同様ベクトル場の積分に関する定理であり，今度は閉曲線上の積分と，その閉曲線を縁とする曲面上の積分の関係を示すものである．

$$\oint_{\mathrm{C}} \boldsymbol{v}(\boldsymbol{r}) \cdot \mathrm{d}\boldsymbol{l} = \int_{\mathrm{S}} (\nabla \times \boldsymbol{v}(\boldsymbol{r})) \cdot \mathrm{d}\boldsymbol{S} \ \left(= \int_{\mathrm{S}} \mathrm{rot}\, \boldsymbol{v}(\boldsymbol{r}) \cdot \mathrm{d}\boldsymbol{S}\right) \qquad \text{(A.44)}$$

ここでベクトル場 $\boldsymbol{v}(\boldsymbol{r})$ は任意のベクトル場，C は任意の閉曲線，曲面 S は C を縁とする曲面である．記号 $\oint$ は閉曲線を 1 回り積分することを表す．なお右辺の面積分においては閉曲線 C 上の積分の向きに回る右ネジが進む方向の法線ベクトルを採用する．この定理が成り立つことは以下のようにして示される．

まず曲面 S を図 A.14(a) のように n 個の小さい長方形領域に分割する．その 1 つの長方

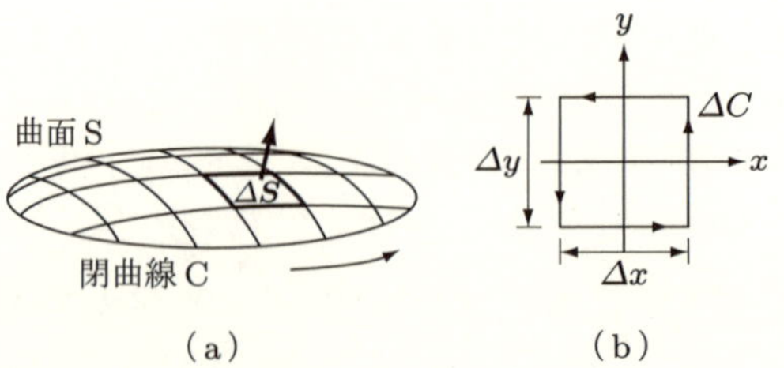

図 A.14　ストークスの定理の対象領域とその分割：(a) 曲面 S の長方形領域 ΔS への分割，(b) ΔS の拡大図

形領域を ΔS とし，その周囲を ΔC とする (図 A.14(b))．これについてまず以下の式が成り立つことを示そう．

$$\oint_{\Delta C} \boldsymbol{v}(\boldsymbol{r}) \cdot \mathrm{d}\boldsymbol{l} \simeq (\nabla \times \boldsymbol{v}(\boldsymbol{r})) \cdot \Delta \boldsymbol{S} \tag{A.45}$$

ベクトル $\Delta\boldsymbol{S}$ は A.4 の (4) に述べたように長方形領域の面積 ΔS に法線方向の単位ベクトルを掛けたものである．$\Delta\boldsymbol{S}$ は曲面を分割したものなので，一般には方向が一定ではないが，式 (A.45) の両辺はスカラーなので，座標系によらない．そこでそれぞれの長方形に合わせて図 A.14(b) のように x 軸と y 軸をとる．また z 軸は紙面の表向き，原点は長方形の中心にとることにする．そして式 (A.45) 左辺の積分は図 A.14(b) の矢印の向き，右辺のベクトル $\Delta\boldsymbol{S}$ は紙面の表向きとする．$\Delta\boldsymbol{S}$ は小さいとして各辺上の被積分関数を，辺の中心での値で近似すると，

$$\begin{aligned}
\oint_{\Delta C} \boldsymbol{v}(\boldsymbol{r}) \cdot \mathrm{d}\boldsymbol{l} &\simeq v_x(0, -\Delta y/2, 0)\Delta x - v_x(0, \Delta y/2, 0)\Delta x \\
&\quad + v_y(\Delta x/2, 0, 0)\Delta y - v_y(-\Delta x/2, 0, 0)\Delta y \\
&\simeq \left\{ v_x(0,0,0) + \frac{\partial v_x}{\partial y}\left(-\frac{\Delta y}{2}\right) \right\} \Delta x - \left\{ v_x(0,0,0) + \frac{\partial v_x}{\partial y}\left(\frac{\Delta y}{2}\right) \right\} \Delta x \\
&\quad + \left\{ v_y(0,0,0) + \frac{\partial v_y}{\partial x}\left(\frac{\Delta x}{2}\right) \right\} \Delta y - \left\{ v_y(0,0,0) + \frac{\partial v_y}{\partial x}\left(-\frac{\Delta x}{2}\right) \right\} \Delta y \\
&= \left(\frac{\partial v_y}{\partial x} - \frac{\partial v_x}{\partial y} \right) \Delta x \Delta y = (\nabla \times \boldsymbol{v}(\boldsymbol{r}))_z \Delta x \Delta y = (\nabla \times \boldsymbol{v}(\boldsymbol{r})) \cdot \Delta \boldsymbol{S}
\end{aligned}$$

最後の等号は $\Delta\boldsymbol{S}$ がローカル座標系で $(0, 0, \Delta x \Delta y)$ と表されることによる．これで式 (A.45) が示された．

以上の説明では 1 つの長方形に合わせたローカル座標系を使ったが，得られた結果の $(\nabla \times \boldsymbol{v}(\boldsymbol{r})) \cdot \Delta\boldsymbol{S}$ は，どの座標系で表しても同じ量だから，共通の 1 つの座標系に戻してすべての長方形領域 i について加えると，

$$\sum_{i=1}^{n} \oint_{\Delta C_i} \boldsymbol{v}(\boldsymbol{r}) \cdot \mathrm{d}\boldsymbol{l}_i \simeq \sum_{i=1}^{n} (\nabla \times \boldsymbol{v}(\boldsymbol{r}_i)) \cdot \Delta \boldsymbol{S}_i$$

ただし，$\boldsymbol{r}_i$ は i 番目の長方形の中心，すなわちローカル座標系の原点に対応する．左辺に着目すると，曲面 S 内部の隣接する長方形の接合面では，2 つの長方形の辺の接線ベクトルが互いに逆向きであるために線積分がキャンセルするので，和をとると曲面 S の縁に出ている辺，すなわ曲線 C に面している分だけが残る．$n \to \infty$ の極限をとれば左辺は閉曲線 C 上の線積分，右辺は曲面 S 上の面積分となり，式 (A.44) が得られる．

A.8 直角曲線座標系における微分演算の表記

電磁気学の問題を解くさい，体系の対称性を考慮して最も適した座標系のもとで扱うとよい．特に，微分表示の諸法則を適用するために必要なスカラーやベクトル量の微分演算，

grad ϕ，div $\boldsymbol{A}$，rot $\boldsymbol{A}$，およびラプラス演算子 ∇^2 などは，本文中やここの解説では直角座標系 $(x,\ y,\ z)$ の表記で示した．参考として，円筒 (円柱) 座標系 $(r,\ \varphi,\ z)$ と 3 次元極座標系 $(r,\ \theta,\ \varphi)$ におけるそれらの表記を以下にまとめておく．

(i)　円筒座標

スカラー $\phi(r,\ \varphi,\ z)$ の勾配

$$\begin{cases} \left(\mathrm{grad}\ \phi\right)_r = \dfrac{\partial \phi}{\partial r} \\ \left(\mathrm{grad}\ \phi\right)_\varphi = \dfrac{1}{r}\dfrac{\partial \phi}{\partial \varphi} \\ \left(\mathrm{grad}\ \phi\right)_z = \dfrac{\partial \phi}{\partial z} \end{cases} \tag{A.46}$$

ベクトル $\boldsymbol{A}(r,\ \varphi,\ z)$ の発散

$$\mathrm{div}\,\boldsymbol{A} = \frac{1}{r}\frac{\partial}{\partial r}(rA_r) + \frac{1}{r}\frac{\partial A_\varphi}{\partial \varphi} + \frac{\partial A_z}{\partial z} \tag{A.47}$$

ベクトル $\boldsymbol{A}(r,\ \varphi,\ z)$ の回転

$$\begin{cases} \left(\mathrm{rot}\,\boldsymbol{A}\right)_r = \dfrac{1}{r}\dfrac{\partial A_z}{\partial \varphi} - \dfrac{\partial A_\varphi}{\partial z} \\ \left(\mathrm{rot}\,\boldsymbol{A}\right)_\varphi = \dfrac{\partial A_r}{\partial z} - \dfrac{\partial A_z}{\partial r} \\ \left(\mathrm{rot}\,\boldsymbol{A}\right)_z = \dfrac{1}{r}\dfrac{\partial}{\partial r}\left(rA_\varphi\right) - \dfrac{1}{r}\dfrac{\partial A_r}{\partial \varphi} \end{cases} \tag{A.48}$$

ラプラシアン

$$\nabla^2 = \frac{1}{r}\frac{\partial}{\partial r}\left(r\frac{\partial}{\partial r}\right) + \frac{1}{r^2}\frac{\partial^2}{\partial \varphi^2} + \frac{\partial^2}{\partial z^2} \tag{A.49}$$

(ii)　3 次元極座標

スカラー $\phi(r,\ \theta,\ \varphi)$ の勾配

$$\begin{cases} \left(\mathrm{grad}\ \phi\right)_r = \dfrac{\partial \phi}{\partial r} \\ \left(\mathrm{grad}\ \phi\right)_\theta = \dfrac{1}{r}\dfrac{\partial \phi}{\partial \theta} \\ \left(\mathrm{grad}\ \phi\right)_\varphi = \dfrac{1}{r\sin\theta}\dfrac{\partial \phi}{\partial \varphi} \end{cases} \tag{A.50}$$

ベクトル $\boldsymbol{A}(r,\ \theta,\ \varphi)$ の発散

$$\mathrm{div}\,\boldsymbol{A} = \frac{1}{r^2}\frac{\partial}{\partial r}\left(r^2 A_r\right) + \frac{1}{r\sin\theta}\frac{\partial}{\partial \theta}\left(\sin\theta A_\theta\right) + \frac{1}{r\sin\theta}\frac{\partial A_\varphi}{\partial \varphi} \tag{A.51}$$

ベクトル $\boldsymbol{A}(r,\ \theta,\ \varphi)$ の回転

$$\begin{cases} \left(\mathrm{rot}\,\boldsymbol{A}\right)_r = \dfrac{1}{r\sin\theta}\left\{\dfrac{\partial}{\partial\theta}\left(\sin\theta A_\varphi\right) - \dfrac{\partial A_\theta}{\partial\varphi}\right\} \\ \left(\mathrm{rot}\,\boldsymbol{A}\right)_\theta = \dfrac{1}{r}\left\{\dfrac{1}{\sin\theta}\dfrac{\partial A_r}{\partial\varphi} - \dfrac{\partial}{\partial r}\left(rA_\varphi\right)\right\} \\ \left(\mathrm{rot}\,\boldsymbol{A}\right)_\varphi = \dfrac{1}{r}\left\{\dfrac{\partial}{\partial r}\left(rA_\theta\right) - \dfrac{\partial A_r}{\partial\theta}\right\} \end{cases} \tag{A.52}$$

ラプラシアン

$$\nabla^2 = \frac{1}{r^2}\frac{\partial}{\partial r}\left(r^2\frac{\partial}{\partial r}\right) + \frac{1}{r^2\sin\theta}\frac{\partial}{\partial\theta}\left(\sin\theta\frac{\partial}{\partial\theta}\right) + \frac{1}{r^2\sin^2\theta}\frac{\partial^2}{\partial\varphi^2} \tag{A.53}$$

問題・演習問題 解答

第1章

問題1　陽子と電子間のクーロン力：

$$F_{\mathrm{e}} = \frac{1}{4\pi(8.85\times10^{-12}\mathrm{C^2/N\cdot m^2})}\cdot\frac{(1.6\times10^{-19}\mathrm{C})^2}{(5.3\times10^{-11}\mathrm{m})^2} = 8.2\times10^{-8}[\mathrm{N}]$$

陽子と電子間の万有引力：

$$\begin{aligned} F_{\mathrm{G}} &= G\frac{m_{\mathrm{p}}m_{\mathrm{e}}}{r^2} = (6.67\times10^{-11}\mathrm{N\cdot m^2/kg^2}) \\ &\quad\times\frac{(9.11\times10^{-31}\mathrm{kg})\times(1.67\times10^{-27}\mathrm{kg})}{(5.3\times10^{-11}\mathrm{m})^2} \\ &= 3.6\times10^{-47}[\mathrm{N}] \end{aligned}$$

よって，電気力と重力の比は $F_{\mathrm{e}}/F_{\mathrm{G}} = 2.3\times10^{39}$ となる．

演習問題

1. 銀原子 1 g には，$47\times6.02\times10^{23}\times(1/107.9) = 2.62\times10^{23}$ 個の電子および陽子が備わっているので，それぞれの電荷量の大きさ Q は

$$Q = 1.60\times10^{-19}\mathrm{C}\times2.62\times10^{23} = 4.19\times10^{4}\mathrm{C}$$

2. (i) $^{1}\mathrm{H} + {}^{9}\mathrm{Be} \to \mathrm{X} + \mathrm{n}$ 電荷と質量の保存則により，X は電子数 5，陽子数 5，中性子数 4 なので，$^{9}\mathrm{B}$.

(ii) X は電子数 7，陽子数 7，中性子数 6 なので，$^{13}\mathrm{N}$.

(iii) 右辺は電子数 9，中性子数 9，左辺の He は電子数 2，中性子数 2 なので，X は電子数 7，中性子数 7 となる必要がある．よって，X は $^{14}\mathrm{N}$

3. 電子の数を N とすれば，$6\mathrm{A}\times2\mathrm{s} = N\times1.6\times10^{-19}\mathrm{C}$ より，$N = 7.5\times10^{19}$.

第2章

演習問題

1. 例題 2.3 の結果より，円環の中心軸上の位置 z に作る軸方向の電場は，

$$E_z = \int \mathrm{d}E_z = \frac{\lambda zR}{2\varepsilon_0 z^3\left(1+\dfrac{R^2}{z^2}\right)^{3/2}}$$

であるから，$z \gg R$ のとき，$E_z = \int \mathrm{d}E_z = 2\pi R\lambda/4\pi\varepsilon_0 z^2$ となる．すなわち，円環上の全電荷 $2\pi R\lambda$ が点電荷として円環の中心 O にあるときに，z だけ離れた位置にできる電場の大きさと等しい．

2. 円盤の中心Oより，半径 r と $r+\mathrm{d}r$ の細い円環に帯電している電荷は $\sigma(2\pi r)\mathrm{d}r$ であるから，前問の解より，この円環に帯電した電荷が z 軸上の位置 z に作る電場 $\mathrm{d}E$ は，

$$\mathrm{d}E = \frac{z\sigma(2\pi r)\mathrm{d}r}{4\pi\varepsilon_0(z^2+r^2)^{3/2}}$$

円盤全体の電荷が作る電場は，

$$E = \int \mathrm{d}E = \frac{\sigma z}{4\varepsilon_0}\int_0^R (z^2+r^2)^{-3/2}(2r)\mathrm{d}r = \frac{\sigma z}{4\varepsilon_0}\left|\frac{(z^2+r^2)^{-1/2}}{-1/2}\right|_0^R$$

$$E = \frac{\sigma}{2\varepsilon_0}\left(1-\frac{z}{\sqrt{z^2+R^2}}\right)$$

$R\to\infty$ ならば $E = \dfrac{\sigma}{2\varepsilon_0}$ となる．

3. 球殻の中心Oに直角座標をとり，また，球面上の点Qの座標を x 軸からの方位角 φ, z 軸からの極角を θ とする極座標で表すと，点Qの座標 (x,y,z) は $x = R\sin\theta\cos\varphi$, $y = R\sin\theta\sin\varphi$, $z = R\cos\theta$ である．中心Oから z 軸に沿って位置する点 $\mathrm{P}(0,0,z)$ にできる電場の大きさ E を球殻の内，外，直上で考える．球殻に帯電している電荷は z 軸の周りに軸対称であるから，電場は z 軸に沿った方向にある．球面上の点Qを囲む $\theta\sim\theta+\mathrm{d}\theta$, $\varphi\sim\varphi+\mathrm{d}\varphi$ の面素片 $R^2\sin\theta\mathrm{d}\theta\mathrm{d}\varphi$ が点Pに作る電場 δE の z 成分は，$\overline{\mathrm{PQ}} = r$ とし，電荷の表面密度を $\sigma = Q/4\pi R^2$ とすると，

$$\delta E_z = \frac{1}{4\pi\varepsilon_0}\cdot\frac{\sigma R\mathrm{d}\theta R\sin\theta\mathrm{d}\varphi}{r^2}\cdot\frac{z-R\cos\theta}{r} = \frac{1}{4\pi\varepsilon_0}\cdot\frac{\sigma(z-R\cos\theta)R^2\sin\theta\mathrm{d}\varphi\mathrm{d}\theta}{r^3}$$

余弦定理：$2Rz\cos\theta = R^2+z^2-r^2$ より，球面上の $\theta\sim\theta+\mathrm{d}\theta$ の細い帯状の領域に帯電した電荷が点Pに作る電場 ΔE_z は

$$\Delta E_z = \frac{1}{4\pi\varepsilon_0}\int_0^{2\pi}\frac{\sigma(z-R\cos\theta)R^2\sin\theta\mathrm{d}\varphi\mathrm{d}\theta}{r^3} = \frac{\sigma}{2\varepsilon_0}\cdot\frac{R^2(z-R\cos\theta)\sin\theta\mathrm{d}\theta}{r^3}$$

$r\mathrm{d}r = Rz\sin\theta\mathrm{d}\theta$ であるから，球殻に帯電した電荷が点Pにつくる電場は，

$$\begin{aligned}
E_z &= \int_0^\pi \Delta E\mathrm{d}\theta \\
&= \frac{\sigma}{2\varepsilon_0}\int_{r_0}^{r_1}\frac{R^2}{r^3}\left\{z-\left(\frac{R^2+z^2-r^2}{2z}\right)\right\}\frac{r\mathrm{d}r}{Rz} = \frac{\sigma R}{4\varepsilon_0 z^2}\int_{r_0}^{r_1}\left(\frac{z^2-R^2}{r^2}+1\right)\mathrm{d}r \\
&= \frac{\sigma R}{4\varepsilon_0 z^2}\left\{-(z^2-R^2)\left|\frac{1}{r}\right|_{r_0}^{r_1} + \left|r\right|_{r_0}^{r_1}\right\}
\end{aligned}$$

ここで，$\theta=0$ のときが r_0 であり，$\theta=\pi$ のとき r_1 である．

(i) 点Pが球殻の外にあるときは，$r_0 = z-R$, $r_1 = z+R$ であるから，

$$\begin{aligned}
E_z &= \frac{\sigma R}{4\varepsilon_0 z^2}\left\{-(z^2-R^2)\left\{\frac{1}{z+R}-\frac{1}{z-R}\right\}+(z+R)-(z-R)\right\} \\
&= \frac{4R^2\sigma}{4\varepsilon_0 z^2} = \frac{Q}{4\pi\varepsilon_0 z^2}
\end{aligned}$$

(ii) 点Pが球殻の内にあるときは，$r_0 = R-z$, $r_1 = z+R$ であるから，

$$E_z = \frac{\sigma R}{4\varepsilon_0 z^2}\left\{-(z^2-R^2)\left\{\frac{1}{z+R}-\frac{1}{R-z}\right\}+(z+R)-(R-z)\right\}$$
$$= \frac{\sigma R}{4\varepsilon_0 z^2}(-2z+2z)=0$$

(iii) 点 P が球殻の上にあるときは，$R^2-z^2=0$ となり，$r_0=0,\ r_1=2R$ なので，

$$E_z = \frac{\sigma R}{4\varepsilon_0 R^2}\int_0^{2R}\mathrm{d}r = \frac{\sigma R}{4\varepsilon_0 R^2}\big[r\big]_0^{2R} = \frac{\sigma R}{4\varepsilon_0 R^2}2R = \frac{Q}{8\pi\varepsilon_0 R^2}$$

となる．すなわち，P が外部から球面に近づくときの $E_z = \dfrac{Q}{4\pi\varepsilon_0 R^2}$ の極限値と内部から球面に近づくときの極限値 $E_z=0$ との相加平均になっている．

注）　この問題は万有引力を対象とした同様の問題の数学的扱いについて文献：宇野利雄，洪妊植著ポテンシャル，6 頁，培風館．が参考になる．また，設問 (iii) の物理的意味は文献：田中秀数：大学の物理教育 vol.12[5] (2006) 61 が参考になる．

第 3 章

演習問題

1.　帯電した導線を包む長さ l，半径 r の円筒状の閉曲面をとると，導線の対称性から，電場 $\boldsymbol{E}$ は導線に垂直な面内で放射状に広がっている．この円筒領域にガウスの法則を適応すると，

$$2\pi r l E(r) = \frac{\lambda l}{\varepsilon_0}$$

となるから，

$$E(r) = \frac{\lambda}{2\pi\varepsilon_0 r}$$

2.　球殻の外に半径 R のガウス面 S をとる．球面上の電場を $E(R)$ とすれば，

$$4\pi R^2 E(R) = (1/\varepsilon_0)Q$$

よって，$E(R) = Q/4\pi\varepsilon_0 R^2$ となる．
球殻内に半径 R のガウス面 S をとり，同様にガウスの法則を適応すると

$$4\pi R^2 E(R) = 0$$

なので，$E(R)=0$ となる．

3.　電荷分布の対称性から，電場の位置依存性 $E(x)$ は x 軸に対して反対称で $E(x) = -E(-x)$ である．そこで, 原点 $x=0$ を挟んで $-x(>-d)$ と $x(<d)$ に底面と上面をもつ面積 A の円筒をガウス曲面として，ガウスの法則を適応すると，

$$-E(-x)A + E(x)A = \frac{\rho_0 2xA}{\varepsilon_0}$$

が成り立つ．すなわち，$2E(x)A = \rho_0 2xA/\varepsilon_0$ であるから，$0<x<d$ では $E(x) = \rho_0 x/\varepsilon_0$ である．また，$x \le d$ では，$E(x) = \rho_0 d/\varepsilon_0$ である．他方，$-d<x<0$ では，$E(x) = -\rho_0 x/\varepsilon_0$, $x \le -d$ では，$E(x) = -\rho_0 d/\varepsilon_0$ である．電場は解図 3.1 のようになる．

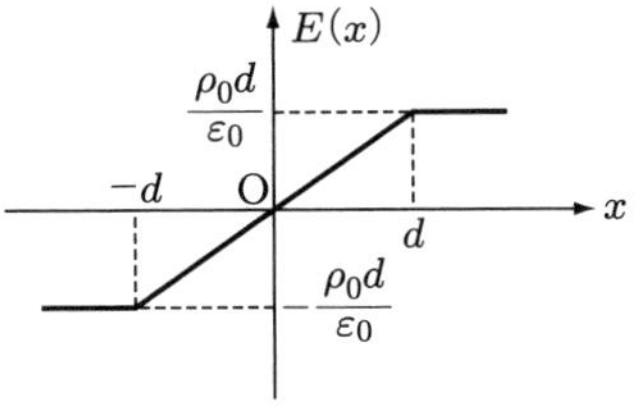

解図 3.1　厚さ $2d$ の単層膜電荷のつくる電場

第4章

問題1　原点Oにある電荷 q が位置 $\boldsymbol{r}$ に作る電場 $\boldsymbol{E} = q\boldsymbol{r}/4\pi\varepsilon_0 r^3$ は，直角座標成分で表すと，$E_x = (q/4\pi\varepsilon_0)x/(x^2+y^2+z^2)^{3/2}$, $E_x = (q/4\pi\varepsilon_0)z/(x^2+y^2+z^2)^{3/2}$ である．$(\mathrm{rot}\,\boldsymbol{E})_x = \partial E_z/\partial y - \partial E_y/\partial z$ において，

$$\frac{\partial E_z}{\partial y} = \frac{q}{4\pi\varepsilon_0}\frac{-3zy}{(x^2+y^2+z^2)^{5/2}}$$
$$\frac{\partial E_y}{\partial z} = \frac{q}{4\pi\varepsilon_0}\frac{-3yz}{(x^2+y^2+z^2)^{5/2}}$$

となるので，$(\mathrm{rot}\,\boldsymbol{E})_x = 0$. 同様にして，$(\mathrm{rot}\,\boldsymbol{E})_y = 0$, $(\mathrm{rot}\,\boldsymbol{E})_z = 0$ が導ける．よって，点電荷 q の電場 $\boldsymbol{E}$ は「渦なし場」の条件：$\mathrm{rot}\,\boldsymbol{E}(x,y,z) = 0$ を満足している．

演習問題

1.　第2章例題2.3のとおり，中心Oより上方 z の位置の電場は

$$E_z = \int \mathrm{d}E_z = \frac{Rz\lambda}{4\pi\varepsilon_0(z^2+R^2)^{3/2}}\int_0^{2\pi}\mathrm{d}\theta = \frac{\lambda zR}{2\varepsilon_0(z^2+R^2)^{3/2}}$$

である．$z=\infty$ を電位ポテンシャルの基準とすれば，任意の位置のポテンシャルは，

$$\phi(z) = -\int_\infty^z E_z\mathrm{d}z = -\int_\infty^z \frac{\lambda zR}{2\varepsilon_0(z^2+R^2)^{3/2}}\mathrm{d}z$$
$$= -\frac{\lambda R}{2\varepsilon_0}\left|-(z^2+R^2)^{-1/2}\right|_\infty^z = \frac{\lambda R}{2\varepsilon_0(z^2+R^2)^{1/2}}$$

2.　第2章演習問題2のとおり，中心Oより上方位置 z の電場は $E = \dfrac{\sigma}{2\varepsilon_0}\left(1 - z/\sqrt{z^2+R^2}\right)$ であるから，z の位置の電位のポテンシャルは，

$$\phi(z) = -\int_\infty^z \frac{\sigma}{2\varepsilon_0}\left(1 - \frac{z}{\sqrt{z^2+R^2}}\right)\mathrm{d}z$$
$$= \frac{\sigma}{2\varepsilon_0}\left|(z^2+R^2)^{1/2} - z\right|_\infty^z = \frac{\sigma}{2\varepsilon_0}(\sqrt{z^2+R^2} - z)$$

3.　領域 $r > a$ における電場は $E(r) = Q/4\pi\varepsilon_0 r^2$ だから，ポテンシャルは

$$\phi(r) = -\int_\infty^r \frac{Q}{4\pi\varepsilon_0 r^2}\mathrm{d}r = \frac{Q}{4\pi\varepsilon_0 r}$$

となる．$r \le a$ では $E(r) = 0$ なので，ポテンシャルは導体内部で一定で，$\phi(r) = Q/4\pi\varepsilon_0 a$ である．

4. 帯電面上の原点 O から x 軸の正方向には電場 $E = \sigma/2\varepsilon_0$ があるので，x_{B} と $x_{\mathrm{A}}(x_{\mathrm{B}} > x_{\mathrm{A}})$ の間の電位差 $\phi_{\mathrm{A}} - \phi_{\mathrm{B}}$ は，

$$\phi_{\mathrm{A}} - \phi_{\mathrm{B}} = -\int_{x_{\mathrm{B}}}^{x_{\mathrm{A}}} \frac{\sigma}{2\varepsilon_0} \mathrm{d}x = \frac{\sigma}{2\varepsilon_0}(x_{\mathrm{B}} - x_{\mathrm{A}})$$

となる．

5. 正負一対の点電荷 $\pm q$ が直角座標の原点 O を挟んで $(\pm\Delta l_x/2, \pm\Delta l_y/2, \pm\Delta l_z/2)$ にある電気双極子を考える．双極子モーメントは $\boldsymbol{p} = p_x\boldsymbol{i} + p_y\boldsymbol{j} + p_z\boldsymbol{k} = q\Delta l_x\boldsymbol{i} + q\Delta l_y\boldsymbol{j} + q\Delta l_z\boldsymbol{k}$ である．O から $\boldsymbol{r}$ の位置ベクトルの点 P の電位 $\phi(\boldsymbol{r})$ は，

$$\begin{aligned}\phi(\boldsymbol{r}) = \frac{q}{4\pi\varepsilon_0}\Biggl\{ &\frac{1}{\sqrt{(x-\Delta l_x/2)^2 + y^2 + z^2}} - \frac{1}{\sqrt{(x+\Delta l_x/2)^2 + y^2 + z^2}} \\ &+ \frac{1}{\sqrt{x^2 + (y-\Delta l_y/2)^2 + z^2}} - \frac{1}{\sqrt{x^2 + (y+\Delta l_y/2)^2 + z^2}} \\ &+ \frac{1}{\sqrt{x^2 + y^2 + (z-\Delta l_z/2)^2}} - \frac{1}{\sqrt{x^2 + y^2 + (z+\Delta l_z/2)^2}} \Biggr\}\end{aligned}$$

である．近似式 $1/\sqrt{(x \mp \Delta l_x/2)^2 + y^2 + z^2} \simeq (1/r)(1 \pm \Delta l_x/2r^2)$ 等を用いると，

$$\phi(\boldsymbol{r}) = \frac{q}{4\pi\varepsilon_0 r^3}(\Delta l_x x + \Delta l_y y + \Delta l_z z) = \frac{\boldsymbol{p}\cdot\boldsymbol{r}}{4\pi\varepsilon_0 r^3}$$

となる．

電位のポテンシャルから電場の x 成分を導くと，

$$\begin{aligned}E_x &= -\frac{\partial\phi(\boldsymbol{r})}{\partial x} = -\frac{1}{4\pi\varepsilon_0}\left\{\frac{1}{r^3}\frac{\partial(\boldsymbol{p}\cdot\boldsymbol{r})}{\partial x} + (\boldsymbol{p}\cdot\boldsymbol{r})\frac{\partial}{\partial x}\left(\frac{1}{r^3}\right)\right\} \\ &= -\frac{1}{4\pi\varepsilon_0}\left\{\frac{p_x}{r^3} - \frac{3(\boldsymbol{p}\cdot\boldsymbol{r})x}{r^5}\right\}\end{aligned}$$

電場の y 成分，z 成分を同様に計算すると，

$$\boldsymbol{E} = E_x\boldsymbol{i} + E_y\boldsymbol{j} + E_z\boldsymbol{k} = -\frac{1}{4\pi\varepsilon_0}\left\{\frac{\boldsymbol{p}}{r^3} - \frac{3\boldsymbol{r}(\boldsymbol{p}\cdot\boldsymbol{r})}{r^5}\right\}$$

となる．

6. 電場が一様でないとき，電気双極子の正電荷に働く力 $q\boldsymbol{E}(\boldsymbol{r}_+)$ と負電荷に働く力 $q\boldsymbol{E}(\boldsymbol{r}_-)$ はそれぞれの位置での電場の大きさが異なるので，並進力が働きその力は，

$$\boldsymbol{F} = q\boldsymbol{E}(\boldsymbol{r}_+) - q\boldsymbol{E}(\boldsymbol{r}_-)$$

である．双極子の腕の長さのベクトル $\boldsymbol{l}(l_x, l_y, l_z)$ を用いると，

$$\boldsymbol{r}_+ - \boldsymbol{r}_- = l_x\boldsymbol{i} + l_y\boldsymbol{j} + l_z\boldsymbol{k}$$

$$\boldsymbol{E}(\boldsymbol{r}_+) \simeq \boldsymbol{E}(\boldsymbol{r}_-) + \frac{\partial\boldsymbol{E}}{\partial x}l_x\boldsymbol{i} + \frac{\partial\boldsymbol{E}}{\partial y}l_y\boldsymbol{j} + \frac{\partial\boldsymbol{E}}{\partial z}l_z\boldsymbol{k}$$

なので，

$$\boldsymbol{F} = q\boldsymbol{E}(\boldsymbol{r}_+) - q\boldsymbol{E}(\boldsymbol{r}_-) = \boldsymbol{p}\cdot\mathrm{grad}\,\boldsymbol{E} \qquad (1)$$

となり，電気双極子は不均一な電場の強い方向に並進力を受け，力の大きさは電場の勾配に比例する．

7. 電気双極子 $\boldsymbol{p}_1$ から位置ベクトル $\boldsymbol{r}_{21}$ にこの双極子が作る電場を $\boldsymbol{E}_1$ とすれば，その場の中の電気双極子 $\boldsymbol{p}_2$ の位置エネルギーは式 (4.23) より $U = -\boldsymbol{p}_2 \cdot \boldsymbol{E}_1$ である．したがって，

$$U = -\boldsymbol{p}_2 \cdot \left[-\frac{1}{4\pi\varepsilon_0} \left\{ \frac{\boldsymbol{p}_1}{r_{21}^3} - \frac{3\boldsymbol{r}_{21}(\boldsymbol{p}_1 \cdot \boldsymbol{r}_{21})}{r_{21}^5} \right\} \right]$$
$$= -\frac{1}{4\pi\varepsilon_0} \left\{ -\frac{\boldsymbol{p}_1 \cdot \boldsymbol{p}_2}{r_{21}^3} + \frac{3(\boldsymbol{r}_{21} \cdot \boldsymbol{p}_1)(\boldsymbol{r}_{21} \cdot \boldsymbol{p}_2)}{r_{21}^5} \right\}$$

第 5 章

問題 1　導体表面の点 O から r の径で幅 $\mathrm{d}r$ の細い円環に誘導された電荷は $2\pi r \mathrm{d}r \sigma(r)$ であるから，導体表面に帯電している電荷 Q_{ind} は，

$$Q_{\mathrm{ind}} = \int_0^\infty -\frac{qa}{2\pi(r^2+a^2)^{3/2}} 2\pi r \mathrm{d}r = -\int_0^\infty \frac{qar\mathrm{d}r}{(r^2+a^2)^{3/2}}$$
$$= -qa \left| \frac{1}{\sqrt{r^2+a^2}} \right|_0^\infty = -q$$

問題 2　導体表面の O から r の位置の面素片 $\mathrm{d}S = r\mathrm{d}\theta\mathrm{d}r$ に電荷 q から働くクーロン力の面に垂直な成分 $\mathrm{d}F$ は，

$$\mathrm{d}F = \frac{q}{4\pi\varepsilon_0(r^2+a^2)} \sigma(r,\theta) r\mathrm{d}\theta\mathrm{d}r \frac{a}{\sqrt{r^2+a^2}}$$

であるから，全誘導電荷に働く引力は，

$$F = \int_0^\infty \int_0^{2\pi} \left(\frac{q^2a^2}{8\pi^2\varepsilon_0} \right) \frac{r\mathrm{d}\theta\mathrm{d}r}{(r^2+a^2)^3}$$
$$= \int_0^\infty \left(\frac{q^2a^2}{4\pi\varepsilon_0} \right) \frac{r\mathrm{d}r}{(r^2+a^2)^3} = \left(\frac{q^2a^2}{4\pi\varepsilon_0} \right) \left| -\frac{1}{4(r^2+a^2)^2} \right|_0^\infty = \frac{q^2}{4\pi\varepsilon_0(2a)^2}$$

となる．すなわち，距離 $2a$ だけ離れた電荷 q と鏡像電荷 $-q$ の間に働くクーロン引力と同じ大きさをもつ．

問題 3　球の面素片 $\mathrm{d}S = R^2 \sin\theta \mathrm{d}\theta \mathrm{d}\varphi$ に帯電している電荷は $\sigma(R,\theta)\mathrm{d}S$ である．この電荷と q_1 とに働く引力の大きさの，球の中心と q_1 を結ぶ方向の成分 $\mathrm{d}F$ は，5.3 節より，$\sigma(R,\theta) = \dfrac{q_1}{4\pi R} \dfrac{a^2-R^2}{(a^2+R^2-2aR\cos\theta)^{3/2}}$ であるから，

$$\mathrm{d}F = \frac{q_1}{4\pi\varepsilon_0(a^2+R^2-2aR\cos\theta)}$$
$$\times \frac{q_1}{4\pi R} \frac{a^2-R^2}{(a^2+R^2-2aR\cos\theta)^{3/2}} R^2 \sin\theta \mathrm{d}\theta \mathrm{d}\varphi \frac{a-R\cos\theta}{(a^2+R^2-2aR\cos\theta)^{1/2}}$$

である．よって，q_1 に働く力は，

$$F = \int \mathrm{d}F = \int_0^{2\pi} \int_0^{\pi} \frac{q_1^2 R(a^2-R^2)}{16\pi^2\varepsilon_0} \times \frac{(a-R\cos\theta)\sin\theta\mathrm{d}\theta\mathrm{d}\varphi}{(a^2+R^2-2aR\cos\theta)^3}$$
$$= \frac{q_1^2}{4\pi\varepsilon_0} \frac{aR}{(a^2-R^2)^2}$$

結局，接地された導体球の中心 O から R^2/a の距離にある鏡像電荷 $-(R/a)q_1$ と O から a 離れたはじめの電荷 q_1 の間に働くクーロン引力の大きさ，

$$F = \frac{(R/a)q_1^2}{4\pi\varepsilon_0\{a-(R^2/a)\}^2}$$

と等しくなる．

問題 4　点電荷 q_1 が作る電場の中で，1) 球表面に誘起される誘導電荷は正負等量である．表面で分布するそれぞれの正味の値を $\mp q'$ とする．また，2) 導体球は等電位である．導体球面に沿った等電位条件から，先ず，異符号の誘導電荷については鏡像電荷として O から a^2/R の位置に電荷量 $-q' = -(R/a)q_1$ があればよい．このままでは例題 5.1 のとおり導体球は 0 電位である，同符号の誘導電荷については中心 O に電荷量 $(R/a)q_1$ の点電荷をおくことにすれば，対称性から導体球面上は等電位である．表面上のある点 P (R,θ) の位置にこれらの点電荷系がもつ電位のポテンシャルは，

$$\phi(R,\theta) = \frac{(Rq_1/a)}{4\pi\varepsilon_0 R} - \frac{(Rq_1/a)}{4\pi\varepsilon_0 r_-} + \frac{q_1}{4\pi\varepsilon_0 r_+}$$

である．ただし，$-q'$, q から P までの距離を r_-, r_+ とする．しかし，右辺 2 項と 3 項の和は 0 なので導体の電位は第 1 項のみで決まる．したがって，

$$\phi(R,\theta) = \frac{(Rq_1/a)}{4\pi\varepsilon_0 R} = \frac{q_1}{4\pi\varepsilon_0 a}$$

q_1 に働く力は，O から a^2/R の位置においた鏡像電荷との引力と O においた電荷との斥力の和であるから，

$$F = \frac{(R/a)q_1^2}{4\pi\varepsilon_0\{a-(R^2/a)\}^2} - \frac{(R/a)q_1}{4\pi\varepsilon_0 a^2} = \frac{Rq_1^2}{4\pi\varepsilon_0}\left\{\frac{a}{(a^2-R^2)^2} - \frac{1}{a^3}\right\}$$

となる．

問題 5　正電極には表面密度 Q/S が帯電している，この静電荷が負極に帯電した負の電荷 $-Q$ が作る電場 $E_{-Q} = \dfrac{Q}{2\varepsilon_0 S}$ によって力を受け，負極側に引き付けられる．この電場は電極内の電場 E の半分である．極板に働く力の大きさ F は，

$$F = QE_{-Q} = \frac{Q^2}{2\varepsilon_0 S} = \frac{1}{2}\varepsilon_0 E^2 S = \frac{1}{2}QE$$

となる．他方，負極には負電荷 $-Q$[C] が帯電しているので，正極の静電荷が作る電場 $E_Q = Q/2\varepsilon_0 S$ によって力を受け，正極側に引き付けられる．その大きさはやはり，$F = Q^2/2\varepsilon_0 S$ である．すなわち．コンデンサーが充電されていると電極間を縮めようとする一対の力が働く．

[**別解**]　コンデンサーの静電エネルギーは $U = (1/2)\varepsilon_0 E^2 Sd = (Q^2/2\varepsilon_0 S)d$ である．電極間隔を x だけ増したとすると，$U(x) = (1/2)\varepsilon_0 E^2 Sd = (Q^2/2\varepsilon_0 S)(d+x)$ となるから，仮想仕事の原理により電極が引き合う力は $F(x) = -\mathrm{d}U/\mathrm{d}x$ なので，

$$F = -\left(\frac{\mathrm{d}U}{\mathrm{d}x}\right)_{x=0} = -\frac{Q^2}{2\varepsilon_0 S}$$

となって，電極を広げようとする方向と反対に力が働くことが導ける．

演習問題

1. (i) 一様に帯電した帯電球内の中心から r の位置の電場は例題 3.2 のとおり，$E(r) = \dfrac{\rho_0}{3\varepsilon_0}r$ である．したがって，誘導電荷の作る電場は，

$$\boldsymbol{E}_{\mathrm{i}} = \frac{\rho_0}{3\varepsilon_0}(\boldsymbol{r}-\boldsymbol{d}) - \frac{\rho_0}{3\varepsilon_0}\boldsymbol{r} = -\frac{\rho_0}{3\varepsilon_0}\boldsymbol{d}$$

となって．位置 $\boldsymbol{r}$ に依存せず一定である．電場の向きは外部電場 $\boldsymbol{E}_{\mathrm{e}}$ は反平行である．

(ii) 導体内の電場は，外部電場と誘導電荷が作る電場からなり，互いに打ち消し合うので，

$$\boldsymbol{E}_{\mathrm{e}} - \frac{\rho_0}{3\varepsilon_0}\boldsymbol{d} = 0$$

より，

$$\boldsymbol{d} = \frac{3\varepsilon_0}{\rho_0}\boldsymbol{E}_{\mathrm{e}}$$

である．

(iii) 正，負電荷の球体の中心の外部電場方向のずれが d のとき，球面の外向き r 方向のずれは $d\cos\theta$ であるから，その表面上の面素片を ΔS とすれば，そこに帯電している電荷は $\rho_0 d\cos\theta\Delta S$ である．d は微小量なので，誘導電荷の表面密度として，

$$\sigma(\theta) = \rho_0 d\cos\theta = 3\varepsilon_0\cos\theta E_{\mathrm{e}}$$

となる．

(iv) 正，負電荷は外から見るとそれぞれの中心に $\pm\dfrac{4\pi a^3}{3}\rho_0$ の点電荷が局在しているとみなしてよいから，その電気双極子モーメントは，

$$\boldsymbol{p} = \frac{4\pi a^3}{3}\rho_0\boldsymbol{d} = 4\pi\varepsilon_0 a^3\boldsymbol{E}_{\mathrm{e}}$$

である．

(v) 導体球の外の電場 $\boldsymbol{E}$ ははじめの一様電場と誘導電荷の双極子モーメントが作る電場の和であるから，

$$\boldsymbol{E} = \boldsymbol{E}_{\mathrm{e}} + \frac{1}{4\pi\varepsilon_0}\left(-\frac{\boldsymbol{p}}{r^3} + \frac{3(\boldsymbol{p}\cdot\boldsymbol{r})\boldsymbol{r}}{r^5}\right) = \boldsymbol{E}_{\mathrm{e}} + \left(-\frac{\boldsymbol{E}_{\mathrm{e}}}{r^3} + \frac{3(\boldsymbol{E}_{\mathrm{e}}\cdot\boldsymbol{r})\boldsymbol{r}}{r^5}\right)a^3$$

である．

2. 層状に帯電した正負の電荷層は $x = 0$ の原点に対して反対称なので，$x < -d$ および $x > d$ において，電場は $E(x) = 0$ である．$0 \le x \le d$ では $E(x) = -\dfrac{\rho_0(x-d)}{\varepsilon_0}$，$-d \le x \le 0$ では $E(x) = \dfrac{\rho_0(x+d)}{\varepsilon_0}$ である．解図 5.1(a) のようになる．

3. 解図 5.1(a) のような電場において $x = -d$ の電位 $\phi(-d) = 0$ を基準にとると，$-d \le x \le 0$ の電位は，

$$\phi(x) = -\int_{-d}^{x}\frac{\rho_0(x+d)}{\varepsilon_0}\mathrm{d}x = -\frac{\rho_0}{2\varepsilon_0}(x+d)^2$$

$0 \le x \le d$ の電位は，

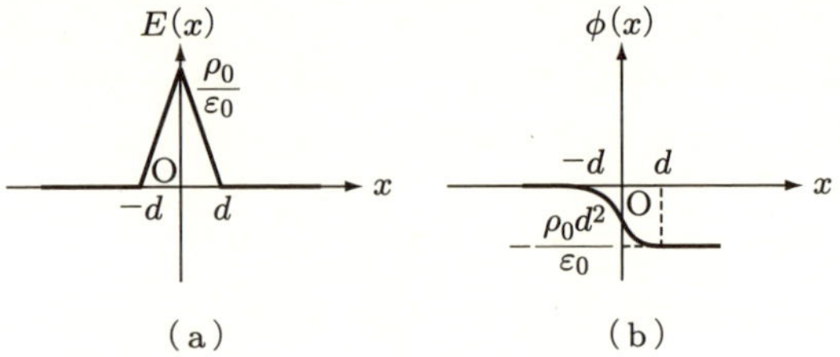

解図 5.1　厚さ $2d$ の 2 重層膜電荷のつくる電場

$$\phi(x) = -\frac{\rho_0 d^2}{2\varepsilon_0} - \int_0^x -\frac{\rho_0(x-d)}{\varepsilon_0}\mathrm{d}x = \frac{\rho_0}{2\varepsilon_0}(x^2 - 2dx - d^2)$$

となって，解図 5.1(b) のようになる．金属の外と境界内側では電位のポテンシャルとして $\Delta\phi = \rho_0 d^2/\varepsilon_0$ の差がある．その結果，金属から電子 1 個を取り出すために必要な仕事，すなわち障壁エネルギーは $W = (-e)\Delta\phi = e\rho_0 d^2/\varepsilon_0$ である．

4. 内側電極の軸方向の単位長さ当たりに帯電する電荷量を λ とすると，円筒電極間の電場は第 3 章の演習問題 1 を参考にすると，円筒軸から r の位置の電場は $E = \lambda/2\pi\varepsilon_0 r$ である．内円筒の外径が b，外円筒の内径が a なので，電極間の電位差 $V = \lambda\ln(a/b)/2\pi\varepsilon_0$．よって，単位長さ当たりの静電容量は

$$C = \frac{\lambda}{V} = \frac{2\pi\varepsilon_0}{\ln(a/b)}$$

第 6 章

問題 1

$$V_1 = -\int_d^{(d+d')/2} \frac{\sigma_\mathrm{t}}{\varepsilon_0}\mathrm{d}x = \left(\frac{d-d'}{2\varepsilon_0}\right)\sigma_\mathrm{t}$$

$$V_2 = -\int_d^{(d+d')/2} \frac{\sigma_\mathrm{t}}{\varepsilon_0}\mathrm{d}x - \int_{(d+d')/2}^{(d-d')/2} \frac{\sigma_\mathrm{t}}{\varepsilon}\mathrm{d}x = \left(\frac{d-d'}{2\varepsilon_0} + \frac{d'}{\varepsilon}\right)\sigma_\mathrm{t}$$

問題 2　$V = \{(d-d')/\varepsilon_0 + d'/\varepsilon\}\sigma_\mathrm{t}$ であるから，

$$\sigma_\mathrm{t} = \frac{\varepsilon_0 \varepsilon V}{\varepsilon(d-d') + \varepsilon_0 d'}$$

誘電体板内の電場の強さに関し，$\dfrac{\sigma_\mathrm{t} - \sigma_\mathrm{p}}{\varepsilon_0} = \dfrac{\sigma_\mathrm{t}}{\varepsilon}$ であるから，上の関係式と合わせて，

$$\sigma_\mathrm{p} = \frac{\varepsilon_0(\varepsilon - \varepsilon_0)V}{\varepsilon(d-d') + \varepsilon_0 d'}$$

演習問題

1. キャナル場の場合，細い孔に沿って長さ l で幅が微小な長方形経路をとり，孔方向の孔内，誘電体内の電場をそれぞれ E_c, E_i とする．この経路に沿って電場の線積分を行うと $E_\mathrm{c}l - E_\mathrm{i}l = 0$ なので，キャナル場 E_c は誘電体中の電場と等しい．すなわち，$E_\mathrm{c} = E_\mathrm{i} = (\varepsilon_0/\varepsilon)E$.

ギャップ場の場合，ギャップを挟んで，誘電体内の電場を E_{i}，ギャップ内の電場を E_{g} とし，面積 A の円筒領域をガウス面としてガウスの法則を適用すると，電束密度の連続性から $-A\varepsilon E_{\mathrm{i}} + A\varepsilon_0 E_{\mathrm{g}} = 0$ より，$E_{\mathrm{g}} = (\varepsilon/\varepsilon_0)E_{\mathrm{i}} = E$ となり，はじめの外部電場 E と同じになる．

2. 球の中心Oを通る z 軸から方位角 θ 方向の球面上の単位ベクトルを $\boldsymbol{n}$ とすれば，この方向の分極電荷の表面密度は $\sigma_{\mathrm{p}}(\theta) = \boldsymbol{P}\cdot\boldsymbol{n} = P\cos\theta$ である．

3. 第5章の演習問題1と同様に，一様に分極した誘電体球の表面に分極電荷が誘起されているとき，正，負の体積密度 $\pm\rho_0$ とすれば，表面電荷密度は $\sigma(\theta) = \rho_0 d\cos\theta$ であるから，$P = \rho_0 d$ である．このとき，正電荷と負電荷の球体はそれぞれの中心に点電荷 $\pm\dfrac{4\pi a^3}{3}\rho_0$ があり，変位 d の電気双極子を構成していると考えてよい．電気双極子モーメントの大きさ p は，

$$p = \frac{4\pi a^3}{3}\rho_0 d = \left(\frac{4\pi a^3}{3}\right)P$$

となり，一様に分極した誘電体が球の外に作る電気双極子場の湧き出しとなる．

なお，球面上の $\theta \sim \theta + \mathrm{d}\theta$ 微小な帯領域に誘起されている分極電荷の中心Oに作る電場 E_{o} は，

$$E_{\mathrm{o}} = -\int_0^{\pi}\frac{\sigma_{\mathrm{p}}(\theta)2\pi a^2\sin\theta\cos\theta\mathrm{d}\theta}{4\pi\varepsilon_0 a^2} = -\int_0^{\pi}\frac{2\pi a^2 P\sin\theta\cos^2\theta\mathrm{d}\theta}{4\pi\varepsilon_0 a^2} = -\frac{P}{3\varepsilon_0}$$

となる．また．中心が z 軸に沿った $z = r < a$ の位置の電場 $E(z)$ も同様な計算から，r によらず $E(z) = -P/3\varepsilon_0$ となることが導ける．

4. 誘電体が解図6.1(a)のように平面境界面で真空と接しており，面法線から d の位置に点電荷 q があるとする．点電荷の場において誘電体は分極を起こし誘電体平面には異符号の分極電荷が分布する．この問題を鏡像法で考える．元の電荷 q と境界から d だけ誘電体の内側に鏡像電荷 q' があり，この両電荷が真空領域の点Pの電場を作るものとする．また，誘電体内の電場は d の位置に q'' の鏡像電荷をおき，この電荷が内部の電場の源になると仮定する．
真空中の電位を ϕ_{I} とすれば，

$$\phi_{\mathrm{I}} = \frac{1}{4\pi\varepsilon_0}\left(\frac{q}{r} + \frac{q'}{r'}\right)$$

誘電体内の電位は，

$$\phi_{\mathrm{II}} = \frac{1}{4\pi\varepsilon_0}\frac{q''}{r}$$

で，r, r' はそれぞれ点電荷と鏡像電荷から電位を考える点Pまでの距離を表す．境界条件として，境界面で 1) $\phi_{\mathrm{I}} = \phi_{\mathrm{II}}$，2) $\varepsilon_0(\partial\phi_{\mathrm{I}}/\partial n) = \varepsilon(\partial\phi_{\mathrm{II}}/\partial n)$ が成り立つ．1) より，$(q + q')/\varepsilon_0 = q''/\varepsilon$，また，2) より，$q - q' = q''$ である，したがって，$q' = q(\varepsilon_0 - \varepsilon)/(\varepsilon_0 + \varepsilon)$, $q'' = 2q\varepsilon/(\varepsilon_0 + \varepsilon)$ となる．境界条件を満足する電位は，

$$\phi_{\mathrm{I}} = \frac{q}{4\pi\varepsilon_0}\left(\frac{1}{r} + \frac{\varepsilon_0 - \varepsilon}{\varepsilon_0 + \varepsilon}\frac{1}{r'}\right), \qquad \phi_{\mathrm{II}} = \frac{2q}{4\pi(\varepsilon_0 + \varepsilon)}\frac{1}{r}$$

となる．元の点電荷 q が受ける力 F は

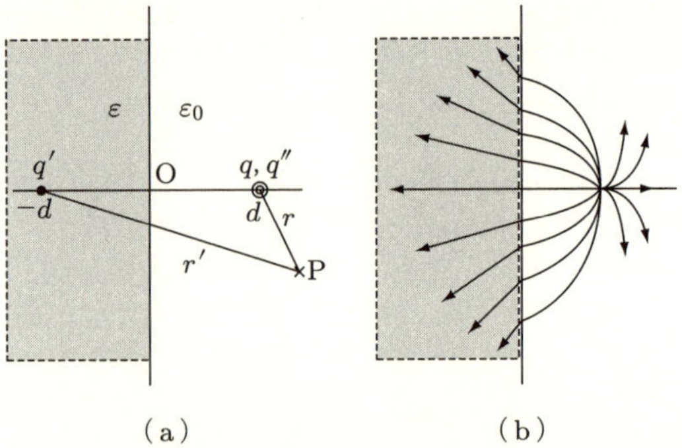

解図 6.1　点電荷の場と無限平面誘電体：(a) 真空領域ははじめの点電荷 q と鏡像電荷 q' が作る場で，誘電体領域は鏡像電荷 q'' が作る場として考える，(b) 電束線の様子

$$F = \frac{qq'}{4\pi\varepsilon_0(2d)^2} = \frac{q^2}{16\pi\varepsilon_0 d^2}\left(\frac{\varepsilon_0-\varepsilon}{\varepsilon_0+\varepsilon}\right)$$

となる．$\varepsilon_0 < \varepsilon$ なので，誘電体に引かれる引力である．真空領域，誘電体内の電場はそれぞれの電位の勾配 $E = -\operatorname{grad}\phi$ から求まる．解図 6.1(b) は誘電体領域，真空領域の電束線の様子を示してある．電束線は境界で屈折するが連続である．

5. $\displaystyle\int_{\mathrm{V}} \boldsymbol{r}\rho_{\mathrm{p}}(\boldsymbol{r})\mathrm{d}V = -\int_{\mathrm{V}} \boldsymbol{r}\,\mathrm{div}\,\boldsymbol{P}\mathrm{d}V = -\oint_{\mathrm{S}} \boldsymbol{r}(\mathrm{d}\boldsymbol{S}\cdot\boldsymbol{P}) + \int_{\mathrm{V}}(\boldsymbol{P}\cdot\boldsymbol{\nabla})\boldsymbol{r}\mathrm{d}V$

であるが，物質の外では $\boldsymbol{P} = 0$ のため表面積分の項は消え，

$$\int_{\mathrm{V}} \boldsymbol{r}\rho_{\mathrm{p}}(\boldsymbol{r})\mathrm{d}V = \int_{\mathrm{V}}(\boldsymbol{P}\cdot\boldsymbol{\nabla})\boldsymbol{r}\mathrm{d}V = \int_{\mathrm{V}} \boldsymbol{P}\mathrm{d}V$$

となる．したがって，分極電荷密度の位置ベクトルに関する 1 次のモーメントが物質の単位体積当たりの電気双極子モーメントを表し，

$$\boldsymbol{P} = \boldsymbol{r}\rho_{\mathrm{p}}(\boldsymbol{r})$$

である．なお，はじめの等式の 2 番目を部分積分すると 3 番目が導かれる．

第 7 章

演習問題

1. 銅の 1 モルの体積 V は原子量を M，密度を ρ として，$V = M/\rho$ より，$V = 63.55\times10^{-3}$ kg/$(8.93\times10^{3}$ kgm$^{3}) = 7.12\times10^{-6}$ m^{-3}．原子 1 個に自由電子 1 個が備わるので，アボガドロ数 $N_{\mathrm{A}} = 6.02\times10^{23}$ として，単位体積当たりの自由電子の密度 $n = 6.02\times10^{23}/7.12\times10^{-6}$ m$^{3} = 8.46\times10^{28}$ m^{-3}．自由電子のドリフト速度を v_{d} とすれば $j = nev_{\mathrm{d}}$ より，$v_{\mathrm{d}} = (I/Sne) = 1\mathrm{A}/(5\times^{-6}$ m$^{2}\times8.46\times10^{28}$ m$^{-3}\times1.6\times10^{-19}$ As$) = 1.48\times10^{-5}$ ms^{-1} である．

2. 自由電子の質量を m，電荷量を e，銅の自由電子の数密度を n，抵抗率を ρ とすれば，自由時間 τ は $\tau = m/ne^2\rho$ より，$\tau = 9.11\times10^{-31}$kg/$(8.46\times10^{28}$ m$^{-3}\times1.6\times$

10^{-19} As $\times 1.6 \times 10^{-19}$As $\times 1.7 \times 10^{-8}$ Ωm$) = 2.5 \times 10^{-14}$ s.
$\overline{v} = \sqrt{2kT/m}$ より，$\overline{v} = (2 \times 1.38 \times 10^{-23}$ J/K $\times$ 300 K/9.11 $\times 10^{-31}$ kg$)^{1/2}$ $=$ 9.4×10^4 m/s. 平均自由行程 $l = \tau\overline{v} = 2.5\times10^{-14}$ s$\times 9.4\times10^4$ m/s $= 2.63\times10^{-9}$ m.

3. ある閉曲面に囲まれた領域内に存在する電荷を Q とすると，その減少速度は電流の流失量に等しいから，$-\dfrac{\mathrm{d}Q}{\mathrm{d}t} = -\displaystyle\int_{\mathrm{V}} \dfrac{\mathrm{d}\rho}{\mathrm{d}t} = \oint_{\mathrm{S}} \boldsymbol{J}\cdot\mathrm{d}\boldsymbol{S}$ である．よって，$-\dfrac{\mathrm{d}\rho}{\mathrm{d}t} = \mathrm{div}\,\boldsymbol{J}$ であり，$\rho = \mathrm{div}\,\boldsymbol{D}$, $\boldsymbol{D} = \varepsilon\boldsymbol{E}$, $\boldsymbol{J} = \sigma\boldsymbol{E}$ より，

$$\frac{\mathrm{d}\rho}{\mathrm{d}t} = -\frac{\sigma}{\varepsilon}\rho$$

したがって，$t = 0$ にもち込まれた電荷の体積密度を ρ_0 とすれば，その後の電荷密度は上の微分方程式の解として，

$$\rho(t) = \rho_0 \exp\left(-\frac{\sigma}{\varepsilon}t\right)$$

となり，緩和時間 $\tau_{\mathrm{d}} = \varepsilon/\sigma$ である．

4. いま．同軸電極の内側 $r = a$ を正極，外側 $r = b$ を負極として電池をつなぐと，動径 r 方向に電流が流れる．r の位置の電流密度を j とすれば，電流は $I = 2\pi rhj$．電場は $E = \rho j$，電位差は $\mathrm{d}V = -E\mathrm{d}r$ であるから，

$$V = -\int_b^a E\mathrm{d}r = -\int_b^a \rho\frac{I}{2\pi hr}\mathrm{d}r = -\frac{\rho I}{2\pi h}\Big|\ln r\Big|_b^a\mathrm{d}r = \frac{\rho I}{2\pi h}\ln\left(\frac{b}{a}\right)$$

よって．抵抗は $R = \dfrac{\rho}{2\pi h}\ln(b/a)$ である．

第 8 章

問題 1　一様な磁束密度 $\boldsymbol{B}$ の中に磁気モーメント $\boldsymbol{M}$ の磁針をおくと，力のモーメント $\boldsymbol{N} = \boldsymbol{M}\times\boldsymbol{B}$ が働き，磁針は磁束密度の場に平行になろうとする．磁束密度の方向からの磁針の偏角を θ，磁針の回転軸の周りの慣性モーメントを I とすると，磁針の回転運動は，磁針の角運動量 $L = I(\mathrm{d}\theta/\mathrm{d}t)$ の時間変化率 $(\mathrm{d}L/\mathrm{d}t)$ が力のモーメント $N = BM\sin\theta$ で妨げられるので，$I(\mathrm{d}^2\theta/\mathrm{d}t^2) = -BM\sin\theta$ が成り立つ．磁針が磁束密度の方向で微小振動するときは，θ は微小なので $\sin\theta \sim \theta$ と近似できる．$I(\mathrm{d}^2\theta/\mathrm{d}t^2) = -BM\theta$ とする単振動の方程式となる．その周期は

$$T = 2\pi\sqrt{\frac{I}{BM}}$$

問題 2　OX から角度 θ〜$\theta + \mathrm{d}\theta$ の間の単位球上の微小な帯領域の面積は $2\pi\sin\theta\mathrm{d}\theta$ で，それは帯を球の中心 O より見込む立体角 $\mathrm{d}\Omega$ に等しい．したがって O から θ をなす球面の立体角 $\Omega(\theta)$ は，

$$\Omega(\theta) = \int_0^\theta 2\pi\sin\theta\mathrm{d}\theta = 2\pi\Big| -\cos\theta\Big|_0^\theta = 2\pi(1-\cos\theta) \tag{1}$$

OH 軸に垂直な円の面積は $S = \pi r^2\tan^2\theta$ なので，角度が微小角 $\mathrm{d}\theta$ 増加したときの円帯状の面積増分は

$$\mathrm{d}S(\theta) = 2\pi r^2\frac{\sin\theta}{\cos^3\theta}\mathrm{d}\theta$$

であり，そのときの立体角の増加分は，式 (1) より

$$\mathrm{d}\Omega(\theta) = 2\pi\sin\theta\mathrm{d}\theta$$

である．両式より，

$$\mathrm{d}\Omega(\theta) = \frac{\cos^3\theta\mathrm{d}S(\theta)}{r^2}$$

である．したがって，OH 軸に対して垂直な微小円断面 $\mathrm{d}S$ を見込む立体角は，$\theta = 0$ から微小角 $\mathrm{d}\theta$ の増分にあたるから，$\cos\theta \simeq 1$ として

$$\mathrm{d}\Omega = \frac{\mathrm{d}S}{r^2}$$

となる．

問題 3 電流に沿って z 軸，電流に垂直に xy 面をとると，電流と右ネジの関係にある磁束密度の成分は，導線内部で

$$B_x = -\frac{\mu_0 I}{2\pi a^2}y, \quad B_y = \frac{\mu_0 I}{2\pi a^2}x, \quad B_z = 0$$

である．$(\mathrm{rot}\,\boldsymbol{B})_x = 0$, $(\mathrm{rot}\,\boldsymbol{B})_y = 0$ であり，

$$(\mathrm{rot}\,\boldsymbol{B})_z = \frac{\partial B_y}{\partial x} - \frac{\partial B_x}{\partial y} = \frac{\mu_0 I}{\pi a^2}$$

他方，電流密度の強さは $j_x = 0$, $j_y = 0$, $j_z = I/\pi a^2$ なので，

$$\mathrm{rot}\,\boldsymbol{B} = \mu_0\boldsymbol{j}$$

が成り立つ．導線外部では，

$$B_x = -\frac{\mu_0 I}{2\pi a^2\sqrt{x^2+y^2}}\frac{y}{\sqrt{x^2+y^2}}, \quad B_y = \frac{\mu_0 I}{2\pi a^2\sqrt{x^2+y^2}}\frac{x}{\sqrt{x^2+y^2}}, \quad B_z = 0$$

であるから，

$$\frac{\partial B_y}{\partial x} = \left(\frac{\mu_0 I}{2\pi}\right)\frac{-x^2+y^2}{(x^2+y^2)^2}, \quad \frac{\partial B_x}{\partial y} = \left(\frac{\mu_0 I}{2\pi}\right)\frac{-x^2+y^2}{(x^2+y^2)^2}$$

なので，

$$(\mathrm{rot}\,\boldsymbol{B})_z = \frac{\partial B_y}{\partial x} - \frac{\partial B_x}{\partial y} = 0$$

となって，電流密度はこの領域で $j_z = 0$ となることが示される．

演習問題

1. 電流の流れている方向に z 軸をとる．半直線電流 I から垂直に b だけ離れた点 P の磁束密度はビオ・サバールの法則により，

$$B_1 = \frac{\mu_0 Ib}{4\pi}\int_{-\infty}^{a}\frac{\mathrm{d}z}{(z^2+b^2)^{3/2}} = \frac{\mu_0 I}{4\pi b}\left|\frac{z}{(x^2+b^2)^{\frac{1}{2}}}\right|_{-\infty}^{a} = \frac{\mu_0 I}{4\pi b}\left(\frac{a}{\sqrt{a^2+b^2}}+1\right)$$

また，半直線電流 I から垂直に a だけ離れた点 P の磁束密度は，

$$B_2 = \frac{\mu_0 Ia}{4\pi}\int_{-b}^{\infty}\frac{\mathrm{d}z}{(z^2+a^2)^{3/2}} = \frac{\mu_0 I}{4\pi a}\left|\frac{z}{(x^2+a^2)^{1/2}}\right|_{-a}^{\infty} = \frac{\mu_0 I}{4\pi a}\left(1+\frac{b}{\sqrt{a^2+b^2}}\right)$$

両磁束密度は同じ方向にあるので，電流全体が作る磁束密度の大きさ B は

$$B = B_1 + B_2 = \frac{\mu_0 I}{4\pi}\left(\frac{a+b+\sqrt{a^2+b^2}}{ab}\right)$$

2. 解図 8.1 のように，放物線 $y^2 = 4ax$ 状の導線を流れる電流 I が $x = a$ の焦点 F に作る磁束密度をある点 $\mathrm{P}(x, y)$ に電流素片 $I\mathrm{d}l$ をとって考える．点 P での放物線の接線が x 軸となす角度を β，PF と x 軸とがなす角を図のように α とする．

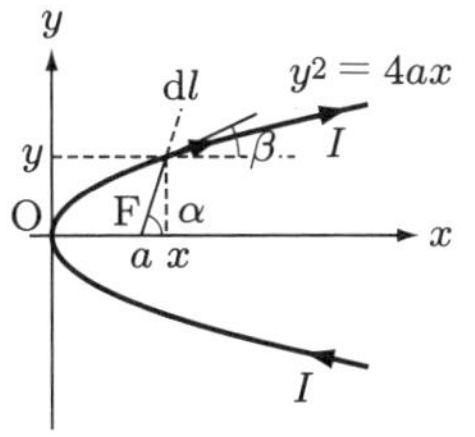

解図 8.1　放物曲線を流れる電流が焦点に作る磁束密度

ビオ・サバールの法則から $I\mathrm{d}\boldsymbol{l}$ が F に作る磁束密度を $\mathrm{d}\boldsymbol{B}$ とすれば．向きは解図 8.1 の紙面に垂直下向きで，大きさは $\mathrm{d}l = \sqrt{(\mathrm{d}x)^2 + (\mathrm{d}y)^2}$ より，

$$\mathrm{d}B = \left(\frac{\mu_0 I}{4\pi}\right)\frac{\sin(\pi - \alpha + \beta)}{y^2 + (x-a)^2}\sqrt{(\mathrm{d}x)^2 + (\mathrm{d}y)^2}$$
$$= \left(\frac{\mu_0 I}{4\pi}\right)\frac{\sin(\alpha - \beta)}{y^2 + (x-a)^2}\left(\sqrt{1 + \left(\frac{\mathrm{d}y}{\mathrm{d}x}\right)^2}\right)\mathrm{d}x$$

である．$\dfrac{\mathrm{d}y}{\mathrm{d}x} = \tan\beta, \tan\alpha = \dfrac{y}{x-a}$ であるから，これらより $\sin\alpha, \cos\beta, \cos\beta, \sin\alpha$ を x, y, $\mathrm{d}y/\mathrm{d}x$ で表すと，

$$\sin(\alpha - \beta) = \sin\alpha\cos\beta - \cos\beta\sin\alpha = \frac{y - (x-a)(\mathrm{d}y/\mathrm{d}x)}{\sqrt{(x-a)^2 + y^2}\sqrt{1 + (\mathrm{d}y/\mathrm{d}x)^2}}$$

となる．$y^2 = 4ax$, $\mathrm{d}y/\mathrm{d}x = y/2a$ を用いて整理すると，

$$\mathrm{d}B = \frac{\mu_0 (4a)^2 I}{4\pi}\frac{1}{(y^2 + 4a^2)^2}\mathrm{d}y$$

となる．したがって，

$$B = \frac{\mu_0 (4a)^2 I}{4\pi}\int_{-\infty}^{\infty}\frac{\mathrm{d}y}{(y^2 + 4a^2)^2}$$
$$= \frac{\mu_0 (4a)^2 I}{4\pi}\left|\frac{y}{8a^2(y^2 + 4a^2)} + \frac{1}{16a^3}\arctan\frac{y}{2a}\right|_{-\infty}^{\infty} = \frac{\mu_0 I}{4a}$$

となる．

3. (i) 半径 a の円環の中心軸上 b の位置の磁束密度は例題 8.2 のとおり，$B(x) = \mu_0 a^2 I/2(a^2 + b^2)^{3/2}$ であるから，同じ円電流が両者の中心から軸に沿って x だけ片方に位置する点 P の磁束密度 $B(x)$ は

$$B(x) = \frac{\mu_0 a^2 I}{2\{(a^2 + (b+x)^2\}^{\frac{3}{2}}} + \frac{\mu_0 a^2 I}{2(a^2 + (b-x)^2)^{\frac{3}{2}}}$$

である．中点 O の磁束密度は，

$$B(0) = \frac{\mu_0 a^2 I}{\{a^2 + b^2\}^{\frac{3}{2}}}$$

(ii) $a = 2b$ のときの中点 O 付近の磁束密度は $B(x)$ を**テーラー展開** (Taylor expansion) で調べる．$B(x)$ は x に関して偶関数なので，展開の奇数次項はすべて 0 になる．$B(x)$ の 2 階微分係数の点 O での値は，

$$\frac{\partial^2 B(x)}{\partial x^2} = -\frac{3\mu_0 I a^2}{2}\left[\frac{a^2 - 4(a/2+x)^2}{\{a^2 + (a/2+x)^2\}^{7/2}} - \frac{a^2 - 4(a/2-x)^2}{\{a^2 + (a/2-x)^2\}^{7/2}}\right]$$

より，

$$\left(\frac{\partial^2 B(x)}{\partial x^2}\right)_{x=0} = 0$$

となるので，展開の 2 次の項は 0 となる．したがって，

$$B(x) = B(0) + \mathrm{O}(x^4) = \frac{\mu_0 I}{a}\left(\frac{4}{5}\right)^{3/2} + \mathrm{O}(x^4)$$

となる．中心付近の磁束密度はほぼ一定値となる．

4. $\pm\Delta x/2\boldsymbol{i}$, $\pm\Delta y/2\boldsymbol{j}$ の位置に長方形電流 I が流れていると扱ってよいので，ビオ・サバールの法則より，

$$\Delta\boldsymbol{B} = \frac{\mu_0 I}{4\pi}\left[\frac{-\Delta x\boldsymbol{i}\times(\boldsymbol{r} - (\Delta y/2)\boldsymbol{j})}{|\boldsymbol{r} - (\Delta y/2)\boldsymbol{j}|^3} + \frac{\Delta x\boldsymbol{i}\times(\boldsymbol{r} + (\Delta y/2)\boldsymbol{j})}{|\boldsymbol{r} + (\Delta y/2)\boldsymbol{j}|^3}\right.$$
$$\left. + \frac{-\Delta y\boldsymbol{j}\times(\boldsymbol{r} + (\Delta x/2)\boldsymbol{i})}{|\boldsymbol{r} + (\Delta x/2)\boldsymbol{i}|^3} + \frac{\Delta y\boldsymbol{j}\times(\boldsymbol{r} - (\Delta x/2)\boldsymbol{i})}{|\boldsymbol{r} - (\Delta x/2)\boldsymbol{i}|^3}\right]$$

上式の分母の Δx および Δy の 2 次の項を無視すると，

$$\frac{1}{(x^2 + y^2 + z^2 \mp y\Delta y)^{\frac{3}{2}}} \cong \frac{1}{r^3}\left\{1 \pm \frac{3y\Delta y}{2r^2}\right\}$$
$$\frac{1}{(x^2 + y^2 + z^2 \mp x\Delta x)^{\frac{3}{2}}} \cong \frac{1}{r^3}\left\{1 \pm \frac{3x\Delta x}{2r^2}\right\}$$

である．この近似式を上式に代入して整理すると，$\Delta x\Delta y = \Delta S$ として，

$$\Delta\boldsymbol{B} = \frac{\mu_0 I\Delta S}{4\pi}\frac{3zx}{r^5}\boldsymbol{i} + \frac{\mu_0 I\Delta S}{4\pi}\frac{3yz}{r^5}\boldsymbol{j} + \frac{\mu_0 I\Delta S}{4\pi}\frac{3z^2 - r^2}{r^5}\boldsymbol{k}$$

が導かれる．

5. コイルの巻き線の数を単位長さ当たり n [1/m] とする．中心軸上の一点 P と，そこから x 離れた位置に幅 $\mathrm{d}x$ のコイル微小部を考えると，そこには $n\mathrm{d}x$ 個の円電流が流れている．例題 8.2, 8.4 の解より，これが点 P に作る磁束密度 $\mathrm{d}B$ は x 軸の向きに，$\mathrm{d}B = \dfrac{\mu_0 I n\mathrm{d}x}{2}\dfrac{a^2}{(x^2 + a^2)^{3/2}}$ である．いま，P から x にある円電流が点 P と x 軸となす半頂角を θ とすると，$a = x\tan\theta$ なので，$(x^2 + a^2)^{3/2} = a^3/\sin^3\theta$, $\mathrm{d}x = -a\mathrm{d}\theta/\sin^2\theta$ であるから，

$$B = \int \mathrm{d}B = \frac{\mu_0 nI}{2}\int_{\theta_1}^{\theta_2}(-\sin\theta)\mathrm{d}\theta = \frac{\mu_0 nI}{2}(\cos\theta_2 - \cos\theta_1)$$

となる．ここで，θ_1, θ_2 はコイルの両端の円電流が点 P に張る角で，x 軸にそって番号付けしてある．したがって，無限に長いソレノイドの中心軸上の磁束密度は，$\theta_2 = 0$, $\theta_1 = \pi$ なので，$B = \mu_0 nI$ となる．

6. $\boldsymbol{B}$ 場の中で閉回路 C に電流が流れているとき，その電流素片 $I\mathrm{d}\boldsymbol{l}$ にはアンペール力 $\mathrm{d}\boldsymbol{F} = I\mathrm{d}\boldsymbol{l} \times \boldsymbol{B}$ が働く．磁束密度が一様なとき，閉電流全体に働く力について考えると，

$$\boldsymbol{F} = \oint_{\mathrm{C}} \mathrm{d}\boldsymbol{F}$$

であるが，$\boldsymbol{B}$ が一様であることから経路 C を一周する積分を行うと

$$I\left(\oint_{\mathrm{C}} \mathrm{d}\boldsymbol{l}\right) \times \boldsymbol{B} = 0$$

となるので，閉回路 C に正味の力は働かない．すなわち，一様な場では閉回路には並進力は働かない．

次に閉回路 C 全体に働く力のモーメント $\boldsymbol{N}$ を考えよう．

$$\boldsymbol{N} = \oint_{\mathrm{C}} \boldsymbol{r} \times \mathrm{d}\boldsymbol{F} = \oint_{\mathrm{C}} \boldsymbol{r} \times (I\mathrm{d}\boldsymbol{l} \times \boldsymbol{B})$$

である．ここでベクトルの三重積の等式

$$\boldsymbol{A} \times (\boldsymbol{B} \times \boldsymbol{C}) = (\boldsymbol{A} \cdot \boldsymbol{C})\boldsymbol{B} - (\boldsymbol{A} \cdot \boldsymbol{B})\boldsymbol{C}$$

を用いると，

$$\boldsymbol{N} = I\oint_{\mathrm{C}} (\boldsymbol{r} \cdot \boldsymbol{B})\mathrm{d}\boldsymbol{l} - I\oint_{\mathrm{C}} (\boldsymbol{r} \cdot \mathrm{d}\boldsymbol{l})\boldsymbol{B}$$

である．一様な $\boldsymbol{B}$ における閉経路 C の周積分に関して，$\oint_{\mathrm{C}} (\boldsymbol{r} \cdot \mathrm{d}\boldsymbol{l})\boldsymbol{B} = 0$ が成り立つので，

$$\boldsymbol{N} = I\oint_{\mathrm{C}} (\boldsymbol{r} \cdot \boldsymbol{B})\mathrm{d}\boldsymbol{l}$$

となる．さらに，等式 $\oint_{\mathrm{C}} (\boldsymbol{r} \cdot \boldsymbol{B})\mathrm{d}\boldsymbol{l} = -\oint_{\mathrm{C}} (\mathrm{d}\boldsymbol{l} \cdot \boldsymbol{B})\boldsymbol{r}$ が成り立ち，また，

$$(\boldsymbol{A} \times \boldsymbol{B}) \times \boldsymbol{C} = (\boldsymbol{A} \cdot \boldsymbol{C})\boldsymbol{B} - (\boldsymbol{B} \cdot \boldsymbol{C})\boldsymbol{A}$$

なので，

$$I\oint_{\mathrm{C}} (\boldsymbol{r}\cdot\boldsymbol{B})\mathrm{d}\boldsymbol{l} = -I\oint_{\mathrm{C}} (\mathrm{d}\boldsymbol{l}\cdot\boldsymbol{B})\boldsymbol{r} = \frac{I}{2}\oint_{\mathrm{C}} \{(\boldsymbol{r}\cdot\boldsymbol{B})\mathrm{d}\boldsymbol{l} - (\mathrm{d}\boldsymbol{l}\cdot\boldsymbol{B})\boldsymbol{r}\} = \frac{I}{2}\oint_{\mathrm{C}} (\boldsymbol{r}\times\mathrm{d}\boldsymbol{l})\times\boldsymbol{B}$$

の関係が導ける．そこで，式 (8.28) を使うと，平坦な任意のコイル C について，一般的に

$$\boldsymbol{N} = \boldsymbol{m} \times \boldsymbol{B}$$

と書ける．すなわち，一様な $\boldsymbol{B}$ 場におかれた磁気モーメントには力のモーメントが働き，ループ電流の面法線 $\boldsymbol{n}$，あるいは磁気モーメントベクトル $\boldsymbol{m}$ は $\boldsymbol{B}$ の方向に向こうとする．

7. $\boldsymbol{B}$ の場におかれた磁気モーメント $\boldsymbol{m}$ がもつ位置エネルギーは $U = -\boldsymbol{m} \cdot \boldsymbol{B}$ であるから，$\boldsymbol{m}$ に働く並進力は，$\boldsymbol{F} = -\operatorname{grad} U = \operatorname{grad}(\boldsymbol{m} \cdot \boldsymbol{B})$ である．力の x 成分 F_x を書き下すと，

$$F_x = \frac{\partial}{\partial x}(m_x B_x(\boldsymbol{r}) + m_y B_y(\boldsymbol{r}) + m_z B_z(\boldsymbol{r})) = m_x \frac{\partial B_x}{\partial x} + m_y \frac{\partial B_y}{\partial x} + m_z \frac{\partial B_z}{\partial x}$$

となる．磁束密度 $\boldsymbol{B}(\boldsymbol{r})$ は $\mathrm{rot}\,\boldsymbol{B} = 0$ を満たすので，

$$\frac{\partial B_y}{\partial x} = \frac{\partial B_x}{\partial y}, \quad \frac{\partial B_z}{\partial x} = \frac{\partial B_x}{\partial z}$$

である．これらの関係を上式に代入すると，

$$F_x = m_x \frac{\partial B_x}{\partial x} + m_y \frac{\partial B_y}{\partial x} + m_z \frac{\partial B_z}{\partial x} = m_x \frac{\partial \boldsymbol{B}}{\partial x}$$

となる．同様にして，$F_y = m_y(\partial \boldsymbol{B}/\partial y)$，$F_z = m_z(\partial \boldsymbol{B}/\partial z)$ となるので，$\boldsymbol{F} = \boldsymbol{m} \cdot \mathrm{grad}\,\boldsymbol{B}$ となる．

8. (i) 磁束密度はトロイダルコイルの中で閉じていて，図 8.24(a) の中心 O から半径 r' の位置を貫く磁束密度 $B(r')$ は円環内のどこでも等しい．同径の円形経路についてアンペールの法則を適用する．$2\pi r B(r') = \mu_0 NI$ となるから，$B(r') = \mu_0 NI/2\pi r'$.

(ii) 図 8.24(b) のような極座標を円環の断面にとると，環内のある点 $\mathrm{P}(r, \theta)$ の中心軸からの距離 r' は $r' = R + r\cos\theta$ で表される．また，中心軸から半径 r' の位置の磁束密度は $B(r') = \mu_0 NI/2\pi r'$ である．したがって，図 8.24(b) の点 P における微小面 $\mathrm{d}S = r\mathrm{d}\theta\mathrm{d}r$ の円環部を貫く磁束は，

$$\mathrm{d}\Phi = \frac{\mu_0 NI r\mathrm{d}\theta\mathrm{d}r}{2\pi(R + r\cos\theta)}$$

である．これを円環の全断面積にわたって積分すると，全磁束は，

$$\begin{aligned}\Phi &= \frac{\mu_0 NI}{2\pi}\int_0^a \int_0^{2\pi} \frac{r\mathrm{d}r\mathrm{d}\theta}{R + r\cos\theta} = \frac{\mu_0 NI}{2\pi} 2\pi \int_0^a \frac{\mathrm{d}r}{\sqrt{R^2 - r^2}} \\ &= \mu_0 NI(R - \sqrt{R^2 - a^2})\end{aligned}$$

となる．$R \gg a$ のときは，$(R - \sqrt{R^2 - a^2}) = \{R - R(1 - a^2/R^2)^{1/2})\} \simeq (a^2/2R)$ なので，$\overline{B}(= \overline{\Phi}/\pi a^2) \simeq \dfrac{\mu_0 NI}{2\pi R}$ となって，(i) の解の $r = R$ の場合に一致する．また，コイルの単位長さ当たり $n = N/2\pi R$ であるから，$\overline{B} = \mu_0 nI$ と表せる．

第 9 章

問題 1　ソレノイド内の磁束密度は $B = \mu_0 nI$ であるから，磁場の強さは $H = B/\mu_0 = nI$.

問題 2　磁気感受率 χ_{m} の鉄心の透磁率は $\mu = \mu_0(1 + \chi_{\mathrm{m}})$ である．ソレノイド内の磁場は伝導電流で決まるので，空心の場合と変わらず $H = nI$．よって，磁束密度は $B = \mu H = \mu_0(1 + \chi_{\mathrm{m}})nI$.

演習問題

1. (i) アンペール力の定義式より磁束密度 B の単位を [N], [A], [m] を用いて表せば，

$$[B] = [\mathrm{N}]/[\mathrm{A}][\mathrm{m}]$$

となる．この単位は Tesla (テスラ) とよばれ，$[B] = [\mathrm{T}]$ である．

(ii) B の単位を [Wb] を用いると $[B] = [\mathrm{Wb}]/[\mathrm{m}]^2$ なので，

$$[\mathrm{Wb}]/[\mathrm{m}]^2 = [\mathrm{N}]/[\mathrm{A}][\mathrm{m}]$$

よって，

$$[\mathrm{Wb}] = [\mathrm{N}][\mathrm{m}]/[\mathrm{A}] = [\mathrm{J}]/[\mathrm{A}]$$

(iii) 磁気のクーロンの法則 $F = \dfrac{1}{4\pi\mu_0}\dfrac{Q_\mathrm{m}Q'_\mathrm{m}}{r^2}$ より，

$$[\mu_0] = [\mathrm{Wb}]^2/[\mathrm{N}][\mathrm{m}]^2$$

なので，前設問の解答を利用すれば，

$$[\mu_0] = ([\mathrm{N}][\mathrm{m}]/[\mathrm{A}])^2/[\mathrm{N}][\mathrm{m}]^2 = [\mathrm{N}]/[\mathrm{A}]^2$$

(iv) $H = B/\mu_0$ より，

$$[\mathrm{H}] = [\mathrm{A}]^2/[\mathrm{N}] \times [\mathrm{N}]/[\mathrm{A}][\mathrm{m}] = [\mathrm{A}]/[\mathrm{m}]$$

2. 境界面を挟んで面積 A の軸が面法線を向く円筒領域を考え磁気に関するガウスの法則を適応する．$B_{1n}A - B_{2n}A = 0$ より，$B_{1n} = B_{2n}$．境界面を挟んで面に平行な辺の長さが l で，垂直方向の辺が微小な矩形の経路をとり，アンペールの法則を適応すると，表面に伝導電流が流れていないので，$H_{1t}l - H_{2t}l = 0$．よって．$H_{1t} = H_{2t}$．入射角 θ_1，屈折角 θ_2 を用いると，これらの等式は $\mu_1 H_1\cos\theta_1 = \mu_2 H_2\cos\theta_2$, $H_1\sin\theta_1 = H_2\sin\theta_2$ と表される．2 つの式をまとめると，

$$\frac{\tan\theta_1}{\tan\theta_2} = \frac{\mu_1}{\mu_2}$$

を得る．

3. 半径 a の直線導線のある直断面の中心に原点 O，電流方向を z 軸とする (x, y, z) 座標をとる．xy 面内の動径座標を r とすると，$0 \leq r \leq a$ でのみ一様な強さ $j = I/\pi a^2$ の電流密度をもつ．式 (9.13) において，

$0 \leq r < a$ では，

$$\frac{\partial H_y}{\partial x} - \frac{\partial H_x}{\partial y} = j \tag{1}$$

が成り立つ．求める磁束密度の対称性を考慮して，断面内のある点の位置座標 (x, y) を極座標 (r, φ) に，その位置の磁束密度を (B_r, H_φ) に変換する．一般に，$x = r\cos\varphi, y = r\sin\varphi$, $H_x = H_r\cos\varphi - H_\varphi\sin\varphi$, $H_y = H_r\sin\varphi + H_\varphi\cos\varphi$ であり，

$$\frac{\partial}{\partial x} = \cos\varphi\frac{\partial}{\partial r} - \frac{\sin\varphi}{r}\frac{\partial}{\partial\varphi}, \quad \frac{\partial}{\partial y} = \sin\varphi\frac{\partial}{\partial r} + \frac{\sin\varphi}{r}\frac{\partial}{\partial\varphi}$$

である．これらより，式 (1) は

$$\frac{1}{r}\frac{\partial(rH_\varphi)}{\partial r} - \frac{1}{r}\frac{\partial H_r}{\partial\varphi} = j$$

となる．電流密度の対称性から，$\dfrac{\partial H_r}{\partial\varphi} = 0$ なので，

$$\frac{1}{r}\frac{\partial(rH_\varphi)}{\partial r} = j \tag{2}$$

の偏微分方程式を解くことになる．式 (2) を積分すると．積分定数を c として，

$$rH_\varphi = jr^2/2 + c$$

よって，一般解は

$$H_\varphi = \frac{1}{2}jr + \frac{c}{r}$$

境界条件として $r = 0$ では $H_\varphi = 0$ を考慮すると，$c = 0$ で，

$$H_\varphi = \frac{1}{2}jr = \frac{Ir}{2\pi a^2}$$

となる．

$a \leq r$ では $j = 0$ なので，積分定数を c' として $H_\varphi = c'/r$ が成り立つ．境界条件 $H_\varphi(a) = I/2\pi a = \mathbf{c}'/a$ から，$\mathbf{c}' = I/2\pi$ よって，

$$H_\varphi = \frac{I}{2\pi r}$$

となって，$B = \mu_0 H$ を考慮すると例題 8.7 の解と一致する．

4. 地球の中心に地球磁石の S 極から N 極を向いた磁気双極子があるとしたとき，中心から r の位置の磁位は $\phi_\mathrm{m} = \dfrac{\mu_0}{4\pi}\dfrac{\boldsymbol{m}\cdot\boldsymbol{r}}{r^3}$ である．よって，

$$H_r = -\frac{1}{\mu_0}\frac{\partial\phi_\mathrm{m}}{\partial r} = \frac{1}{2\pi}\frac{m\cos\theta}{r^3}, \quad H_\theta = -\frac{1}{\mu_0 r}\frac{\partial\phi_\mathrm{m}}{\partial\theta} = \frac{1}{4\pi}\frac{m\sin\theta}{r^3}$$

となる．したがって伏角は

$$\xi = \tan^{-1}\frac{H_r}{H_\theta} = \tan^{-1}(2\cot\theta)$$

5. 地球の半径を a とするとき，単位体積当たりの磁気モーメントである磁化が M であるから，地球の全磁気双極子モーメントは $\dfrac{4\pi a^3}{3}M$ である．前問より，赤道付近の磁場の強さは，$\theta = 90^\circ$ とすると，

$$H_{90^\circ} = \frac{4\pi a^3}{3}M \times \frac{1}{4\pi}\frac{1}{a^3} = \frac{M}{3}$$

より，$M = 3 \times 30\ \mathrm{Am}^{-1} = 90\ \mathrm{Am}^{-1}$ となる．

6. ベクトルの微分に関する等式 (付録 A 数学的準備の式 (A.17b))

$$\mathrm{grad}(\boldsymbol{r}\cdot\boldsymbol{M}) = (\boldsymbol{r}\cdot\mathrm{grad})\boldsymbol{M} + (\boldsymbol{M}\cdot\mathrm{grad})\boldsymbol{r} + \boldsymbol{r}\times\mathrm{rot}\,\boldsymbol{M} + \boldsymbol{M}\times\mathrm{rot}\,\boldsymbol{r}$$

において，$(\boldsymbol{M}\cdot\mathrm{grad})\boldsymbol{r} = \boldsymbol{M}$，および，$\mathrm{rot}\,\boldsymbol{r} = 0$ なので，

$$\mathrm{grad}(\boldsymbol{r}\cdot\boldsymbol{M}) = (\boldsymbol{r}\cdot\mathrm{grad})\boldsymbol{M} + \boldsymbol{M} + \boldsymbol{r}\times\mathrm{rot}\,\boldsymbol{M}$$

また，ベクトルの積分に関する等式

$$\int_\mathrm{V}(\boldsymbol{r}\cdot\mathrm{grad})\boldsymbol{M}\mathrm{d}V = \oint_\mathrm{S}\boldsymbol{M}(\boldsymbol{r}\cdot\mathrm{d}\boldsymbol{S}) - 3\int_\mathrm{V}\boldsymbol{M}\mathrm{d}V$$

を用いると，(注；x, y, z 成分に分けて確かめると，容易にこの等式は示せる)

$$\begin{aligned}
\int_\mathrm{V}(\boldsymbol{r}\times\mathrm{rot}\,\boldsymbol{M})\mathrm{d}V &= \int_\mathrm{V}\mathrm{grad}(\boldsymbol{r}\cdot\boldsymbol{M})\mathrm{d}V - \int_\mathrm{V}(\boldsymbol{r}\cdot\mathrm{grad})\boldsymbol{M}\mathrm{d}V - \int_\mathrm{V}\boldsymbol{M}\mathrm{d}V \\
&= \oint_\mathrm{S}(\boldsymbol{r}\cdot\boldsymbol{M})\mathrm{d}\boldsymbol{S} - \oint_\mathrm{S}\boldsymbol{M}(\boldsymbol{r}\cdot\mathrm{d}\boldsymbol{S}) + 3\int_\mathrm{V}\boldsymbol{M}\mathrm{d}V - \int_\mathrm{V}\boldsymbol{M}\mathrm{d}V \\
&= \oint_\mathrm{S}\{(\boldsymbol{r}\cdot\boldsymbol{M})\mathrm{d}\boldsymbol{S} - \boldsymbol{M}(\boldsymbol{r}\cdot\mathrm{d}\boldsymbol{S})\} + 2\int_\mathrm{V}\boldsymbol{M}\mathrm{d}V \\
&= -\oint_\mathrm{S}\boldsymbol{r}\times(\boldsymbol{M}\times\mathrm{d}\boldsymbol{S}) + 2\int_\mathrm{V}\boldsymbol{M}\mathrm{d}V
\end{aligned}$$

である．いま磁性体の塊の体積領域をV，表面領域をSとすると，分子電流密度の位置ベクトルに対する1次のモーメントに1/2を掛けた量は，

$$\frac{1}{2}\int_{\mathrm{V}}(\boldsymbol{r}\times\boldsymbol{j}_{\mathrm{M}})\mathrm{d}V=\frac{1}{2}\int_{\mathrm{V}}(\boldsymbol{r}\times\mathrm{rot}\boldsymbol{M})\mathrm{d}V=-\frac{1}{2}\oint_{\mathrm{S}}\boldsymbol{r}\times(\boldsymbol{M}\times\mathrm{d}\boldsymbol{S})+\int_{\mathrm{V}}\boldsymbol{M}\mathrm{d}V$$

であるが，磁性体の表面についての面積分は0となる．結局，

$$\frac{1}{2}\int_{\mathrm{V}}(\boldsymbol{r}\times\boldsymbol{j}_{\mathrm{M}})\mathrm{d}V=\int_{\mathrm{V}}\boldsymbol{M}\mathrm{d}V$$

が導かれる．よって，磁化ベクトルは磁性体の単位体積当たりの磁気モーメントを表していることがわかる．

第10章

演習問題

1. 銅板を磁場領域から引き抜くとき，板を貫いていた磁束密度は減少することになるので，電磁誘導により磁束の減少速度に依存する起電力が銅板内に渦状に生じて電流(渦電流とよばれる)が誘起される，この電流は外部場とは反対方向の反磁性磁気モーメントを生じるので，外部場に引き寄せられる力を受ける．また，銅板を磁場中に差し込めば，板の内部を貫く磁束が増えることになるので，反磁性電流が誘起され，差し込むことを妨げようとする力が銅板に働く．

2. 銅板の実体振り子は磁場の領域に侵入すると反磁性電流が流れて，抵抗力を受け振り子運動は減衰する．磁場に侵入する部分に切れ目を入れスリット状にすると，反磁性電流は流れ難くなるため，抵抗力は減り，振り子運動が持続する．

3. (i) コイルAはBの位置に磁束密度を作るのでBを貫く磁束をΦ_2とする．Bを一定速度vで中心軸zに沿って動かすとΦ_2は時間するので，回路に誘導起電力Vを発生し電流Iが流れる．$V=RI=-\mathrm{d}\Phi_2/\mathrm{d}t$より，

$$I=-\frac{1}{R}\frac{\mathrm{d}\Phi_2}{\mathrm{d}t}=-\frac{1}{R}\frac{\mathrm{d}\Phi_2}{\mathrm{d}z}\frac{\mathrm{d}z}{\mathrm{d}t}=-\frac{v}{R}\frac{\mathrm{d}\Phi_2}{\mathrm{d}z}$$

抵抗Rで発生するジュール熱は

$$Q_{\mathrm{J}}=\int_{t_1}^{t_2}RI^2\mathrm{d}t=\int_{t_1}^{t_2}\frac{v^2}{R}\left(-\frac{\mathrm{d}\Phi_2}{\mathrm{d}z}\right)^2\mathrm{d}t$$
$$=\frac{v}{R}\int_{t_1}^{t_2}\left(\frac{\mathrm{d}\Phi_2}{\mathrm{d}z}\right)^2v\mathrm{d}t=\frac{v}{R}\int_{z_1}^{z_2}\left(\frac{\mathrm{d}\Phi_2}{\mathrm{d}z}\right)^2\mathrm{d}z\propto v$$

(ii) コイルを移動させるための力学的仕事が電気的仕事となってRで熱になる．コイルに電流Iが流れると，コイルの電流が作る磁場から力を受ける．その力は電流素片$I\mathrm{d}\boldsymbol{l}$の位置における磁束密度$\boldsymbol{B}$のコイル面内成分を$B_x$として，$-z$方向に働くアンペール力$F_z=\oint IB_x\mathrm{d}l=-2\pi bIB_x$である．ここで，(i)より

$$I=-\frac{v}{R}\frac{\mathrm{d}\Phi_2}{\mathrm{d}z}$$

また，zと$z+\mathrm{d}z$に底面をもつ半径bの薄い円筒領域に磁束密度に関するガウスの法則を適用すると，$\Phi_z(z+\mathrm{d}z)-\Phi_z(z)+2\pi bB_x=0$なので，

$$B_x = -\frac{1}{2\pi b}\frac{\mathrm{d}\Phi_2}{\mathrm{d}z}$$

よって，

$$F_z = -2\pi b\left(-\frac{v}{R}\frac{\mathrm{d}\Phi_2}{\mathrm{d}z}\right)\left(-\frac{1}{2\pi b}\frac{\mathrm{d}\Phi_2}{\mathrm{d}z}\right) = -\frac{v}{R}\left(\frac{\mathrm{d}\Phi_2}{\mathrm{d}z}\right)^2$$

誘導電流が流れるとコイル b は $-z$ 方向に力を受けるので，引き上げる力学的仕事は

$$W = \int_{z_1}^{z_2}(-F_z)\mathrm{d}z = \frac{v}{R}\int_{z_1}^{z_2}\left(\frac{\mathrm{d}\Phi_2}{\mathrm{d}z}\right)^2\mathrm{d}z$$

これは R で発生する全ジュール熱に等しい．コイル A が動くとコイル B に電流 I が流れ，これがコイル A に誘導起電力を発生する．A に流れる電流 I を一定に保つためには A の電源電圧を増減する必要があり，そのためには電源は余分の電気的仕事をすることになるが，それを積分すると 0 となる．

4. 回転する金属板を含む図 10.11 の回路 C に電流 I が流れる．この電流の起源は，磁石の作る磁束密度 $\boldsymbol{B}$ のなかで，金属板内の自由電子が運動することによりローレンツ力 $\boldsymbol{F} = (-e)\boldsymbol{v}\times\boldsymbol{B}$ が働き，誘導電場 $\boldsymbol{v}\times\boldsymbol{B}$ が生じることにある．円板上の半径 r の位置の速さは $v = r\omega$ で与えられる．磁場は円板に垂直の方向を向いていて，円板上で一様とすると，$\boldsymbol{v}\perp\boldsymbol{B}$ なので，円板の動径方向の $\mathrm{d}r$ の間の起電力の電位差は $Br\omega\mathrm{d}r$ である．したがって，円盤内に発生する全起電力は

$$V_\mathrm{m} = \int_0^a Br\omega\mathrm{d}r = \frac{1}{2}B\omega a^2$$

5. C_1 に電流 I が流れたとき発生する磁束密度が，C_2 のループ面を貫く磁束については，C_1 も C_2 も微小な面積素片に分け，一方の要素が他方の要素に与える影響を見積もり，それに基づき，足し合わせて考えることができる．先ず，C_1 を多数の微小面 $\boldsymbol{\Delta S}_i = \Delta S_i\boldsymbol{n}_1$ に分割し，それぞれには C_1 に流れる電流 I と同じ大きさで，向きの同じ電流が流れているものとする．次に，C_2 も同様に微小面に分割し．その面上のある微小面の面積を $\boldsymbol{\Delta S}_j = \Delta S_\mathrm{j}\boldsymbol{n}_2$ とする．電流 I が流れる微小面の大きさ $I\Delta S_\mathrm{i}$ の微小磁気モーメント $\boldsymbol{m}_i = I\boldsymbol{\Delta S}_i$ が距離 $\boldsymbol{r}_{ji}$ 離れた位置に作る磁束密度 $\boldsymbol{\Delta B}_{ji}(= (\mu_0/4\pi)\{-\boldsymbol{m}_i/r_{ji}^3 + 3\boldsymbol{r}_{ji}(\boldsymbol{m}_i\cdot\boldsymbol{r}_{ji})/r_{ji}^5\})$ が微小面積素片 ΔS_j を貫く磁束 $\Delta\varphi_{ji} = \boldsymbol{\Delta S}_j\cdot\boldsymbol{\Delta B}_{ji}$ は，2 つの磁気双極子 $\boldsymbol{m}_i = I\boldsymbol{\Delta S}_i$ と $\boldsymbol{m}_j = I\boldsymbol{\Delta S}_i$ の間に双極子相互作用によるエネルギー $U(\boldsymbol{r}_{ji}) = -\boldsymbol{m}_j\cdot\boldsymbol{\Delta B}_{ji}$ と同様の形になる．すなわち，第 4 章の章末演習問題 7 で扱っているように，相互作用エネルギーは i，j の入れ替えてに対し (i から j を見ても，あるいは j から i を見ても) 対称なことは自明である．
したがって，$\Delta\varphi_{ji} = \boldsymbol{\Delta S}_j\cdot\boldsymbol{\Delta B}_{ji}$ は，

$$\Delta\phi_{ji} = \frac{\mu_0 I}{4\pi}\left\{-\frac{(\boldsymbol{\Delta S}_i\cdot\boldsymbol{\Delta S}_j)}{r_{ji}^3} + \frac{3(\boldsymbol{r}_{ji}\cdot\boldsymbol{\Delta S}_i)(\boldsymbol{r}_{ji}\cdot\boldsymbol{\Delta S}_j)}{r_{ji}^5}\right\}$$

と書ける．磁気モーメント $I\boldsymbol{\Delta S}_i$ による磁束密度が C_2 全体を貫く磁束 $\Delta\Phi_{2i}$ は，この量を C_2 全体に足し合わせた，$\Delta\Phi_{2i} = \sum_{j\in\mathrm{C}_2}\Delta\phi_{ji}$ である．

続いて，微小磁気モーメント $I\boldsymbol{\Delta S}_i$ を，C_1 面上の全体に広めて足し合わせれば，相接した微小面の縁を流れる電流は打ち消されて，C_1 に流れる電流 I による $\boldsymbol{B}$ 場が源と

なる C_2 を貫く全磁束 Φ_{21} となる．よって，$\Phi_{21}=\sum_{i\in C_1}\Delta\Phi_{2i}$ であり，$\Phi_{21}=\mathcal{L}_{21}I$ であるから，

$$\mathcal{L}_{21}=\sum_{i\in C_1}\sum_{j\in C_2}\frac{\mu_0}{4\pi}\left\{-\frac{(\Delta\boldsymbol{S}_i\cdot\Delta\boldsymbol{S}_j)}{r_{ji}^3}+\frac{3(\boldsymbol{r}_{ji}\cdot\Delta\boldsymbol{S}_i)(\boldsymbol{r}_{ji}\cdot\Delta\boldsymbol{S}_j)}{r_{ji}^5}\right\}$$

と表せる．

他方，C_2 に電流 I が流れているとき，C_1 を貫く全磁束 $\Phi_{12}=\mathcal{L}_{12}I$ は，式 $\Phi_{21}=\sum_{i\in C_1}\Delta\Phi_{2i}$ を導いた際の i と j の足し合わせの順序を入れ替えるだけで表現され，$\boldsymbol{r}_{ji}=-\boldsymbol{r}_{ij}$，$r_{ij}=r_{ji}$ なので，$\mathcal{L}_{12}$ は上式の右辺と全く同等な式となる．よって，$\mathcal{L}_{12}=\mathcal{L}_{21}$ が示された．

第11章

演習問題

1. キルヒホッフの電流法則より，$I_1+I_2=I_3$，電圧法則より，$I_1R_1+I_3r-V_1=0$ と $I_2R_2+I_3r-V_2=0$ が成り立つ．電流に関するこれらの連立方程式を解くと，

$$I_1=\frac{(R_2+r)V_1-rV_2}{R_2R_1+R_1r+R_2r},\quad I_2=\frac{-rV_1+(R_1+r)V_2}{R_2R_1+R_1r+R_2r},\quad I_3=\frac{R_2V_1+R_1V_2}{R_2R_1+R_1r+R_2r}$$

2. 解図 11.1 の点 A_n と点 A_{n+1} で，電流法則から，

$$I_n=I_{n+1}+I'_n,\quad I_{n+1}=I_{n+2}+I'_{n+1}$$

$A_nA_{n+1}B_nB_{n+1}$ の回路では，電圧法則より，

$$r(I_{n+1}+I'_{n+1}+I_{n+1}-I'_n)=0$$

が成り立つ．この 2 式から，I'_n と I'_{n+1} を消去すると

$$I_n-4I_{n+1}+I_{n+2}=0$$

を得る．隣り合わせの辺を流れる電流は逐次減衰するはずであるから，$I_n=ck^n$ と仮定して，上の方程式に代入すると，$k^2-4k+1=0$ となり，その解は $k=2\pm\sqrt{3}$ となる．ただし，$n\to\infty$ では $I_n\to 0$ になるべきことから $k=2-\sqrt{3}$ をとる．したがって，

$$I_n=c(2-\sqrt{3})^n$$

となる．したがって，定数 c を消去すると，横方向の隣り合う抵抗に流れる電流に対し，漸化式

$$I_n=(2-\sqrt{3})I_{n-1}$$

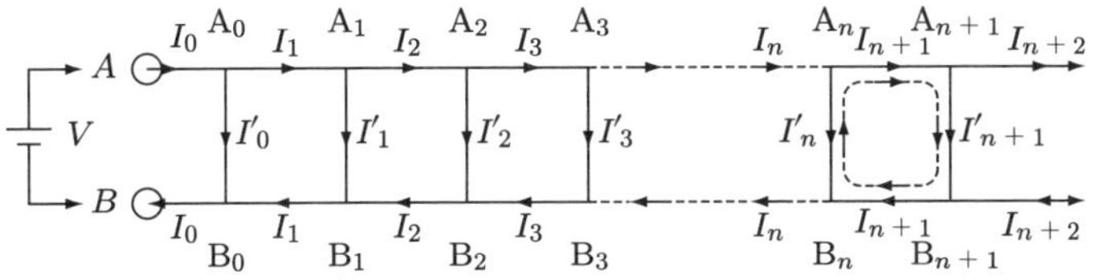

解図 11.1　一辺が $r[\Omega]$ の正方形梯子回路

が導かれる．$n=1$ のとき，$I_1=(2-\sqrt{3})I_0$ となる．

左端の 2 点 A_0，B_0 に電圧 V を加えると，梯子回路に流れ出て，戻る電流は I_0 だから，$I_0=I_1+I'_0$ である．また，初段の縦の抵抗にオームの法則を適用すると，$V=rI'_0$ であるから，端子 A，B 側から見た梯子回路の全抵抗 R は，

$$R=\frac{V}{I_0}=\frac{r(I_0-I_1)}{I_0}=\frac{r\{I_0-(2-\sqrt{3})I_0\}}{I_0}=(\sqrt{3}-1)r$$

となる．

[別解]　いま，端子 AB から無限遠までの梯子回路の抵抗を R とすれば，解図 11.2 のように，左側にもう一段梯子抵抗をつないでも，AB 端子の全体の抵抗はやはり R となる．図の r と $2r+R$ とを並列につないだ

$$\frac{1}{R}=\frac{1}{r}+\frac{1}{R+2r}$$

の関係になる．この式から導かれる方程式 $R^2+2rR-2r^2=0$ を解くと根は $R=-r\pm\sqrt{3}r$ となる．有意な解は $R=(\sqrt{3}-1)r$ となって，上の結果と一致する．

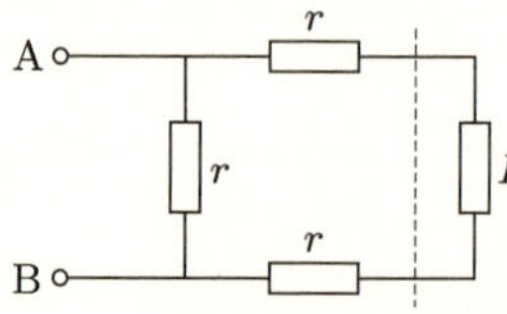

解図 11.2

3. (i) 回路に流れる電流を I とすれば，負荷抵抗 R_L で消費する電力 W は $W=I^2R_L=R_LV_0^2/(R_L+R_i)^2$

(ii) 上の式に各数値を代入すると，

$$W=\frac{2\times10^3\ \Omega\times(60\ \mathrm{V})^2}{\{(10+2\times10^3)\ \Omega\}^2}=1.8\ \mathrm{W}$$

1 時間に消費するエネルギーは $U=1.8\ \mathrm{W}\times3.6\times10^3\ \mathrm{s}=6.5\times10^3\ \mathrm{J}$

(iii) $\mathrm{d}W/\mathrm{d}R_L=0$ より W の最大値は $R_L=R_i$ のときである．$W_{\max}=V_0^2/4R_i$ となる．$V_0=60\ \mathrm{V}$ のとき，1 時間の消費エネルギーは $U=(60\ \mathrm{V})^2\times3.6\times10^3\mathrm{s}/4\times10\ \Omega=3.24\times10^5\ \mathrm{J}$

4. $t=0$ のとき，充電されたコンデンサーの端子電圧は $V_0=Q_0/C$ であるから，回路に流れる初期電流は $I_0=V_0/R$ なので，その後の電流の時間依存性は

$$I(t)=\frac{V_0}{R}e^{-\frac{1}{RC}t}$$

となる．

抵抗で消費される電力 P は $P=RI^2$ であるから，$\mathrm{d}t$ 時間に消費されるジュール熱 $\mathrm{d}Q_\mathrm{J}$ は $\mathrm{d}Q_\mathrm{J}=RI^2\mathrm{d}t$ である．電流は $t=0\to\infty$ で流れているので，この間の全ジュール熱は

$$Q_\mathrm{J}=\int_0^\infty RI(t)^2\mathrm{d}t=R\cdot\left(\frac{V_0}{R}\right)^2\int_0^\infty e^{-\frac{2}{RC}t}\mathrm{d}t$$

$$= R \cdot \left(\frac{V_0}{R}\right)^2 \left(-\frac{RC}{2}\right) \left[e^{-\frac{2}{RC}t}\right]_0^\infty = R \cdot \left(\frac{V_0}{R}\right)^2 \left(-\frac{RC}{2}\right)(-1)$$

$$= \frac{1}{2}CV_0^2 = \frac{1}{2} \cdot \frac{Q_0^2}{C}$$

となる．最後の式は電荷 Q_0 で帯電していたコンデンサーがもっていた充電エネルギーである．

5. この回路の角周波数が ω のときの複素インピーダンスは $Z = i\omega L + 1/i\omega C$ なので，$Z = i(\omega^2 LC - 1)/\omega C$ より，インピーダンスが 0 となり直列共振を起こす角周波数を ω_c とすれば，$\omega_c = 1/\sqrt{LC}$ である．共振周波数 f_c は $2\pi f_c = \omega_c$ なので，$L = 1$ μH，$C = 500$ pF のとき，

$$f_c = \frac{1}{2\pi\sqrt{LC}} = \frac{1}{2\pi\sqrt{1 \times 10^{-6}\ \mathrm{H} \times 5 \times 10^{-10}\ \mathrm{F}}}$$

$$= \frac{1}{1.4 \times 10^{-7}\ \mathrm{s}} = 7.1 \times 10^6\ \mathrm{Hz} = 7.1\ \mathrm{MHz}$$

となる．ただし，$[\mathrm{H}] \cdot [\mathrm{F}] = [\mathrm{Vs/A}] \cdot [\mathrm{As/V}] = [\mathrm{s}^2]$ である．

第 12 章

演習問題

1. (i) 伝導電流密度は $j_\mathrm{C} = \sigma E_0 \sin \omega t$，変位電流密度は $j_\mathrm{D} = \mathrm{d}(\varepsilon E_0 \sin \omega t)/\mathrm{d}t = \omega \varepsilon E_0 \cos \omega t$ となる．

(ii) 電流密度の振幅の比は

$|j_\mathrm{D}/j_\mathrm{C}| = \omega\varepsilon/\sigma = \omega[\mathrm{s}^{-1}]10^{-10}\mathrm{A}^2\mathrm{s}^2/\mathrm{Nm}^2\mathrm{s}^{-1}/10^8\Omega^{-1}\ \mathrm{m}^{-1} = 10^{-18}\omega\ [\mathrm{s}^{-1}]$

(iii) $|j_\mathrm{D}/j_\mathrm{C}| = 2\pi \times 5 \times 10^8 \times 10^{-18} = 3.1 \times 10^{-9}$

(iv) $|j_\mathrm{D}/j_\mathrm{C}| \simeq 1$ となるのは，$\omega \simeq 1 \times 10^{18}\mathrm{s}^{-1}$．

$\lambda = 2\pi c/\omega = 2\pi \times 3 \times 10^8\ \mathrm{ms}^{-1}/1 \times 10^{18}\ \mathrm{s}^{-1} = 1.9 \times 10^{-9}\ \mathrm{m}$

2. 解図 12.1 のように電荷 q[C] の点電荷が一定の速度 v で x 軸上を運動するとき，原点 O より距離 R の位置 x_0 に流れる変位電流密度 i_D を導く問題である．このような運動をする電荷が空間に作る電磁場は，一般に，特殊相対性理論の取り扱いが必要である[1]．しかし，電荷の運動速度 v が光速 c よりも遅い $v/c \ll 1$ の場合は，相対論効果を無視して，運動する電荷の位置を $x(t)$ とすれば，ある時刻 t にその電荷が別の位置 x_0 に作る電場は互いの距離だけで瞬時に定まり，

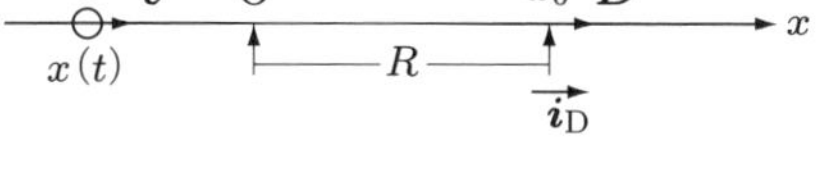

解図 12.1 運動する電荷が前方につくる電束密度と変位電流

---

[1] リエナール・ヴィーヒェルト (Liénar-Wiechert) 遅延ポテンシャルから導かれる (ファインマン物理学：電磁気学，ランダウ・リフシッツ：場の古典論).

$$E = \frac{1}{4\pi\varepsilon_0}\frac{q}{(x_0 - x)^2}$$

と近似できる．したがって，位置 x_0 における電束密度 $D = \varepsilon_0 E$ は

$$D = \frac{1}{4\pi}\frac{q}{(x_0 - x)^2}$$

である．

このとき x_0 点に流れる変位電流の密度 i_D は

$$\begin{aligned} i_\mathrm{D} &= \frac{\partial D}{\partial t} = \frac{\partial}{\partial t}\frac{1}{4\pi}\frac{q}{(x_0 - x)^2} = \frac{\mathrm{d}}{\mathrm{d}x}\left\{\frac{q}{4\pi(x_0 - x)^2}\right\}\frac{\mathrm{d}x}{\mathrm{d}t} \\ &= \frac{1}{4\pi}\frac{2q}{(x_0 - x)^3}\frac{\mathrm{d}x}{\mathrm{d}t} = \frac{q}{2\pi(x_0 - x)^3}\frac{\mathrm{d}x}{\mathrm{d}t} \end{aligned}$$

となり，粒子が原点 O を通過するときは，$x = 0$ で，$x_0 = R$, $\dfrac{\mathrm{d}x}{\mathrm{d}t} = v$ なので，

$$i_\mathrm{D} = \frac{qv}{2\pi R^3}$$

となる．もちろん，この電流により，x 軸の周りに磁束密度が軸対称性を満たすようにできる．

第13章

問題 1 (i) $\lambda = 3 \times 10^8\ \mathrm{ms^{-1}}/300 \times 10^6\ \mathrm{s^{-1}} = 1\ \mathrm{m}$. $T = 1/300 \times 10^6\ \mathrm{s^{-1}} = 3.3 \times 10^{-9}\ \mathrm{s}$

(ii) 式 (13.18) より，$B_0 = \sqrt{\varepsilon_0\mu_0}E_0$ なので，

$B_0 = 750\ \mathrm{Vm^{-1}}/3 \times 10^8\ \mathrm{ms^{-1}} = 2.5 \times 10^{-6}\ \mathrm{Vsm^{-2}} = 2.5 \times 10^{-6}\ \mathrm{T}$

問題 2 (i) 式 (13.25) で説明したとおり，電磁波の強度は $I = E_0^2/(2\mu_0 c)$ なので，$E_0 = \sqrt{2\mu_0 cI}$, $I = 10\times10^{-3}\ \mathrm{W}/3.14\times(0.75\times10^{-3}\ \mathrm{m})^2 = 5.7\times10^3\ \mathrm{Nm^{-1}s^{-1}}$ より，

$$\begin{aligned} E_0 &= \sqrt{2 \times 4\pi \times 10^{-7}\ \mathrm{NA^{-2}} \times 3 \times 10^8\ \mathrm{ms^{-1}} \times 5.7 \times 10^3\ \mathrm{Nm^{-1}s^{-1}}} \\ &= 210\ \mathrm{NC^{-1}} = 210\ \mathrm{Vm^{-1}} \end{aligned}$$

(ii) 電磁エネルギー密度は $u = (1/2)\varepsilon_0 E^2 + (1/2)B^2/\mu_0$ より，電磁波の電場成分で表し，時間平均をとると電場の振幅を E_0 として，$\overline{u} = \varepsilon_0 E_0^2/2$ となる．これを電磁波の強度 I で表すと，$\overline{u} = I/c$ となる．よって，

$$\overline{u} = \frac{5.7 \times 10^3\ \mathrm{Js^{-1}m^{-2}}}{3 \times 10^8\ \mathrm{ms^{-1}}} = 1.9 \times 10^{-5}\ \mathrm{Jm^{-3}}$$

問題 3 (i) 地球が受ける太陽光の平均強度は，$I = 4.2 \times 0.33 \times 10^3\ \mathrm{Js^{-1}m^{-2}}(= \mathrm{NS^{-1}m^{-1}}) = 1.4 \times 10^3\ \mathrm{Js^{-1}m^{-2}}$ なので，

電場の振幅は

$$\begin{aligned} E_0 &= \sqrt{2\mu_0 cI} \\ &= \sqrt{2 \times 4\pi \times 10^{-7}\ \mathrm{NA^{-2}} \times 3 \times 10^8\ \mathrm{ms^{-1}} \times 1.4 \times 10^3\ \mathrm{Js^{-1}m^{-2}}} \end{aligned}$$

$$= 1.03 \times 10^3 \ \mathrm{Vm^{-1}}$$

磁場の振幅は

$$H_0 = \sqrt{\varepsilon_0/\mu_0} E_0 = 2.65 \times 1.03 \times 10^3 = 2.73 \ \mathrm{Am^{-1}}$$

(ii) 吸収される場合の平均の放射圧は $p_r = \varepsilon_0 E_0^2$ の半分であるから，

$$\overline{p} = \frac{I}{c} = \frac{1.4 \times 10^3}{3 \times 10^8} = 4.6 \times 10^{-6} \ \mathrm{Nm^{-2}}$$

演習問題

1. (i) 媒質1の電磁波の波長を λ とすると，$\lambda = (c/\sqrt{\varepsilon_1})\cdot(2\pi/\omega)$ より，$|\boldsymbol{k}_\mathrm{I}| = 2\pi/\lambda = \sqrt{\varepsilon_1}\omega/c$.

(ii) 境界には真電荷はなく，また，伝導電流は流れていないので，両媒質の電場 $\boldsymbol{E}$ の境界面に対する接線成分は等しく，また，磁場 $\boldsymbol{H}$ の接線成分も等しい.

(iii) 入射波電場を $\boldsymbol{E}_\mathrm{I} = E_{\mathrm{I}0} e^{i(\omega t - \boldsymbol{k}_\mathrm{I}\cdot\boldsymbol{r})}\boldsymbol{e}_\mathrm{I}$，反射波電場を $\boldsymbol{E}_\mathrm{L} = E_{\mathrm{L}0} e^{i(\omega t + \boldsymbol{k}_\mathrm{L}\cdot\boldsymbol{r})}\boldsymbol{e}_\mathrm{L}$，透過波電場を $\boldsymbol{E}_\mathrm{R} = E_{\mathrm{R}0} e^{i(\omega t - \boldsymbol{k}_\mathrm{R}\cdot\boldsymbol{r})}\boldsymbol{e}_\mathrm{R}$ とすれば，$\mathrm{rot}\, E = -\partial \boldsymbol{B}/\partial t$ より，それぞれ波の磁束密度は，$\boldsymbol{B}_\mathrm{I} = (\boldsymbol{k}_\mathrm{I}/\omega) \times \boldsymbol{E}_\mathrm{I}$, $\boldsymbol{B}_\mathrm{L} = (\boldsymbol{k}_\mathrm{LI}/\omega) \times \boldsymbol{E}_\mathrm{L}$, $\boldsymbol{B}_\mathrm{R} = (\boldsymbol{k}_\mathrm{R}/\omega) \times \boldsymbol{E}_\mathrm{R}$ である．$z = 0$ の境界面での $\boldsymbol{E}$, $\boldsymbol{B}$ に対する境界条件が面のどこでも満足されるためには，$(\boldsymbol{k}_\mathrm{I}\cdot\boldsymbol{r})_x = (\boldsymbol{k}_\mathrm{L}\cdot\boldsymbol{r})_x = (\boldsymbol{k}_\mathrm{R}\cdot\boldsymbol{r})_x$ となる必要がある．すなわち，

$$\frac{\sqrt{\varepsilon_1}\omega}{c}\sin\theta_\mathrm{I} = \frac{\sqrt{\varepsilon_1}\omega}{c}\sin\theta_\mathrm{L} = \frac{\sqrt{\varepsilon_2}\omega}{c}\sin\theta_\mathrm{R}$$

より，

$$\theta_\mathrm{I} = \theta_\mathrm{L}, \quad \frac{\sin\theta_\mathrm{I}}{\sin\theta_\mathrm{R}} = \sqrt{\frac{\varepsilon_2}{\varepsilon_1}}$$

(iv) $\boldsymbol{E}$ の接線成分の連続性から，$E_{\mathrm{I}0}\cos\theta_\mathrm{I} - E_{\mathrm{L}0}\cos\theta_\mathrm{I} = E_{\mathrm{R}0}\cos\theta_\mathrm{R}$．また，$\boldsymbol{H}$ または $\boldsymbol{B}$ の接線成分の連続性から，$(1/\omega)(\sqrt{\varepsilon_1}/c)\omega E_{\mathrm{I}0} + (1/\omega)(\sqrt{\varepsilon_1}/c)\omega E_{\mathrm{L}0} = (1/\omega)(\sqrt{\varepsilon_2}/c)\omega E_{\mathrm{R}0}$ ($\boldsymbol{B}$ の場合は両辺に μ_0 をかける) より，$\sqrt{\varepsilon_1}E_{\mathrm{L}0} + \sqrt{\varepsilon_1}E_{\mathrm{L}0} = \sqrt{\varepsilon_2}E_{\mathrm{R}0}$ となる．これらから，

$$E_{\mathrm{I}0} - E_{\mathrm{L}0} = E_{\mathrm{R}0}\frac{\cos\theta_\mathrm{R}}{\cos\theta_\mathrm{I}}, \quad E_{\mathrm{I}0} + E_{\mathrm{L}0} = \sqrt{\frac{\varepsilon_2}{\varepsilon_1}}E_{\mathrm{R}0}$$

の連立方程式を解くと，

$$\frac{E_{\mathrm{R}0}}{E_{\mathrm{I}0}} = 2\Bigg/\left(\frac{\cos\theta_\mathrm{R}}{\cos\theta_\mathrm{I}} + \sqrt{\frac{\varepsilon_2}{\varepsilon_1}}\right), \quad \frac{E_{\mathrm{L}0}}{E_{\mathrm{I}0}} = \frac{-\cos\theta_\mathrm{R} + \sqrt{\varepsilon_2/\varepsilon_1}\cos\theta_\mathrm{I}}{\cos\theta_\mathrm{R} + \sqrt{\varepsilon_2/\varepsilon_1}\cos\theta_\mathrm{I}}$$

(v) $E_{\mathrm{L}0}/E_{\mathrm{I}0} = 0$ となる入射角が $\theta_\mathrm{I} = \theta_\mathrm{B}$ である．(iv) の解より，$-\cos\theta_\mathrm{R} + \sqrt{\varepsilon_2/\varepsilon_1}\cos\theta_\mathrm{B} = 0$，一方 $\sin\theta_\mathrm{B} = \sqrt{\varepsilon_2/\varepsilon_1}\sin\theta_\mathrm{R}$ であるから，両式より，$\cos^2\theta_\mathrm{R} = (\varepsilon_2/\varepsilon_1)\cos^2\theta_\mathrm{B}$．$\{1 - (\varepsilon_2/\varepsilon_1)\sin^2\theta_\mathrm{B}\} = (\varepsilon_2/\varepsilon_1)(1 - \sin^2\theta_\mathrm{B})$ を満足する $\sin\theta_\mathrm{B}$ が解である．すなわち，

$$\sin\theta_\mathrm{B} = \sqrt{\frac{\varepsilon_2}{\varepsilon_1 + \varepsilon_2}}$$

全反射は $\theta_\mathrm{R} = \pi/2$ で起こる．臨界角について

$$\sin\theta_{\mathrm{C}} = \sin\frac{\pi}{2}\sqrt{\frac{\varepsilon_2}{\varepsilon_1}} = \sqrt{\frac{\varepsilon_2}{\varepsilon_1}}$$

$\theta_{\mathrm{C}} > \theta_{\mathrm{B}}$ であることは明らか.

(vi) $$\frac{E_{\mathrm{L0}}}{E_{\mathrm{I0}}} = \frac{-\cos\theta_{\mathrm{R}} + (\sin\theta_{\mathrm{I}}/\sin\theta_{\mathrm{R}})\cos\theta_{\mathrm{I}}}{\cos\theta_{\mathrm{R}} + (\sin\theta_{\mathrm{I}}/\sin\theta_{\mathrm{R}})\cos\theta_{\mathrm{I}}} = \frac{\cos\theta_{\mathrm{I}}\sin\theta_{\mathrm{I}} - \cos\theta_{\mathrm{R}}\sin\theta_{\mathrm{R}}}{\cos\theta_{\mathrm{I}}\sin\theta_{\mathrm{I}} + \cos\theta_{\mathrm{R}}\sin\theta_{\mathrm{R}}}$$
$$= \frac{(\sin\theta_{\mathrm{I}}\cos\theta_{\mathrm{R}} - \sin\theta_{\mathrm{R}}\cos\theta_{\mathrm{I}})(\cos\theta_{\mathrm{I}}\cos\theta_{\mathrm{R}} - \sin\theta_{\mathrm{I}}\sin\theta_{\mathrm{R}})}{(\cos\theta_{\mathrm{I}}\cos\theta_{\mathrm{R}} + \sin\theta_{\mathrm{I}}\sin\theta_{\mathrm{R}})(\sin\theta_{\mathrm{I}}\cos\theta_{\mathrm{R}} + \sin\theta_{\mathrm{R}}\cos\theta_{\mathrm{I}})}$$
$$= \frac{\tan(\theta_{\mathrm{I}} - \theta_{\mathrm{R}})}{\tan(\theta_{\mathrm{I}} + \theta_{\mathrm{R}})}$$

より, $\theta_{\mathrm{I}} < \theta_{\mathrm{B}}$ では, $\theta_{\mathrm{I}} + \theta_{\mathrm{R}} < \dfrac{\pi}{2}$ で, $\theta_{\mathrm{I}} < \theta_{\mathrm{R}}$ だから, $\dfrac{E_{\mathrm{L0}}}{E_{\mathrm{I0}}} < 0$ で, 位相差 π, 振幅比 $\left|\dfrac{\tan(\theta_{\mathrm{I}} - \theta_{\mathrm{R}})}{\tan(\theta_{\mathrm{I}} + \theta_{\mathrm{R}})}\right|$. 他方, $\theta_{\mathrm{B}} < \theta_{\mathrm{I}} < \theta_{\mathrm{C}}$ では, $\theta_{\mathrm{I}} + \theta_{\mathrm{R}} > \dfrac{\pi}{2}$ で, 分母, 分子ともに負より, $\dfrac{E_{\mathrm{L0}}}{E_{\mathrm{I0}}} > 0$ で, 位相差 0, 振幅比 $\left|\dfrac{\tan(\theta_{\mathrm{I}} - \theta_{\mathrm{R}})}{\tan(\theta_{\mathrm{I}} + \theta_{\mathrm{R}})}\right|$.

$\theta_{\mathrm{I}} > \theta_{\mathrm{C}}$ では,

$$\cos\theta_{\mathrm{R}} = i\sqrt{\frac{\varepsilon_2}{\varepsilon_1}}\sqrt{\sin^2\theta_{\mathrm{I}} - \frac{\varepsilon_2}{\varepsilon_1}}$$

となり,

$$\frac{E_{\mathrm{L0}}}{E_{\mathrm{I0}}} = \frac{a - ib}{a + ib} = e^{-i2\varphi}$$

となる. したがって, 振幅は等しいが θ_{I} に依存する位相差を生じる.

2. (i) 前章の例題の解のとおり, 電束電流の大きさは $i_{\mathrm{d}} = \partial D(t)/\partial t = (1/\pi a^2)(\partial Q(t)/\partial t) = (V_0/\pi a^2 R)\exp(-t/RC)$ であるから, 中心軸より動径 r の位置の磁束密度の大きさは,

$$B(r,t) = \frac{\mu_0 r}{2\pi a^2}\frac{V_0}{R}e^{-\frac{t}{RC}}$$

であり, その位置の電場の大きさは, 電極上の電荷を $Q(t)$ とすると,

$$E(r,t) = \frac{Q(t)}{\varepsilon_0\pi a^2} = \frac{V_0 C}{\varepsilon_0\pi a^2}e^{-\frac{t}{RC}}$$

である. よって, ポインティング・ベクトルの大きさは,

$$S(r,t) = E(r,t)\frac{B(r,t)}{\mu_0} = \frac{rCV_0^2}{2\varepsilon_0(\pi a^2)^2 R}e^{-\frac{2t}{RC}}$$

となる. 電場ベクトルは正極から負極に向かい, 放電時は変位電流は電場が減少するので, 右ネジの進みが負極から正極に流れる電束電流の方向で, 磁束密度はネジの縁が進む向きにある. したがってポインティング・ベクトル $\boldsymbol{S} = \boldsymbol{E}\times\boldsymbol{B}$ の向きは中心軸から外向きで. 電磁エネルギーは外に広がる.

(ii) 電極間距離を d とすると $w(a,t) = 2\pi a d S(a,t)$ なので.

$$w(a,t) = \frac{dCV_0^2}{\pi\varepsilon_0 a^2 R}e^{-\frac{2t}{RC}} = \frac{V_0^2}{R}e^{-\frac{2t}{RC}}$$

(iii) $$W = \int_0^\infty w(a,t)\mathrm{d}t = \frac{1}{2}V_0^2 C$$

この値はコンデンサーが $t-0$ で蓄えていた静電エネルギー U と等しい．また，抵抗で消費されるジュール熱 Q_J，

$$Q_\mathrm{J} = \int_0^\infty I(t)^2 R\mathrm{d}t = \int_0^\infty \left(\frac{V_0}{R}\right)^2 e^{-\frac{2t}{RC}} R\mathrm{d}t = \frac{1}{2}CV_0^2$$

とも等しい．

3. ビーム強度は $I = E_0^2/2\mu_0 c$ なので，反射を起こすときの放射圧は $p_\mathrm{r} = \varepsilon_0 E_0^2 = 2I/c$ である．円柱断面が放射から受ける力が，円柱の重さと釣り合うので

$$\pi(d/2)^2 P_\mathrm{r} = \pi(d/2)^2 H\rho g$$

が成り立つ．ここで I はレーザー出力 [W] をビーム口径面積で割った量なので，

$$I = 4.6\ \mathrm{W}/3.14 \times (2.3 \times 10^{-3}\ \mathrm{m})^2 = 2.77 \times 10^5\ \mathrm{Nm^{-1}s^{-1}}$$

よって，

$$H = \frac{2I}{c\rho g} = \frac{2.77 \times 10^5\ \mathrm{Nm^{-1}s^{-1}}}{3 \times 10^8\ \mathrm{ms^{-1}} \times 1.2 \times 10^3\ \mathrm{kgm^{-3}} \times 9.8\ \mathrm{Nkg^{-1}}}$$

より，$H = 1.6 \times 10^{-7}$ m となる．

参考文献

本書は電磁気学の入門書として，クーロンの法則から電磁波までの物理を電場や磁場のベクトル場とそれらに相補的な電位や磁位のスカラーポテンシャル場を基に解説しました．また，場を記述するマクスウエルの方程式については，初学者が受け入れ易いよう，積分表示を詳しく説明し，微分表示による扱いとその運用は必要最小限にするよう配慮しました．さらに深い理解を目指す学生諸君には，以下の参考書を推薦します．はじめに，ベクトル解析を扱った参考書として，

[1] 安達忠次：ベクトル解析，培風館，1960
[2] 薩摩順吉：物理の数学，岩波書店，1995

本書の観点に沿った参考書として，

[3] 中山正敏：電磁気学，裳華房，1986
[4] 兵頭俊夫：電磁気学，裳華房，1999
[5] D. Halliday, R. Resnik, and J. Walter：Fundamentals of Physics, chapter23～38, John Wiley & Sons,Inc.，1993
[6] R.A.Serway (松村博之訳)：科学者と技術者のための物理学 III 電磁気学，学術図書出版，1995

電磁場の微分形式を詳しく解説し，本書では扱わなかった磁場に対するベクトルポテンシャルまでをとり上げた程度のより高い良書として，

[7] 砂川重信：電磁気学，岩波全書，1977
[8] 長岡洋介：物理学入門コース 3, 4 電磁気学 I, II，岩波書店，1982
[9] 平川浩正：新物理学シリーズ 2 電磁気学，培風館，1968
[10] ファインマン，レイトン，サンズ著，宮島龍興訳：ファインマン物理学 III 電磁気学，岩波書店，1969
[11] パーセル著，飯田修一監訳：バークレイ物理学コース 電磁気学 上，下，丸善株式会社，1970

物質の電磁気学に関しては，

[12] 中山正敏：岩波基礎物理シリーズ (4) 物質の電磁気学，岩波書店，1996

は内容深い参考書です．電磁場の相対性を基礎的に扱った参考書として，

[13] 山本祐靖：電磁場・存在の一形態，産業図書，1979

電磁波の物理に関しては,

[14] 清水忠雄：基礎の物理 5 電磁波の物理, 朝倉書店, 1982

その他, 電磁気学の演習書として,

[15] 霜田光一, 近角聡, 西川哲治, 平川浩正信：大学演習 電磁気学, 裳華房, 1956
[16] 加藤正昭：セミナーライブラリ物理学 3 演習電磁気学, サイエンス社, 1980
[17] 後藤慶一, 山崎修一郎：詳解 電磁気学演習, 共立出版株式会社, 1970
[18] 永田一清, 粟野 満：基礎の物理 6 電磁気学演習, 朝倉書店, 1982

以上の他, 本書を執筆するに当たり, さらに高度な内容を記した多くの良書を参考にしています. しかし, このリストでは, 本書で勉強する際に補完的な教科書や参考書, もう少し程度の高い著作をとり上げるに留めました.

索　引

英数字

あ　行

か 行

さ 行

た 行

な 行

は　行

ま 行

や 行

ら 行

わ 行

著 者 略 歴

飯尾　勝矩（いいお・かつのり）
1970 年　東京工業大学大学院理工学研究科物理学専攻博士課程単位取得退学
　　　　東京工業大学理学部物理学科助手
1981 年　東京工業大学理学部（一般教育等物理学）助教授
1988 年　同　教授
1998 年　東京工業大学大学院理工学研究科物性物理学専攻教授
2005 年　東京工業大名誉教授
2006 年　昭和薬科大学 非常勤講師
　　　　現在に至る　理学博士

上川井　良太郎（かみかわい・りょうたろう）
1968 年　東京大学大学院工学系研究科物理工学専攻修士課程修了
　　　　株式会社日立製作所中央研究所
1992 年　日本女子大学理学部数物科学科教授
2012 年　日本女子大学名誉教授
　　　　現在に至る　工学博士

小野　昱郎（おの・いくお）
1965 年　東京教育大学大学院理学研究科博士課程物理学専攻修了
　　　　東京都立大学理学部物理学科助手
1971 年　同　助教授
1973 年　東京工業大学理学部物理学科助教授
1986 年　同　教授
1996 年　日本女子大学理学部数物科学科教授
1996 年　東京工業大学名誉教授
　　　　現在に至る　理学博士

編集担当　水垣偉三夫（森北出版）
編集責任　石田　昇司（森北出版）
組　　版　アベリー
印　　刷　モリモト印刷
製　　本　協栄製本

基礎電磁気学

2013 年 4 月 8 日　第 1 版第 1 刷発行

著　　者　飯尾勝矩・上川井良太郎・小野昱郎
発 行 者　森北博巳
発 行 所　**森北出版株式会社**
東京都千代田区富士見 1-4-11（〒 102-0071）
電話 03-3265-8341 ／ FAX 03-3264-8709
http://www.morikita.co.jp/
日本書籍出版協会・自然科学書協会・工学書協会　会員
JCOPY ＜（社）出版者著作権管理機構 委託出版物＞

落丁・乱丁本はお取替えいたします.

Printed in Japan ／ ISBN978-4-627-15481-0

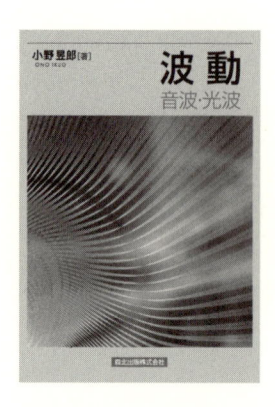